生态产品及其价值实现

张惠远　张强　郝海广　舒昶　等　编著

中国环境出版集团・北京

图书在版编目（CIP）数据

生态产品及其价值实现/张惠远等编著. —北京：中国环境出版集团，2019.7（2024.8 重印）
ISBN 978-7-5111-0379-6

Ⅰ.①生… Ⅱ.①张… Ⅲ.①生态环境—环境管理—研究—中国 Ⅳ.①X321.2

中国版本图书馆 CIP 数据核字（2010）第 191025 号
审图号：云 S（2019）016 号

策划编辑 徐于红
责任编辑 赵 艳
封面设计 宋 瑞

出版发行 中国环境出版集团
（100062 北京市东城区广渠门内大街 16 号）
网 址：http://www.cesp.com.cn
电子邮箱：bjgl@cesp.com.cn
联系电话：010-67112765（编辑管理部）
010-67147349（生态分社）
发行热线：010-67125803，010-67113405（传真）

印 刷 玖龙（天津）印刷有限公司
经 销 各地新华书店
版 次 2019 年 7 月第 1 版
印 次 2024 年 8 月第 2 次印刷
开 本 787×1092 1/16
印 张 23.25
字 数 508 千字
定 价 98.00 元

前言

“春有百花秋有月，夏有凉风冬有雪。若无闲事挂心头，便是人间好时节。”大自然的一草一木、一山一水不仅是人类生存、发展的物质基础，更是人民美好生活的组成部分和精神寄托。长久以来，人们一直以为这种大自然的馈赠是无穷无尽的，是无须付出、任由索取的自然之物，这种错误观念最终导致人与自然和谐关系的破裂。曾经习以为常的蓝天白云、繁星闪烁、清水绿岸、鱼翔浅底……这些自然要素和服务，变成了稀缺的产品——生态产品。随着经济社会的发展，物质产品和文化产品短缺的时代已经基本过去，人们对干净的水、清洁的空气、舒适的环境、宜人的气候等生态方面的需求越来越多、越来越高，优质生态产品短缺的问题成为制约新时代发展的瓶颈和突出短板。

《全国主体功能区规划》中首次引入生态产品的概念，党的十八大明确提出要“增强生态产品生产能力”，十九大又明确提出“提供更多优质生态产品”的要求。随着“绿水青山就是金山银山”理念的深入人心，如何认识和扩大优质生态产品供给、实现生态产品价值已经成为新时代中国特色社会主义建设的重要任务，引起了广泛的关注和探讨。作为一个新兴的交叉领域，当前关于生态产品的研究仍然比较零散，对于什么是生态产品、怎样认识生态产品、如何实现生态产品价值、如何有效供给和管理生态产品等方面仍然没有形成统一的认识，也缺少系统的论述。理论层面的不足是当前生态产品实践亟须解决的关键问题，也是本书关注的重点方面。

本书基于“理论—方法—实证—管理”的研究框架，试图对生态产品及其价值实现进行系统的探讨和论述，以期为完善生态产品基础理论、开展生态产品评估、指导生态产品管理提供支撑。全书共分十章。第一章、第二章、第三章为理论部分，系统论述了生态产品的概念及内涵、理论基础和相关研究进展；第四章、第五章、第六章为方法部分，梳理介绍了生态产品评估的框架、实物量和价值量评估方法；第七章和第八章为案例实证部分，分别选取了典型区域，开展森林、草原、湿地等不同生态系统和区域、流域生态产品及其价值评估研究；第九章和第十章为管理对策部分，梳理了国内外生态产品价值实现的案例，并提出了增强生态产品生产能力的主要措施和促进生态产品价值实现的有关对策建议。

生态产品概念的提出不仅为资源生态环境等学科带来了新的增长点，也架起了绿水青山和金山银山之间的桥梁，更为协调人与自然关系提供了新的途径，必然带动相关生态产业的发展，推动生态文明建设的深入发展，具有重大的理论和实践意义。本书着重从四个方面进行了探索研究。

一是科学界定生态产品的概念内涵。本书从生态产品概念的提出背景开始，详细论述了生态产品的发展历程、概念内涵和研究意义，从供给、消费、需求、存在形式、时间维度等角度界定了生态产品的内涵，明确了生态产品的自然属性、经济属性、社会属性及其价值构成，探讨了生态产品的分类和优质生态产品的本质。通过对不同视角生态产品概念的辨析，将其定义为：生态产品是指人类通过对自然生态系统的保护、修复、治理、建设和其他有意识的行为活动，依托自然生态过程所生产的，用于维系生态安全、保障生态资源供给、提供良好人居环境、满足自然生态消费、寄托自然情感等生态需求的各类自然要素和服务。生态产品与物质产品、文化产品一起构成了支撑现代人类生存和发展的三类基本产品。

二是初步构建生态产品研究的理论架构。生态产品及其价值的研究，既涉及价值观念、文化伦理等哲学领域，也涉及供给与消费、定价与交易等经济学领域，还涉及生态产品评估、生态过程模拟等自然科学研究，以及生态补偿、法规政策等管理学领域的研究，需要梳理并构建跨学科的理论体系。本书从可持续发展及相关哲学基础、相关自然科学理论、相关经济学理论和公共物品及相关管理理论四个方面详细论述了生态产品及其价值的理论基础。同时，从生态产品分类与计量、供给与消费、价值实现与生态补偿、可持续管理四个方面阐述了国内外生态产品的相关研究进展，为下一步深入研究初步搭建了理论框架。

三是提供了生态产品价值评估的方法库和案例库。生态产品及其价值计量评估是生态产品价值实现的基础，是生态系统管理与决策制定的重要依据和关键支撑，也是本书研究的重点之一。针对当前生态产品及其价值评估存在种类界限不清、重复计算、难以计价等问题，本书提出了数量与质量并重、先实物量后价值量和以最终生态产品为基础的评估指标框架，探索构建普适性、规范化、标准化的生态产品及其价值评估体系。同时，详细介绍了生态产品的相关实物量和价值量评估模型、方法，确定了生态产品的定价机制。本书从生态系统的角度，开展了森林、草原、湿地等不同类型生态系统及其价值评估研究；从区域流域的角度，选取西双版纳傣族自治州、十堰市、洱海流域作为典型研究区，开展了区域和流域尺度生态产品及其价值评估研究，为相关研究与实践提供借鉴。

四是探索生态产品价值实现及可持续管理的有效路径。促进生态产品价值实现，推动绿水青山向金山银山转化，是生态产品研究的目的所在。当前关于生态产品价值实现机制、转化路径等方面的研究严重不足。本书从生态产品付费、生态价值市场交易、生态产品认证、生态产业化、生态金融五个方面提出了生态产品价值实现的机制与路径及其案例，以期为下一步推动生态产品的价值实现的理论和实践提供具体支撑。此外，如何实现生态产品的可持续管理、增加优质生态产品的供给也是本书探讨的内容，初步构建了生态产品的可持续管理框架，同时创新性提出了将生产生态产品的生态产业作为第四产业的理论构想和建议。希望本书的研究成果能够为生态产品的研究者、实践者和管理者提供有益的参考，为推进生态文明建设、建设人与自然和谐共生的现代化和美丽中国贡献微薄之力。

本书的内容主要是基于国家重点研发计划课题“环境承载力（容量）评价与生态环境核算技术与应用”（2016YFC0503504）、国家自然科学基金面上项目“基于农户生计的重点生态功能区生态补偿机制与调控研究”（41471092）、国家自然科学基金青年项目“泾河流域生态保护政策驱动下的生态系统服务流研究”（41701601）、国家自然科学基金青年项目“北方农牧交错生态脆弱区农户生计分化对农地利用的驱动机制研究”（41501095）、中国环境科学研究院中央级公益性科研院所基本科研业务专项“自然资源资产基本核算制度、方法及配套政策研究”（2014－YSKY－13）以及云南省生态环境厅委托的“云南省生态服务价值核算及资产化管理试点”等研究成果。

全书由张惠远主持编写，张惠远、张强、郝海广、舒昶负责统稿并校稿。具体章节编写人员包括：第一章，张惠远、张强、勾蒙蒙、胡旭珺；第二章，张强、冯丹阳、朱建华；第三章，张强、冯丹阳、郝海广；第四章，张惠远、张强、雒新萍、舒昶；第五章，舒昶、郝海广、刘煜杰；第六章，雒新萍、刘煜杰、刘淑芳；第七章，刘海燕、张惠远、吕世海、何萍；第八章，勾蒙蒙、舒昶、李娟花、孙丽慧；第九章，胡旭珺、郝海广、张惠远；第十章，郝海广、李圆圆、张哲。

生态产品既是自然的馈赠，更是人类自身努力的产物。要实现更多的优质生态产品供给，既需要我们价值观念、行为方式上的转变，也需要“绝知此事要躬行”的实践探索，更需要理论方法上的规范指引。我们看到，生态文明写入党章、宪法，习近平生态文明思想正式确立，生态文明新时代的新图景正在展开。我们也看到，绿水青山就是金山银山正在更多地成为现实，生态优势、生态产品正在转化为更多的实实在在的利益。我们坚信，生态产品作为实现人与自然和谐的纽带，以及绿水青山和金山银山之间的桥梁，必将在生态文明时代大放异彩。希望有更多的有识之士投入到这项研究中去。

由于水平和知识所限，书中难免存在错误、疏漏和不足之处，敬请读者不吝批评指正。

目录

第 1 章
生态产品概念及内涵

自然生态环境是人类生存之本、发展之基。大自然无私地馈赠给人类呼吸的空气、饮用的水源、丰富的食物、满足多种用途的原料、赏心悦目的景观……这些大自然提供的资源与服务满足了人们生存、生产、生活以及精神文化等多层次的需求，被人们所消费。与物质产品和文化产品主要用于满足人们物质需求和精神需要的属性不同，这些自然要素和服务主要满足人们生态安全、生态享受、生态情感等方面的需求，我们称之为生态产品。随着经济社会的发展，人们在物质需求得到满足之后，对生态产品尤其是优质生态产品的需求越来越多，也越来越强，成为人民群众迫切需求的集中反映。虽然生态产品作为一个术语早已出现，但什么是生态产品？生态产品的内涵和外延是什么？为什么要提出生态产品这一概念？学术界仍然缺乏系统的论述。

1.1 概念的提出与发展

1.1.1 生态产品提出的历程

生态产品概念的提出是源于人类生态意识的觉醒以及对自然生态环境价值认识的不断提升。1962 年美国科普作家 Rachel Carson 发表了《寂静的春天》一书，在全世界引起了人们对环境以及食品安全的高度关注，掀开了重新审视人与自然关系的新篇章。随着生态危机不断显现与加剧，可持续发展理念得到确立与发展，人们开始从降低工农业产品及其生产过程对人类健康和生态系统的危害、重构人与自然价值体系等角度，重塑人类生产体系、发展体系及产品体系。

1. 国外发展历程

从保护生态环境和人类健康的角度，生态环境友好型产品的概念逐渐兴起和发展。从 20 世纪 70 年代开始，伴随着“绿色运动”在西方的兴起和开展，绿色产品设计、绿色无公害等理念应运而生。1972 年，国际有机农业运动联盟在法国成立，有机食品（Organic Food，其他语言中也有叫生态食品或生物食品等）开始逐步进入公众视野。1977 年，德国推出了“蓝天使”生态标签，是世界范围内最早的有关环境和消费者保护的标志体系。同一时代，英国土壤协会也率先创立了有机产品的标识、认证和质量监控体系。随后，美国、加拿大、丹麦、比利时、意大利、西班牙、欧洲共同体（现在欧盟前身）均建立并推广了生态标签制度体系，鼓励生产及消费“绿色产品”“生态产品”。1992 年联合国里约环境与发展大会通过的《21 世纪议程》中，正式提出了“环境友好的”（environmentally friendly）理念。随后，环境友好技术、环境友好产品得到进一步大力提倡和开发，成为一种全球性的运动。可以说，生态设计产品以及有机食品、绿色食品等由政府部门或公共、私人团体依据一定的环境标准进行认证的生态标记、绿色标记、环境标记产品是生态产品的最初来源。

随着可持续发展思想和相关理论研究的发展，人们逐渐认识到生态环境为人类提供了独特的生态产品和服务，并需要进行单独计量和核算。早在 1948 年，Vogt 就提出了自然资本的概念。1970 年，关键环境问题小组出版的《人类对全球环境的影响》首次提出了“环境服务”的概念。1974 年，Holdren 和 Ehrlich 将“环境服务”概念拓展为“全球环境服务”。1977 年，Westman 提出将生态系统社会收益称为“自然的服务”（nature’s services）。Ehrlich 等于 1981 年对“环境服务”“自然服务”等相关概念进行了梳理和统一，首次提出了“生态系统服务”（Ecosystem Services，ES）这一术语。Constanza 等（1997）将产品和服务（Ecosystem Goods and Services，EGS）两者合称为生态系统服务。Daily（1997）也提出生态系统服务可以划分为生态系统产品（Ecosystem Goods）和生命支持功能（Life-support Functions）两大类。这里的生态系统产品主要指由生态系统提供的可供直接消费的、有形的物质产品。

联合国千年生态系统服务评估（The Millennium Ecosystem Assessment，MA）将生态系统提供的产品和服务统称为生态系统服务，并将其分为供给、支持、调节、文化四大类，其中供给服务就是生态系统产品（图 1－1）。

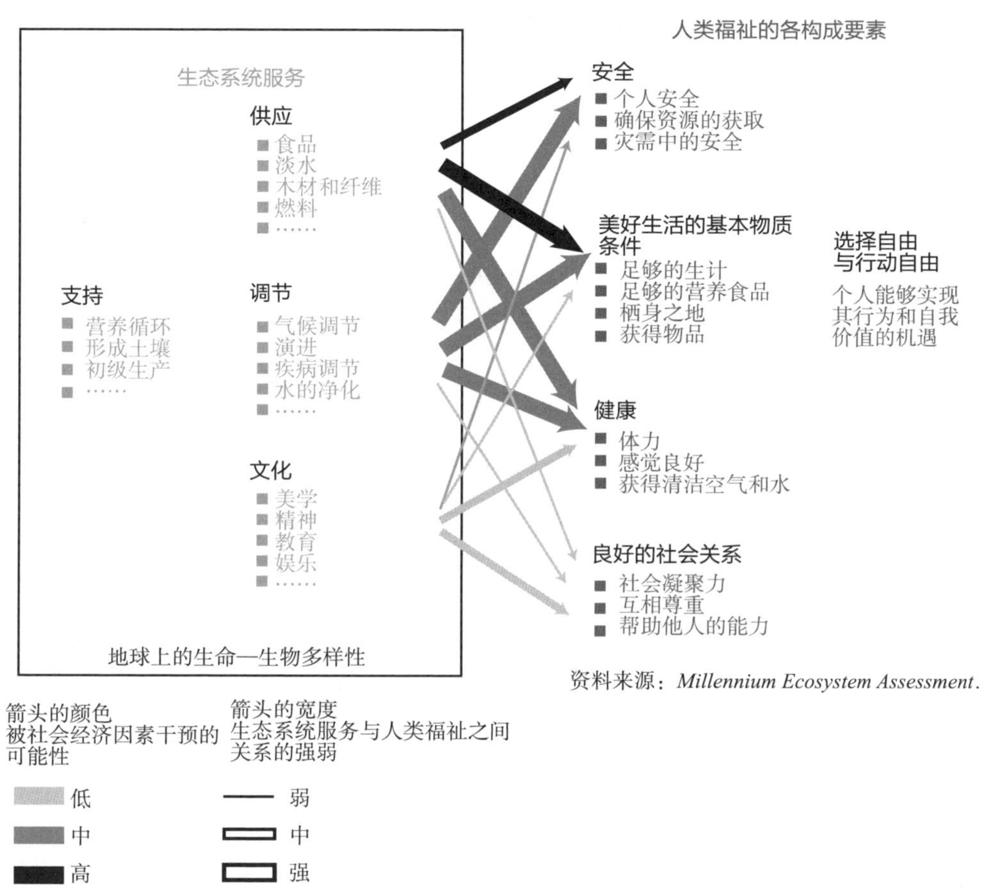

图 1－1　生态系统服务分类及其与人类福祉的关系（MA，2005）

随着生态系统服务的概念被人们广泛接受，全世界兴起了研究生态系统产品和服务的热潮，越来越多的科学家呼吁将其纳入国民经济核算体系。2002 年召开的世界可持续发展首脑会议所通过的“约翰内斯堡实施计划”多次提及环境友好材料、产品与服务等概念。作为千年生态系统服务评估的后续行动，在 2012 年联合国可持续发展大会——里约峰会上正式批准建设生物多样性和生态系统服务政府间科学—政策平台（Intergovernmental Science-Policy Platform on Biodiversity and Ecosystem Services，IPBES），超过 50 个国家和 86 家企业联合起来支持将自然资本价值纳入商业决策和国民经济核算体系。IPBES 构建了生态系统向人类提供生态系统产品和服务的概念框架，并开展了全球评估。生态系统服务及其所包含的生态系统产品，是生态产品概念的直接来源。

2. 国内发展历程

与国外相对应，我国也较早开展了生态环境友好型产品的实践与探索。“有机农业”的起源就是美国农业土地管理局局长 King 考察中国农业后，于 1911 年出版的《四千年的农民》一书。如果将“无公害”的单项措施的研究计算在内，我国也早在 20 世纪 60 年代就已经开始“无公害”产品生产。20 世纪七八十年代，我国就开始推广生态农业。1990 年，农业部率先提出了绿色食品的概念，并继而在农垦系统正式实施“中国绿色食品工程”，我国因此成为世界上第一个由政府部门倡导开发绿色食品的国家。1993 年，国家环境保护局发布《关于在我国开展环境标志工作的通知》，标志着中国环境标志计划的开始。1994 年，国家环境保护局在南京成立有机食品中心，标志着有机产品在我国迈出了实质性的步伐。1996 年，国家工商行政管理局核准我国第一例绿色食品标志。2012 年，国家质检总局结合国外生态标签制度，创立了中国生态原产地产品保护制度，在国际上首次将生态标志从认证提升到行政保护层次。目前，我国已形成涵盖环保、节能、节水、循环、低碳、再生、有机等产品的绿色生态产品标志体系。

与此同时，随着国外可持续发展思想的传入，我国各界对生态环境的认识不断深化，并形成了生态文明理念和生态产品概念。从可持续发展概念提出伊始，我国就是积极的参与者和倡导者。1972 年，我国派出代表团参加人类环境会议。1973 年，国务院召开第一次全国环境保护会议，我国环境保护工作正式启动。1983 年，第二次全国环境保护会议把保护环境确立为基本国策。1992 年联合国里约环境与发展大会召开两个月之后，党中央、国务院发布《中国关于环境与发展问题的十大对策》，把实施可持续发展确立为国家战略。1994 年，我国政府率先制定实施《中国 21 世纪议程》。2002 年，党的十六大提出树立和落实科学发展观。2006 年，中共十六届五中全会明确提出要建设资源节约型、环境友好型社会。2007 年，党的十七大首次提出建设生态文明，将人与自然的关系提高到文明的高度，对生态环境价值及其功能的认识也进入新的阶段。

2010 年发布的《全国主体功能区规划》，首次提出生态产品的概念，将提供生态产品作为国土空间的重要功能和开发理念之一，并提出了保护生态产品生产力等概念。2012 年，党的十八大将生态文明纳入中国特色社会主义“五位一体”布局，并将“增强生态产品生产能力”作为推进生态文明建设的一项重要内容。随后，生态产品这一概念在全国引起广泛探讨。2017 年，党的十九大明确将生态文明作为千年大计，将建设美丽中国纳入社会主义现代化目标体系，在全世界首个将提供更多“优质生态产品”纳入民生范畴，明确提出“我们要建设的现代化是人与自然和谐共生的现代化，既要创造更多物质财富和精神财富以满足人民日益增长的美好生活需要，也要提供更多优质生态产品以满足人民日益增长的优美生态环境需要”。我国对生态产品的认识已经超越了过去生态友好型产品、生态标记产品的概念范畴，也超越了可持续发展有关自然资本、生态系统服务价值的认识，是一个基于中国特色社会主义理论体系的全新概念。

1.1.2 对生态产品的不同理解

总体来看，当前学术界对于生态产品的概念内涵仍然没有形成共识。朱久兴

(2008)认为，生态产品包括两类，一类是与人类有直接因果联系的，比如绿色食品、绿色农产品、木材等有形的物质产品，另一类是看似与人类劳动没有直接因果联系但实际有因果联系的无形产品。杨庆育(2014)认为，生态产品分为两类，一类是纯自然要素构成的，另一类是经过人类劳动加工后形成的。王兴华(2014)将生态产品概念分为良好的生态环境/自然要素和包含生态特性的商品两类，后者又包括包含生态设计理念的产品和生态标记产品。黄如良(2015)认为，生态产品概念存在从狭义到广义的连续统一体模型(图1-2)。沈茂英和许金华(2017)提出，可持续发展视野下的生态产品是一个包括生态设计产品、生态标签产品以及生态供给服务、调节服务、支持服务和社会服务等在内的连续的生态产品束。总的来说，学术界对于生态产品的理解主要包括认为生态产品是生态设计的产品、是生态标签产品、是生态系统服务中生态系统物质产品、等同于生态系统服务、是自然要素等观点。

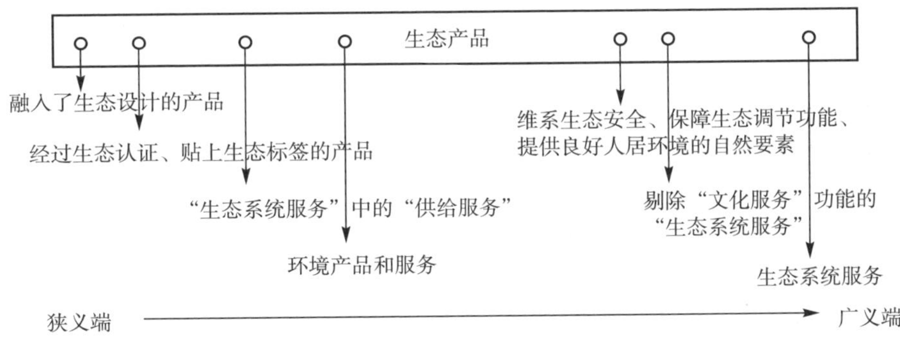

图1-2 生态产品概念(黄如良，2015)

1. 生态产品是生态设计产品

生态设计(Eco-design)，又称“绿色设计”或“环境设计”“生命周期设计”“环境意识设计与制造”(蔡宇凌和姜涛，2016)，20世纪80年代成为国际一种设计潮流(李博洋等，2013)。20世纪90年代初，荷兰公共机关和联合国环境规划署(UNEP)将其作为环境管理领域的一个新概念提出，它是指在产品的设计中将保护生态、人类健康和安全的意识有机地融入其中的设计方法(吴薇群等，2016)。具体来说就是，在产品生命周期的每一个环节都考虑其可能产生的环境负荷或影响，通过改进设计使产品的环境影响降低到最低程度(黄如良，2015；蔡宇凌和姜涛，2016)。其发展历程可以划分为三个阶段：“第一阶段是20世纪60—70年代，设计焦点集中在工业过程，代表思想是末端治理；第二阶段是20世纪80—90年代，设计焦点集中在环境管理系统，代表思想是清洁生产；第三阶段是20世纪90年代至今，设计焦点集中在产品生态设计，代表思想是产品生命周期分析”(李博洋等，2013)。

一些学者认为，生态产品就是融入了生态设计的产品，因此是具有生态特性的产品，并认为这是生态产品最初的定义(王兴华，2014；黄如良，2015)。一般认为这一定义是比较狭义的、微观层次的定义。首先，生态设计产品主要针对工业产品领域。其次，推行产品生态设计，主要是基于保护环境角度考虑，从源头提升产品绿色水平，减少资源消耗、改善产品的环境绩效、实现可持续发展战略，同时降低成本、减少潜在的责任风险以提高竞争能力（吴薇群等，2016）。总体来看，生态设计产品更多的是一种环境友好型工业产品，属于环境标记产品、绿色产品范畴，或者可以称作生态工业产品。《中国制造 2025》提出，“支持企业开发绿色产品，推行生态设计，显著提升产品节能环保低碳水平，引导绿色生产和绿色消费”。2015 年，国家标准委批准发布《生态设计产品评价通则》《生态设计产品标识》《生态设计产品评价规范家用洗涤剂》等。

2. 生态产品是生态标签产品

生态标签亦称绿色标志、生态标志等，国际标准化组织将其称为环境标志，是一种经过环境认证的产品证明性商标。通常是指由政府部门或公共、私人团体依据一定的环境标准向有关厂家颁布证书，证明其产品的生产使用及处置过程全部符合环保要求，对环境（有的也包括消费者）无害或危害极少，或者同时有利于资源的再生和回收利用的一种特定标志。其主要目的是引导、提高消费者的环境保护意识，通过消费者的选择和市场竞争，引导生产者使用更好的工艺生产对环境友好的产品。产品贴上生态标签，表明该产品不仅质量合格，而且从原材料的采掘到最终废弃物的处置，整个生命周期过程均符合特定的环境保护要求等（王寿兵等，1999）。一般来说，生态标签产品具有更高的价格和竞争优势。许多实施环境标志的国家把环境标志作为非关税壁垒，限制无环境标志产品进口（董妍和苍璠，2013）。生态标签成为发达国家绿色贸易壁垒的重要依据。

生态标签根据认定主体不同，可以分为政府、非政府组织、买家制定三种类型的生态标签。从其针对的客体来说，可以分为主要针对减少环境损害的环境标志和主要针对生态安全性或原产地的生态标志两类，前者更多的是强调环境健康，后者更多的是关注人体健康，有优质、美好、健康、安全的含义；此外，前者更多的是生态工业产品，后者更多的是生态农业产品。一些学者认为只要贴上了生态标签的产品就是生态产品（黄如良，2015；董恒宇，2015）。这一定义与将生态设计产品定义为生态产品相比，是从更加实用、市场化的角度来定义生态产品，但仍然是从狭义的、微观层次来定义的（黄如良，2015）。从严格意义上说，生态标签产品更多的还是属于工业、农业生产的物质产品，很多方面并不直接来源于自然界，因此并不是真正的生态产品。但是考虑到它将生态环境保护纳入产品设计之中，因而它具有生态产品的某些属性，是生态产品的萌芽状态。

3. 生态产品是生态环境友好型产品

任耀武和袁国宝（1992）认为，所谓“生态产品”是指通过生态工（农）艺生产出来的没有生态滞竭的安全可靠无公害的高档产品，是在一般意义优质产品的基础上加上无公害安全条件的高档产品，包括生态食品或绿色食品以及不含氟利昂的节能冰箱、不含铅的燃油、不污染环境的可消解的生物塑料等。他们认为生态产品具有如下特点：①天然性，即原料是自然的、生态的，要无污染、无添加、不失真；②限量性，即强调“用之得法，取之有度”；③针对性，即针对特定消费人群；

④局限性，不是什么产品都能开发成生态产品的；⑤时效性，即往往存在最佳时效期。

这一定义强调了三个方面：一是强调生态产品是生态工（农）艺生产出来的，是工业生产或农业生产过程的产物。二是强调生态产品是没有生态滞竭的安全可靠无公害的，即强调生产过程及产品本身对生态环境和人体健康没有危害。三是强调生态产品是高档产品，即视生态为美好、健康、安全、优质、协调。总体来看，这一定义本质上认为生态产品是生态环境友好型产品。与将生态产品视为生态设计产品相比，这一定义范畴要更大一些。生态标记产品与生态环境友好型产品是一致的，只不过生态标记产品经过严格认证程序，而环境友好型产品则不一定，因此范畴更宽泛；此外，生态标记产品更加强调产地的特殊性和对人的健康的关注，后者更强调对环境的关注。

4. 生态产品等同于生态系统服务

Daily（1997）提出生态系统服务是指自然生态系统及其物种所提供的能够满足和维持人类生活需要的条件和过程。Constanza 等（1997）认为，生态系统服务是指人类从生态系统功能中获得的惠益。MA 将生态系统服务定义为人们从自然系统获得的各种惠益，并将生态系统产品和服务当作生态系统服务功能的同义词，这一说法被人们广泛接受。Boyd 和 Banzha（2007）认为，生态系统服务并不是人类从生态系统获得的收益本身，而是能为人类提供福利的生态组分。从生态系统服务概念来看，大部分学者都认可从经济学和福利学角度将其作为从自然获得的福利和惠益，但也有学者从生态学角度强调其产生这种惠益的结构、功能和过程。但无论从何种角度出发，学术界普遍都认为生态系统服务既包含有形的、可直接利用的物质产品，也包括无形的、间接利用的服务产品。

部分学者认为生态系统服务与生态产品是同义词，是一种广义上的生态产品概念（黄如良，2015）。夏光（2012）认为，国际上生态系统服务、环境产品和服务的概念与我国生态产品概念相似，前者是指自然生态系统所具有的调节局部气候、稳定物质循环、持续提供生态资源、为人类提供生存条件等多种功能，后者是指为了保护和改善环境、维护生态平衡、保障人体健康而生产和提供的各种产品与服务。张瑶（2013）认为，生态产品就是能够满足人类需要的与自然生态要素或生态系统有较为直接关系的产品，包括有形的物质产品如有机食品、空气净化器、绿色农产品等，无形的产品如经过治理和保护的清洁水源和空气，以及森林、湿地等。王永海（2014）认为，生态产品和目前较普遍使用的生态系统服务的概念有较多的重合。沈茂英和许金华（2017）认为，基于 MA 对生态系统服务概念的界定，生态产品与生态服务概念趋于统一。

5. 生态产品是生态系统服务中的供给服务或生态系统产品

MA（2005）确定的四种生态系统服务类型中与人类生活直接相关的服务类型有供给服务、调节服务和文化服务，其中供给服务是指从生态系统获得的产品，包括食物、纤维、淡水及遗传资源等；调节服务是指从生态系统过程的调节作用中获得的收益，如调节气候、水资源以及调控某些人类疾病；文化服务是指通过精神生活、发展认识、思考、消遣娱乐以及美学欣赏等方式，人类从生态系统获得的非物质收益，包括知识体系、社会关系以及美学价值等方面（傅伯杰和于丹丹，2016）。欧阳志云（2013）认为，“生态系统产品与服务是指生态系统与生态过程为人类生存、生产与生活所提供的条件与物质资源，生态系统产品包括生态系统提供的可为人类直接利用的食物、木材、纤维、淡水资源、遗传物质等；生态系统服务包括形成与维持人类赖以生存和发展的条件等，包括调节气候、调节水文、保持土壤、调蓄洪水、降解污染物、固碳、产氧、植物花粉的传播、有害生物的控制、减轻自然灾害等生态调节功能，以及源于生态系统组分和过程的文学艺术灵感、知识、教育和景观美学等生态文化功能”。

部分学者从语义学上阐释生态产品（王兴华，2014；张华，2014；黄如良，2015）。第一种观点将生态产品理解为偏正结构，生态产品中的“生态”是修饰词，黄如良（2015）认为，这里的产品主要是指有形产品，因此生态产品其实就是“生态系统服务”中的“供给服务”，是生态系统服务的一个子集，是一个偏狭义的定义；还有部分人认为应理解为是产品的一种特殊功能属性，这种功能属性如同经济产品、文化产品等一样，是附着于产品上的在直接使用功能之外的其他功能，通常是指产品的无害性、可循环性，甚至可以推广为生产产品的生态化、绿色化的功能，如绿色食品等（张华，2014）。第二种观点从动宾结构解读生态产品，“生态”是动词，即“源于生态系统的”或“由生态系统产出的”，黄如良（2015）认为，由此派生出的概念类似于“环境产品和服务”，主要指为了保护和改善环境、维护生态平衡、保障人体健康而生产和提供的各种产品和服务；张华认为（2014），如果将生态系统从狭义上理解为自然系统，则生态产品应是从自然系统中生产出的产品，如森林、湿地、物种、气候、河流、海洋等。

6. 生态产品是良好的生态环境或自然要素

《全国主体功能区规划》（2010）对生态产品进行了较为详细的论述（图 1－3）。规划中明确提出生态产品指维系生态安全、保障生态调节功能、提供良好人居环境的自然要素，包括清新的空气、清洁的水源和宜人的气候等。规划认为，生态产品同农产品、工业品和服务产品一样，都是人类生存发展所必需的。规划指出，生态功能区提供生态产品的主体功能主要体现在：吸收二氧化碳、制造氧气、涵养水源、保持水土、净化水质、防风固沙、调节气候、清洁空气、减少噪音、吸附粉尘、保护生物多样性、减轻自然灾害等。

赵同谦等（2004）认为，生态系统服务功能是指生态系统与生态过程所形成及所维持的人类赖以生存的自然环境条件与效用。杨伟民（2015）认为，生态产品就是“良好的生态环境，包括清新的空气、清洁的水源、舒适的环境、宜人的气候，是人类生活的必需品、消费品”。曾贤刚等（2014）认为，生态产品包括清新的空气、清洁的水源、生长的森林、适宜的气候等看似与人类劳动没有直接关系的自然产品。贾治邦提出（王永海，2014），“生态产品主要通过建设森林生态系统、保护湿地生态系统、改善荒漠生态系统来生产，其功能主要包括吸收二氧化碳、制造氧气、净化空气、调节气候、涵养水源、净化水质、提供淡水等等”。王兴华（2014）

认为，生态产品是良好的生态环境或自然要素和包含生态特性的商品两类。

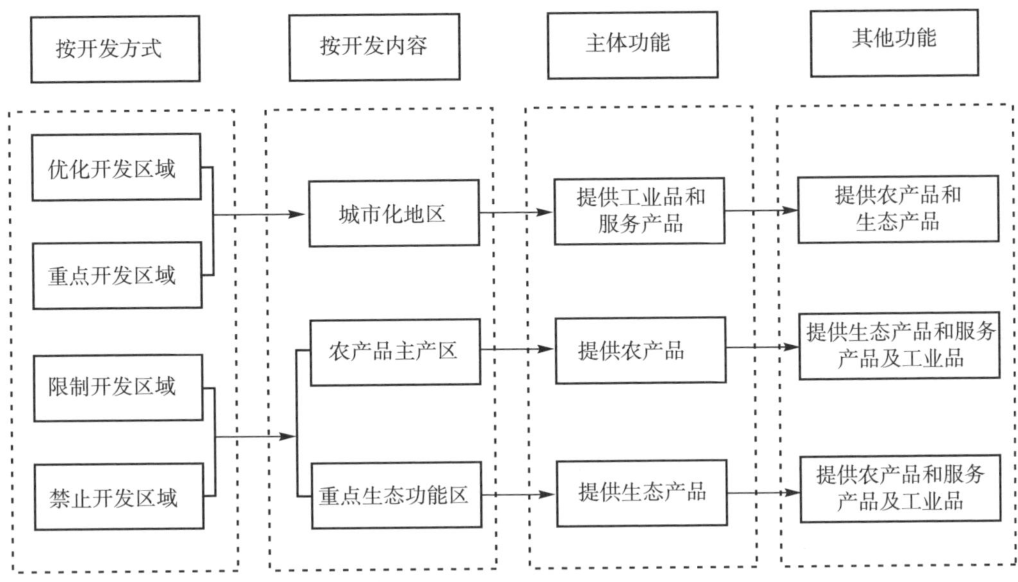

图 1－3 我国主体功能区分类及其功能

1.1.3 不同理解的分析视角

综合上述研究发现，关于生态产品内涵和外延存在较大差异，不同学者从不同视角对生态产品的界定，也为准确把握这一概念提供了良好的基础。总结上述观点，可以将目前对于生态产品的概念归纳为以下几个视角。

一是环境经济学视角的生态标志产品。这一视角强调生态产品是具有生态特性的商品，是一种有形物质产品，并且能够进行直接利用或交易，强调降低对环境的损害和增强人的健康安全，包括生态设计产品、生态标签产品。

二是生态经济学视角的生态系统产品及服务。这一视角强调生态产品是人们从生态系统获得的各种惠益，强调其自然物品的特性，既包括有形的物质产品，也包括无形的生态系统服务，或者仅仅包括生态系统产品及供给服务。

三是政治经济学视角的生态生产和需求产品。这一视角也将生态产品视为人们从生态系统获得的各种惠益，但同时把生态产品与工业产品、农业产品、服务产品并列，既强调其社会生产的属性，更强调用来满足人类生态需求的特殊功能性，仅包括用来维系生态安全、保障生态调节功能、提供良好人居环境等的生态系统服务。

四是可持续发展视角的生态环境友好型产品。这一视角将所有符合可持续发展要求的上述三类均纳入生态产品。一些观点把生态产品等同于绿色产品、有机产品的概念。还有的观点认为，举凡依托生态资源所生产的产品都是生态产品，比如各种形态的林产品。

1.2 相关概念辨析

生态产品的概念涉及生态学、环境学、经济学、可持续发展等自然和人文社会科学的多个领域，涉及面广。科学辨析生态产品与相关概念之间的内涵特征、外延范围、相互关系，是准确认识与把握生态产品内涵的重要前提。

1.2.1 自然资源、生态环境

自然资源是在一定的时间和技术条件下，能够产生经济价值、提高人类当前和未来福利的自然环境因素的总称（马永欢等，2014）。广义的自然资源包括一切人类需要的自然物，是实物性自然资源和舒适性自然资源的总和。狭义的自然资源只包括实物性资源，即在一定社会经济技术条件下，能够产生生态价值或经济价值，从而提高人类当前或可预见未来生存质量的天然物质和自然能量的总和（张强，2016）。尽管对自然资源概念内涵的理解存在差异，但自然性、有用性、稀缺性是其共同点。生态资源是自然资源的一种，是其必不可少的重要组成部分。高吉喜等（2016）认为，生态资源是指为人类提供生态产品和生态服务的各类自然资源，以及各种由基本自然要素组成的生态系统等。

生态本意指的是生物的生存状态，现在主要有四种理解，一是指自然生态系统，即生物要素及其环境组成的森林、草地、湿地等生态系统整体；二是指一种关系，即生物与生物之间和生物与环境之间的关系；三是指一个理论，即研究这些关系的科学也就是生态学；四是指一种美好，包含美好、生动、和谐、协调、健康等含义。环境一般指人类生存的空间及其中可以直接或间接影响人类生活和发展的各种自然因素。山水林田湖草是一个生命共同体，生态环境构成了生态系统的整体，不能将二者割裂开来。曲格平将对“生态环境”一词的理解归纳为四种：“一是认为生态环境可以理解为生态与环境；二是当某些事与生态、环境都有关，或者分不太清是生态问题还是环境问题时，就笼统称作生态环境；三是视生态为美好、协调，把生态环境理解为不包括环境污染；四是生态环境就是环境，污染和其他的环境问题都应该包括在其中。”

自然资源一直具有经济资源与生态系统的双重属性（张惠远等，2015）。习近平总书记指出，“生态环境问题归根到底是资源过度开发、粗放利用、奢侈消费造成的”。一方面，生态保护与污染防治密不可分，环境污染会损害生态系统的功能，生态破坏则会加剧环境污染的程度；另一方面，强化污染防治，可以减轻生态稳定的压力，强化生态保护则可以提供环境自净能力，扩大生态环境承载能力。资源、生态、环境构成了一个联系密切的整体，是人类对自然的不同角度认识的反映，是生态产品的来源。

1.2.2　生态系统功能、生态系统服务

生态系统功能是指生态系统的不同生境、生物学及其系统性质或过程。生态系统功能与生态系统服务概念既有区别，但同时又紧密相关。一方面，二者存在差异，生态系统功能侧重于反映生态系统的自然属性，生态系统服务则是基于人类的需要、利用和偏好，反映了人类对生态系统功能的利用，前者不依赖于人类的需求，而后者依赖于人类的需求。另一方面，生态系统功能是构建系统内生物有机体生理功能的过程，是维持生态系统服务的基础，生态系统服务来源于生态系统功能，生态系统结构、过程、功能、服务与价值以及人类福祉、人类活动构成了一个闭合的级联框架。虽然生态系统服务与生态系统功能有对应的关系，但两者关系不是一一对应的（冯剑丰等，2009；图 1－4）。

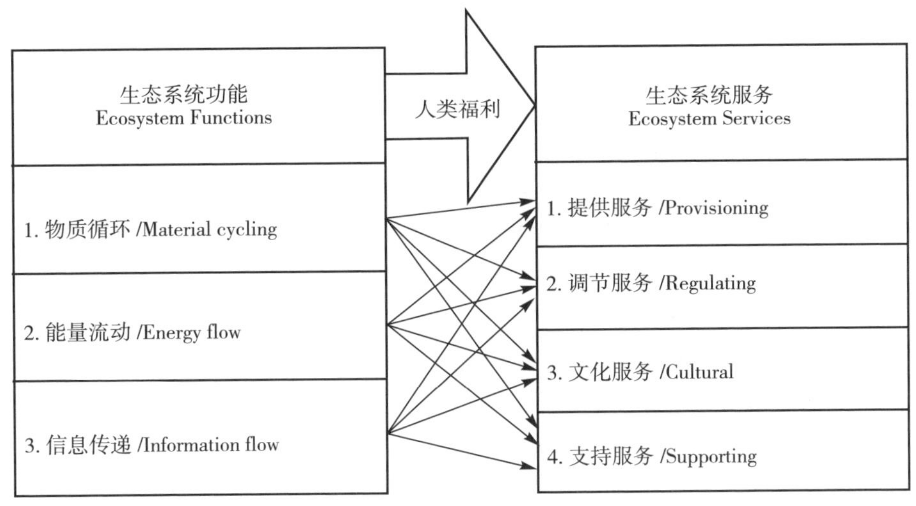

图 1－4　生态系统功能与生态系统服务的关系（冯剑丰等，2009）

生态系统服务是指人类从自然生态系统获得的各种惠益，包括生态系统功能和生态系统产品（如食物、海产品、牧草、木材、生物燃料、自然纤维、药材、工业产品及其原料等）。如前所述，生态产品也是生态系统提供给人类的惠益，因此生态产品与生态系统服务具有一致性，但是从其概念范围来说，二者不是完全等同的，只有那些用来维系生态安全、保障生态调节功能、提供良好人居环境的生态系统服务才能称之为生态产品。生态系统服务中那些生态系统产品本质上是物质产品，与生态产品是满足人的生态需求的本质不同。因此，生态系统服务的概念范围比生态产品的要大，生态产品是生态系统服务的一部分。另外，生态系统服务与生态产品一样都是用来满足人们的需求和偏好，但生态产品是生态系统服务的延续和表现形式，生态产品本质上还是一种服务。

1.2.3　生态（自然资源）资产、生态（自然）资本

资产是经济学上的概念，是指国家、企业或个人拥有的具有使用价值且能够带

来收益或预期收益的有形或无形的财产，其主要特征是能够给所有者带来收益。自然资产指非人类活动创造的自然物品，如大气、水体、土地、矿藏等，是人类生产系统的投入品，用以生产人造资产，或直接为人类提供生命支持产品或服务（胡聃，2004；高吉喜和范小杉，2007；高吉喜，2013）。生态资产是在自然资源价值和生态服务价值两个概念的基础上发展起来的，是二者的结合与统一（高吉喜和范小杉，2007）。高吉喜等（2016）认为，生态资产是指可为人类提供服务和福利的生态资源与生态环境实体，具有清晰产权和市场交换价值，是所有者财富和财产的重要构成部分。张强（2016）将生态资源资产定义为，一定时空范围内自然生物及其所组成的生态系统等生态资源通过生物生产提供的各种直接或间接的福利，包括无形的生态系统服务以及有形的自然资源和生态产品及其价值。与生态资产相关的概念还有环境经济学所采用的环境资产。

资本是能够为未来提供有用产品流和服务流的存量（Hicks，1974）。《布伦特兰报告》（1987）在阐述可持续发展思想时，提出“把环境当作资本看待，认为环境和生物圈是一种最基本的资本”。Costanza 等（1991）将自然资本定义为产出自然资源流的存量，是自身或通过人类劳动而增加其价值的自然物和环境。世界银行（1995）在此基础上指出，自然资本的实物形态是指整个生态环境的自然综合体（包括各种自然资源、生态环境的净化能力），以及各种环境和生态功能等，按其形成是否有人类劳动投入可区分为纯自然资本和人造自然资本。Sarageldin（1995）提出人类社会至少存在四种类型的资本：人造资本、自然资本、人力资本和社会资本，后来被广泛接受，成为可持续资本的框架。Daily（1996）指出，自然资本是指能够在现在或未来提供有用的产品流或服务流的自然资源及环境资产的存量，包括可更新和不可更新两类。Costanza（1997a）认为，资本是在一个时间点上存在的物资或信息的存量，自然（生态）资本就是生态系统资源的物质、能量和信息的储存。在自然资本概念基础上，又衍生了生态资本的概念（高吉喜，2013），是指能产生未来现金流的生态资产，具有资本的一般属性。

自然资源、自然资产、自然资本是相互联系、相互作用的自然环境的不同方面，自然资源强调自然环境的自然属性，自然资产强调自然环境的社会属性，自然资本强调自然环境的经济属性；三者都源于自然环境，但又有所区别；从其概念分析，三者存在递进性关系，自然资源/资产强调自然资源的产权，自然资本强调自然资产的价值与经营（张强，2016）。高吉喜等认为，生态资本是能产生未来现金流的生态资产，通过循环来实现自身的不断增值，而生态资产则更多地以形态转换来体现其价值并实现价值的增值，虽然生态资产与生态资本的实体对象是一致的，但只有将生态资产盘活，成为能保值或增值的资产，才能成为生态资本（高吉喜，2014；高吉喜等，2016）。严立冬等（2010a）从产权、投资、运营角度分析了生态资本的形态转换过程，即“生态资源—生态资产—生态资本—生态产品”，并提出“存在价值—使用价值—生产要素价值—交换价值”是生态资本价值实现的内在逻辑（图 1－5）。

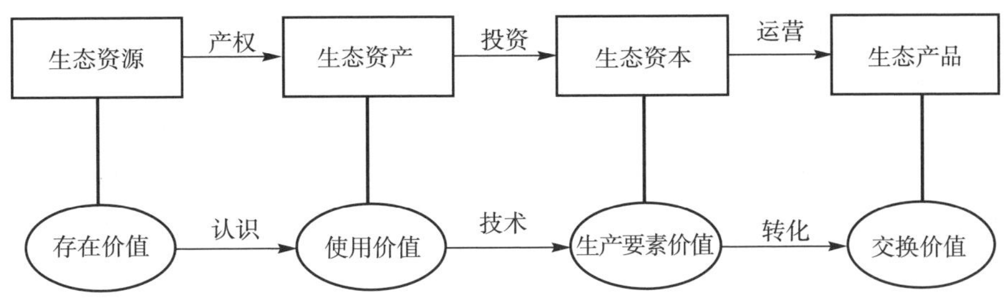

图 1－5 生态资本的形态转换与价值实现路径（严立冬等，2010a）

1.2.4 物质产品、自然产品

生态产品是与物质产品、文化产品相并列的支撑人类生存和发展的三类产品，与物质产品和文化产品主要用于满足人们物质和精神生活需要的属性不同，生态产品主要维持人们生命和健康的需要（曾贤刚等，2014；黄如良，2015；廖福霖，2017）。刘思华先生指出："从（20 世纪）80 年代中期起，我国生态经济科学工作者就从整个人类社会历史活动的宏观角度，提出了四种生产理论模式，即人口生产、物质生产、精神生产和生态生产。"生态产品是从人类社会再生产的角度提出的，主要是通过人类对生态系统保护、修复、治理的生态生产来提供。从需求角度来说，产品也可以而且更应该从需求角度定义，清洁空气、清洁水源、舒适环境和宜人的气候，都是人类正常生活必不可少的，而且从当前全球以及我国这些产品的供应来看，比物质类的商品供应更为紧缺（杨庆育，2014）。

生态产品具有价值和生态价值，物质产品具有价值和使用价值，是否具有生态价值是生态产品与物质产品区别的根本属性，生态产品的生态价值与物质产品的使用价值不同，它是人类为自然服务的体现，是人类社会对生态环境的一种补偿（南平环保局，2013）。生态产品中具有物质形态的产品，也可称为物质产品，但这不是社会生产意义的物质产品，而是从其物理形态出发的归类。曾贤刚等（2014）认为依托生态资源所衍生的物质产品也不等同于生态产品，以林业为例，大致可以分为木质林产品和非林质产品两类，这两类物质产品和生态产品一样，都依托生态资源而生，但其内涵、形态及其特点完全不同。

清新的空气、清洁的水源和宜人的气候等，既属于生态产品的范畴又属于自然产品的范畴，生态产品与自然产品具有高度的重合性，自然产品天然具有生态价值，生态产品是人类为自然生态系统服务所生产的产品，这里强调了人类通过生态保护、修复、治理所付出的劳动。这符合马克思所指出的商品本质——耗费人类劳动，也与其他物质商品一样为人们所使用，凝聚着人类的一般劳动价值（杨庆育，2014）。因此，生态产品与自然产品的根本差异，在于生态产品带有社会属性，是人类自觉活动的成果，自然产品则属于纯天然性质，是生态系统自发运行的结果（佚名，2012）。王永海（2014）认为，生态产品具有两个基本标志，一是其生产过程是通过生态资源的能量交换和其自然属性进行的，二是不同于传统意义上的一般物质产品，生态产品存在形式是功能性的。

1.2.5 工业产品、农业产品、服务产品

农业产品、工业产品、服务产品是人类通过农业生产活动、工业生产活动和服务生产活动形成的成果和提供的产品，分别对应着第一产业、第二产业、第三产业。从三次产业分类来看，第一产业是指以利用自然力为主，生产不必经过深度加工就可消费的产品或工业原料的部门，包括农、林、牧、渔等构成的农业活动；第二产业是对初级产品进行再加工的部门，包括各类采矿、制造、建筑等工业活动；第三产业是为生产和消费提供各种服务的部门，指不生产物质产品的行业即服务业，又可分为生产性服务业和生活性服务业。第一产业和农业产品以及第二产业和工业产品对应着人的物质需求，体现为物质产品。第三产业和服务产品既对应着人的物质需求，也对应着人的精神需求，但体现为无形产品和文化产品。目前通行的分类体系没有考虑人的生态生产活动以及生态需求，生态产品是人类通过生态生产活动所生产出来的用于满足生态需求的产品，未来应作为第四产业提出。

自然生态系统或者其载体国土空间具有多功能性，能够用来提供工业产品、农业产品、服务产品和生态产品，但其作为一个整体，不同功能产品间存在权衡关系，要通过主体功能区、多功能管理等手段协调不同产品的供给关系，推进社会全面发展。农业产品、工业产品、服务产品和生态产品分别由不同的国土空间分工承担。根据《全国主体功能区规划》，"城市化地区是以提供工业品和服务产品为主体功能的地区，也提供农产品和生态产品；农产品主产区是以提供农产品为主体功能的地区，也提供生态产品、服务产品和部分工业品；重点生态功能区是以提供生态产品为主体功能的地区，也提供一定的农产品、服务产品和工业品"。

1.3 生态产品的内涵与构成分析

生态产品的提出是基于当前人类生态环境恶化加剧和生态需求提升的现实情况，对其内涵的理解应以人类文明发展的历史视角和人类社会生产的宏观视角进行分析。从现有四类认识视角来看，环境经济学视角将生态产品视为生态标志产品过于狭隘，后者本质上还是一种物质产品，与生态产品的内涵有巨大差距；生态经济学视角将生态产品视为生态系统产品或生态系统服务，也没能很好区分物质产品和生态产品的界限，也不是从人类社会生产视角出发；可持续发展视角将生态产品视为生态环境友好型产品，过于宽泛，不能体现生态产品的时代性和实践性；政治经济学视角将生态产品视为生态生产和需求产品，我们认为是当前最为合理的研究视角。

1.3.1 概念内涵界定

1. 从供给角度来说，生态产品是由人类通过生态生产过程提供和生产的

生态产品来源于生态系统。具体来说，生态产品是人类通过生态保护、修复、

治理、建设等活动，依托自然生态过程所生产的产品或者提供的自然要素。这里强调生态产品具有自然属性，主要是通过生态系统的自然生态过程所生产。这里的生态系统既包括自然生态系统，也包括人工生态系统。杨伟民（2015）提出生产生态产品也是需要“耕地”的，也就是需要生产资料，生态产品的“耕地”就是生态空间。这里的生态空间是指所有绿色生态空间，也是包含自然生态系统和人工生态系统的绿色空间。

《全国主体功能区规划》《关于划定并严守生态保护红线的若干意见》《自然生态空间用途管制办法（试行)》中生态空间的概念，均是指以提供生态服务或生态产品为主体功能的国土空间。这里的生态空间强调了其主导功能性，即主要用来提供生态产品的空间。实际上，生产、生活空间也包括生态空间，也提供生态产品。《全国主体功能区规划》指出，“即使是城市化地区，也要保持必要的耕地和绿色生态空间，在一定程度上满足当地人口对农产品和生态产品的需求”。与生态空间类似的还有生态用地概念，与主体功能区划中仅把主导功能为生态功能的空间划为生态空间不同，生态用地包括一切提供生态功能的土地（表 1－1）。

表 1－1　生态空间有关概念

名称	来源	内涵
绿色生态空间	《全国主体功能区规划》	生态空间包括绿色生态空间、其他生态空间；其中，绿色生态空间包括天然草地、林地、湿地、水库水面、河流水面、湖泊水面；其他生态空间包括荒草地、沙地、盐碱地、高原荒漠等
生态空间	《关于划定并严守生态保护红线的若干意见》	生态空间是指具有自然属性、以提供生态服务或生态产品为主体功能的国土空间，包括森林、草原、湿地、河流、湖泊、滩涂、岸线、海洋、荒地、荒漠、戈壁、冰川、高山冻原、无居民海岛等
自然生态空间	《自然生态空间用途管制办法（试行)》	自然生态空间（以下简称生态空间），是指具有自然属性、以提供生态产品或生态服务为主导功能的国土空间，涵盖需要保护和合理利用的森林、草原、湿地、河流、湖泊、滩涂、岸线、海洋、荒地、荒漠、戈壁、冰川、高山冻原、无居民海岛等
生态用地	龙花楼等(2015)	生态用地是以保护和稳定区域生态系统为目标，能够直接或间接发挥生态环境和生物支持等生态系统服务且其自身具有一定自我调节、修复、维持和发展能力，除人工硬化表面之外，其他能够直接或间接提供生态系统服务的土地

2. 从需求角度来说，生态产品的功能在于满足人们健康、舒适等生态需求

生态产品主要用于满足人们维系生态安全、保障生态调节功能、提供良好人居环境、寄托自然情感等生态需求。千年生态系统服务评估早就明确了生态系统与人类福祉密切相关。黄如良（2015）认为，生态产品是有益于人的健康的产品，是与人类福祉高度相关的产品。张瑶（2013）认为，生态产品偏重满足人类对健康生活的需要，强调的是人与自然生态之间的关系。根据马斯洛需求层次理论，人类需求像阶梯一样从低到高按层次分为五种，分别是：生理需求、安全需求、社交需求、尊重需求和自我实现需求（图1－6）。工业产品、农业产品基本上还是满足生理需求，生态产品反映了人们对健康、安全、舒适、情感等更高层次的需求。因此，生态产品不应包括农产品，农产品是在生理层次的需求。

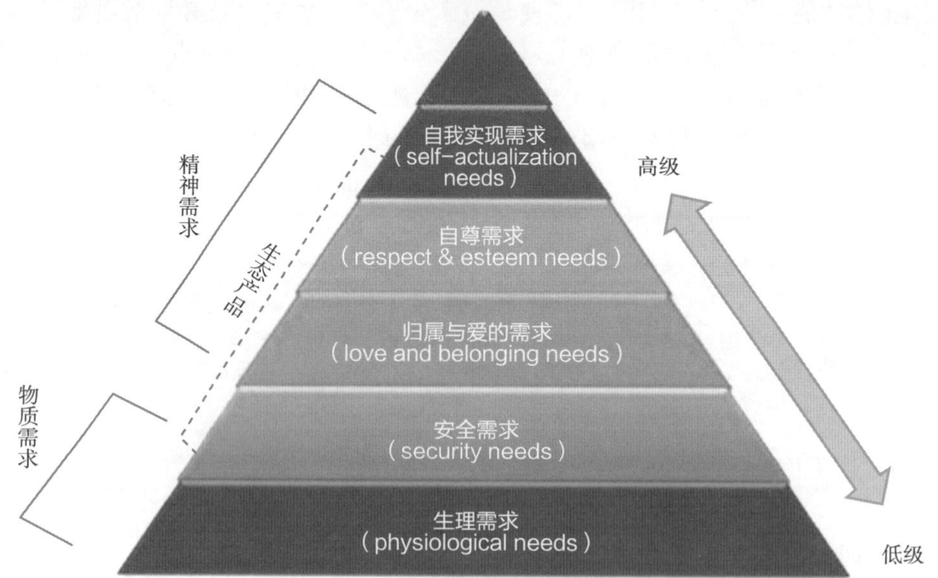

图1－6　马斯洛需求层次框架图

3. 从存在形式角度来说，生态产品多是以功能形式存在的自然要素

生态产品总是依附于特殊的“机器”（即特殊的生产资料）而存在的，绝大部分部分生态产品是无形的（杨庆育，2014）。考察生态产品的生成及其作用过程机理，可以发现生态产品与传统意义上的产品相比，最大的区别在于它的形态（王永海，2014）。在空间上，生态产品以功能形式存在，对其存在的定性以及定量的分析是通过测定作用效果的方式实现的，尚没有一般物理意义上的形态可以与之对应；在时间上，生态产品以流量形式存在，其功能的发挥是以持续不断地提供流量的方式进行（王永海，2014）。从其本质来说，生态产品是一种自然要素。与自然资源等类似，生态产品具有多维度的价值，不仅具有使用价值，还具有非使用价值；不仅具有经济价值，还具有非经济价值；因此对生态产品的价值评估是一个非常困难的事情（黄如良，2015）。

4. 从消费角度来说，生态产品的消费具有地域性和难以计量性

多数生态产品都只能在一定的空间单元范围发挥作用，很难运输到异地消费（廖福霖，2017）；生态产品是由多因子组成的巨大复杂系统生产出来的，有些生态产品又具有复合整体性，如森林固碳和防风固沙作用可以一同产生与消费。因此，生态产品效用发挥具有空间地域特性，即具有不可分割性、特定指向性、整体性（王永海，2014）。另外，生态产品的生产过程就是其效用的发挥过程，因此生态产品具有即时性，如树木生长的过程就是其固碳释氧的过程，也即生态产品生产和其生态作用发挥的过程——消费过程（王永海，2014）。由于生态产品多数以无形形式存在，而且具有不可分割性，导致个体消费的难以计量和分割性或者不可计量性，这就使得交易依据难以明晰。对于绝大多数生态产品来说，对其进行描述只能是在对其所产生的效果进行科学分析的基础上，借助其他相对应的物理概念完成描述（王永海，2014）。

5. 从管理角度来说，生态产品具有公共物品属性

生态产品具有公共物品的两种本质属性，即消费的非排他性和非竞争性（廖福霖，2017）。生态产品的显著特点之一就是适合于集体制造和公共享有，不具有排他性，具有明显的公用性和公共消费品的特性（张瑶，2013；杨庆育，2014）。消费者不需要通过市场交换就可以实现消费，其产品的效用是敞开发散式的，一个人消费生态产品不影响、也无法拒绝其他人消费（佚名，2012）。经济学将满足人类需求的物品分为“自由物品”和“经济物品”，所谓“自由物品”是指自然界中天然存在且人类可以不计任何代价就能取用的，如空气、江河淡水等，生态产品很大程度上属于“自由产品”（黄如良，2015）。良好生态环境是最公平的公共产品，是最普惠的民生福祉，生态环境作为一种特殊的公共产品比其他任何公共产品都更重要。

6. 从时间维度来看，生态产品具有动态性

生态产品本质上依赖于人的认识和偏好。沈茂英和许金华（2017）指出，人类对生态产品的认识是逐渐深化的，对生态资源的开发利用亦呈现出由直接使用价值向非使用价值逐渐加深的过程。因此，生态产品无论其内涵构成还是价值构成都是随着人类的认识和偏好变化的，具有动态性。

综合以上分析，生态产品既具有自然属性（天然性、地域性、多样性、整体性等），又具有经济属性（多用性、有限性），还具有社会属性（不可替代性、公益性等）。本书将生态产品界定为广义和狭义两个概念，生态产品所指范围也相应不同。

广义上的生态产品是人类从生态系统获得的各种惠益和服务，即生态产品等同于生态系统服务。考虑到“产品”是以人为中心的概念，本书将生态产品定义为，人类通过对自然生态系统的生态保护、修复、治理、建设和其他有意识的行为活动，依托自然生态过程所生产的，用于维系生态安全、保障生态资源供给、提供良好人居环境、满足自然生态消费、寄托自然情感等生态需求的各类自然要素和服务。狭义上的生态产品是指生态系统服务中用来满足安全性需求、舒适性需求、情感性需求等非物质性需求的那部分，其中包括生态标记农产品，因为生态农产品一般需要符合严格的生态标准，本质上体现了人类对农产品附加生态价值的消费。无论是广义还是狭义的生态产品，都不包括经过生态化改造或者基于生态设计的生态工业标记产品。

1.3.2 生态产品价值构成

生态产品因其特殊的形态，其价值表现为自然的价值，体现为自然物体间以及自然物体对整个自然系统所产生的功能。“劳动价值论”“边际效用价值论”和“生态（存在）价值论”等价值理论是生态产品价值来源的理论基础。总体来看，生态产品具有多维度的价值，不仅具有使用价值，还具有非使用价值；不仅具有经济价值，还具有非经济价值（黄如良，2015）。作为一种产品，生态产品强调的是生态要素本身所具有的价值以及为了生产生态产品所必需的投入（曾贤刚等，2014）。本研究在综合考虑前人成果的基础上，根据价值来源将生态产品价值归纳为劳动价值、资源价值、使用价值、生态价值、存在价值等。

1. 劳动价值

劳动价值论认为人类为自然资本的保护和发展所耗费的劳动，就构成了自然资本的价值实体。生态产品是人类通过对自然生态系统的生态保护、修复、治理、建设等活动，依托自然生态过程所生产的产品，蕴含了人类通过生态保护、修复、治理、建设所付出的劳动。这符合马克思所指出的商品本质——耗费人类劳动，也与其他物质商品一样为人们所使用，凝聚着人类的一般劳动价值（杨庆育，2014）

2. 资源价值

生态产品中水、森林、湿地、草地、河流、湖泊、各类自然保护地以及动植物资源等自然要素实体，本身具有稀缺性和有用性，可以直接或间接地为人类的生产、生活提供原材料等实物形态，能够产生经济价值，并具有提高人们生活福利水平的物质资源的价值。这部分资源一般情况下能直接进入市场，可以用市场价格来衡量其价值。

3. 使用价值

生态产品的使用价值是指自然生态系统及其物种所提供的能够满足和维持人类生活需要和舒适性的自然环境条件与效用的服务价值，包括直接使用价值和间接使用价值。具体包括在调节气候、土壤保持、涵养水源、防风固沙、吸纳降尘、调节水分、控制侵蚀与沉积物滞留、基因资源、旅游观光、娱乐休闲、科学文化等方面提供的服务价值。

4. 生态价值

生态产品的生态价值具有两层含义。首先是相互依赖性，任何生物个体的存在，在实现自身生存价值的同时，也同时为相关、相类的其他生物个体存在创造着条件；其次是整体平衡性，所有生存的物种和生物个体，对于全球整体生态系统，都具有保持其稳定和平衡的作用。

5. 存在价值

存在价值是指生态资源对个人、他人和子孙后代所提供的未来的、潜在的、可能的以及尚未认知的价值，包括生态资源的选择价值、遗赠价值、伦理价值、审美价值等，它是由生态资源存在本身决定的价值。其中，选择价值（及准选择价值）是生态资源将来可能提供利用的某种服务、福利的价值；遗赠价值是生态资源保存遗赠给人类下一代的价值；伦理价值是生态资源有其自身存在的“权利”价值；审美价值是生态资源提供给人类的审美等愉悦性价值。存在价值形式的认识是不断发展的，难以进入市场进行量化（张强，2016）。

1.3.3 生态产品分类

当前，不同学者从不同角度对生态产品进行了分类，尚没有一个公认的统一框架。曾贤刚等（2014）依据公共产品理论，将生态产品分为如下四种类型：全国性公共生态产品、区域或流域性公共生态产品、社区性公共生态产品和“私人”生态产品。也有人根据产品生态价值的大小与使用价值的对比关系，将其划分为生态产品、准生态产品、半生态产品、准物质产品和物质产品（王琳琳，2012）。

由于生态产品与生态系统服务、生态资产等具有很强的渊源，因此生态产品的分类可以借鉴相关分类体系。MA 将生态系统服务分为供给、调节、支持、文化四类，已经被全世界广为接受。关于生态系统服务、生态资产也有学者采用二分法进行分类，包括产品和服务、有形和无形、可再生和不可再生、纯生态造和人造、资源与服务等。李金昌（1999）将环境资源对人类的功能分为物质功能和生态功能两类，前者为人类提供物质产品，后者为人类提供舒适性服务。欧阳志云和王如松等（1999）将生态系统服务分为产品与环境两大类和八小类。高吉喜（2013）将生态系统服务分为两大类，即生态系统提供的人类生活必需的生态经济产品和保证人类生活质量的生态功能。

《全国主体功能区规划》中，生态功能区提供生态产品的主体功能主要体现在：吸收二氧化碳、制造氧气、涵养水源、保持水土、净化水质、防风固沙、调节气候、清洁空气、减少噪音、吸附粉尘、保护生物多样性、减轻自然灾害等。考察这一定义，发现生态产品主要包括生态系统服务中部分供给服务以及调节服务、文化服务。

从广义的生态产品来看，主要是用于维系生态安全、保障生态资源供给、提供良好人居环境、满足生态物质消费、寄托自然情感等生态需求的各类自然要素和服务。本书以马斯洛层次需求理论为基础，结合生态产品功用性和物质形态，将生态产品分为生态资源产品和生态服务产品。其中，生态资源产品主要是有形的供给服务，生态服务产品又可分为生态安全产品、生态舒适产品、生态文化产品三类。生态安全产品是基本的生态产品，用来满足基本的安全需求，主要包括涵养水源、保持水土、防风固沙、减少灾害等调节服务；生态舒适产品是优质生态产品的主体，用来满足社会归属和自我尊重需要，主要是干净的水、清洁的空气、宜人的环境、优美的景观（生态旅游）、安全的食品等舒适性需求；生态文化产品用来满足人的精神情感和自我实现需要，主要是科研、文化等服务。

1.3.4 优质生态产品

生态产品是一种舒适性产品或服务，直接影响人类的健康，因此其消费必须高质量、高品质。1967 年，Krutilla 在其经典论著《自然资源保护再认识》中提出自然资源的舒适性价值，随后这一概念逐步扩展。董照辉和毛永（2007）认为，舒适性资源是为人类提供舒适性服务，满足人类生理和精神舒适性需求的自然要素与人文要素的集合，舒适性资源是自然资源生产性资源的一类，自然舒适性资源与物质性资源、环境容量性资源和自维持性资源都是自然资源的功能，因此各功能间相互交叉重叠、相互制约、相互影响。生态产品是自然的产物，属于舒适性资源的概念延伸，是一种舒适性产品或服务，从其功用性来说也主要是满足人们关于健康安全、宜居舒适方面的需求。

党的十九大提出，提供更多优质生态产品，以满足人民日益增长的优美生态环境的需要。理解好优质生态产品的内涵，对于开展生态文明实践，增强生态产品生产能力具有重要意义。一方面，优质生态产品指的是生态产品的质量品质，优质生态产品就是具有优质生态环境质量的产品，包括清洁的空气、干净的水、安全的土壤、优美的环境等。另一方面，优质生态产品也指生态产品生产能力，目前生态产品的供给能力和质量均不能满足人们的需求。要提供更多的优质生态产品就需要提高生态产品生产能力。夏光（2012）认为，提供优质生态产品，就要在确保存量的基础上寻求增量，即现有优质自然资源不被破坏和过度消耗，同时要拓展新的、更多的生态产品。

1.4 生态产品研究的重要意义

1.4.1 现实背景

随着我国经济社会的发展，物质产品和文化产品短缺的时代已经基本过去。与此同时，伴随着生态问题的凸显、加剧以及生态意识的不断提升，人们对干净的水、清洁的空气、舒适的环境、宜人的气候等生态方面的需求越来越多、越来越高。虽然我国生态环境治理力度明显加大，成效明显，但总体来看，长期快速发展中累积的资源环境约束问题日益突出，生态环境保护仍然任重道远。正如《全国生态保护与建设规划（2013—2020 年）》中所说，“当前，生态问题仍然是我国经济社会可持续发展的重要制约因素之一，生态产品仍然是我国短缺的重要产品之一，生态差距仍然是我国与发达国家重要的差距之一”。

1. 生态安全问题突出

根据环境保护部和中国科学院共同开展的《全国生态环境十年变化（2000—2010 年）遥感调查与评估项目》，自 2000 年以来，我国生态系统格局与生态系统服务功能呈总体改善趋势，但传统的水土流失、石漠化、沙漠化和生态系统质量差等问题依然严重，城镇化与资源开发导致的流域生态退化、城市生态功能退化和人居环境恶化等问题仍在加剧（欧阳志云，2017）。

《全国生态保护与建设规划（2013—2020 年）》指出，全国水土流失面积 295 万 km^2，年均土壤侵蚀量 45 亿 t，每年淤积水库库容 16.24 亿 m^3、损毁耕地 6 万多 $hm^2$①；全国沙化土地面积 173 万 km^2；我国草原超载过牧仍然严重，可利用天然草原 90% 存在不同程度的退化；湿地开垦、淤积、污染、缺水仍然严重，导致湿地面积缩减，生态功能降低或丧失。《"十三五"生态环境保护规划》指出，全国湿地面积近年来每年减少约 510 万亩②，900 多种脊椎动物、3 700 多种高等植物的生存受到威胁。资源过度开发利用导致生态破坏问题突出，生态空间不断被蚕食侵占，一些地区生态资源破坏严重，系统保护难度加大。《全国生态保护"十三五"规划纲要》指出，全国森林、灌丛、草地生态系统质量为低差等级的面积比例分别高达 43.7%、60.3% 和 68.2%；我国高等植物的受威胁比例达 11%，特有高等植物受威胁比例高达 65.4%，脊椎动物受威胁比例达 21.4%；遗传资源丧失和流失严重，60% ~70% 的野生稻分布点已经消失；外来入侵物种危害严重，常年大面积发生危害的超过 100 种（图 1－7）。

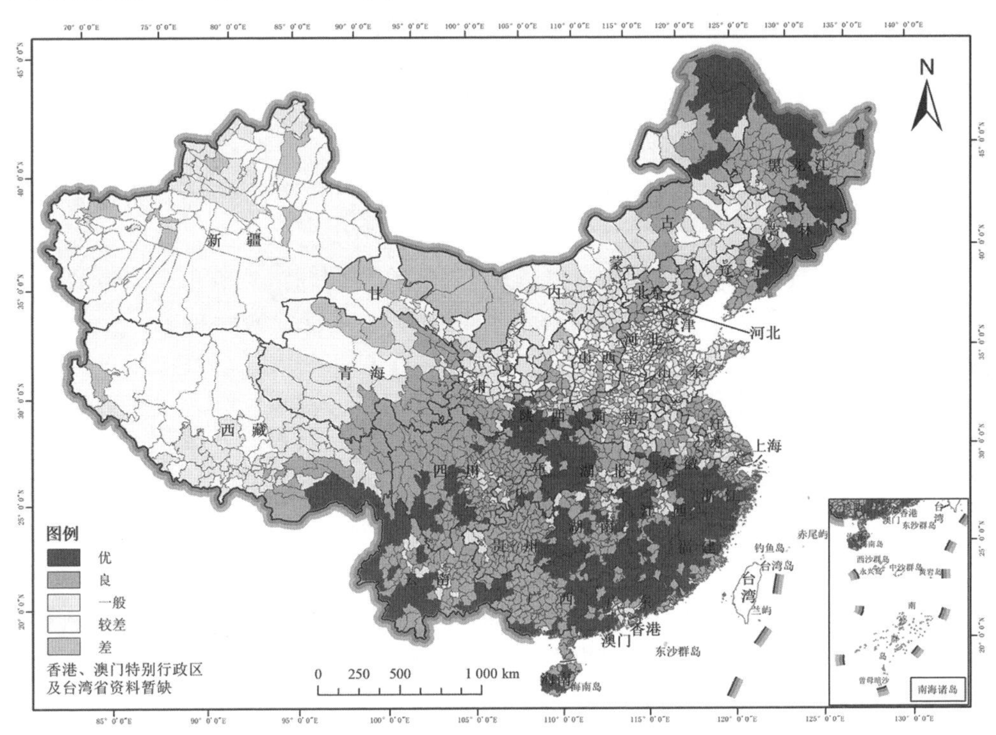

图 1－7　全国 2016 年县域生态环境质量分布示意图

2. 环境污染严重

根据《"十三五"生态环境保护规划》，我国化学需氧量、二氧化硫等主要污染

① $1hm^2 = 0.01km^2$。

② 1 亩 $= 666.667m^2$。

物排放量仍然处于2 000万t左右的高位，环境承载能力超过或接近上限。78.4%的城市空气质量未达标，公众反映强烈的重度及以上污染天数比例占3.2%，部分地区冬季空气重污染频发高发。饮用水水源安全保障水平亟须提升，排污布局与水环境承载能力不匹配，城市建成区黑臭水体大量存在，湖库富营养化问题依然突出，部分流域水体污染依然较重。全国土壤点位超标率16.1%，耕地土壤点位超标率19.4%，工矿废弃地土壤污染问题突出。城乡环境公共服务差距大，治理和改善任务艰巨。

2017年，全国338个地级及以上城市中空气质量超标的约占71%，重度及以上污染天数比例2.5%；河北、山西、天津、河南、山东5省（市）优良天数比例仍不到60%，汾渭平原优良天数比例逐年下降；在颗粒物浓度逐年下降的同时，全国O_3浓度同比上升8.0%，京津冀大气污染传输通道“2+26”城市、汾渭平原等升幅较大，成为下一步需要重点关注的问题。[①] 全国地表水国控断面Ⅰ~Ⅲ类水体比例67.9%，开展监测的地级及以上城市集中式生活饮用水水源地监测断面（点位）平均达标率90.5%，淮河、黄河、珠江流域水质下降，辽河、黄河流域劣Ⅴ类水体比例有所反弹；长江口、珠江口、杭州湾等部分河口海湾污染依然严重；部分重有色金属矿区及周边耕地土壤环境问题较为突出，化肥、农药、农膜等使用量仍处在较高水平，危险化学品生产企业搬迁改造、长江经济带化工污染整治等腾退地块的环境风险管控压力较大，土壤污染防治任务艰巨。

根据《全国农村环境综合整治“十三五”规划》，我国仍有40%的建制村没有垃圾收集处理设施，78%的建制村未建设污水处理设施，40%的畜禽养殖废弃物未得到资源化利用或无害化处理，农村环境“脏乱差”问题依然突出。38%的农村饮用水水源地未划定保护区（或保护范围），49%未规范设置警示标志，一些地方农村饮用水水源存在安全隐患。2012年，全国798个村庄的农村环境质量试点监测结果表明，农村饮用水水源和地表水受到不同程度污染，试点村庄1 370个饮用水水源地监测断面（点位）水质达标率为77.2%，很多农村地区已几乎找不到未被污染的河流（夏光，2015）。“垃圾围村”“垃圾围城”等现象触目惊心。

3. 人民群众生态环境需求强烈

随着经济社会的发展，人民的生态环境意识不断提升。环境保护部宣传教育司2013年组织开展的全国生态文明意识调查数据显示，对于党的十八大报告中提出的建设“美丽中国”战略，99.5%的受访者选择了高度关注并积极参与生态文明建设，78.0%的受访者认为建设“美丽中国”是每个人的事，93.0%的受访者了解生态文明，其余的受访者表示会加强对相关知识的关注和学习。受访者对雾霾、生物多样性、环境保护法等的了解率均在80%以上，其中对雾霾的了解率达到99.8%；但对$PM_{2.5}$、世界环境日、环境问题举报电话等的回答准确率都在50%以下，其中能确切说出$PM_{2.5}$的受访者只有15.9%。另外，受访者对14个有关生态文明知识的平均知晓数量为9.7项，其中对14个知识均知晓的占1.8%（见图1-8）。

① 李干杰，《国务院关于2017年度环境状况和环境保护目标完成情况的报告》。

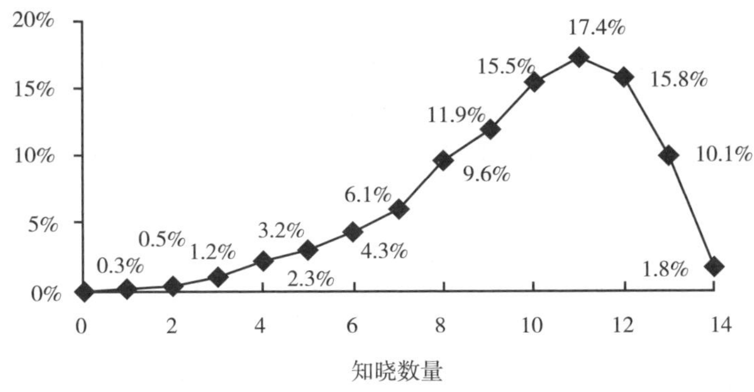

图 1－8　受访者对生态文明知识的知晓广度

数据来源：《环境保护部宣传教育司 2013 全国生态文明意识调查研究报告》。

环境污染的群体事件成为社会稳定的重大隐患。根据夏光（2015）的研究，2005 年以来环境保护部直接接报处置的环境事件共 927 起，重特大事件 72 起；自 1996 年以来，环境信访和投诉数量保持年均 29% 的增速，社会公众由过去对环境问题知之甚少或无暇顾及，逐步转变到十分关注和坚持维权。近年来发生的大规模官民冲突事件许多是由环境问题引起的，厦门和大连的 PX 项目事件、什邡的钼铜事件、启东的排污事件、番禺的反垃圾焚烧事件等就是典型案例。有专家统计，由环境污染引发的群体事件以年均 29% 的速度递增，已经远远超过我国的 GDP 增速（俞可平，2015）。

生态产品供给能力不足。根据《全国城市生态保护与建设规划（2015—2020 年）》，截至 2014 年年底，全国城市建成区平均绿地率为 36. 29%，与国家生态园林城市标准要求的 38% 仍有一定差距。老旧城区绿量不足，部分城市老旧城区人均公园绿地面积不到 6 m^2，不足全国城市人均公园绿地面积的一半。根据 2012 年世界银行报告，2009 年中国因 PM_{10} 污染引发公众发病和过早死亡造成的健康损失占国内生产总值的 2. 8%。根据 2014 年环境保护部“中国人群环境暴露行为模式研究”调查结果，由于规划和产业布局原因，我国有 1. 1 亿居民住宅周边 1 km 范围内有石化、炼焦、火力发电等重点关注的排污企业，1. 4 亿居民住宅周边 50 m 范围内有交通干道，我国有 2. 8 亿居民使用不安全饮用水；我国居民经口饮水暴露的健康风险是美国的 2. 4 倍，经皮肤暴露的健康风险是美国的 40%。

4. 绿色发展成为时代主题

当今世界，绿色发展已经成为时代潮流，世界各国都把推动绿色发展作为转型发展和可持续发展以及作为抢占未来科技和产业竞争制高点的重要手段和路径。我国政府也一直重视生态环境保护，大力推进绿色发展和可持续发展。2007 年党的十七大提出生态文明建设，2012 年十八大又将生态文明建设纳入中国特色社会主义“五位一体”总体布局之中。此后，中共中央、国务院先后印发了《关于加快推进生态文明建设的意见》《生态文明体制改革总体方案》，十八届五中全会进一步把绿色发展作为指导我国经济社会发展的“五大发展理念”之一。习近平总书记也多次强调，“绿水青山就是金山银山”，保护生态环境就是保护生产力。推进绿色发展，建设生态文明，已经成为“十三五”乃至更长时期我国经济社会发展的一个基本理念，也是中国特色社会主义现代化建设的重要引领和重大任务。

2017 年，党的十九大对生态文明建设进行了全面总结和重点部署，提出一系列新变革、新理念、新要求、新目标和新部署。将建设生态文明提升为“千年大计”，将“美丽”纳入国家现代化目标之中，将“优质生态产品”纳入民生范畴，将坚持人与自然和谐共生作为新时代坚持和发展中国特色社会主义的基本方略之一，提出“建设生态文明是中华民族永续发展的千年大计”“我们要建设的现代化是人与自然和谐共生的现代化，既要创造更多物质财富和精神财富以满足人民日益增长的美好生活需要，也要提供更多优质生态产品以满足人民日益增长的优美生态环境需要”“到本世纪中叶，把我国建成富强民主文明和谐美丽的社会主义现代化强国”，全面开启了社会主义生态文明建设新时代的新征程。

当前，我国已经进入高质量发展阶段。高质量发展理所应当包含高质量生态环境保护，高质量生态环境保护又促进其他方面的高质量发展。随着经济社会的发展，人民群众开始从“求生存”“盼温饱”，过渡到“求生态”“盼健康”，希望天更蓝、山更绿、水更清、环境更优美。党的十九大提出，我国社会主要矛盾已经转化为人民日益增长的美好生活需要和不平衡不充分的发展之间的矛盾。人民日益增长的美好生活需要包括人民对美好生态环境、优质生态产品的期盼，而生态环境方面发展不平衡不充分的问题突出、短板明显。因此，党的十九大提出要提供更多优质生态产品以满足人民日益增长的优美生态环境需要，建设美丽中国。我们要建设的美丽中国，不仅有绿水青山，也有金山银山，不仅是物质产品、文化产品的消费需求得到全面满足，也是优质生态环境需求得到全面满足、人与自然和谐共生的状态。

1.4.2 重要意义

我国提出的生态产品的概念，尤其是党的十九大所指的生态产品，有着鲜明的时代背景和实践意义，全面认识和理解生态产品提出的现实背景以及深层原因，深刻把握生态产品提出的重大历史意义和现实意义，对于树立正确的生态产品理念，完善生态产品理论体系，推进生态产品实践具有重要意义。

1. 体现了中国特色社会主义对人与自然关系认识的最新成果

生态文明是中国特色社会主义的重大创新，也是生态产品的理论依据和实践基础。生态文明问题的核心是正确处理人与自然的关系，党的十九大明确了人与自然和谐共生的基本方略。生态产品概念的提出，体现了党在认识论方面始终坚持“从群众中来，到群众中去”的实践本质，体现了党始终坚持的历史唯物主义的原则立场（王永海，2014）。生态产品的提出将使以前人们对森林等自然生态系统提供各种服务功能的模糊认识进一步清晰化（高建中，2007）。建立生产生态产品就是发展生产力，有利于在思想深处树立人与自然平等、和谐共生的理念。

工业革命以来，人类改造自然的能力大幅提升，但带来的生态破坏也日益严重，人与自然的矛盾越来越尖锐，其中的根本原因就是没有认识或重视自然的价值，从生态文明再到生态产品，不仅在于把生态价值具象化，更重要的是把自然的发展与人的发展统一到一体，形成“人与自然是生命共同体”的理念。生态产品作为一种历史的客观存在，对于它的认识研究，充分说明我们党自觉服从历史发展规律，从影响历史发展的具体因素入手，主动推动历史进步的历史唯物主义立场（王永海，2014）。从历史观角度，习近平提出了“生态兴则文明兴，生态衰则文明衰”，生态产品是这一哲学观点在实践领域的最新表现。

2. 体现了生态文明新时代与新发展理念的必然要求

我国进入社会主义新时代，高质量发展、绿色发展、生态文明是新时代的重要特征和根本任务。提出生态产品，不仅从生产的角度丰富了“发展”的内涵，也从消费的角度丰富了“发展”的内涵。习近平多次强调“生态就是资源、生态就是生产力”“保护生态环境就是保护生产力，改善生态环境就是发展生产力”“绿水青山就是金山银山，宁要绿水青山不要金山银山，而且绿水青山就是金山银山”，全面阐释了新时代的新发展理念。生态产品是绿水青山的外在体现，是绿色发展的内在要求，也是一种新的社会生产方式和供给内容，指明了绿色发展的重要路径——增加优质生态产品供给，新时代的发展既包括物质生产、文化生产也包括生态生产。

从需求角度来说，广大人民群众在解决温饱后，越来越关心生活质量问题，能否呼吸到新鲜空气，能否饮用安全水，能否吃到安全食品，这些决定了人民群众的生存和生活质量，也成为老百姓最根本的利益需求（张瑶，2013）。习近平提出“环境就是民生，青山就是美丽，蓝天也是幸福”，生态产品概念的提出极大地丰富了社会主义民生观。党中央提出了以人民为中心的发展理念，目前人民群众对生态环境问题感到十分焦虑，也十分关注与关切。提出生态产品的概念与建设任务，向老百姓提供更多更稳定的优质生态产品和服务，切实提高人民群众的生存和生活质量，以满足人民日益增长的优美生态环境新期待，是提升人民群众获得感、幸福感和安全感的必然要求。

3. 是生态环境保护战略转型转折的重大标志

党的十九大提出我国社会主要矛盾已经转化为人民日益增长的美好生活需要和不平衡不充分的发展之间的矛盾，要提供更多优质生态产品以满足人民日益增长的优美生态环境需要。进入新时代，生态环境保护战略已经从底线治理转向为优质供给，也需要加强供给侧改革。生态生产不足、质量不高是当前生态环境问题的一个重要表现，建设生态文明就要增加绿色供给，提供更多的优质生态产品，未来生态环境保护和生态文明建设工作的重心和核心就是增强生态产品的产出能力和供给水平（王永海，2014）。

生态产品的提出也为促进生态环境体制改革与治理能力的提升提供了新的视角和途径，也必将引起自然资源和生态环境管理理论与实践的重大转变。自然资源部和生态环境部的组建，为我国生态环境管理提供了重大机遇。一方面，未来要进一步明确二者在生态产品方面的职能和定位，相互独立、相互配合，确保优质生态产品的持续高效供给。另一方面，可以通过生态产品的价值量化等具体管理手段创新，并将其纳入生态环境管理体系，提升政府、公众对生态文明的认识和觉悟，实现现代化的生态文明治理体系和治理能力。

4. 是资源环境经济科学理论实践的重要创新

生态产品提供了资源环境经济学科新的增长点。资源低价、环境廉价是资源浪费与环境污染的基础性原因。生态文明提出之前，人们在承认自然生态环境效用的同时，对其稀缺性缺乏足够的认识，认为它是人类存在的前提，是人类可以永久依赖、取之不尽、用之不竭的宝库。生态产品概念的提出，揭示了生态资源作为生产要素之于生态产品之间的关系，实际上确立了生态资源经济学意义上的地位（王永海，2014）。“天下没有免费的午餐。”一方面，生态产品确立了生态资源的价值意义，生态产品来自生态资源，因此生态资源成为一种重要的生产要素独立存在，由此生态资源的计量、核算、交换就显得十分必要（王永海，2014）。另一方面，生态产品既有了经济学的意义，也就具有了一般产品的共性，即只要投入一定的生产要素，就可以不断地生产，从而为科学管理和合理配置生态资源，进一步解放和发展生产力提供了理论上的支持（王永海，2014）。

生态产品概念的提出必将带动相关生态产业的发展。一方面，有利于确立生态功能区的发展权的问题，生态功能区虽然不能发展农产品、工业品，而是通过保护修复自然生态来提供生态产品，发展的内容不一样，但也是一种发展；同时生态产品具有价值，由于其难以分割性和公共产品特性，需要政府代表生态产品的消费者来购买生态功能区提供的生态产品，为解决生态补偿的理论依据问题提供了新的依据（杨伟民，2015）。另一方面，随着增强生态产品生产能力和提供更多优质生态产品成为重要任务，未来生态产品也将进入国民经济发展体系，成为继工业、农业、服务业的第四产业，成为国民经济社会发展新的经济增长点。

本书主要针对当前生态产品理论内涵不清、研究框架不统一、评估量化不准确、缺乏管理政策等问题，按照理论、方法、实践、管理的研究框架，科学辨析生态产品的内涵与外延，系统梳理生态产品的理论体系，全面综述生态产品的研究进展，科学构建生态产品价值评估的框架体系，展示提供生态产品价值评估的方法库、案例库以及价值实现的案例，初步提出增强生态产品供给和健全生态产品现代化治理体系的意见对策，以期为生态产品这一新兴领域的发展贡献一点力量，也为促进生态文明建设、建设美丽中国提供必要支撑。

第 2 章
生态产品及价值理论基础

作为一门跨学科的新兴研究领域，生态产品及其价值实现的理论体系构建目前还处于起步阶段。生态产品及其价值的研究，既涉及价值观念、文化伦理等哲学领域，也涉及供给与消费、定价与交易等经济学领域，还涉及生态产品评估、生态过程模拟等自然科学研究，以及生态补偿、法规政策等管理学领域的研究，需要梳理并构建跨学科的理论体系。生态产品及其价值研究是在生态系统服务相关研究的基础上发展起来的。虽然生态产品是一个新兴的概念和学科，但是关于生态环境价值、自然资源资产的探讨一直以来都是哲学、经济学、社会学、管理学等人文科学以及地理学、生态学、环境科学等自然科学的重要内容，这对于生态产品及其价值理论体系构建均具有重要的借鉴作用。

2.1 可持续发展及相关哲学基础

对自然生态价值的认识是生态产品及其价值的重要理论基础。从中国古代传统文化到西方哲学伦理思想，从马克思主义理论到我国社会主义生态文明实践，古今中外的许多哲学家、思想家、理论家都对自然生态价值进行了深入研究和探讨，为生态产品及其价值研究提供了坚实的哲学基础。生态产品的概念是在国际推动可持续发展以及在我国全面推进生态文明建设的背景下产生和发展的，也理所当然地成为可持续发展和生态文明理论体系中的重要一部分，可持续发展和生态文明理论是生态产品的最直接的理论基础和依据。

2.1.1 中国古代对生态产品及其价值的认识

中国传统文化的思想内涵博大精深，其中的生态思想更是源远流长，为今天提供了丰富的生态智慧。从文化流派来看，以儒释道三家影响为主，儒家的天人合一、道家的道法自然、佛家的众生平等思想妇孺皆知，深入人心，是我国优秀传统生态文化的精华所在。从内涵层次来看，包含生态世界观、生态价值观、生态伦理观、生态实践观、生态美学观等生态文化意蕴和取向。生态价值观是人们对自然万物和自然环境对人类生存与发展意义的认知和呈现，是人与自然和谐的世界观、伦理观、发展观、实践观的基石。我国古代先民很早就对生态系统的产品与服务功能及其价值有了感性认识与实践。

1. 天地为生存之本

我国古代先民很早就认识到，自然是万生之源，这里的万生不仅是指所有生命，也指生产生活等生存活动。老子在《道德经》中提出“道生一，一生二，二生三，三生万物”，这里的道即自然的代名词。《周易》中说，“大哉乾元，万物资始，乃统天”“至哉坤元，万物资生，乃顺承天”，所谓“有天地然后有万物，有万物然后有男女”。《淮南子·修务训》说，“古者民茹草饮水，采树木之实，食蠃蛖之肉”，很生动地道出了远古人类依靠采集和捕获野生动植物作为食品的生存方式。中国古代最早的医书《内经·素问》也说，“人生于地，悬命于天，天地合气，命之曰人。人能应四时者，天地为之父母”。

古代农业生产的基本要素是土地、山林、水源等，离开了这些自然因素，农业生产就无法进行，人类也就失去了衣食之源、生存之本。春秋时期管仲在其著作《管子》中就提出，“地者，万物之本原，诸生之根菀也，美恶、贤不官、愚俊之所生也”“水者何也，万物之本原也”“山泽救于火，草木殖成，国之富也”。战国时期荀子说：“今是土之生五谷也，人善治之，则亩数盆，一岁而再获之，然后瓜桃枣李一本数以盆鼓。然后荤菜百蔬以泽量。然后六畜禽兽一而剸车，鼋鼍鱼鳖鳅鳣以时别一而成群。然后飞鸟凫雁若烟海。然后昆虫万物生其间，可以相食养者不可胜数也。”

2. 万物皆有价值

我国古人早就认识到大自然的一山一水、一草一木都有其存在价值，“郁郁黄花无非般若，青青翠竹皆是法身”“一切众生悉有佛性，如来常住无有变易”，这些诗句就是这一认识的体现。基于万物有灵的信仰，延伸出中国古代的自然崇拜。《山海经·西次之经》说“昆仑之丘，是实惟常之都”，为“百神之所在”。《史记·秦始皇本记》所载海中蓬莱、方丈、瀛洲三仙山，《列子·汤问》所载蓬莱、瀛洲、岱舆、员峤、方壶五神山等。《山海经》神话中有青鸟、凤鸟、凰鸟、鸾鸟、黄鸟、精卫等神鸟。这些思想一直延续到现在，我国很多少数民族地区仍然存在神山圣水的自然崇拜。

我国古代对自然价值的认识具有多维性。一方面，认识到了价值的动态性，“沧海桑田”等典故、“时人不识凌云木，直待凌云始道高”等诗句，蕴藏着人们对自然价值动态变化的认识。另一方面，我国古代也较早认识了自然价值的辩证性，“沉舟侧畔千帆过，病树前头万木春”“落红不是无情物，化作春泥更护花”“梅须逊雪三分白，雪却输梅一段香”，体现了古人对自然资源价值认识的辩证思考。

我国古代文化也特别注重尊重自然的价值。孔子曰：“天何言哉？四时行焉，百物生焉，天何言哉？”《荀子·天论》中明确指出：“天行有常，不为尧存，不为桀亡。应之以治则吉，应之以乱则凶。”老子在《道德经》中提出，“人法地，地法天，天法道，道法自然”。朱熹说：“人为万物之灵，自是与物异，若迷其灵而昏之，则与禽兽何别？”

3. 取用有节、顺应时中可持续利用思想

春秋时期的管仲提出了“以时禁发”的原则，他认为“山林虽近，草木虽美，宫室必有度，禁发必有时”。孟子、荀子进一步继承和发展了管子的“以时禁发”思想。孟子提出，“不违农时，谷不可胜食也；数罟不入洿池，鱼鳖不可胜食也；斧斤以时入山林，材木不可胜用也。谷与鱼鳖不可胜食，材木不可胜用，是使民养生丧死无憾也”“故苟得其养，无物不长；苟失其养，无物不消”。荀子则使管仲生态伦理思想进一步系统化、具体化：“草木荣华滋硕之时，则斧斤不入林，不夭其生，不绝其长也……春耕、夏耘、秋收、冬藏，四者不失时，故五谷不绝而百姓有余食也；污池渊沼川泽，谨其时禁，故鱼鳖优多而百姓有余用也；斩伐养长不失其时，故山林不童而百姓有余材也。”《吕氏春秋》中说：“竭泽而渔，岂不获得？而明年无鱼；焚薮而田，岂不获得？而明年无兽。”

中国古代也强调“取用有节”。孔子主张“政在节财”“天地节而四时成，节以制度，不伤财，不害民”“子钓而不纲，弋不射宿”。唐代名相陆贽亦曰：“取之有度，用之有节，则常足；取之无度，用之无节，则常不足。生物之丰败由天，用物之多少由人，是以圣王立程，量入为出。”《孝经》《礼记》记载：“曾子曰：‘树木以时伐焉，禽兽以时杀焉。’夫子曰：‘断一树，杀一兽，不以其时，非孝也。’”《吕氏春秋》提出“覆巢毁卵，则凤凰不至；刳兽食胎，则麒麟不来；干泽涸渔，则龟龙不往”“水泉深则鱼鳖归之，树木盛则飞鸟归之，庶草茂则禽兽归之”。朱熹所说：“物，谓禽兽草木。爱，谓取之有时，用之有节。”《周礼·地官》中记载

"天之生物有限，人之用物无穷。若荡然无制，暴殄天物，则童山竭泽，何所不至！刑罚之施，至是不得不行"。

4. 乐山乐水、亲近自然的生态价值风尚

天人合一是中国古代文人雅士的最高精神追求。《周易》明确指出"圣人与天地合其德"。《易经》中也说："夫大人者，与天地合其德，与日月合其明，与四时合其序，与鬼神合其吉凶。先天而天弗违，后天而奉天时。"汉代董仲舒说："天人之际，合而为一。"宋代张载提出，"儒者则因明至诚，因诚至明，故天人合一"。程颐说："人之在天地，如鱼在水，不知有水，只待出水，方知动不得。"道家《老子》说："人法地，地法天，天法道，道法自然。"佛教的理想是建立佛陀净土，进入极乐世界，这里的净土、极乐世界就是人与自然和谐的世界，《大正藏》等佛教典籍中提出，"极乐世界，净佛土中，处处皆有七妙宝池，八功德水弥满其中""常有种种奇妙可爱杂色众鸟""诸池周匝有妙宝树"。

乐山乐水、亲近自然是古人生活的理想状态。孔子说"仁者乐山，智者乐水"，古往今来的许多名士贤达皆把亲近自然作为一种理想状态。陶渊明的桃花源，成为世人美好生活的理想国。《徐霞客游记》让许多人生出了流连于名山大川寻找野趣闲情的追求和梦想。以王维为代表的山水田园诗派和山水画派所描绘的美妙图景，承载着千百年来人们对美丽家园与美好生活的想象。竹林七贤、竹溪六逸，成为历代文人雅士的偶像。诗意栖居、禅意禅趣，成为高品位、高品质生活的重要表征。可以说，我国古代先民很早就开始了对优质生态产品的生产和消费，这种消费风尚和价值追求是人们对优美生态环境需求的朴素来源，也是今天我国生态产品理论与实践的重要基础。

2.1.2 西方有关资源环境价值的生态伦理思想

1. 非人类中心主义的生态伦理观

传统的人类中心主义只承认人是主体，不承认自然的价值，导致生态危机的产生。与之相对应，非人类中心主义认识到了自然的价值和重要性。动物权利论、生物中心主义、生态整体主义构成了非人类中心主义生态伦理流派。动物权利理论认为，人与动物是平等的，人不应该为了自己的利益去牺牲、侵犯动物的利益。与此同时，生物中心主义理论认为包括植物和低等动物在内的所有生命都有不依赖人类意志为转移和评价的内在价值，认为只关心人与人之间关系和行为的伦理学是不完善的，要敬畏生命、尊重自然。在上述思想的基础上，对动植物的伦理思想逐步扩大到整个生态系统——即大地，形成了以大地伦理为代表的生态整体主义思想。生态整体主义理论以一种整体观的态度去审视人与自然界的关系，认为由生物和非生物组成的生态系统的平衡是我们应该关注的对象。相关代表性思想包括利奥波德土地伦理观、盖娅假说、宇宙飞船说等。

利奥波德土地伦理观。土地伦理是生态中心主义的一个代表。19 世纪，利奥波德（Aldo Leopold）在其《沙乡年鉴》中抒发了土地伦理的情怀。"地球——其土壤、高山、河流、森林、气候、植物以及动物，是不可分割的有机体，它们拥有内在权利，即与人类共享这个星球的生命形式，拥有继续存在下去的权力，即生存权。”利奥波德认识到人类自己不可能替代生态系统服务功能，并指出，土地伦理将人类从自然的统治者地位还原成为自然界的普通一员。利奥波德在人与自然环境关系上的一个重大贡献，就是他首次提倡人们要与自然环境建立“伙伴关系模式”，以取代把自然环境当成征服和统治对象的传统关系模式。作为环境哲学的先驱者，利奥波德更加深刻地指出，把自然视为与人平等的伙伴而不是征服和统治的对象，就需要将自然当作像人一样的伙伴来尊重其应有的价值，而不是只承认自然仅仅具有满足人的需要、实现人的目的的工具性价值。

盖娅假说。20 世纪 60 年代，英国大气学家詹姆斯·洛夫洛克（James E. Lovelock）提出了盖娅假说。在这个假说中，洛夫洛克把地球比作一个自我调节的有生命的有机体。但这并不意味着世界是有生命的，而是说明生命体与自然环境——包括大气、海洋、极地冰盖以及我们脚下的岩石——之间存在着复杂连贯的相互作用。这些相互关系共同作用使地球保持着适度的稳定状态，以使生命继续生存。这种平衡状态——有时也称为体内平衡——是生命有机体的特性之一，有机体通过内部调节维持现状。一般认为，该假说包含 5 个层次的含义：一是地球上的各种生物有效地调节着大气的温度和化学构成；二是地球上的各种生物体影响生物环境，而环境又反过来影响达尔文生物进化过程，两者共同进化；三是各种生物与自然界之间主要由负反馈环连接，从而保持地球生态的稳定状态；四是认为大气能保持在稳定状态不仅取决于生物圈，而且在一定意义上是为了生物圈；五是认为各种生物调节其物质环境，以便创造各类生物优化的生存条件。前两层被称为弱盖娅学说，后三层为强盖娅学说。

宇宙飞船说。1966 年，美国学者鲍丁提出了宇宙飞船经济理论，又叫太空舱经济理论。该理论指出我们的地球只是茫茫太空中一艘小小的宇宙飞船，人口和经济的无序增长迟早会使船内有限的资源耗尽，而生产和消费过程中排出的废料将使飞船污染，毒害船内的乘客，此时飞船会坠落，社会随之崩溃。为了避免这种悲剧，必须改变这种经济增长方式，要从“消耗型”改为“生态型”，从“开放式”转为“封闭式”。把良性循环的生态系统生态学观念应用于人类社会的经济模式，要求人类按照生态学原理建造一个自给自足的、不产生污染的经济或生产体系，它将是一种封闭的生态经济体系，其内部具有极完善的物质循环和更新的性能。“宇宙飞船经济理论”要求人类改变将自己看成自然界的征服者和占有者的态度，而是把人和自然环境视为有机联系的系统，即人—自然系统。强调只有对其中的资源储备和环境条件倍加爱护，才能维持乘员的生存。主张以储备型经济替代传统的增长型经济；以休养生息经济替代传统的消耗型经济；以福利量经济替代传统的生产量经济；以循环式经济替代传统的单程式经济。

2. 罗尔斯顿自然价值论

生态伦理学者霍尔姆斯·罗尔斯顿（Holmes Ralston）认为自然价值可分为两类：一类是工具价值，另一类是内在价值。自然同人类一样，都具有“内在价值”，也是作为价值主体而存在的。大自然是一切价值的源泉，生态系统的价值是一种创造性的价值，它不是价值的所有者，而是价值的生产者。罗尔斯顿认为，自然价值的存在，不依赖于评价主体，也不总是随着人们对它的评价而表现出来。罗尔斯顿继承了利奥波德的大地伦理学思想，他把利奥波德未能充分论述的关于自然价值的思想，发展成为一个完整的理论。通过生态学对自然事物的价值评价，同时依靠批判地吸取东方思想，这个理论突破了西方科学在事实和价值之间的界限，跨越了在是与应该之间的鸿沟，顺理成章地提出了对非人类对象的道德责任，为建立尊重生命和保护自然的环境哲学提供了理论根据，罗尔斯顿也因此成为环境哲学对环境价值研究的综合者（方巍，2009）。

3. 克鲁梯拉存在价值理论

克鲁梯拉（J. V. Krutilla）1967 年首次把存在价值引入主流经济学的研究，他认为某些社会成员对独有的、不可替代的自然环境的存在进行价值评价时，不一定是作为主动的消费者而是以价格歧视的垄断所有者身份来给予评价的。克鲁梯拉和非舍尔把存在价值归结为三种动机：同情、期权及未来可用的遗传信息。后期观点基本上以克鲁梯拉的观点为基础。

存在价值论者认为：可持续发展代表一种社会理性，内含一个平等的命题，全面反映社会成员的价值取向是建构可持续发展政策的重要前提。存在价值的测度是环境价值的重要组成。存在价值基于人的行为，它并不是一个完全的价值理论，而是人们计量价值量时区分出来的，没有一个客观的价值标准。

存在价值理论将价值划分为使用价值和非使用价值两部分，通常后者也称为存在价值，主要包括能满足人类精神文化和道德需求的部分，如美学价值等，与人类对自然爱和依恋的感情密切相关。无论是劳动价值论还是效用价值论，都不承认不具有使用价值的物品有价值，但存在价值论认为，独立于人们对物品的现期利用的价值，即非使用价值是客观的。

4. 威斯布罗德选择价值理论

威斯布罗德（Weisbrod）于 1964 年提出了“选择价值”（option value）的概念。选择价值又称为期权价值。期权是指资产所有者有选择买或不买、卖或不卖某项资产的权利，同样，决策者也有选择实施或不实施某项活动的权利，而这种选择能使资产所有者或经营管理者带来额外的收益，这部分收益就是选择价值。选择价值的计算又称为期权定价。一般而言，有两种期权定价模型：一是二项式期权定价模型，即运用“复制资产组合”原理对期权进行定价；二是布莱克 - 斯科尔斯定价模型，该模型是在二项式期权定价模型的基础上，由概率论与数理统计等数学方法推导而来。第一种模块只适用于未来出现仅限于两种可能情况下的期权定价，第二种可以用于未来出现无数种可能情况下的期权定价。

5. 生态马克思主义

生态社会主义（eco-socialism）也称生态马克思主义，是在 20 世纪下半叶蓬勃兴起的生态运动中形成的新学派。20 世纪 90 年代之前以莱易斯和阿格尔为代表，其主要理论是用生态危机理论取代马克思的经济危机理论。20 世纪 90 年代之后，主要存在奥康纳的双重危机理论、克沃尔革命的生态社会主义理论以及福斯特和伯克特关于马克思的生态学三种具有代表性的生态马克思主义理论（刘仁胜，2006）。其主要观点和认识如下。

发展了马克思的生态观。生态马克思主义者开启了研究生态文明的新视角，他们或是挖掘马克思的生态自然观，或者从历史唯物主义重构马克思的生态思想。伯克特在马克思的劳动价值论中发掘了马克思的生态学思想，认为自然、劳动和生产是马克思历史唯物主义中的三个主要的自然和社会概念。福斯特认为马克思把自由竞争资本主义社会中的人口、土地、工业三者作为一个生态系统来考察，这本身就是现代生态学的系统观点。福斯特认为，马克思在分析自然与社会的代谢过程中已经提出了可持续性发展这个现代生态学概念，即马克思说“真正的问题是人的可持续发展，具体说就是人和自然通过劳动进行物质变换”。

资本主义制度是生态危机的根源。经典马克思主义对资本主义危机的分析主要集中在生产领域中的经济危机，认为资本主义的基本矛盾——即生产的社会性与生产成果的私人占有之间的矛盾，最终决定了资本主义个别企业生产的有组织性和整个社会生产的无政府状态之间的矛盾，以及生产力发展与劳动者支付能力相对缩小之间的矛盾，这两种矛盾随着资本主义的资本积累和扩大再生产规模的不断扩大而不断激化，最终爆发经济危机。但是资本主义进入垄断阶段之后，基本矛盾得到缓和。莱易斯和阿格尔认为必须根据资本主义发展过程中的新危机对资本主义进行批判，而这种新危机就是生态危机。

当代资本主义经济危机和生态危机并存。奥康纳继承了 20 世纪 90 年代之前生态马克思主义的生态危机理论和异化消费理论，提出了资本主义生产的无限性与（包括自然资源在内的）资本主义生产条件的有限性之间的矛盾。资本主义生产力与生产关系之间的矛盾，资本主义生产力、生产关系与资本主义生产条件之间的矛盾共同存在于全球化资本主义体系中，形成了资本主义的双重危机。奥康纳认为，资本积累以及由此而造成的全球发展不平衡是造成双重危机存在的原因。

生态社会主义是生态危机的最终解决方案。生态社会主义强调使用价值，而不是资本主义的交换价值。要使使用价值从资本主义的交换价值中解放出来，必须使劳动从资本中解放出来。克沃尔认为，生态社会主义的基本原则是推翻资本的统治，克服劳动与劳动者的分离。克沃尔认为，生态社会主义建设要符合以下三项原则：坚持社会主义公有制，坚持计划与市场相结合的生产与分配制度和在全球范围内实现生态社会主义。

2.1.3　可持续发展理论

可持续发展理论提出之前，人们通常认为自然只是人类生产和发展的原料来源，自然的生产虽然是人类社会生产的基础，但后者并不受其限制。正是由于可持续发展理论的提出，人们才逐渐认识到自然不仅仅是人类发展的物质资料来源，自然的再生产也是人类再生产的一部分，这为提出将自然要素及其服务视为一种人类必需的产品——生态产品奠定了重要基础。生态产品的提出，进一步丰富和拓展了可持续发展理论。

1. 演进历程

如前所述，自 Rachel Carson《寂静的春天》出版以后，生态环境问题逐步引起人们的极大关注，并逐步提出可持续发展这一理念（图 2－1）。“可持续发展”一词在国际文件中最早出现于 1980 年由国际自然保护同盟（IUCN）制定的《世界自然保护大纲》。关于可持续发展的定义有 100 多个（邬建国，2014），不同学者从自然、环境、社会、经济、科技、政治等不同视角，提出了不同的定义。著名生态学家邬建国（2014）认为，1987 年世界环境与发展委员会（World Commission on Environment and Development，WCED）的定义是最被广泛接受的。以挪威前首相布伦特兰夫人为首的 WCED，在向联合国大会提交的《我们共同的未来》（*Our Common Future*）的报告中，首次正式地将可持续发展定义为：“既能满足当代人的需要，又不对后代人满足其需要的能力构成危害的发展。”这标志着可持续发展概念和模式得到正式确立。

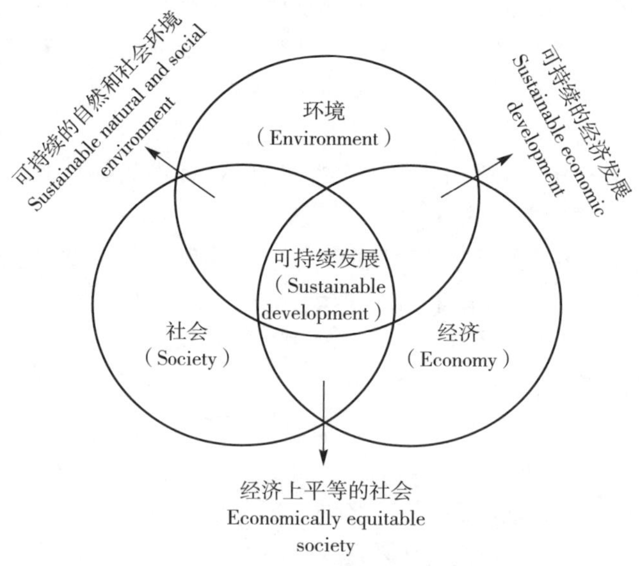

图 2－1 可持续发展的三个支柱

从可持续政策演进来看，这一理论已经从 20 世纪 60 年代对环境问题的关注演变成为一个有关发展的全球性战略（诸大建，2018）。具体来看，以五次世界性环境与发展会议为标志，可持续发展经历了五次飞跃。第一次飞跃是 1972 年联合国在瑞典斯德哥尔摩召开的首次人类环境会议，发展与环境保护矛盾的开始引起共鸣。第二次飞跃是 1992 年在巴西里约热内卢召开的联合国环境与发展大会，这次会议第一次把经济发展与环境保护结合起来进行认识，标志着“可持续发展”正式从理论走向实践。第三次飞跃是 2002 年在南非约翰内斯堡召开的可持续发展世界首脑会议，提出了可持续发展三大支柱：经济发展、社会进步和环境保护（周生贤，2012），制定了千年发展目标（Millennium Development Goals，MDGs）。第四次飞跃是 2012 年在巴西里约热内卢召开的联合国可持续发展大会，这次会议提出把绿色经济作为整合发展与环境矛盾的重要抓手，同时提出用全球合作治理来整合经济、社会、环境三者之间的冲突，把可持续发展从经济、社会、环境三大支柱拓展成为经济、社会、环境、治理四大支柱。

第五次飞跃是 2015 年在纽约召开的联合国可持续发展峰会，这次会议通过了《2030 年可持续发展议程》，提出了 5P（People，Planet，Prosperity，Peace，Partnership）理念下包含 17 个领域、169 个具体目标的可持续发展目标（Sustainable Development Goals，SDGs），标志着国际发展治理迈入新的历史阶段（图 2－2）。“5P”理念的形成与引领是《2030 年可持续发展议程》的重要创新（潘家华和陈孜，2016）。与之前的概念相比——1972 年的斯德哥尔摩人类环境会议关注和强调的“环境”一个维度，1992 年联合国里约峰会强调的“环境与发展”两个维度，2002 年约翰内斯堡可持续发展世界首脑会议提出的“经济—社会—环境”三大支柱或维度，2012 年联合国里约可持续发展大会提出的经济、社会、环境、治理四个维度，《2030 年可持续发展议程》所明确的“5P”理念中的人本、地球、繁荣、和平与伙伴关系五个维度，不仅是认知的进化和深化，更是国际社会认同文明转型的理性升华（潘家华和陈孜，2016）。

图 2－2 联合国 2030 可持续发展目标

2. 自然资本论

工业革命以来，人们对财富的追求，成为人类发展的代名词。早在亚当·斯密的《国富论》中，人们就将财富的创造和积累归结于生产和经济活动。20 世纪 30 年代，库兹涅茨提出 GDP 的概念用于衡量一个国家的经济表现，随后成为全世界衡量发展水平的通用指标。但随着生态环境问题的逐步显现和加剧，许多有识之士开始对传统的发展观和财富观进行反思。在传统财富观和发展观中，发展生产主要依靠提高劳动生产率，至于自然资源的利用是否合理、高效，生态环境是否受到影响和破坏则很少有人关心。在这样的定义下，人们谈论财富往往只强调加工资本（生产能力有多强）、金融资本（资金和财产有多少）和人力资本，而忽视自然资本这样最重要的财富。

1948 年 Vogt 第一个提出了自然资本的概念，他指出耗竭自然资源资本，就会降低美国偿还债务的能力。《布伦特兰报告》（1987）在阐述可持续发展思想时，提出“把环境当作资本看待，认为环境和生物圈是一种最基本的资本。”1988 年 David Pearce 引入了自然资本的概念，他认为如果自然环境被当作一种自然资产存量服务于经济，可持续发展政策目标就可能具有可操作性。自然资本的正式提法首先出现在 Pearce 和 Turenr 于 1990 年出版的《自然资源与环境经济学》中，不过他们并没有给自然资本下一个明确的定义。Sarageldin（1995）认为，人类社会至少存在 4 种类型的资本：人造资本、自然资本、人力资本和社会资本，这一分类后来被广泛接受。1995 年，世界银行采用这一框架将资本划分为 4 部分，用来度量各国经济社会发展的可持续性，引导人们树立可持续发展的资本观和财富观。1999 年，Paul Hawken 等出版了《自然资本论》，将自然看作人类社会的资本，这一观点得到广泛认同，随后成为可持续发展的基础理论。

自然资本可以定义为自然资源的存量，自然资本不仅包括为人类所利用的资源，如水资源、矿物、木材等，还包括森林、草原、沼泽等生态系统及生物多样性。Costanza 把自然资本定义为产出自然资源流的存量，是自身或通过人类劳动而增加其价值的自然物和环境，他同时将生态系统提供的商品和服务统称为生态系统服务，并称之为自然资本。Daly 认为自然资本是能够产生服务流和自然资源的存量。Paul Hawken 在《自然资本论》中指出自然资本可以被看作是支持生命的生态系统的总和，包括常见的为人类利用的资源———水、矿物、石油、森林、鱼类、土壤、空气等，还包括草原、大平原、沼泽地、港湾、海洋、珊瑚礁、河岸走廊、苔原和雨林在内的生命系统。与自然资本概念相似的还有自然资源资产、生态资产、生态资本。

自然资本思想的核心是人类的生存和发展离不开自然资本，尤其是某些关键自然资本，确立了自然资本在人类社会发展中的不可替代性地位。《自然资本论》指出：实际上，经济社会要健康发展，需要 4 种类型的资本整合利用方能顺利运转。这 4 种类型的资本是：（1）以体力劳动和智力、文化和组织形式出现的人力资本；（2）由现金、投资和其他货币手段构成的金融资本；（3）包括基本设施、机器、工具和厂房在内的加工资本；（4）由资源、生命系统和生态系统构成的自然资本。自然资本观体现了经济学中稀缺资源的经济价值，是环境价值的基础和依据。从公平的角度看，享有健康和洁净的环境是全人类共同的权利，任何对环境的污染和排放行为都直接或间接地利用了公共环境这种自然资本。对破坏和污染环境的企业和个人收取适当的环境治理费用，以保护他人享有健康、洁净的人居环境的权利，体现了社会公平的基本准则。

自然资本为生态产品的投资和生产提供了理论支撑。《自然资本论》提出了 4 项基本改革，大力提高自然资源生产率、按“闭路循环”模式设计生产、从销售产品到提供服务商业模式改变、向自然资本再投资。自然资本论则强调经济过程和生产过程必须向最重要的资本形式——人类自己的栖息之地和生物资源基础即自然资本进行再投资，为生态产品的生产提供了理论支撑。

3. 三种生产论

马克思根据使用价值的最终用途，把社会总产品划分为生产资料和消费资料两大类，相应地把社会生产分为生产资料生产和消费资料生产两大部类。社会再生产的顺利进行是经济社会可持续发展的保障。两种生产理论存在着一个基本假定，即自然环境可以供给无限的环境资源与消纳无限的废物。做出“忽略环境生产”这一“基本假定”的原因，既有论述目的之故意而为，也有时代的局限性。当人类对环境的作用强度和范围较小，没有破坏自然环境正常运行的基础时（满足理论假定），自然环境的客观存在并不会影响到两种生产理论正确地指导社会实践。但随着人类活动强度的加剧，人类对自然的影响达到了空前，这一理论不能对环境污染与生态破坏等进行合理解释。

三种生产理论认为，从生产角度讲，整个地球自然系统亘古至今始终存在着自然环境的生产过程，只是在人类产生以后形成了人的生产与物资生产，因此整个世界系统的生产过程包括人的生产、物资生产与环境生产 3 个方面的内容。人的生产指人类生存和繁衍的总过程；物资生产指人类通过劳动将自然资源转化为物质产品从而满足自身生存与发展需要的总过程；环境生产指自然生态系统中，生物有机体与非生物有机体之间，以及生物系统内部进行的物质循环和能量转化过程。三种生产理论将追求三种生产之间的和谐作为人类社会的可持续发展目的。三种生产理论将环境生产作为人类生产的组成部分，凸显了生态环境的价值和重要性，为可持续发展提供了理论基础。同时，将环境生产独立出来，确立了自然生产在社会再生产中的地位，为自然生产的产品——生态产品提供了理论基础。

4. 强可持续和弱可持续

协调环境、经济和社会之间的相互联系是可持续发展的焦点和难点（邬建国，2014），主要有“强可持续性”（strong sustainability）和“弱可持续性”（weak sustainability）两种观点模式。

强可持续代表人物是提出稳态经济的生态经济学家 Herman E. Daly。在他看来，我们已从一个相对充满自然资本而短缺人造资本的世界来到一个相对充满人造资本而短缺自然资本的世界；经济增长的物质扩张是有自然极限的，经济增长必须放在自然的边界内去发展；人造资本和自然资本基本上是互补性的，自然资本是不可替代的；科学技术的力量是有限的（诸大建，2018）。

弱可持续性是新古典经济学的主流观点，代表人物是经济学家 Solow。新古典经济学对经济与环境的关系一般有三个主要观点，第一，资源环境生态等自然资本不是经济增长的约束条件，强调自然资本的供给能力是无限的；第二，认为物质资本跟自然资本之间是可以替代的，只要总资本在增加，就是可持续的；第三，认为技术能够解决自然资本的稀缺问题（诸大建，2018）。

这两种观点的主要区别在于如何看待人造资本和自然资本之间的可替代性，但从长远来看，“弱可持续性实际上是不可持续的，而强可持续性也并非主张极端的‘环境保护主义’，它只是强调环境可持续性的重要性和必要性”（邬建国，2014；图 2－3）。此外还有被称为“荒唐的强可持续性”（absurdly strong sustainability）的极端强可持续性观点，由于其太过于不切实际而难以被接受。

总的来看，强可持续观点已经成为当前世界范围内的主流观点。可持续发展大

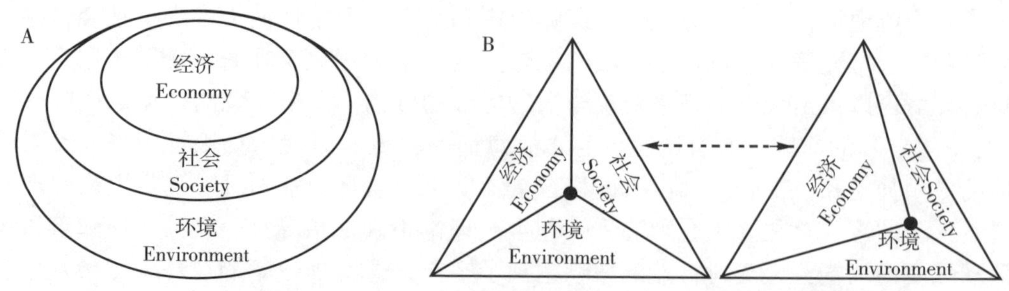

图2－3 “强可持续性”（A）和“弱可持续性”（B）的比较（邬建国，2014）

多是从资本、财富的角度来认识自然，而生态产品是从生产、消费角度来认识，生态产品是可持续发展理论思想的延续与发展，本质上二者是一致的。从可持续发展的两种范式来看，生态产品也更符合强可持续性的观点，生态产品与物质产品或者工业产品、农业产品等相比具有不可替代性。

2.1.4 生态文明理论

1. 生态文明理论概述

自20世纪70年代改革开放以来，中国经济社会发展取得了巨大成就，但同时也付出了严重的资源环境代价。面对资源约束趋紧、环境污染严重、生态系统退化的严峻形势，在全面借鉴可持续发展理论和深入分析人类社会发展规律的基础上，中国共产党提出了生态文明建设的理论构想，并将其作为中国特色社会主义伟大事业的重要组成部分，成为指导我国经济社会发展的基础理论。

生态文明是以环境资源承载力为基础，以自然规律为准则，以可持续的社会经济政策为手段，致力于构造一个人与自然和谐发展为目的的文明形态。一方面，生态文明建设与经济建设、社会建设、政治建设、文化建设以“五位一体”的形式共同构成了人类社会文明的整体；另一方面，生态文明也可被看作继原始文明、农业文明、工业文明之后，人类社会一种新的“文明形态”。

生态文明的核心问题就是如何处理人与自然的关系。从自然观上看，生态文明认为人是自然人与社会人的统一，人的价值只是自然价值的延伸和升华，人与自然是生命共同体。从价值观上看，生态文明要求摒弃极端的人类中心主义和生物中心主义，强调人类发展离不开自然，自然有其不可替代的价值，人类要实现可持续发展必须与自然和谐相处，实现自然价值与经济价值的统一。从发展观上看，生态文明要求发展的强度必须以资源环境承载力为基础，要摒弃发展与保护相对立的观点，走人与自然和谐共生的发展道路。从消费观上看，生态文明消费观以实用节约为原则，在不影响人自身生存的前提下，强调生活方式的实用性。

在2018年5月召开的全国生态环境保护大会上，习近平生态文明思想正式提出，成为指导我国生态文明建设的根本遵循。在这次大会上确立了生态文明的“六原则”“五体系”，搭建了生态文明思想的架构。“六原则”，即“坚持人与自然和谐共生”“绿水青山就是金山银山”“良好生态环境是最普惠的民生福祉”“山水林田湖草是生命共同体”“用最严格制度最严密法治保护生态环境”“共谋全球生态文明建设”。“五体系”，即生态文化体系、生态经济体系、目标责任体系、生态文明制度体系、生态安全体系。

2. 生态文明理论对生态产品及其价值的主要观点

生态文明建设理论中关于人与自然关系及其对自然价值的认识，是生态产品理论与实践的重要来源。尤其是“生态兴则文明兴，生态衰则文明衰”“人与自然是生命共同体”“绿水青山就是金山银山”“生态环境也是生产力”“生态环境就是民生”等思想观点，成为生态产品概念提出与发展的重要基石。具体来说，主要体现在以下几个方面。

一是，“绿水青山就是金山银山”提供了生态产品价值的理论来源。2005 年，时任浙江省委书记的习近平到安吉余村考察之后，在《浙江日报》发表了评论文章《绿水青山也是金山银山》，指出如果能够把“生态环境优势转化为生态农业、生态工业、生态旅游等生态经济的优势，那么绿水青山也就变成了金山银山”，首次提出了“绿水青山就是金山银山”的概念。2006 年，习近平在中国人民大学的演讲中提出：“在实践中对绿水青山和金山银山这‘两座山’之间关系的认识经过了三个阶段。第一个阶段是用绿水青山去换金山银山，不考虑或者很少考虑环境的承载能力，一味索取资源。第二个阶段是既要金山银山，但是也要保住绿水青山，这时候经济发展和资源匮乏、环境恶化之间的矛盾开始凸显出来。第三个阶段是认识到绿水青山可以源源不断地带来金山银山，绿水青山本身就是金山银山。”2013 年，习近平在哈萨克斯坦纳扎尔巴耶夫大学发表演讲时，对这一理论进行了全面、经典的一次阐述：“我们既要绿水青山，也要金山银山。宁要绿水青山，不要金山银山，而且绿水青山就是金山银山。”“绿水青山就是金山银山”不仅是对经济发展与生态保护关系的全面论述，更是生动表述了“自然生态是有价值的”，确立了自然价值和自然资本的理念。

二是，“生态就是生产力”为生态产品生产实践提供了科学基础。一方面，完整的生产力是人的社会经济生产力和自然界的自然生态生产力的有机统一整体。“生态环境也是生产力”是从社会生产的视角，对“绿水青山就是金山银山”理念的进一步深化。这一论断确立了自然生态生产力、绿色生产力新理念，是绿色发展的核心理念。2013 年，习近平在中央政治局集体学习时，指出“要正确处理好经济发展同生态环境保护的关系，牢固树立保护生态环境就是保护生产力、改善生态环境就是发展生产力的理念”。2015 年，《生态文明体制改革总体方案》明确提出，“保护自然就是增值自然价值和自然资本的过程，就是保护和发展生产力”。2016 年，习近平在伊春市考察调研时又提出，“生态就是资源、生态就是生产力”“冰天雪地也是金山银山”。发展生产力就要保护生态环境，保护生态环境就能通过提供更多优质生态产品来提升生产力。另一方面，我国发展已经进入新时代，基本特征转向高质量发展阶段，把生态环境看作生产力，是推进高质量发展的必然要求。保护生态环境，提供更多优质生态产品是高质量发展的重要目标和重要标志，也是推动经济高质量发展的重要手段。“生态环境也是生产力”，从发展视角阐明了生态产品生产实践的理论基础。

三是，“生态环境就是民生”为增加优质生态产品供给提供了目标指向。生态环境是人的生存之本、发展之基、健康之源。一方面，生态破坏和环境污染直接威胁着人民群众的生命与健康，而生命与健康是人民的最基本权利。另一方面，生态破坏和环境污染对经济社会发展带来了巨大制约，直接影响到人民的现实民生需求。同时，生态环境质量是构成人民生活幸福和社会稳定的基本要素，因此也成为人民群众密切关心的问题。习近平指出：“良好生态环境是最公平的公共产品，是最普惠的民生福祉。对人的生存来说，金山银山固然重要，但绿水青山是人民幸福生活的重要内容，是金钱不能代替的。你挣到了钱，但空气、饮用水都不合格，哪有什么幸福可言。”2015 年，习近平又进一步提出：“环境就是民生，青山就是美丽，蓝天也是幸福。”随后他又提出：“生态环境没有替代品，用之不觉，失之难存。”中国共产党的宗旨就是全心全意为人民服务，坚持以人民为中心是我们党治国理政的根本出发点和落脚点。人民的需求就是我们努力的方向。当前，生态环境是全面建成小康社会的突出短板，也是人民美好生活新的迫切需要。党的十九大报告提出，要提供更多优质生态产品以满足人民日益增长的优美生态环境需要，将“优质生态产品”纳入民生范畴，为增加优质生态产品供给提供了目标指向和动力来源。

2.2 相关自然科学理论

生态产品是自然要素及其提供的服务，主要通过自然过程进行生产，因此生态产品具备自然特征、受自然过程控制。包括生态学、地理学、环境科学、自然资源科学在内的学科理论，都为生态产品的研究与实践提供了重要理论基础。

2.2.1 生态系统理论

生态的英文 eco 来源于古希腊文 oikos，原意是住所、栖息地、家，因此生态学可以说是关于家园的科学。德国学者 E. H. Haeckel 于 1866 年提出生态学一词，但直到 20 世纪以后生态学才逐渐发展起来。一般认为，生态学是研究生物及其环境相互关系的科学。生态学涉及从个体、种群、群落到生态系统、景观的不同层次对象，可以分为分子生态学、个体生态学、种群生态学、群落生态学、生态系统生态学、景观生态学与全球生态学等。本质上生态产品是生态系统提供的产品，因此生态学理论是生态产品的核心理论之一。

1. 生态系统的复杂性决定了生态产品的复杂性

1935 年，英国生态学家 Tansley 首次提出生态系统是一个由相互作用的生物和非生物组分共同组成的综合系统，这一定义随后被广泛接受。从其类型来说，可以分为自然生态系统和人工生态系统，其中自然生态系统包括森林、草原、湿地、荒漠、河流、湖泊、海洋等，人工生态系统包括农田、城市、农村等。从生态系统组成来看，生物（生产者、消费者、分解者）及其无机环境共同构成了生态系统。生态系统各组分间通过各种生态关系和生态过程，相互作用、相互依存，直接或间接地联结在一起，形成一个复杂的生态网络。

生态系统是一个复杂的开放系统，复杂性是生态系统的本质特征。Jørgensen S. E. 在《生态系统生态学》一书中指出，生态系统具有七大属性：（1）生态系统是开放的系统；（2）生态系统在本体上是难以理解和预测的；（3）生态系统有方向性地发展；（4）生态系统在网络上的联结；（5）生态系统是等级地组织起来的；（6）生态系统是生长和发育的；（7）生态系统对干扰有复杂的响应。总的来看，生态系统的地域分异性、多样性，生态系统组分间的关联性、耦合性，生态系统过程的时空动态性、非线性、等级性等一起构成了生态系统的复杂性。非线性、突现特征、自组织性、等级结构、空间异质性、适应性等构成了复杂性特性（李百炼，2013）。生态产品是生态系统的产物，也具有复杂性。例如，生态产品的来源、类型也具有多样性、动态性等复杂性特征。这就要求在生态产品研究和实践过程中，要注意从复杂性的角度去理解和把握。

2. 生态系统功能是生态产品的来源

人类社会的幸福感依赖于生态系统提供的产品和服务，而这些则直接来自生态系统功能（Mooney et al.，2004）。著名生态学家 Odum 在其著作 *Fundamentals of Ecology* 中认为，生态系统功能是指生态系统的不同生境、生物学及其系统的性质或过程。具体来看，生态系统的过程或功能包括生物生产、物质循环、能量流动、信息传递。生态系统的这些过程或功能，既是维持生态系统自身正常运转的生物物理化学过程，也是提供人类所必需的各类生态产品和服务的生产过程，即生态系统过程和功能是生态产品生产力的来源。方精云院士等（2001）指出，生物生产力是指从个体、群体到生态系统、区域乃至生物圈等不同生命层次的物质生产能力，它决定着系统的物质循环和能量流动，也是指示系统健康状况的重要指标。

表示生态系统生物生产力的概念有总初级生产力（gross primary productivity，GPP）、净初级生产力（net primary productivity，NPP）、净生态系统生产力（net ecosystem productivity，NEP）和净生物群区生产力（net biome productivity，NBP）（图 2－4；方精云等，2001）。GPP 又称总第一性生产力，是指单位时间内生物（主要是绿色植物）通过光合作用途径所固定的有机碳量，它决定了进入陆地生态系统的初始物质和能量。NPP 又称第一性生产力，是植物光合作用所固定的光合产物中扣除植物自身的呼吸消耗部分。NEP 是净初级生产力中减去异养生物呼吸（土壤呼吸）消耗光合产物之后的部分。净生物群区生产力 NBP 是指 NEP 中减去各类自然和人为干扰（如火灾、病虫害、动物啃食、森林砍伐以及农林产品收获）等非生物呼吸消耗后所剩下的部分。4 个生产力之间的关系用公式表示为：

$$NPP = GPP - Ra \text{（植物自养呼吸）}$$

$$NEP = NPP - Rh \text{（异养呼吸）}$$

$$NBP = NEP - NR \text{（干扰）}$$

生态系统的最终产物（NBP 或现存量）是决定物质再生产的资本，维持和决定生态系统的物质再生产。

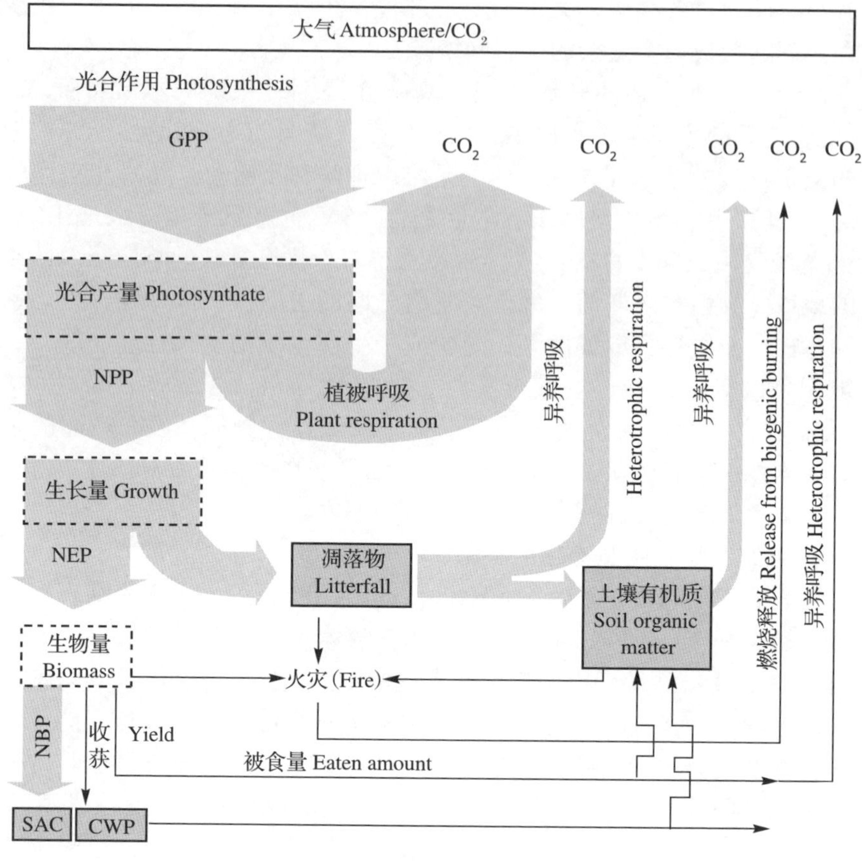

图 2－4 陆地生态系统碳循环示意图（方精云等，2001）

注：该图强调“4P”（GPP、NPP、NEP 和 NBP）之间的相互关系以及碳的源、库和流动。图中主要包括 3 个部分，即箭头部分示意“4P”的动态和碳的流动过程，虚线框部分表示有机碳的暂时库（光合产量、生长量和生物量），实线框部分表示有机碳的相对稳定库（主要包括凋落物和土壤有机质、现存量以及收获量）。SAC 为现存量，CWP 为粮食、林产品收获量。

生态系统功能是服务功能的基础，生态系统服务功能是生态系统功能的表现，而生态产品又是这二者的社会表现形式。因此生态系统或者生态系统服务的形成机制就是生态产品的生产机制（图 2－5）。从影响因素来看，生态系统的生产力或者生物生产力既受生态系统（植被）类型、结构、生物多样性等生物因素影响，也受光、温、水、土、气等多种环境因素以及生物因素间、环境因素间、生物与环境因素间相互作用的影响，但同时也受人类活动和气候与环境变化的影响。因此，生态系统非生物环境特征、生物特征和生态过程及其相互作用、人类活动是生态系统功能形成的内在机制。目前对于生态系统功能与服务形成机制的研究仍不系统，也没有形成统一的理论框架。

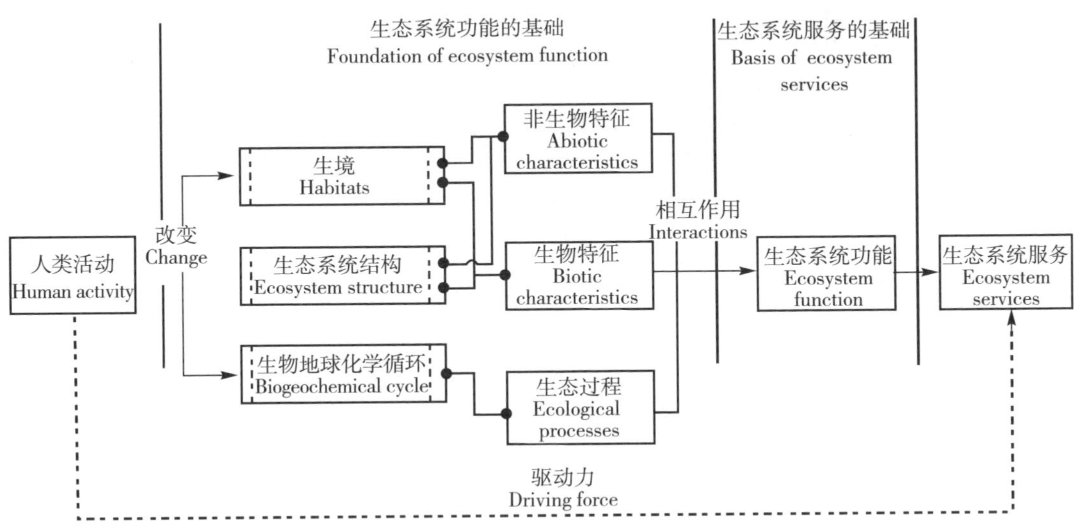

图2－5 生态系统服务的形成过程（刘绿怡等，2017）

3. 生态系统服务是生态产品的表现形式

早在19世纪后期，在国外的生态学及其分支学科中就已有关于生态系统服务功能的研究，但是由于科学水平和技术手段的限制，当时的认识只停留在定性的描述阶段。20世纪70年代，“关键环境问题研究小组”首次提出了生态系统服务功能的概念。20世纪90年代以后，国际上的生态学家和生态经济学家对生态系统服务经济价值进行了综合测算，以Daily、Costanza、De Groot为代表对生态系统服务进行了定义和归类。关于生态系统服务的定义与分类仍然存在争议，但是目前最广为认可的是MA的定义，即生态系统服务是人类从生态系统中所获得的各种惠益。MA将生态系统服务分为供给服务、调节服务、支持服务和文化服务，已经被广泛接受。

生态系统服务产生、使用和损耗都与人类社会和人类福祉有着密切的关系，人类社会高度依赖于生态系统的正常运转。生态系统服务概念的提出搭建了生态系统与人类福祉联系的桥梁。实现生态系统服务与人类福祉的协同发展是进行生态系统管理和可持续发展的重要目标。随着生态系统服务研究的不断深入，形成了“生态系统结构、过程与功能—生态系统服务—人类收益与福祉”的级联研究框架（De Groot et al.，2002；Haines－Young et al.，2006；李双成等，2013；戴尔阜等，2016）。欧阳志云等（Wong et al.，2014）建立了关联生态系统特征与生态系统服务的方法体系：（1）采用生物物理模型评估生态系统特征；（2）采用终端法明确生态系统最终服务；（3）采用生态生产函数连接生态系统特征与生态系统最终服务，明确生态系统服务协同与权衡关系及其对公共政策的响应。傅伯杰等（2017）在总结的基础上，提出了“生物多样性—生态系统功能—生态系统服务—人类福祉”的级联框架（图2－6）。这一框架为理解生态产品的生产与消费提供了可行的思路和手段。

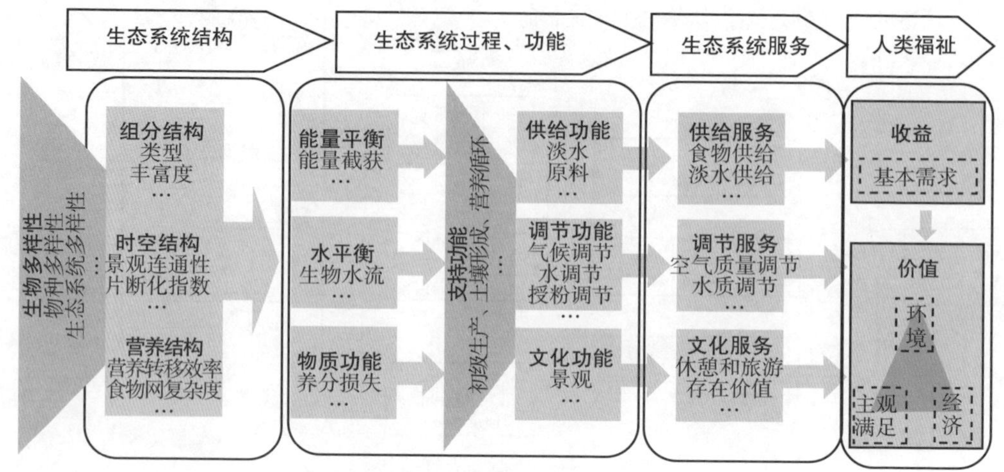

图 2－6　“生物多样性—生态系统结构—生态系统服务—人类福祉”级联概念框架（傅伯杰等，2017）

从生态产品的供给或生产来看，生态系统服务与一定的生态系统结构、过程及功能相联系，但生态系统服务的形成和效用发挥都具有一定的尺度特征，即依赖于特定的时空尺度。从生态产品的流通来看，生态系统服务会依靠某种载体，在自然因素或人为因素的驱动下，沿着一定的方向与路径传递从而形成生态系统服务流，可分为原位服务流、全向服务流和定向服务流 3 种类型（Fisher et al.，2009；肖玉等，2016）。从生态产品的消费来看，不同受益者或者利益相关者的消费受其需求、偏好等方面的影响，同时不同生态系统服务之间具有复杂的权衡关系，如何协调好这些关系是生态服务以及生态产品管理的重点。关于生态系统服务的权衡、供给、消费、需求以及服务流，将在下一章做进一步论述。

2.2.2　生物多样性理论

1. 生物多样性是生态产品多样性的基础

生物多样性（biodiversity）是一个描述自然界多样性程度的概念。UNEP 发布的《生物多样性评估》中的定义是，生物多样性是生物和它们组成的系统的总体多样性和变异性。根据联合国《生物多样性公约》，“生物多样性是指所有来源的形形色色的生物体，这些来源包括陆地、海洋和其他水生生态系统及其所构成的生态综合体，这包括物种内部、物种之间和生态系统的多样性”。生物多样性一般包括遗传多样性，物种多样性和生态系统多样性，也包括景观多样性。遗传多样性指生物体内决定性状的遗传因子及其组合的多样性，包括种内显著不同的种群间和同一种群内的遗传多样性；物种多样性是物种水平的多样性，即动物、植物、微生物等物种的多样性；生态系统多样性是指生物圈内生境、生物群落和生态过程的多样化以及生态系统内生境、生物群落和生态过程变化的惊人的多样性（马克平，1993）。此外，近年又提出了功能多样性的概念。Tilman 定义功能多样性为影响生态系统功能的群落中所有物种及有机物的功能特征值及其变动范围，强调的是物种特征值的差异性。因为功能多样性强调的是功能，与生态系统的功能更加紧密，已逐渐成为生物多样性研究中除了物种多样性和遗传多样性以外的另一个重要方面（陈又清，2017）。

随着研究的深入，人们逐步认识到生态系统并非仅仅提供单个生态系统功能，而是能同时提供多个功能，这一特性称为“生态系统多功能性”（徐炜等，2016）。生物多样性对生态系统的功能发挥和结构稳定起着决定性作用，生物多样性是群落和生态系统动态与功能的一个主要决定因素，甚至是最重要的决定因素（Tilman et al.，2014）。一方面，生态系统服务的动力来源于自然界的生物地球化学循环，生物因素是生态系统服务的核心，生物多样性使这种循环更加完整和复杂，使生态系统服务更为多样（范玉龙等，2016）。另一方面，生态系统通过结构—过程—功能这一途径，实现生态系统服务，生物多样性在整个途径中都占有重要位置。生物多样性是生态系统服务的物质基础，生物多样性对生态系统服务的影响可以从水平、效率、质量和稳定性这 4 个方面来解释（范玉龙等，2016）：（1）生物之间在长期的协同进化过程中，会形成不同的特性，从而直接影响生态系统服务水平；（2）不同生物组合提高了对水分、养分和光等自然资源的利用效率，从而使生态系统服务更加高效；（3）生物组成越复杂，所形成的营养级结构越复杂，生态系统服务的质量就越高；（4）生物多样性影响干扰发生的频率、强度和范围，使生态系统服务具有较强的稳定性。正是生物多样性导致了生态系统服务的多样性，并最终带来了生态产品的多样性。

2. 生物多样性与生态产品生产能力相关

物种多样性是生态系统生产力、稳定性、入侵性以及养分动态的一个主要决定因素。物种多样性—生态系统功能的相互关系一直都是生物多样性研究的热点之一。多样性—生产力假说建立在不同物种利用不同资源的基础上，认为复杂多样的植物群落能利用更多的有限资源从而获得更高的生产力（Naeem，1994）。

（1）Tilman 等（1997）提出“抽样效应”（sampling effect）和“互补效应”（complementary effect）来解释生物多样性与植物生产力间的关系。他们认为，在均一性的生境中，不同的物种竞争能力各异，竞争能力较强的物种可以更有效地利用资源从而创造出更高的生产力，而这样的物种在多样性高的系统中有更大的机会出现。这样随着物种多样性的上升，系统生产力呈现上升并渐近饱和的趋势。

（2）Huston（1997）认为生物多样性不是提高生态系统稳定性的原因，稳定性增加是与多样性相关的“隐藏处理”的作用；Huston（1997）针对多样性与系统生产力的关系提出了物种多样性对系统功能的一种作用机制——选择概率效应。他指出，含有多个物种的混合系统，较之单作或物种丰富度很低的混合系统，具有更大的包含高产物种的可能性。这意味着对于自一个物种库随机抽取不同种构成的具有不同物种丰富度的系统，平均而言，物种丰富度越高其生产力就越高。

（3）Aarssen（1997）提出在 CedarCreek 生物多样性实验中有“选择效应”（selection effect），虽然与抽样效应原理相似，但 Loreau（1998）认为“选择效应”这一名词更加准确和普遍，建议用它取代“抽样效应”这一名词。

（4）Doak 等（1998）指出植物多样性对初级生产力稳定性的作用（Tilman and

Downing，1994）可能是由于在分析过程中对变化的物种多度进行了统计平均而非种间生态位互补的作用。

（5）Grime（1998）提出了质量比假说（mass ratio hypothesis），认为生态系统功能在很大程度上取决于优势种的特性及其功能多样性。

（6）Grime（1973）最早注意到了在生产力与多样性之间有这样一种单峰关系。多样性和生产力呈一种单峰曲线形式（状似驼峰，故也称为驼峰模型），即多样性在低水平时随生产力的增加而增加，但最终在达到足够高的生产力时反而有所降低(图2－7)。

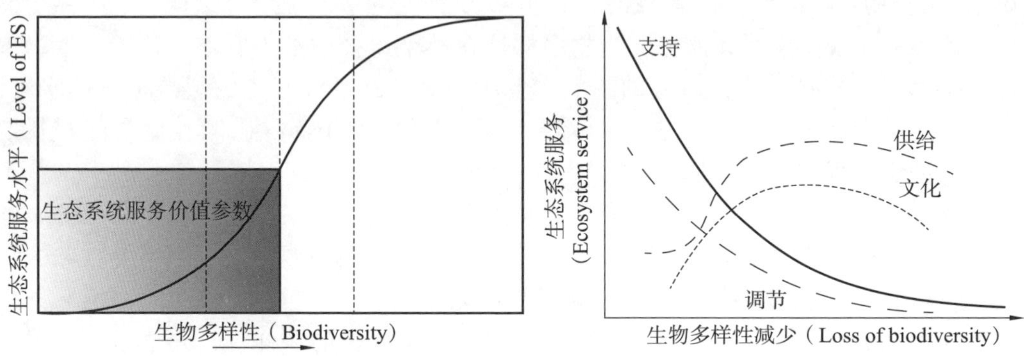

图2－7 生物多样性与生态系统服务（范玉龙等，2016）

3. 生物多样性能维护生态产品生产体系的稳定运转

稳定性即系统对外界干扰的反应，包括抵抗性、恢复性、持久性和变异性4个方面。MacArher（1955）根据食物网理论首次提出了群落的多样性和稳定性的关系，他认为随着物种数增加，生态系统的生产力和恢复干扰的能力均增强。Elton（1958）也提出相似的观点，较高的多样性能够使生态系统具有较高的稳定性、对外来物种入侵的较强抵抗力以及较低的病害发生率。这一观点最初被广泛接受。May（1973）通过理论论证，发现越处于高多样性下的物种个体越不稳定，引发了关于多样性对自然生态系统稳定性影响的争论。Goodman（1975）也发现几乎没有多样性—稳定性假说的定量化证据，因而得出结论：多样性和稳定没有明显联系。随着实验数据的不断积累，一系列的关键发现使生物多样性与生态系统功能研究实现了里程碑式的发展，许多之前的争论逐渐平息（Cardinale et al.，2012）。

Naeem等（1995）和Lawton（1994）把生态系统对物种丰富度降低的响应用4种不同的假说概括，即冗余种假说、铆钉假说、不确定假说和无效假说（也称为零假说）。冗余种假说认为，一个生态系统中存在可以维持正常功能的最小物种数（即生态系统中有一定数目的关键种），生态系统的物种数目到一定程度后达到饱和，其他物种对生态系统的功能而言则是冗余的。铆钉假说认为，生态系统中每一个物种对生态系统功能的贡献都是独特的，任何物种的丢失都会使生态系统的功能受到一定的影响。该假说将一个生态系统内的物种比喻成连接一个复杂机器的铆钉，并断定一个生态系统功能（机器）将由于物种（铆钉）的不断丢失而受到影响，即生态系统中物种保存越多，其功能相对维持得越好。不确定假说（特异性假说）认为生态系统功能随着物种多样性的变化而变化，但变化的大小和方向却是不能预测的。无效假说是指生态系统中物种的去除和增加对生态系统的功能没有影响，或者说生态系统功能对物种数目的增加或减少不敏感。此外还有弱相互作用假说，即大部分物种对其他物种多度的影响很弱或无法检测到，只有一小部分具有较强的作用。

2.2.3　景观生态学理论

景观是由自然、半自然和人工生态系统的部分或全部空间镶嵌所构成的地表综合体。1939 年 C. Troll 提出了景观生态学概念，20 世纪 80 年代初北美景观生态学开始发展起来，从此景观生态学研究逐步在全球兴起。景观综合研究的基本科学问题是格局、过程、功能、尺度及其相互关系。景观生态学明确强调异质性、等级结构、尺度在生态格局过程研究中的重要性（邬建国，2007），生态产品是在一定景观下生产的，景观生态学从景观视角提供了生态产品研究与实践的思路。

1. 景观异质性决定了生态产品的异质性

景观生态学认为，组成景观的结构单元可分为三种：基底、缀块、廊道。基底指景观中分布最广、连续性也最大的背景结构。缀块是指与周围环境在外观上和性质上不同，但又具有一定的内部均质性，缀块的结构特征对生态系统的生产力、养分循环和水土流失等过程均有影响。廊道指景观中与相邻两边环境不同的线性或带状结构。景观镶嵌格局在所有尺度上都存在，并且都是由斑块、廊道和基质构成，Forman（1995）称之为景观生态学的“缀块—廊道—基底模式”。根据等级缀块动态理论：（1）生态系统是由缀块镶嵌体组织的等级系统；（2）生态系统的动态是缀块个体行为和相互作用的总体反映；（3）“格局—过程—尺度”观点，即“过程产生格局，格局作用于过程，而二者关系又依赖于尺度”；（4）非平衡观点，即非平衡现象在生态学系统中普遍存在，局部尺度上的非平衡和随机过程往往是系统稳定性的组成部分；（5）兼容机制和复合稳定性，兼容是指小尺度上、高频率、快速度的非平衡态过程，被整合到较大尺度上稳定过程的现象。

空间异质性（spatial heterogeneity）是指生态学过程和格局在空间分布上的不均匀性及其复杂性（图 2－8）。生态系统服务具有空间异质性，这既与需求差异有关，也与景观异质性有关。生物多样性水平依赖景观异质性，从而影响生态系统服务的发挥。当某一景观发生变化时，与生存在该区域的所有物种有关的一系列生态系统服务都会发生变化，而且常常立即对人类产生直接的影响。异质景观相当于硬件，而生物多样性相当于软件，它们结合在一起产生生态系统服务。在景观等大尺度下，环境的异质性越大，非生物因子就成为生态系统服务发生变化的主要驱动力。生物多样性（α 多样性、β 多样性和 γ 多样性）在大尺度上主要受景观异质性的影响。物种的迁移、群落的形成和演替过程与生态系统服务的形成过程有关。结构合理或复杂的景观结构有利于生态系统的稳定，对生态系统服务的维持具有重要作用。在没有人为干扰的情况下，生物多样性导致了景观异质性，在人为干扰的情况下，景观异质性又对生物多样性产生影响，从而影响生态系统服务。

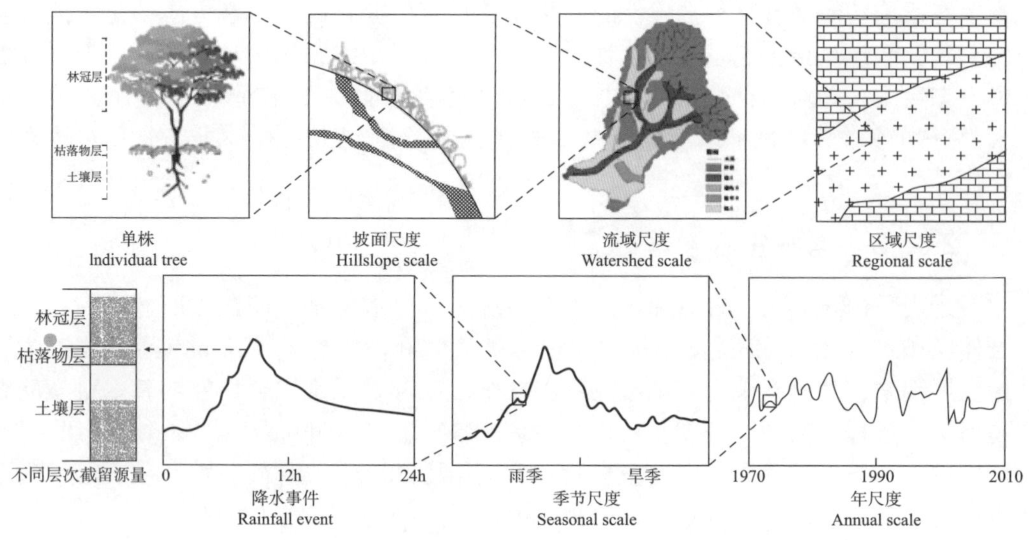

图 2-8 森林水源涵养功能的时空异质性（王晓学等，2013）

2. 景观尺度性决定了生态产品的尺度依赖性

生态系统服务的尺度是指生态系统服务在空间与时间上所涉及的范围，任何生态系统服务都有尺度依赖性。一方面，生态系统服务来源于不同的空间与时间尺度上的生态过程或者生态系统。Costanza（1997）指出，根据生态系统服务的空间特征可以把文献中的 17 项服务划分为 5 种类型：全球尺度的（与邻近程度无关）、局地尺度的（取决于邻近程度）、与流向有关的（从生产地点流向使用地点）、立地的（在点位上的使用），以及与使用者的流动有关的（人们向独特的自然景观的流动）。比如碳蓄积属于全球尺度上的生态系统服务，因为大气中的气体是充分混合的，任何地方的二氧化碳（或者其他温室气体）的蓄积对于减缓气候变暖都是等同的，也就是说碳蓄积发生的空间位置并不重要；而风暴防护则属于局地尺度上的生态系统服务，因为它要求受益人与发挥防护作用的生态系统在空间上具有一定的邻近程度。另外，水资源供给属于与流向有关的生态系统服务，因为它和水的流向有关；食物生产和土壤形成等属于立地性的生态系统服务，因为它们是在原地提供的；消遣、美学与文化服务等属于和使用者的移动有关的生态系统服务，因为它们是在与使用者移向有关的生态系统的条件下才得以提供的。

另一方面，生态系统提供的生态系统服务对社会经济系统中不同层次的利益方的重要程度不同。以荷兰的 De Wieden 湿地为例，当地居民看重的是芦苇及鱼产品生产，因为它们是当地居民的主要收入来源，而国家与国际层次上的利益方看重的则是 De Wieden 湿地的生物多样性。因此，尺度分析对于揭示生态系统管理中不同利益方的利益所在，进而制订各利益方都能接受的管理方案至关重要。景观服务或者生态系统服务间关系也有尺度依赖性。每种生物及其群体都有其独特的生存尺度范围，生态系统过程和服务功能只有在特定的时空尺度上才能充分表达其主导作用和效果，而且最容易观测。没有相关尺度的分析，任何格局分析和预测都没有意义。

因此，对不同生态产品生产、流通、消费的分析必须在特定尺度上。

2.2.4　承载力理论

1. 生态产品的消费需要考虑资源环境承载力

承载力（carrying capacity）原为力学概念，工业革命兴起后，随着资源环境问题的逐步显现，这一概念逐步被引入资源环境领域。1972 年，罗马俱乐部发表了《增长的极限》研究报告，明确提出地球资源是有限的，人类必须转变发展模式，将增长限制在地球可以承载的限度之内。随后，资源环境承载力引起广泛的研究和探讨。在近一个多世纪的研究进程中，资源环境承载力由最初的物理学概念到后来的生态学领域，逐步扩展到地理学、管理学、运筹学、经济学等众多交叉学科；研究对象从单一的水资源、土地资源、生物资源、森林资源、海洋资源延伸到更多的综合领域；研究概念从某种生物个体存在数量的最高极限扩展到对"社会—经济—生态—环境"的综合支撑。相关概念包括土地承载力、水资源承载力、环境承载力、生态承载力等。

表 2－1　承载力概念的演化与发展（封志明等，2017）

<table>
<tr><th colspan="2">承载力名称</th><th>产生背景</th><th>承载力的含义</th></tr>
<tr><td>种群承载力</td><td></td><td>生态学发展</td><td>生态系统中可承载的各种种群数量</td></tr>
<tr><td rowspan="6">资源承载力</td><td>土地资源承载力</td><td>人口剧增，土地资源紧缺</td><td>土地资源的生产能力及可承载的最大人口数量</td></tr>
<tr><td>水资源承载力</td><td>人口膨胀，工业用水增加，水环境污染导致水资源短缺</td><td>水资源可支持的最大人口数量；可支持的工农业生产活动强度</td></tr>
<tr><td>矿产承载力</td><td>资源短缺</td><td>矿产资源所容纳的人口数量</td></tr>
<tr><td>森林承载力</td><td>森林砍伐</td><td>森林资源所承载的人口数量</td></tr>
<tr><td>旅游承载力</td><td>旅游广泛</td><td>旅游景点可承载的最大人口数量</td></tr>
<tr><td>……</td><td>……</td><td>……</td></tr>
<tr><td rowspan="3">环境承载力</td><td>水环境</td><td rowspan="3">环境污染</td><td rowspan="3">某特定环境对人口增长和经济发展的承载能力</td></tr>
<tr><td>大气环境</td></tr>
<tr><td>土壤环境</td></tr>
<tr><td>生态承载力</td><td></td><td>生态破坏</td><td>生态系统可承载的人类社会经济活动的能力</td></tr>
</table>

承载力理论对于生态产品的意义在于，生态产品具有资源生态属性，对生态产品的使用和消费不能是无止境的，而是必须在一定的限度内。虽然关于承载力的概念内涵仍然没有形成统一的认识，但承载力理论所揭示的合理承载规模是有客观基

础的，这可以从相关原理中得到佐证。这些原理包括：（1）最优法则。某种资源（或营养物质）的可利用性增加并不能使系统的生产力无限制地增长，要么是“S”形增长，要么是一条渐进线。（2）耐性定律。任何元素都存在一个浓度范围，在该范围内，与该元素有关的生理过程才能正常发生，低于该范围下限或高于该范围上限，有机体将因元素缺乏或过量而死亡。（3）容纳量限制原理。各种资源、环境都有其容纳量的极限。

2. 生态产品的计量可以借鉴承载力方法

资源环境承载力综合研究兴起以来，为统一量纲，人们试图把不同物质折算成能量、货币或其他尺度，以求横向对比与综合计量。20 世纪末到 21 世纪初，学者们发展了基于生态足迹的“虚拟土地”、基于水足迹的“虚拟水”和基于能值分析的“虚拟能量”等理论与实践相结合的资源环境承载力综合评价理论与方法（封志明等，2017）。这些资源环境承载力的度量方法，也为科学测度生态产品提供了路径和方法，最有影响的就是生态足迹和能值分析。

生态足迹理论最早由加拿大生态经济学家 William 等于 1992 年提出。他指出，由于自然资本与地球表面的紧密联系，人类对自然资本的占用可以用“生物生产性土地”（如耕地、林地、水域等），即虚拟土地来定量衡量。理论上，人类的所有消费都可以回溯到提供该消费品的原始物质和能量的土地上并折算出相应的生物生产性土地面积，从而可以直观反映出人类消费与自然资本之间的相互影响。生态足迹是指能够持续地提供资源或消纳废物的、具有生物生产力的地域空间。生态足迹分析存在如下假设：（1）各类生物生产性土地在空间上是互斥的，因而其面积可以加和得到人类对自然系统的需求总量；（2）人类活动所消耗的资源、能源及其所产生的废弃物可以定量估算；（3）生产和消纳上述资源和废弃物所需的生物生产性土地面积可以定量折算。通过对维持人类社会所需的自然资源量和消纳废弃物所需的生物生产性空间的计算，并与区域生态承载力相比较，进而完成对区域可持续发展能力的评估。与过往的承载力不同的是，生态足迹法同时从供给和需求两方面出发评估区域生态承载力。

能值（emergy）分析由美国生态学家 Odum 于 20 世纪 80 年代创立。自然界的能量是平衡、可相互转化的。从能量系统理论角度，所有系统均可视为能量系统，故而自然环境与社会经济的关系均可转化为能量分析。在能值分析理论中，系统中经济、资源环境等要素均以太阳能值作为统一衡量标准，克服了传统方法的局限性，为资源合理利用以及资源环境价值评估提供了度量标准和科学依据，因而被广泛用于不同尺度的生态经济系统分析与模拟、国际贸易评估、资源环境的管理与研究等领域。借助能值理论和分析方法，可将各种生态系统和生态经济系统的能流、物流和其他生态流进行统一度量，方便比较和分析。相较于传统的资源环境承载力理论而言，能值分析理论为承载力评估确立了一个衡量的统一标准，具有划时代的意义。但是，相较于其先进的理论而言，能值分析的方法论研究却处于一个较为滞后的状态，主要表现在能值转换率的计算较为繁杂、能值流程图尚未有一个较为科学而全面的绘制方法、能值计算过程中对研究对象的区域性和动态性考虑不周等。

2.3　相关经济学理论

自然生态要素及其生态系统服务的质量或数量变化都有其价值，因为它们要么改变了与人类活动相关的收益，要么改变了这些活动的成本（Costanza et al., 1997）。马克思的劳动价值论以及经济学上有关价值的学说和理论是资源生态环境价值论的基础，也是本书生态产品价值实现研究内容的理论支撑。

2.3.1　劳动价值理论

劳动价值概念起源很早。圣·保罗说过“不劳动者不得食”。后来亚·马格努（约 1206—1280 年）认为“公平价格”是和生产上耗费的劳动成比例的价格。多·亚李纳（1225—1274 年）认为商品与货币之间的均等以耗费的劳动量为依据。但在封建等级制发展以后，神学家就宣扬劳动有贵贱之分，来为封建等级制辩护。到了古典政治经济学创始人威廉·配第和皮·布阿吉尔贝尔，才提出以劳动时间决定商品价值的基本命题。到了亚当·斯密，系统地论述了劳动价值论。大卫·李嘉图则终结了古典经济学劳动价值理论的发展。马克思在《资本论》中详细论述了人类劳动与商品价值的关系，认为商品的共同本质是人类的劳动，所有商品都耗费了人类劳动，从而凝聚了商品价值。马克思指出，产品作为它们共同拥有这个社会实体的结晶，就是价值——商品价值。

1. 劳动价值论不仅体现的是商品价值属性，也渗透着生态环境价值

马克思的劳动价值论是马克思主义经济学的理论基石。马克思认为，商品具有二重性，即价值和使用价值，商品的二重性决定了生产商品的劳动具有二重性，即具体劳动和抽象劳动。具体劳动是人们在一定具体形式下进行的劳动，以一定的自然物质为前提生产出商品的使用价值，又称创造使用价值的劳动。抽象劳动是抽掉了各种具体形式的无差别的一般人类劳动，形成商品的价值，又称创造商品价值的劳动。创造使用价值的具体劳动反映的是人与自然环境的关系，形成商品价值的抽象劳动体现的是商品生产者之间的关系。但是，由于具体劳动产生的外部不经济性，对社会也产生负价值，如人们在生产和使用汽车代步的同时，也产生了大量的尾气和噪声（方巍，2004）。

从自然的角度，马克思在《资本论》中指出：“劳动作为使用价值的创造者，作为有用劳动，是不以一切社会形式为转移的人类生存条件，是人和自然之间的物质变换即人类生活得以实现的永恒的自然必然性。”论述表明，劳动者作为实践活动的主体，在进行物质变换劳动实践时要以实现人类生存及社会的永续发展为最终目的。通过劳动改变自然物质形态为自己服务的过程中，作为“具有主观能动性的自然存在物”，劳动者要学会“合理调节”与自然之间的关系，要在保护生态环境的基础上进行物质生产和生活消费等社会行为，否则，将会受到自然界的惩罚。同时，劳动者在得到劳动创造的价值的同时，也受到了劳动过程中所使用的劳动资料和劳动对象的影响，如建筑过程中产生的扬尘会对建筑工人及周边居民的身体健康构成危害（周诗雯，2017）。

2. 劳动价值泛化论体现了生态产品产生的雏形

劳动价值泛化论认为，既然人的劳动可以创造价值，那么自然资源生态系统的生物生产力同样能创造价值。人在生产时要耗费物化劳动，自然资源在形成过程中也要不断吸收环境中的物质，随着时间的消耗，这些物质构成了自然资源的物质基础，也就相当于物化劳动的消耗。因此，劳动价值论的泛化就能解释自然资源的价值形成，即生态产品的形成（洪丽君，2007）。

19 世纪，生态环境问题带来的危害还没有被充分重视，马克思认为阳光、空气这些物品虽然具有使用价值，但由于它们不是劳动的产品，还不属于商品的范畴。李金昌等（1999）认为无论人们是否承认具有使用价值的环境资源这种未投入人类劳动的生态环境系统具有价值，其已经是一种客观存在，发挥着具体的生态环境功能作用。我们所说的生态产品，一方面包括马克思所提及的纯自然要素的空气、水源、森林和气候等；另一方面还包括经过人类劳动加工后所形成的人工自然要素，如通过植树造林增加碳汇、通过水土保持净化水源等。人类为了保护和净化生态环境，还普遍采用清洁空气、调节气候、涵养水源、净化水质、防风固沙、减少噪声等措施创造生态产品，这些活动耗费了人类劳动，属于劳动产品范畴，与马克思所论述的商品具有同样的特性，具有一般劳动价值和使用价值。

2.3.2 效用价值理论

效用论就是从消费者的需要强度中引申出交换价值量。最早主张这个理论的是亚里士多德。18 世纪的加里安尼，在他的《商业与管理》中把价格看作一种主观估价，这种主观估价决定于物品的效用和稀缺性。稀缺物品通常具有最大的效用，因为对这些物品的需要量最大。财货的具体效用是价值的基础，这种效用决定于满足需要的不同程度。但效用论者讲的效用，不是指财货的使用价值，而是指消费者对这财货的满足程度，所以效用称为主观价值理论。效用论的所有早期代表人物都对价格形成做了极其片面的不完善的分析，把全部注意力集中在主观价值的分析上。

1. 西方效用价值论是生态产品定价的理论基础

资本主义商品交换关系的发展为效用价值论的诞生提供了条件。帕累托首先区分了基数效用和序数效用这两个概念，并系统地提出了序数意义上的效用价值理论，即假设商品效用能用第一、第二、第三这样的序数来计量，从而使边际效用价值论解决了边际效用量的度量问题。马歇尔在供求论基础上对各种价值论加以综合，创立了供求价值论，进一步发展了效用价值理论（于新，2010）。他将效用价值论当作需求的基础，通过需求价格的引进将边际效用递减规律转化为边际需求价格递减规律，推导出需求曲线；将生产费用当作供给的基础，把实际生产费用看作劳动的“反效用”和资本的“等待”的总和，通过货币生产费用的引入在边际生产成本递减的基础上推导出供给曲线；然后，由供给和需求所决定的市场均衡价格来解释价值决定问题（罗英，2004）。

效用是作为客体的物品对作为主体的人表现出来的有用性，包含两个方面的含义：一方面，效用表明物品自身具有某些适于人类利用的属性，即可观真实效用；另一方面，效用表明人们对物品的用途有需求，效用决定着人们对物品的选择，影响着人们对物品的价值判断。同时，从需求的角度来看，随着人们需求的满足，其价值可能也逐渐降低。由此可见，效用是价格的物质承担者，效用的大小是决定价格高低的重要因素。同时，物品的数量与物品的价值可能成反比，物品数量的多少是影响物品价值的重要因素（洪丽君，2007）。因此，生态产品具有适于人类的属性，人类对生态产品也有需求，效用价值论同样适于生态产品定价。

2. 生态产品定价机制是近代效用价值论的重要发展

近代西方学者提出，价值不仅仅是劳动创造的，而是由土地、劳动、资本共同创造的。创造价值所形成的收入，应该等于创造效用时消耗的代价，即价值由创造效用的生产费用所决定，也就是工资、利息和地租决定。与传统的效用价值论不同之处在于，近代西方经济学效用价值论把效用的范围扩大到生态、伦理、道德领域来判断自然资源的价值，两者主要分歧也是集中在自然资源价值、价格问题（洪丽君，2007），其中也必然包含生态产品价值的理解问题，但这也是对传统效用价值论的重要发展。

3. 效用价值论发展出多种形式

均衡价值论即均衡价格论，它是西方各种传统价值论的综合产物，是把供求论和各派的边际效用论、生产费用论融合成一体的调和价值论。马歇尔认为，价值是由“生产费用”和“边际效用”两个原理共同构成的，两者缺一不可。商品的边际效用可以用买主意愿支付的货币数量即价格加以衡量，在此基础上，他提出了“消费者剩余”的概念，并引用“需求弹性”概念来衡量价格的变化引起的需求的变化。他研究了生产费用是如何转化为供给价格的，即商品的供给价格等于它的生产要素的价格，认为供给的数量随着价格的提高而增多，随着价格的下降而减少。当供求均衡时，所生产的商品量叫均衡产量，它的售价叫作均衡价格。均衡价格就是供给和需求价格相一致时的价格。

边际成本论。边际成本（marginal cost）指的是每一单位新增生产的产品（或者购买的产品）带来的总成本增量。这个概念表明每一单位产品的成本与总产品量有关，随着产量的增加边际成本递增。边际成本递增的根本原因就是边际产品的递减原则。边际成本是指在一定产量水平下，增加或减少一个单位产量所引起的成本总额的变动数。通常只按变动成本计算。边际成本用以判断增减产量在经济上是否合算。当实际产量未达到一定限度时，边际成本随产量的扩大而递减；当产量超过一定限度时，边际成本随产量的扩大而递增。任何增加一个单位产量的收入不能低于边际成本，否则必然会出现亏损；只要增加一个产量的收入能高于边际成本，即使高于总的平均单位成本，也会增加利润或减少亏损。

生产费用论。生产费用论认为产品的价值决定于产品生产时所耗的费用大小，所以它和劳动论都被称为客观价值论。19 世纪 70 年代以前，在英国，劳动论或生产费用论占统治地位，古典学派的生产费用学说出自亚当·斯密。他起先认为交换价值归结为一定量的劳动，但他不是把交换价值分解为工资、利润和地租，而是相反，把工资、利润、地租说成是构成交换价值的因素。它们在任何社会都有一种平均率或自然率。如果一种商品的价格恰好足够按自然率支付地租、工资和利润，这种商品就是按照它的自然价值出卖，这种自然价格就是商品的生产费用价格。这样，价值既决定于劳动，又决定于生产费用，所以，亚当·斯密的价值理论被指责为二元论。这就为庸俗学派混淆价值和生产费用开了方便之门。到马歇尔，生产费用成了商品的供给价格，价值向价格转移了。

供求论。供求论认为交换价值水平决定于该商品的供求比例。18 世纪，意大利某些经济学家试图揭示这个比例的基本的数量规律性。奥特士曾断言，价值与某种商品的需求成正比，而与这种商品的数量成反比。瓦列里安尼稍微改变了这个公式，说价值与该商品的供给成反比，因为商品的供给与商品的数量不总是一致的。维里则提出，价格与买主人数成正比，与卖主人数成反比。这些都是比较粗糙的阐述。亚当·斯密指出市场价格决定于商品上市量和有效需求之间的比例。由于比例的变动，市场价格有时高于有时低于自然价格（价值）。但前者受后者的制约，时刻都向着这个中心。亚当·斯密这个价值和价格的关系的论述，是正确的。但这个关于市场价格波动的分析，却成为此后庸俗学派的供求价值论的基础。被称为集庸俗学派大成的马歇尔，就把供给和需求通过市场作用结合起来，认为在商品价值的决定中，两者具有同等的重要性，从而建立了他的均衡价格理论，价格理论取代了价值理论。

2.3.3 地租理论

1. 经济地租理论是生态问题产生的根本原因之一

马克思按照地租产生的原因和条件的不同，将地租分为三类：级差地租、绝对地租和垄断地租。前两类地租是资本主义地租的普遍形式，后一类地租仅是个别条件下产生的资本主义地租的特殊形式。绝对地租是指由于土地私有权的存在，租种任何土地都必须缴纳的地租，其实是农产品价值超过社会生产价格的那部分超额利润，即土地所有者凭借土地私有权的垄断所取得的地租。这种来源于土地私有权垄断的地租，马克思称之为绝对地租。马克思将级差地租区分为级差地租Ⅰ和级差地租Ⅱ，前者是由利用肥沃程度和位置较好的土地所创造的超额利润而转化为的地租，后者是由同一地块上的连续追加投资的生产率不同而产生的超额利润转化为的地租。城市中的级差地租Ⅰ基本上取决于土地的位置，虽然可以通过追加投资、改善基础设施来增加收益，扩大级差地租Ⅱ，从而缩小城市不同位置土地之间级差地租的差距，但是，旧的土地位置优劣的差距缩小了，新的更大范围的差距又会出现，可见，由位置形成的级差地租是城市级差地租的主要形式。不同的产业对土地位置的要求和敏感程度不同，因此在同一地块上兴办不同的产业会导致不同的产出效率，形成不同的经济效益。这样，因各产业支付级差地租的能力高低悬殊，就会通过市场自动形成一种动力机制，促进产业用地结构优化。

马克思指出，“不论地租有什么独特的形式，它的一切类型有一个共同点：地租的占有是土地借以实现的经济形式”，是土地使用者由于使用土地而交给土地所有者的超过平均利润的那部分剩余价值。马克思认为最大限度地获得剩余价值是资本主义制度运行的内在驱动力，而这种单一的追逐剩余价值的生产方式破坏了财富的源泉，即土地和工人，打破了人与自然的和谐，也是造成生态问题的根本原因。

2. 生态地租是生态资源产品，是对经济地租的延伸

环境价值的构成不只是人的劳动的直接投入，还应包括生物有机体的所有权和使用权的价格，以及生态环境的级差地租。也就是说，人类直接投入的劳动、生物有机体所有权和使用权的价格、生态环境级差地租，复合构成了环境价值（李金昌，1999）。生态地租在本质上属于地租理论范畴的一部分，具有地租的普遍特性。作为一个新的经济范畴，生态地租是以生态资源为基础所得到的收益，也是一种生态产品价值的衍化体现，并不是天赐的自然产品。因此，生态地租的分配除了对生产要素投入的补偿之外，还需要对生态环境本身进行补偿，以维持生态系统平衡。对于利用品质优良的生态资源所带来的生态地租，是资源生态价值的体现，理应归社会公众共有。对于由外部性导致的生态地租，则是按照公平补偿的原则，将外部不经济带来的收益从其总收益中扣除，用于赔偿受损害的个人或者社区，以及治理受破坏的环境。生态地租理论的发展，就是揭示自然资源利用价值和资源利用外部性与租金关系的过程。生态地租是资源稀缺条件下所获取的超额利润，其形成与地租的普遍原理相一致。但这一形式的地租更强调生态资源本身属性的作用，并且可以通过资源利用、技术开发、外部性以及国际贸易等甚为广泛的途径而形成，是区分于实物地租的一种特殊形式的经济地租，也是一种特殊形式的级差收益（龙开胜和陈利根，2010）。在生态环境治理组织或者管理结构上，它激励人们通过保护性手段、采用新技术等方式利用生态资源以获取地租，强调资源利用主体的自觉行动和自主化管理，以及建立良好的土地管理或者资源利用制度，激活企业或者相关主体的生态保护动机。

2.3.4　资源环境经济核算理论

1946 年，英国经济学家约翰·希克斯首次提出了绿色 GDP 思想。1953 年，国民账户体系（System of National Accounts，SNA）提出。1973 年苏联提出了物质产品平衡表体系（System of Material Product Balances，MPS）。20 世纪 80 年代，西方国家及部分发展中国家相继开展了资源环境核算研究工作。MPS 以计划经济为背景，强调只有创造物质产品和增加产品价值的劳动才是生产劳动，把一切非物质性服务视为非生产性劳动，与实际经济运行不符；SNA 只重视经济产值及其增长速度，而忽视资源基础和环境条件，造成经济发展过高估计和资源空心化现象，一直备受争议（Harris，2002）。

1992 年，联合国环境与发展大会通过的《21 世纪议程》明确提出开展生态系统价值和自然资本的评估研究，提出“应在所有国家建立环境—经济一体化体系，挖掘更好的方法来计量自然资源的价值，以及由环境提供的其他贡献的价值，国民生产总值和产值核算应予扩充，以适应环境—经济一体化的核算体系，从而补充传统的国民生产总值和产值核算方法”。1993 年联合国统计司建立了与 SNA 相一致的、可系统地核算环境资源存量和资本流量的框架，即综合环境与经济核算体系（System of Integrated Environmental and Economic Accounting，SEEA－1993）。SEEA－1993 是 SNA 的卫星账户体系，是可持续发展经济思路下的产物，主要用于在考虑环境因素的影响条件下实施国民经济核算，是对 SNA 账户体系的补充。2003 年，联合国修订了 SEEA－1993，简称 SEEA－2003，在概念与定义统一方面做了许多尝试。SEEA－2003 详细说明了自然资源的物理量、混合环境—经济账户及其估价方法，但未包括环境恶化的价值估价。其他核算框架也纷纷出台，并有大量核算案例实施，如印度的森林资源核算和博茨瓦纳的水资源核算。经再次修订，SEEA－2012 出台。

无论是绿色 GDP 还是生态系统评估与生态系统核算均是在 SEEA 的框架下开展的，都没有把生态系统生产总值作为一个独立的核算指标明确地提出来。在此背景下，世界自然保护联盟（International Union for Conservation of Nature，IUCN）提出并倡导了生态系统生产总值（Gross Ecosystem Product，GEP）核算。GEP 的概念是借鉴 GDP 的概念提出的，生态系统生产总值的核算目的是评价与分析生态系统对人类经济社会发展的支撑作用，以及对人类福祉的贡献。

20 世纪 80 年代以前，中国一度采用 MPS，用来衡量宏观经济发展水平的国民账户体系（SNA）是 80 年代末在国内开始使用的。自然资源核算将环境价值纳入传统核算范围之内，并与经济活动关联起来，以提示经济活动如何利用自然资源和影响环境。自然资源核算内容明确，包括分类实物量核算与综合价值量核算。自然资源实物量计量是其价值量评估的前提，自然资源实物量的核算真实描述地球上相关资源在某一时点的存量情况，其中必然包含生态产品价值量的核算。也有学者认为自然资源与环境核算内容体现在 3 个方面：实物核算和价值核算；静态存量核算与动态流量核算；分类核算与综合核算（李金昌，1995）。但无论从哪些方面核算，采用什么方法核算，都不可或缺地包含生态产品价值核算。

2.4 公共物品及相关管理理论

研究生态产品的根本目的，是确保生态产品对于人类福祉的永续供给，实现人与自然的和谐发展。生态产品本质上是公共物品，对生态产品的可持续管理必须遵循公共物品的管理规律。早在 2 000 多年前，亚里士多德就注意到了公共事物治理的困难，他在《政治学》一书中曾指出：凡是属于最多数人的公共事物常常是最少受人照顾的事物，人们关怀着自己的所有，而忽视公共的事物；对于公共的一切，他至多只留心到其中对他个人多少有些相关的事物（洪洁和肖剑忠，2012）。然而直到今天，公地治理难题仍没有得到根治，依然在影响着我们的生活（武舜臣等，2018）。

2.4.1　公地悲剧与公共物品理论

1833 年，英国数学家威廉·福斯特·劳埃德描绘了这样一幅画面：当一块公共草地允许任何人放牧，理性的牧羊人都会尽可能多地增加自己羊群的数量，最终将导致这块草地因被过度利用而枯竭。1911 年，Katharine Coman 在《美国经济评论》上发表《灌溉系统未解决的一些问题》，首次将公地治理问题带入了公众的视野。1968 年，英国学者加勒特·哈丁（Garrett Hardin）在《科学》杂志上发表了一篇题为 *The Tragedy of the Commons* 的论文，用“公地悲剧”一词对上述现象加以概括，向人们展示了公共资源在缺乏明确责任人、缺乏行为监督和约束机制的情况下被迅速破坏殆尽的可悲结局，以说明无人看管的公共事物终将由于人类的过度使用而走向毁灭。

哈丁指出，任何时候只要许多个人共同使用一种稀缺资源，便会发生过度使用问题。他假设了一个场景，即有一群牧羊人一同在一块公共草场放牧，由于每个牧羊人都希望自己的收益最大化，于是，他们会尽量扩大自己的羊群。尽管每个人都知道，草场可以承载的羊的数量有限，但作为理性的人，在能无偿获取资源的条件下谁也不愿意自觉地把羊群数量减下来。最后的结果是，牧场被过度使用，草地状况迅速恶化，所有牧民最终破产。哈丁对此评论道：这是一个悲剧；在一个信奉公地自由使用的社会里，每个人都追求自己的最佳利益，毁灭就是所有人趋之若鹜的目的地。

人们普遍认为，自然生态系统及其所提供的生态服务具有公共物品属性（中国生态补偿机制与政策研究课题组，2007）。纯粹的公共物品具有非排他性（non - excludability）和消费上的非竞争性（non - rivalrousness）两个本质特征。这两个特性意味着公共物品如果由市场提供，每个消费者都不会自愿掏钱去购买，而是等着他人去购买而自己顺便享用它所带来的利益，这就是“搭便车”问题。如果所有社会成员都意图免费搭车，那么最终结果是没人能够享受到公共物品。但是，公共物品并不等同于公共所有的资源。共有资源是在消费上具有竞争性，但是却无法有效地排他，如公共渔场、牧场等。生态环境由于其整体性、区域性和外部性等特征，很难改变公共物品的基本属性，需要从公共服务的角度进行有效的管理，重要的是强调主体责任、公平的管理原则和公共支出的支持。

公共自然资源的高竞用性、低排他性使其较其他资源更容易遭到破坏，而高度的复杂性与不确定性又使其在治理上尤为困难。根据排他性和竞争性程度差异，可以将公地分为四类（表 2 - 2）。第一部分是“纯私人物品”，主要包括“大多数不可再生自然资源”及“一些私有的可再生资源”；第二部分是“开放进入的再生自然资源”及“一些不可再生资源”；第三部分是“俱乐部物品”；第四部分是“纯公共物品”。

表2-2 自然资源和环境领域公地问题分类

	可排他	非排他
竞用	纯私人物品 大多数不可再生自然资源 （化石燃料和矿产） 一些私有的可再生资源 （水产养殖业）	开放进入的 可再生自然资源 （公海捕捞渔业） 一些不可再生资源 （地下水）
非竞用	俱乐部物品 （城市供水网的水质）	纯公共物品 （清洁的空气、温室气体和气候变化）

2.4.2 外部性及其解决途径

公地悲剧产生的重要原因之一就在于公共资源自身使用的负外部性。外部性（externality）是英国经济学家马歇尔（Alfred Marshal）1890年在其经典著作《经济学原理》一书中首先提出的。外部性又称为溢出效应、外部影响、外差效应或外部效应、外部经济，是指一个人或一群人的行动和决策使另一个人或一群人受损或受益的情况。外部性实际上就是边际私人成本与边际社会成本、边际私人收益与边际社会收益的不一致。外部性既可能是有益的（正的）也可能是有害的（负的），分为正外部性和负外部性，或者称为外部经济和外部不经济。外部性理论是生态经济学和环境经济学的基础理论之一，也是生态环境经济政策的重要理论依据。

资源与环境有着明显的外部性。环境资源的生产和消费过程中产生的外部性，主要反映在两个方面，一是资源开发造成生态环境破坏所形成的外部成本，二是生态环境保护所产生的外部效益。由于这些成本或效益没有在生产或经营活动中得到很好的体现，从而导致了破坏生态环境没有得到应有的惩罚，保护生态环境产生的生态效益被他人无偿享用，使得生态环境保护领域难以达到帕累托最优。单纯的市场机制也无法使其生产和消费的效益达到帕累托最优，反而因为其生产的边际收益趋向零和消费的非排他性、非竞争性及界定消费行为成本的过度高昂性，而引发“公地悲剧”。

解决“公地悲剧”最关键的就是要使外部成本内部化。有两种途径：一是可以通过政府管制，二是把共有资源变成私人物品，即“庇古范式”和“科斯范式”。“庇古范式”倾向通过政府干预而不是市场交易来解决生态服务的外部性问题。1920年，庇古（Arthur C. Pigou）在其《福利经济学》（*Economics of Welfare*）中区分了外部经济性和外部非经济性。庇古认为，当社会边际成本收益与私人边际成本收益相背离时，外部性导致市场失灵，而必须依靠外部力量，即政府干预加以解决。政府可以通过税收与补贴等经济干预手段使边际税率（边际补贴）等于外部边际成本（边际外部收益），使外部性“内部化”。资源的这种分配会达到帕累托最优状态并产生社会效益。外部性的补偿方式也被称作“庇古税”。

与之相对应的是“科斯范式”。科斯的核心观点是外部性源于生态服务的产权不清，通过法律界定产权并开展市场交易，即可将其外部性内部化。1960 年，科斯（Ronald H. Coase）提出了产权理论。他认为外部性问题的实质在于双方产权界定不清，出现了行为权力和利益边界不确定的现象。他认为不能将外部性问题简单地看成是市场失灵，要解决外部性问题，必须明确产权，确定人们是否有权对其财产采取行动并产生效果。科斯还提到政府失灵的问题，认为政府试图去解决的外部性实际上是由政府行为自身带来的。根据科斯定理，只有在初始产权得到清晰界定的情况下，才可能通过主体间的谈判实现资源的最优配置。“可交易的权利”是将环境物品明晰产权私有化后，通过市场交易的方式优化产权配置，以激励环境物品的生产和保护。

庇古和科斯理论在环境保护领域的应用表现为生态补偿，即通过对生态系统经营者的经济行为所提供的生态服务和丧失的机会成本进行补偿，减少或消除个人成本与社会成本、个人效益与社会效益的偏差，实现公共产品的有效供给（赵翠薇和王世杰，2010）。生态补偿是环境经济学将外部成本内部化的一种方式，作为一种政策工具，正是建立在制度经济学理论，特别是与资源与环境外部性相关的理论基础之上。外部性的内部化，以及产生外部不经济性的主体负担，是生态补偿机制建立的基础，生态补偿制度力图克服政府失灵和市场失灵带来的不经济性。构建这种外部性内部化的制度，就是生态补偿政策制定的核心目标。毛显强（2002）认为，生态补偿应以资源产权的明确界定作为前提，在此前提下，通过体现超越产权界定边界的行为的成本，或通过市场交易体现产权转让的成本，引导经济主体采取成本更低的行为方式，达到资源产权界定的最初目的。

2.4.3 公共池塘资源与社会生态系统

哈丁提出解决公地悲剧的基本思路为“国有化”或“私有化”，并逐渐被认为是解决公地问题的万能药。但随着不断发展，人们也意识到哈丁主张的观点可能存在局限性。1990 年，美国行政学家、政治经济学家埃莉诺·奥斯特罗姆（Elinor Ostrom）在其著作《公共事物的治理之道》中分析了“公地悲剧”“囚徒困境”“集体行动逻辑”三大公共事务理论模型。她质疑传统的从单一政府或市场两种途径寻找公共事务解决方法思路的合理性，并从理论与案例的结合上提出了通过自治组织管理公共物品的新途径，即公共池塘资源的理论模式。针对“公共事物的治理这个世界性难题”，她指出，“许多成功的公共池塘资源制度，冲破了僵化的分类，成为‘有私有特征’的制度和‘有公有特征’的制度的各种混合，这些制度能成功地在‘存在着搭便车和逃避责任的诱惑的环境中’使人们取得富有成效的结果”。

根据奥斯特罗姆模型，公共池塘资源是可再生的而非不可再生的资源；同时这种资源又是相当稀缺的；资源使用者能够相互伤害，但参与者不可能从外部来伤害其他人。当多种类型的占用者依赖于某一公共池塘资源进行经济活动时，所做的每一件事几乎都会对他们产生共同的影响，每一个人在评价个人选择时，必须考虑其他人的选择。在处理与稀缺的公共池塘资源的关系时，如果占用者独立行动，他获得的净收益总和通常会低于如果他们以某种方式协调他们的策略所获得的收益，独立决策进行的资源占用活动甚至可能摧毁公共池塘资源本身。因此，Ostrom 认为，应该通过资源占用者的自组织行为，集体协商设计出一套分配公共池塘资源的制度，来解决公共池塘资源问题，而非令人悲观的“利维坦”方案（主权者的权力是绝对的）或彻底的私有化。

而如何实现公共池塘资源占用者有效的、成功的自组织行动，奥斯特罗姆认为需要解决三大问题，即“新制度的供给问题”“可信承诺问题”和“相互监督问题”。她认为“制度可以界定为工作规则的组合”，而“可信承诺问题”和“相互监督问题”是这些制度和规则得到长期有效遵守的保证。Ostrom 提出了八项治理原则和社会生态系统（social - ecological system，SES）分析框架，为不同学科的研究者提供了讨论集体行动何以成为可能的共同语言。八项治理原则是：（1）公共资源的所有者要有清晰的界限；（2）对于资源的使用必须符合当地的技术条件和资源特点；（3）制度的制定必须通过集体协商，需要相关利益方达成一致；（4）要有有效的监督制度，有具体的人负责；（5）渐进的惩戒机制；（6）冲突的解决机制；（7）一定职能范围内的明确自治权，更高权威的政府部门要尊重这种自治权力；（8）对于多层次的复杂社会系统中的公共池塘资源，制度的制定和执行必须下放到每个层级之上。

所有自然资源系统都是嵌入在复杂的社会生态系统中的一部分。Ostrom 认为社会生态系统（SES）包括 4 个核心子系统：资源系统（RS）、资源单元（RU）、治理系统（GS）和使用者（U）。此外，外部还受到社会、经济和政治环境（S），及相关生态系统（ECO）的影响（图 2 -9）。她认为社会生态系统可以分为多个层次加以分析。第一个层次，分析者可以先分析资源系统、资源单元、治理系统和使用者的属性是如何相互影响并互动，从而影响政策结果，并进一步分析这些属性如何受到更大范围的社会、经济和政治环境（S）的影响，以及这个生态系统如何与其他相关的生态系统（ECO）互动。第二层次的分析变量是对第一层次的分析变量的进一步解构。根据研究问题的需要，这个基础性的框架还可以根据具体的情景，划分为第三个层级，乃至更多层级的变量。

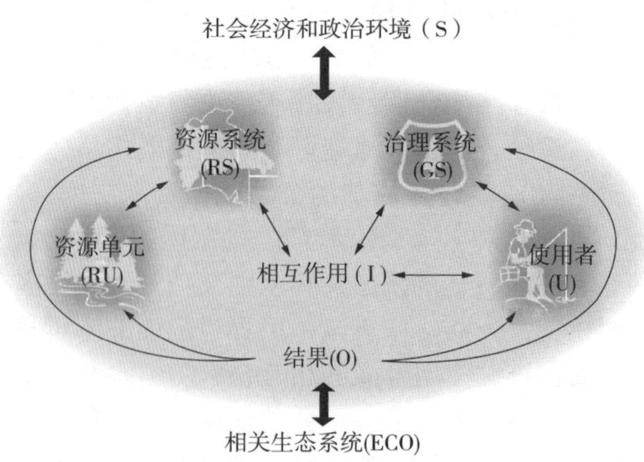

图 2 -9　社会生态分析框架的核心子系统（Ostrom et al.，2009）

Ostrom 运用这个框架来解释哈丁的“公地悲剧”，发现哈丁具有影响力的工作是建立在极其严格的假设之上的。但是研究发现，在实验室条件下只要稍微改变独立匿名做决策的变量，就能够对互动和产出产生持续和重大的影响。Ostrom 认为，哈丁精心设计的公地悲剧，是在缺乏治理系统或者交流机会的基础上建立的。Dietz 等（2003）认为，公共事物治理科学的挑战更多的是，在理想条件缺乏的情况下如何应对治理环境的压力，即建立复杂系统中的适应性治理，解决这些问题的可能方案包括资源使用者的有效对话，制定多层次而复杂多样、彼此嵌入的制度，以及设计促进学习和改变的实验，但也伴随着重重挑战。

随着人类在地球上的足迹不断扩大，人类面临的挑战应转变为部署大规模的全球公共治理，以避免大规模公地悲剧的发生。Ostrom 的开创性研究成果，使得不同学科背景的学者能够从其学科中最流行的理论和见解出发，为解决公地悲剧提供跨学科的视角和方案（Agrawal A.，2014）。Ostrom（2007）认为，SES 的初步框架提供了一个地图，在生态环境和社会科学的研究中架起了一座沟通的桥梁，提供了知识可持续积累的方式。下一阶段可持续科学的主要目标，是识别怎样的变量组合能够在特定的时空环境下促进资源系统的可持续发展，怎样的组合将导致资源的崩塌和管理的混乱。Ostrom 指出，如果可持续科学要变成一门成熟的应用科学，就要运用来自人类学、生物学、生态学、经济学、环境科学、地理学、历史学、法学、政治科学、心理学和社会学的跨学科知识，以建立诊断和分析能力。

第3章
国内外生态产品及价值研究

生态产品的研究数量较少，相关研究仍处于起步阶段，也没有形成一个可供借鉴的统一研究框架。近期关于生态产品的研究多集中于概念内涵、分类体系、价值实现等方面，也有研究从增加优质生态产品供给方面进行阐述。生态产品虽然是一种特殊的产品，但是与物质产品、文化产品一样，也具有生产、流通、消费等环节，也需要在计量评估的基础上开展交易、管理等活动。因此，关于生态产品的研究需要把计量评估、供给消费、价值实现、管理调控等作为重点领域和内容，形成生态产品从生产到消费的全过程分析研究框架。

3.1 生态产品分类与计量

生态产品的分类和计量是生态产品研究的基础内容，是认识生态产品、实现生态价值、促进生态产品可持续供给与消费的关键支撑。作为一个新兴的概念，关于生态产品的分类和计量还没有形成统一的认识，也尚未见到系统的论述。建立一套科学化、规范化并且具有共识的分类与评估体系是当前生态产品科学研究与管理实践的前提。由于生态产品来源于生态系统服务和功能，关于生态产品分类与计量的讨论与研究，可以借鉴生态系统服务相关研究成果。

3.1.1 生态产品分类

虽然生态系统服务研究已经有 20 多年的发展，且成为当前地理学、生态学、环境科学和经济学等相关学科的研究热点之一，但是学界对生态系统服务的基本定义和分类方案仍存在争论（Fisher et al.，2008；李琰等，2013）。现有生态系统服务分类方案从服务对人类福祉的贡献、服务的环境经济价值、服务的空间流动、服务的竞争性和排他性特征以及服务与人类需求等方面进行了分类，不同的分类方案侧重于生态系统服务的不同特征（李琰等，2013）。总体上，生态系统服务的分类经历了最初关注生态系统功能本身，然后逐渐开始关注价值类型，再将研究重点转移到生态系统服务对人类福祉的影响及人类对于生态系统服务的需求，基于需求与人类福祉的分类方案成为学者们的研究热点（赵海兰，2015）。

1. 基于功能的分类

国内外针对不同生态系统的服务功能类型划分的研究较多，较有代表性的有 De Groot、Freeman、Daily、Costanza、MA 等（赵海兰，2015）。De Groot（1992）将生态系统服务功能分为调节功能、承载功能、生产功能、信息功能 4 大类 23 亚类。Freeman（1993）提出将生态系统服务分为 4 类：为经济系统输入原材料，维持生命系统，提供舒适性服务，以及分解、转移和容纳经济活动的副产品。Daily（1997）将生态系统服务功能分为 3 类 13 种类型，即生活与生产物质的提供、生命支持系统的维持和精神生活的享受。Costanza 等（1997）将全球生物圈根据海洋、森林、草原、湖泊、沙漠、农田、城市等分为 16 个生态系统类型，并将生态系统服务功能分为 17 个类型。在此基础上，联合国千年评估计划（MA）将生态系统服务分为供给、调节、支持和文化 4 种类别、25 个子类。由于 MA 的分类方式明确了各种服务之间的关系，因此得到了广泛的认同。

国内学者也进行了大量有益探索。张象枢等（1998）将生态系统服务功能划分为物质性资源功能、环境容量资源功能、舒适性资源功能和自维持资源功能 4 类。李金昌（1999）将环境资源对人类的功能分为两类：物质功能和生态功能，前者为人类提供物质产品，后者为人类提供舒适性服务。欧阳志云和王如松等（1999）对中国陆地生态系统服务功能及其生态经济价值的初步研究，将生态系统服务分为产品与环境两大类和八小类。赵同谦等（2004）依据MA提出的生态系统服务功能分类方法，把森林生态系统的服务功能划分为4大类13项功能。高吉喜（2013）将生态系统服务分为两大类，即生态系统提供的人类生活必需的生态经济产品和保证人类生活质量的生态功能。

2. 基于价值的分类

生态系统服务的经济价值构成的分析和科学分类是进行生态系统服务的经济价值评估研究的基础。近十几年来，Pearce等（Pearce et al.，1989；Pearce et al.，1994；Pearce，1995）、Mc－Neely等（1990）、Turner（1991）等的研究，奠定了自然资本与生态系统服务价值分类理论研究的基础。联合国环境规划署（UNEP）的生物多样性价值划分（UNEP，1993）、Barbier（1994；2000）的环境经济价值分类、经济合作与发展组织（OECD）的环境资产的经济价值分类（OECD，1995），都以上述分类为基础且基本相同。国内外专家学者根据不同的研究对象，提出了不尽相同的环境价值构成体系。综合来看，对资源、生态、环境价值的构成分类有五分型、四分型、三分型和二分型分类等（张强，2016）。

Pearce（1995）的环境价值体系是最具典型和代表意义的环境资源价值构成体系，共分5种类型，具体是将资源环境总价值分为使用价值和非使用价值；使用价值又分为直接使用价值和间接使用价值；非使用价值又分为存在价值和遗赠价值；还有一种选择价值，可以归于使用价值，也可以归于非使用价值。OECD沿用了Pearce分类体系。Mc－Neely根据生物多样性产品是否具有实物性将生物资源价值分为直接价值和间接价值，然后又根据其产品是否经过市场贸易和是否被消耗的性质将这两类价值进一步划分为消耗性使用价值、生产性使用价值、非消耗性使用价值、选择价值和存在价值（丁小明，2007）。联合国环境规划署（UNEP）在其1993年编写的《生物多样性国情研究指南》中，将生物多样性价值划分为具有显著实物形式的直接价值、无显著实物形式的直接价值、间接价值、选择价值、消极价值5种类型。

霍尔姆斯·罗尔斯顿在《哲学走向荒野》中把自然资源价值分为资源价值、科学研究价值、审美价值和生态环境价值（于连生等，2004；唐立杰等，2009）。欧阳志云等（1999）也将生态系统服务价值总结为直接利用价值、间接利用价值、选择价值、存在价值4类。徐嵩龄（2001）从价值与市场联系的角度将其分为3类：一是能以商品形式出现于市场的功能；二是不以商品形式出现但与某些商品有着相似性能的功能；三是只与现行市场机制有关，不是商品也不能影响市场行为的功能。也有学者把自然资源价值分为存在价值、经济价值及环境价值3种形式或者分为有形的资源价值和比较虚的舒适性的服务价值两种形式（张强，2016）。总体上，Pearce的分类体系得到较多认同和应用。存在分歧的地方是价值分类下面所包含的不同生态系统服务功能划分不一致，如对生态系统的选择价值的划分依旧存在争议（赵海兰，2015）。

3. 基于属性的分类

部分学者从生态系统服务有无实物形态将其分为有形和无形两类。Daily认为自然资本是指能够在现在或未来提供有用的产品流或服务流的自然资源及环境资本的存量，一种是提供产品流的存量，另一种是提供服务流的存量（Daily，1997b；Daily et al.，2000）。El Serafy把生态资本分为可再生的生态资本和不可再生的生态资本两种基本类型，可再生的生态资本几乎不会贬值，而不可再生的生态资本是需要偿还和清算的（El Serafy，1991）。李萍等（2001）将生态资本分为有形生态资本（硬环境资本）与无形生态资本（软生态资本）两类。李金昌（1999）也将其分为有形的实物形态的生态系统产品和隐形的、不可见的支撑与维持人类赖以生存的生态环境持续发展的功能。Costanza等（2008）也基于服务的空间流动和竞争性/排他性提出了两种新的分类体系，前者将生态系统服务分为5类，即全球非空间位置依存的、局部空间位置依存的、与方向相关的服务流、原位的服务和与用户迁移有关的服务；后者依据竞争性/非竞争性和排他性/非排他性两维矩阵将生态系统服务分为4类。

生态系统服务也可从自然资产/资本角度进行分类。Georgescu Roegen（1972）认为自然资本包括地表空间、各种非人工生产出的物种以及地壳和大气中储存的物质存量三个部分。Pearce和Turner（1990）把自然资本分解为4个方面：（1）能直接进入当前社会生产与再生产过程的自然资源，即自然资源总量和环境转化废物的能力（环境自净能力）；（2）自然资源及环境的质量变化和再生量变化，即生态潜力；（3）生态环境质量，生态系统的水环境和大气等各种生态因子为人类生命和社会生产消费所必需的环境资源；（4）生态系统作为一个整体的使用价值，是指呈现出来的各环境要素的总体状态对人类社会生存和发展的有用性。王健民和王如松（2001）从生态资产价值的角度认为生态资产包括四部分：生物资产、基因资产、生态功能资产、生境资产。

4. 基于需求与人类福祉的分类

生态系统服务对人类福祉的影响及其相互作用的研究具有广泛的社会需求和应用前景，迫切需要构建与多层次人类福祉相连接的生态系统服务分类方案（李琰等，2013）。目前仅有部分学者进行了有益探索。Wallace（2007）认为生态系统过程的管理目标应与分类系统相一致，服务分类应考虑生态系统对人类福祉产生的结果，Wallace按照不同人类价值属性将服务分为足够的资源、保护免受捕食、疾病和寄生虫、良性的自然环境、社会文化实现等4大类别。Fisher和Turner（2008）则提出以中间服务、最终服务和收益联结生态系统服务和人类福祉。张彪和谢高地等（2010）基于人类需求将生态系统服务分为3类12项，即物质产品、生态安全维护功能和景观文化承载功能3类，包括粮食、薪柴等生活资料，橡胶、纤维等生产资料，气候调节、大气调节、水文调节、水质净化、土壤保持、土壤培育、物种保护、景观游憩、历史文化承载和科研教育12小项。李琰等（2013）根据终端生态系统服务所产生的收益与不同层次人类福祉的关联，将生态系统服务划分为福祉构建、福祉维护和福祉提升3大服务类别。

由于人类认识的局限性，必然还有生态系统服务没有被人类察觉，相关认识必然随着人类认识的深化而发展。另外，由于生态系统结构的复杂性、功能的多样性和人类需求的多元性，使得生态产品理论的复杂性和实践的多样化，导致难以对生态系统服务建立清晰统一的定义和分类体系。生态系统服务研究的根本出发点是人类福祉，也即为人类发展服务。人类对生态系统服务或功能的需求具有一定的选择性和偏好性，从需求角度构建生态系统服务和生态产品分类体系，易于将其与人类的利用和管理相结合。生态产品与生态系统服务的分类一样，也应在实践中建立“适合于目的”的定义和分类体系。缺少统一的分类框架将严重影响生态产品研究的可比性，也带来了认识上的混乱，最终将会影响生态产品价值实现与可持续管理等实践，这是当前必须加快解决的关键问题之一。

3.1.2　生态产品计量

生态产品的计量是生态产品价值实现的基础和途径，生态产品主要是生态系统服务，其计量主要采用生态系统服务的计量核算方法。生态系统服务可以采用实物量、价值量、能值等多种计量方式。实物量评价法是从物质量的角度对生态系统的各项服务进行定量评价，价值量以货币的形式来呈现生态系统服务的价值，能值方法是利用太阳能值计量生态系统为人类提供的产品或服务，生态足迹分析法是一种以土地为度量单位的评估方法。相关研究机构和学者在不同尺度上对生态产品进行了计量和评估。

1. 生态系统尺度评估

当前国内外对森林、草地、湿地、河流、湖泊、农田、荒漠等均开展了大量的研究，总体来看关于森林、草地、湿地的研究较多。尤其是森林生态系统评估，形成了公认的评估框架。国内外对城市生态系统及其子系统、农田生态系统等研究较少（赵军和杨凯，2007）。我国林业主管部门和海洋主管部门分别发布了《森林生态系统服务功能评估规范》（LY/T 1721—2008）和《海洋生态资本评估技术导则》（GBT 28058—2011），为这两类生态系统生态资产评估提供了依据。2013 年，国家林业局和国家统计局联合启动了“中国森林资源核算及绿色经济评价体系研究”，核算结果显示，全国林地林木资产总价值为 21.29 万亿元，全国森林生态系统每年提供的生态服务价值达 12.68 万亿元，是 2013 年全国林业产业总产值的 2.68 倍，相当于每年提供了人均 0.94 万元的生态服务。

2. 区域/流域尺度评估

虽然全球和国家等大尺度区域生态系统服务价值及生态资产评估在现阶段仍占据重要地位，但是基于省市和区县等较小行政区域尺度以及重点流域、自然保护区等自然区域尺度的评估研究也逐渐得到重视。由于区域、流域与生态系统管理政策以及实践紧密结合，目前关于区域/流域生态系统服务价值的评估研究成为当前研究的重点。从国内来看，我国学者开展了全国、区域、流域尺度具有开创性的生态系统服务价值的评估（欧阳志云等，1999；赵同谦等，2004；谢高地，2003；傅伯杰，2009；李双成等，2011）。在全国生态系统服务价值评估中，欧阳志云等（1999）评估得出中国陆地生态系统每年的服务价值为 30.488 万亿元。陈仲新和张新时（2000）评估得出中国陆地生态系统每年的效益价值大约为 5.61 万亿元，海洋生态系统效益为 2.17 万亿元。潘耀忠（2004）、何浩（2005）、朱文泉（2007）等结合遥感技术，评估得出中国陆地生态系统的生态价值在 4 万亿～13 万亿元。中国环境科学研究院利用 TEEB 方法，评估得出 2010 年全国生态系统总的价值是 78 万亿元人民币，高达当年 GDP 的两倍之多。谢高地等（2015）基于改进单位面积价值当量因子的生态系统服务价值化方法，评估得出 2010 年我国不同类型生态系统服务的总价值量为 38.1 万亿元。欧阳志云等（2016）基于 GEP 方法核算的 2014 年全国生态系统生产总值为 72.43 万亿元。

3. 大尺度评估

1997 年，Costanza 等首次尝试从全球尺度全面评估生态系统服务价值，估计每年全球生态系统服务总价值为 16 万亿～54 万亿美元。这一学术成果刊发后，引起了国内外的广泛关注，直接导致了生态系统服务价值评估的兴起。许多学者从全球尺度进行了研究，如 Pimentel 等也对全球生物多样性和美国生物多样性的经济价值进行了比较研究，Costanza 等（2014）也在 2014 年重新做了估算，并进行了比较（图 3－1）。在政府机构方面，联合国千年生态系统评估小组定期开展的基于全球尺度以及 33 个区域尺度的“生态系统与人类福祉”的研究，是迄今世界上规模最大的评估工作（李焕承，2010）。随后联合国启动了生物多样性和生态系统服务政府间科学政策平台（IPBES），作为千年生态系统评估的后续行动。2018 年生物多样性和生态系统服务政府间科学政策平台（IPBES）报告显示，1990—2010 年，亚太地区生物多样性和生态系统服务促进了经济的快速增长，使超过 45 亿人受益。

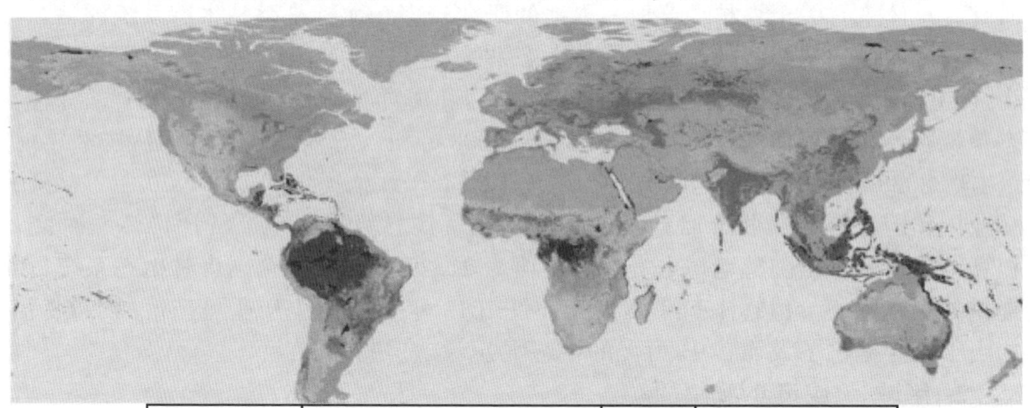

土地覆盖	流量值/［美元/（hm^2·a）］	图例	面积/10^6 hm^2
沙漠	0		2 159
苔原	0		433
冰岩石	0		1 640
公海	491		33 200
大陆架	2 222		2 660
草原/牧场	2 871		4 418
温寒带森林	3 013		3 003
河湖	4 267		200
热带森林	5 264		1 258
农田	5 567		1 672
城市	6 661		352
沼泽/漫滩	25 682		60
潮沼/红树林	193 845		128
珊瑚礁	352 249		28

图 3－1　全球 2011 年生态系统服务价值（Costanza et al.，2014）

3.1.3 生态产品核算框架

1. SEEA

综合环境经济核算（SEEA）框架的内容组成表现为两个平衡关系：（1）以 EDP 为中心的当期流量平衡；（2）以资产为中心的存量动态平衡，尤其是以环境资产为中心的存量动态平衡（UN，2003；高敏雪等，2007）。综合环境经济核算（SEEA）体系的账户是一个与 SNA 相联系的卫星账户，而不是真正修正或替代 SNA 核心系统。根据 SEEA－2003，综合环境经济核算体系将环境经济核算的内容归纳为 4 组账户 10 张核算表（周龙，2010）。SEEA－2012 版本（UN，2012a；UN，2012b；UN，2014a）为各国绿色国民经济核算研究提供了起点和指导，建立了国际统一的统计标准，并建立了试验性生态系统账户（UN，2014b），对促进和规范国际范围内的绿色国民经济核算发挥了巨大作用。

2. 自然资本项目

自然资本项目（Nature Capital Project）是由斯坦福大学、明尼苏达大学、大自然保护协会和世界野生生物基金会合作开发的自然资本项目，通过开发相应软件工具（InVEST）及方法，将自然资本更为容易地纳入决策体系，在全球生物多样性保护重要地区展示这些工具的力量，将经济因素与保护有机结合。该项目的最终目标是通过更多和更具成本效益的投资以提高生物多样性和人类福祉。目前，该项目组已开发了 16 种适用于陆地、淡水和海洋生态系统的 InVEST 模型，并已在安第斯山脉地区、夏威夷、印度尼西亚及中国取得了显著的效果，在我国已经有大量的相关工作在开展（张强，2016）。

3. TEEB 自然资本评估科学计划

2007 年，由欧盟、德国、英国等资助，联合国环境规划署实施的“生态系统与生物多样性经济学”（The Economics of Ecosystems and Biodiversity，TEEB）研究正式启动。2010 年 10 月，《生物多样性公约》第十次缔约方大会正式发布了“生态系统与生物多样性经济学”的最终研究报告，展示了森林、淡水、土壤和珊瑚礁等生态系统的巨大经济价值及其被破坏所造成的社会经济代价，为国内及国际决策者、各级管理者、企业和消费者等提出了保护生物多样性和维持生态系统服务的建议。2010 年 10 月，《生物多样性公约》第十次缔约方大会正式通过的《2011—2020 年生物多样性战略计划》，吸收了 TEEB 报告的主要成果，并提出了全球生物多样性保护的中长期履约目标和指标。TEEB 创造性地提出了一个评估生态系统服务和生物多样性价值的框架，主要包括 3 部分：识别、展示和捕获生态系统服务及生物多样性价值。该框架推动政府、企业和个人等各个层面在决策过程中，综合考虑生态系统服务和生物多样性的价值，最终实现保护和可持续利用生物多样性的目的。

4. 世界银行财富核算和生态系统服务价值评估

2010 年，联合国《生物多样性公约》（CBD）缔约国大会在日本名古屋举办，会议正式发起一项合作机制——财富核算和生态系统服务价值评估机制（Wealth Accounting and the Valuation of Ecosystem Services，WAVES）——正帮助一些国家逐步摆脱一贯重视国内生产总值的做法，开始把财富（包括自然资本）纳入其国民账户（World Bank，2010）。WAVES 机制的四大目标包括：帮助有关国家采用并实施与决策相关的核算体系并总结相关经验；制定生态系统核算方法；建立全球培训和知识共享平台；围绕自然资本核算建立国际共识。自该机制推出以来，在以下两个方面取得了进展：一是加强了合作关系；二是在五个国家测试了自然资本核算的可行性。目前，各国均在制定详细的实施路线图。WAVES 机制设有 Multi - Donor 信托基金，成立之初，得到了日本、挪威、英国、法国、德国和荷兰等国家资助的 1 400 万美元。WAVES 机制已与联合国开发计划署、联合国环境规划署、联合国环境经济核算委员会、国家、非政府组织、学者、私营部门等建立了良好的合作关系。WAVES 机制的核心合作伙伴包括博茨瓦纳、哥伦比亚、哥斯达黎加、危地马拉、印度尼西亚、马达加斯加、菲律宾和卢旺达共 8 个国家。

5. GEP 核算框架

生态系统生产总值（GEP）可以定义为生态系统为人类提供的产品与服务价值的总和（欧阳志云等，2013）。生态系统生产总值一词首次出现在 2012 年，朱春全（2012）提出把自然生态系统的生产总值纳入可持续发展的评估核算体系，以生态系统生产总值来评估生态状况；建立一个与 GDP 相对应的、能够衡量生态状况的评估与核算指标，即生态系统生产总值。Mark Eigenraam 等（朱春全，2012）也提出生态系统生产总值（GEP）一词，他们将其定义为生态系统产品与服务在生态系统之间的净流量。欧阳志云、朱春全等（欧阳志云等，2013）认为 GEP 是生态系统为人类提供的产品与服务价值的总和，通过建立国家或区域 GEP 的核算制度，可以评估其森林、草原、荒漠、湿地和海洋等生态系统以及农田、牧场、水产养殖场和城市绿地等人工生态系统的生产总值，来衡量和展示生态系统的状况及其变化（图 3－2）。

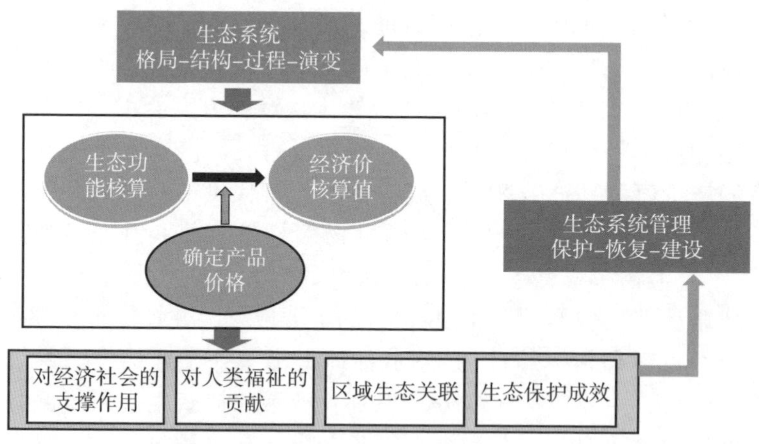

图 3－2　生态系统生产总值核算框架（欧阳志云等，2013）

生态系统生产总值核算的思路是源于生态系统服务功能及其生态经济价值评估与国内生产总值核算（欧阳志云等，2013；张涵泊，2014；张翎等，2014）。根据生态系统服务功能评估的方法，生态系统生产总值可以从生态功能量和生态经济价值量两个角度核算。生态功能量可以用生态系统功能表现的生态产品与生态服务量表达，如粮食产量、水资源提供量、洪水调蓄量、污染净化量、土壤保持量、固碳量、自然景观吸引的旅游人数等，其优点是直观，可以给人明确具体的印象，但由于计量单位不同，不同生态系统产品产量和服务量难以加总。因此，仅仅依靠功能量指标，难以获得一个地区以及一个国家在一段时间的生态系统产品与服务产出总量。为了获得生态系统生产总值，就需要借助价格，将不同生态系统产品产量与服务量转化为货币单位表示产出，然后加总为生态系统生产总值。

6. 英国自然资产框架

2009 年，英国参照国际上开展的千年生态系统评估模式，第一次对自然环境给社会和国家可持续发展提供的收益进行国家尺度的生态系统评估。这一活动自 2009 年中期开始至 2011 年中期结束。英国国家生态系统评估的框架主要以千年生态系统评估（MA）所运用的方法为基础，结合欧洲生态系统服务评估项目 TEEB 提出的概念所构建。评估分为两个部分：一部分是对目前英国生态系统服务价值的评估；另一部分是分析目前生态系统变化驱动力，并设置场景对未来英国生态系统变化进行模拟并提出对策。英国生态系统服务价值评估分析主要包括生态系统服务价值、商品和人类福祉 3 个部分。其评价主要包括经济价值、健康价值和共享价值 3 个方面，其中经济价值是对生态系统服务生产的商品进行货币量化（英镑）；健康价值是从生态系统服务产生的商品对人体身心健康影响方向积极促进（+）与造成威胁（-）两个方面进行衡量；共享（社会）价值是将不受个人行为影响的服务商品进行量化处理（图 3－3）。在生态系统服务中，中间生态系统服务为最终生态系统服务提供基础和支持，为了避免重复或错误计算其服务价值，将经济价值的计算放在了最终生态系统服务上。

图 3－3 英国生态系统评估指标框架

3.1.4 生态产品计量的几个问题

1. 生态系统服务界限不清

如前所述，由于生态系统服务的复杂性，导致一些生态系统服务之间的界限或者内涵模糊，难以分清。如土壤保持功能中的保土功能、保肥功能，二者具有相同的载体——土壤。又如土壤保肥功能与水质净化功能，N、P 等元素既是土壤的肥料来源，但同时又是水体的污染物来源。这就必然导致生态系统服务或者生态产品难以准确计量，同时这些交叉重叠的生态系统服务也会给生态产品市场交易等带来困扰。在市场交易方面，这些界限不清的产品最好进行单独交易，这必然带来成本的增加。另外，对于同一生态系统服务或者生态产品来说，存在生态系统服务供给与消费的边界不清的情况，由于生态系统服务从供给到消费的过程不明，对于不同生态系统服务或者生态产品由谁生产、由谁消费、消费多少等问题都还没有明确的认识和结论。这必然带来市场主体、市场边界的不清，生态补偿等所需要的条件性难以满足，从而严重影响了生态产品市场机制的建立。这是当前制约生态产品价值实现的重要瓶颈所在。

2. 生态系统服务难以完全界定

正如前文所述，由于人类认识的局限性，必然还有生态系统服务没有被人类察觉。这就必然导致生态系统服务或者生态产品的计量难以实现完全界定和全面核算。另外，由于方法的局限性，也必然难以全面揭示生态系统服务的复杂性，导致部分生态系统服务或者生态产品计量存在困难甚至是目前尚无法计量，如文化遗产价值等。生态产品、生态系统服务与生态系统的结构与过程有关，依赖于具体的生态系统，而且受不同区域的地理、生态、气候以及人类活动等的影响（李文华等，2009）。由于目前对生态系统结构与服务之间的复杂关系以及生态过程与服务发挥与保育之间的联系缺乏科学解释，致使生态系统服务物理量评价存在较大困难（谢高地等，2006；傅伯杰，2010；赵雪雁等，2012）。这也导致生态系统服务往往难以完全界定，生态产品市场行为以不完全信息为特征，但实践中却需要假定符合其完全性（赵雪雁等，2012）。例如，世界上开展的很多生态补偿项目都假设森林可以提供几乎所有期望的生态系统服务（Pagiola et al.，2007；赵雪雁等，2012）。

3. 重复计算问题

在对某一生态系统和区域的生态系统服务价值进行加总计算时，存在生态系统服务的重复计算，也是研究的热点和难点问题。Costanza 等（1997）认为，生态系统功能和其形成的服务的复杂性导致在评价生态系统服务时容易重复计算，主要表现在两个方面：一是生态系统功能和湿地生态系统服务本身的重叠性。二是生态系统功能与服务的非对应性，生态系统功能与服务并不是一一对应的，一种服务可能是由几种功能联合产生，一种功能可能会同时参与 2 种或 2 种以上生态系统服务的产生。Koch 等（2009）认为生态系统服务是由非线性的相互依赖的成分组成的，每个服务不能单独分开，导致在价值计算时容易产生重复计算。另外，一般商品的使用功能具有竞争性和排他性，而许多生态系统服务功能不具有竞争性，具有互补性（赵桂慎等，2008）。Turner 等（2003）和 Fu 等（2011）研究表明，生态系统服务的竞争性和排他性、价值评价方法和研究尺度等会导致生态系统服务价值评价重复计算的产生。

Fisher 等（2009）和 Turner 等（2010）认为，联合国千年生态系统评估（MA）混淆了中间过程和最终结果，因此这一分类很容易导致重复计算。一些研究也从其他方面对重复计算进行了探讨。McConnell（1990）研究表明，旅行费用法和享乐定价法在评估湖泊的水质净化价值时可能会导致重复计算。Johansson（1992）认为支付意愿法会导致重复计算，成本效益计算中应该排除利他主义的价值，因为某一家庭的利他主义价值对于其他家庭既是成本又是效益。Costanza 等（1997）认为在生态系统服务总价值评价中应该采用“投入—产出”模式来避免重复计算。Hein 等（2006）认为支持服务是供给服务、文化服务和支持服务的基础，在总价值计算时不应该包括在内。Fu 等（2011）将生态系统服务价值重复性计算产生的原因分为 5 类：生态系统服务定义的模糊不清、生态系统的复杂性、生态系统服务的时空依赖性、生态系统服务分类的不完整性、评价方法的本身的重叠及交叉引用。

为了解决生态系统服务复杂的因果关系导致的重复计算，学者们主要从生态系统服务分类的角度提出了解决办法（Boyd et al.，2007；Fisher et al.，2009）。一种是以最终服务作为生态系统服务的总价值。Fisher 等（2008）将生态系统服务分为中间服务、最终服务和效益，最终服务是指对人类福祉有直接影响的服务，中间服务则是类似于千年生态系统评估的支持服务，以复杂的方式组合间接地影响人类福祉，效益是指一些明显影响人类福祉或改变人类福祉的事物；在评估时，以最终服务代表生态系统服务的总价值。Mäler 等（2008）建议将千年生态系统评估小组划分的供给服务和文化服务合并为最终服务，将支持服务和调节服务纳入中间服务。李焕承（2010）将区域生态系统服务分为中间服务和最终服务。Balmford 等（2011）也将生态系统服务分为核心的生态过程、产生效益的生态系统过程和生态系统效益。

另一种解决办法是以效益作为生态系统服务的总价值：Boyd 和 Banzhaf（2007）将生态系统服务分为中间成分、服务和效益三类，评估时只计算最终的服务；Wallace（2007）认为生态系统服务是从自然生态系统组分中获得的收益，以生态系统收益代替生态系统服务有助于避免重复计算，但它的基本假设是错误的，混淆了过程和结果，并且只计算效益会导致对生态系统认识的简单化（Costanza et al.，2008）。李伟等（2014）和庞丙亮（2014）提出了一个湿地生态系统去重复的概念性框架。欧阳志云等（Wong et al.，2014）建立了关联生态系统特征与生态系统服务方法体系，并采用终端法明确生态系统最终服务，这一方法为预测和评估公共政策对生态系统服务的影响提供了新的思路。

4. 计价问题

许多科学家认为，人类社会的一切经济活动都来源或依赖于自然生态系统，因此生态系统对人类来说是至高无上无法替代的，因此生态系统是无价的，根本不能对其进行价值核算。但正如 Costanza（1997）所说，估价问题和我们对生态系统不得不做出的选择和决策密不可分。生态系统服务价值概念的提出无疑为人与自然和谐提供了新的道路。虽然评估和量化生态系统服务、生态产品价值具有十分重要的意义和可行性，但是当前在价值估算计量时仍然存在诸多问题、不足和争论。在 Costanza（1997）第一次核算生态系统服务价值时就指出，估价时由于缺乏参考或者没有市场，造成物价扭曲、支付意愿与市场价格存在差异、未来流量贴现换算资本现存量存在困难、忽略了服务间复杂相互关系等问题。

现有价值评估方法忽略了生态系统及其服务所具有的生态学特点，难以反映同一生态系统或者生态系统服务在不同时空格局中的重要性差异；生态系统服务价值简单线性相加；无法反映生态系统阈值问题（张文霞和管东生，2008）。此外，现有价值评估方法忽略了生态系统的产权问题，导致其实用性大打折扣；生态系统及其服务的产权问题亟待深入研究（张文霞和管东生，2008）。当前生态产品核算计量的基础——生态系统服务价值评估，仍然缺乏统一的框架，导致同一地区、同一时间不同方法计算的结果相差可超过 150 倍（李文楷等，2008）。这些问题制约了生态产品的研究与实践，目前仍需要加强研究与探索。

3.2 生态产品供给与消费

理解和掌握生态产品生产、流通、消费的过程，对于有效配置生态产品、实现生态产品价值与可持续管理具有重要意义。生态产品搭建了人与自然的桥梁，对其全生命周期的分析与研究，也为实现人与自然的和谐发展提供了重要途径。生态产品生产和消费研究的核心科学问题是生态系统服务由谁生产、向哪传递、由谁消费和如何产生、如何传递、如何消耗，这是当前生态产品研究由理论走向实践的难点所在，也是当前国内外研究者关注的热点领域（王大尚等，2013；严岩等，2017；白杨等，2017）。针对这些问题的研究，必须采用自然科学和社会科学多学科综合的视角和途径，一方面，需要从生态学等自然科学视角来研究生态系统服务的形成、传递、消耗机制；另一方面，要从经济学等社会科学视角研究供给、需求、消费的关联作用机制。

3.2.1 生态产品生产与供给

生态产品的生产与供给即生态系统服务供给。国内外学者主要以“供给”和“Supply”表示，亦或“供应”“Provision”“Production”和“Source”等（马琳等，2017）。生态系统服务供给指在指定区域的一定时间范围内，生态系统通过生态过程提供的特定生态系统服务的数量和质量（王大尚等，2013）。Burkhard 等（2012）认为生态系统服务供给是在给定的时间和区域范围内生态系统提供的能够被实际利用的自然资源和服务，强调生态系统服务供给的有效性和可获取性。彭建等（2017）认为生态系统服务的供给是指在特定时间段特定区域所能提供生态系统产品和服务的能力。生态系统服务的产生、形成和供给与人类社会生产其他服务和产品有着巨大的区别和差异，包括生态服务供给量主要取决于生态系统本身的规模和功能；生态服务生产过程主要是自然生产过程（谢高地等，2008）。生态系统服务产生的基础是自然界复杂的生态过程，而生态过程的多样性和复杂性也决定了生态系统服务供给具有多样性、复杂性和区域性的特征（王大尚等，2013）。

与生态系统服务供给相关的最早的概念是生态承载力（严岩等，2017）。根据生态系统的承载能力和人对生态系统服务的利用程度，将供给分为潜在供给和实际供给：潜在供给是生态系统以可持续的方式长期提供服务的能力；实际供给是被人切实消费或利用的产品或生态过程（马琳等，2017）。Schröter 等（2014）认为生态系统服务供给是从潜在供给传递出来的最终服务量，指出生态系统服务供给有明显的空间依赖性，当具备特定的空间条件后才能产生服务功能，如授粉服务必须在周围有农作物。

潜在供给量是生态系统提供资源和产品的最大阈值，但并不一定能全部形成有效供给，真正有效生态系统服务供给量还与获取难度、可达性、人类技术和管理方式有关（严岩等，2017）。生态系统服务要更好地应用于实际管理，必须要加入受益者分析，也就是需要进一步区分生态系统服务的潜在供给、实际供给和人类需求（江波等，2016；白杨等，2017）。人类福祉实际上就是来自他们实际享用的生态系统服务的量，而这取决于生态系统服务的实际供给与人类本身需求或消耗之间的关系（Burkhard，2014）。白杨等（2017）指出，在没有外源输入的情况下，生态系统服务潜在供给、实际供给和人类需求有如下关系：

$$\text{生态服务} = \begin{Bmatrix} \text{实际供给} > \text{人类需求，人类需求} \\ \text{实际供给} = \text{人类需求，Either} \\ \text{实际供给} < \text{人类需要，实际供给} \end{Bmatrix}$$

生态系统服务的实际供给来自生态系统自身的完整性，而生态完整性的自组织能力则依靠于生态系统自身的结构与过程（Müller，2005；白杨等，2017）。由于生态系统及其供给的多样性、复杂性和区域性，一方面，要选择或构建合适的生态系统服务分类体系，使评估结果更好地符合管理需要或实现特定的研究目标；另一方面，要揭示生态系统服务孕育—传递—发生过程的完整性，为增强生态系统服务保育的有效性提供科学依据；此外，也要在生态系统管理中识别不同区域主导生态系统服务及其空间分布特征，为区域生态系统服务功能规划以及区域生态安全的保障提供科学支撑，避免生态系统管理措施的盲目性和单一性（王大尚等，2013）。当前对于生态系统服务形成机制与动态变化仍然缺乏足够的认识，是当前生态系统服务研究的热点，其中生态系统结构—过程—功能—服务的相互作用机理、尺度关联和尺度转换等是研究的重点和难点（Boyd et al.，2007；白杨等，2017）。

3.2.2 生态产品需求与消费

生态系统服务需求是人类对生态产品消费、使用的内在原因，没有人类需求，生态系统功能和过程无法形成服务（Fisher，2009；De Groot，2010）。各国学者对于生态系统服务需求的理解主要分为三种。一是从消费者角度定义，Burkhard 等（2012）认为生态系统服务需求是指一定时间一定范围内，人类所消耗或使用的生态系统产品和服务总和。二是从偏好角度定义，Schröter 等（2014）认为生态系统服务需求是人类个体对特定属性生态系统服务偏好的表达；Villamagna 等（2013）认为生态系统服务需求是指被人类社会消耗（能够获得的）或者希望获得的生态系统服务的数量。三是从支付意愿角度定义，Geijzendorffer 等（2015）认为生态系统服务需求是为获取或者保护某种生态系统服务所付出的支付意愿，如金钱、时间、距离成本等。

比较而言，消费角度的定义强调了当前阶段对自然资源的实际消耗；偏好角度的定义强调了从生态系统所到的惠益与预期的差异；支付意愿角度定义反映了消费者对生态系统服务的感知程度和效用价值的判断；用个体偏好作为生态系统服务需求衡量标准，更贴合生态系统服务与人类福祉的主线，也可以提升生态系统服务价值评价的有效性和实用性（严岩等，2018）。马琳等（2017）将生态系统服务分为总量需求和实现需求，所谓总量需求是指人对生态系统服务的全部需求即人的主观意愿，或者为达到某种生活质量标准而期望获取的生态系统服务；所谓实现需求是指已经满足的生态系统服务需求（Kroll et al.，2012），或者已经利用的生态系统服务即实际供给。

人类通过对生态系统服务的消费来满足和提高自身福祉，这里的消费指产生的实际被利用了的自然资源和服务，而不是理论上可以生产的最大期望产量（Burkhard et al.，2012）。部分学者将生态系统服务需求等同于生态系统服务消费，但是从实践管理角度来说，有必要将二者区分开来。生态系统服务消费有时也被称为“使用”“Use”“Consumption”和“Benefit”等，可以看作实现需求。甄霖等（2008；2012）认为生态系统服务消费是人类生产和生活对生态系统服务的消耗、利用和占用，可分为直接消费（如食物、燃料）和间接消费（如净化水质、废弃物处理等）。严岩等（2018）将生态系统服务消费定义为购买生态系统产品以及接受、享受生态系统服务来满足需求和提高自身福祉的行为和过程。生态系统服务消费具有差异性和不可或缺性（王大尚等，2013）。一方面，针对不同类别的生态系统服务，人们的消费方式表现出不同的竞争性和排他性特征（Costanza et al.，2008；甄霖等，2008）；另一方面，不同生态系统服务的消费对人类的生存和发展都不可或缺，对不同生态系统服务的消费要实行分类管理、综合权衡、统筹兼顾（王大尚等，2013）。

生态系统服务的供给和需求、供给和消费反映生态系统和人类社会间复杂的动态关联，对其供需关系、平衡关系的研究是当前生态系统管理的热点研究内容。从生态产品角度来说，这一关系也是决定生态产品市场交易与价值实现过程的内在机制。生态系统服务供需平衡关系可以从数量和空间关系两个角度来分析（图 3－4、图 3－5）。生态系统服务供给和需求量化指标的具有多样性、多维性。谢高地等（2008）提出了生态服务消费函数、生态服务效用函数等。白杨等（2017）提出了供给率、供需比两个指标来度量。Oudenhoven（2012）指出评价生态系统服务供给和需求关系的指标必须是可量化的、对土地利用变化反应灵敏的、在空间和时间尺度上可扩展的。目前的研究方法有基于土地利用/土地覆被变化（LUCC）的生态系统服务供需关系矩阵法、生态足迹法、问卷调查法和公众参与法、模型计算法、市场价值法等（严岩等，2018）。

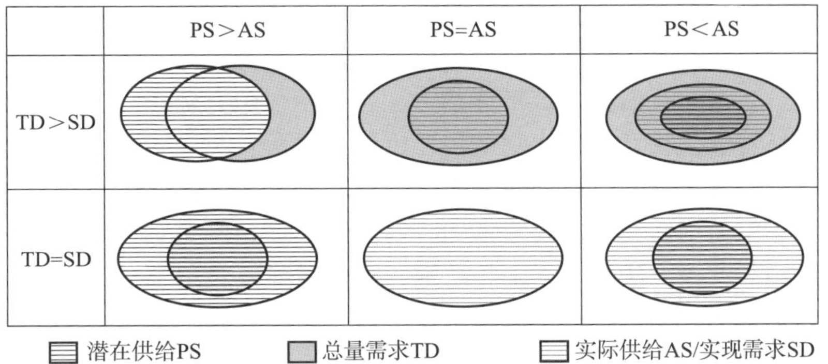

图 3－4　生态系统服务供给和需求的数量特征（马琳等，2017）

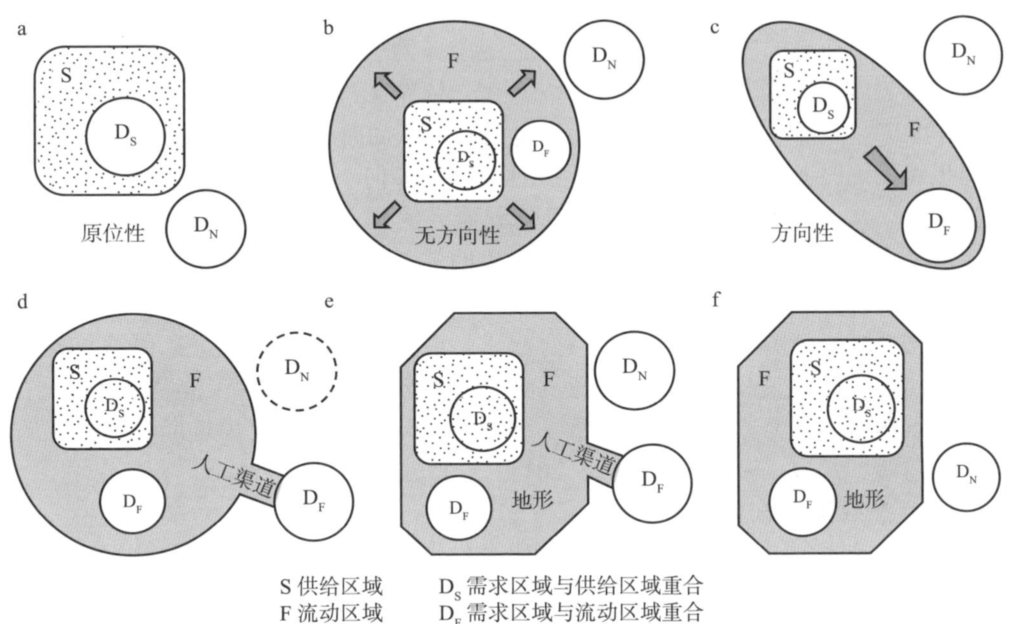

图 3－5　生态系统服务供给和需求的空间特征（马琳等，2017）

当前，对生态系统服务供给与需求关系的研究还处于起步阶段，研究大多集中在供给源和消费区静态的服务量计算和比较中，缺少生态系统服务供给和需求的经济学规律探析以及服务空间流动的时空动态模拟，也没有全面地测度生态系统服务供给和需求变化对人类福祉的影响（严岩等，2017）。生态系统服务供给受制于资源环境承载力，同时也受制于生态系统服务需求弹性差异，而生态系统服务需求具有区域差异性和个体差异性，不同的区域呈现出不同的需求目标和福祉测度，从而产生不同的消费格局和效用价值。同时，生态系统服务供给和需求关系在不同的时空尺度以及不同的利益相关者之间有不同的匹配模式，且人类的生态系统服务需求和消费受自然生态系统和社会经济系统中的多重非线性因素影响，也缺乏市场性，实现生态系统服务、生态产品的可持续供给存在较大挑战。

未来，区域生态系统服务供给、需求、消费的研究应该从现在的描述性研究为主，转为机理揭示、过程模拟、实践应用、政策调控为主。一方面，着重建立生态系统服务供给、需求、消费的定量评估方法，揭示供给、需求、消费以及人类福祉的空间异质性特征、相互关联机制及多尺度耦合过程；另一方面，要探讨市场经济体制及全球气候变化对生态系统服务的影响机制及其与人类社会经济发展的耦合作用，建立基于供需均衡和可持续管理的，考虑多尺度、多重利益相关者需求的生态系统决策机制和调控方法，探索生态系统服务供需研究结果从理论到实际管理的应用模式，为实现区域的可持续发展提供技术支撑（严岩等，2017；马琳等，2017）。

3.2.3 生态产品流通

生态产品如何从生产者流通到消费者，是生态产品市场构建和可持续管理的关键环节。生态产品的流通实质上是生态系统服务的空间流转即生态系统服务流。生态系统服务流是供给区产生的生态系统服务，依靠某种载体，在自然因素或人为因素的驱动下，沿着一定的方向与路径传递到使用区的时空过程（刘慧敏等，2017）。阐明生态系统服务在哪里产生、传递的时间动态如何、传递给哪些受益者是政策评估的难点（Xu，2017）。生态系统服务流动研究实质上就是要在服务供给与需求之间建立时空关联，明确生态系统服务所产生的效益在什么时间和地点被享用，为生态系统服务付费等政策措施的制定提供信息（Serna - Chavez，2014；肖玉，2016）。它将生态系统服务供给与需求动态耦合起来，搭建起了生态系统服务供给与人类需求之间的桥梁，对探索生态系统服务供给时空动态与人类福利变化的关系意义重大，是连接自然生态系统与人类社会经济系统不可或缺的纽带，成为近期学者关注的焦点（刘慧敏，2017；Serna - Chavez，2014；李双成，2014）。

1. 生态系统服务流类型与特征

生态系统服务流的形成以生态系统服务的形成机制为基础。一般情况下，生态系统服务由 3 个基本环节构成，即生态系统服务的供给、流和需求（刘慧敏等，2017）。根据服务供给与使用的空间特征关系，生态系统服务流分为原位服务流、全向服务流和定向服务流 3 种类型（Fisher et al.，2009；肖玉等，2016）。生态系统服务流还可以根据主体的移动特征分为服务移动流和用户移动流，服务移动流是生态系统服务主动从服务的提供区转移到受益区，用户移动流是受益人直接转移到服务提供区主动获取服务的一种方式（李双成等，2014）。一般情况下，很多类型的生态系统服务流都是这两种方式组合在一起形成的。生态系统服务流具有时空特征、载体特征和量化属性特征（刘慧敏等，2017），生态系统服务流的时空特征是生态系统服务供需异质性的具体体现，不同生态系统服务流的时间尺度和空间尺度不同。现有研究表明，生态系统服务必须依靠某种载体的运载（Fisher et al.，2009）才可以实现服务从供给区到受益区的空间转移，不同载体的生态系统服务流有不同的时空尺度，在传递过程中流量会产生损耗，生态系统服务流的权衡与协同提高了管理的复杂性（Costanza，1997；Kremen，2005）。此外，生态系统服务流具有跨区域流动性，有流向、流速和流量3种属性特征（图3－6、图3－7；刘慧敏等，2016）。

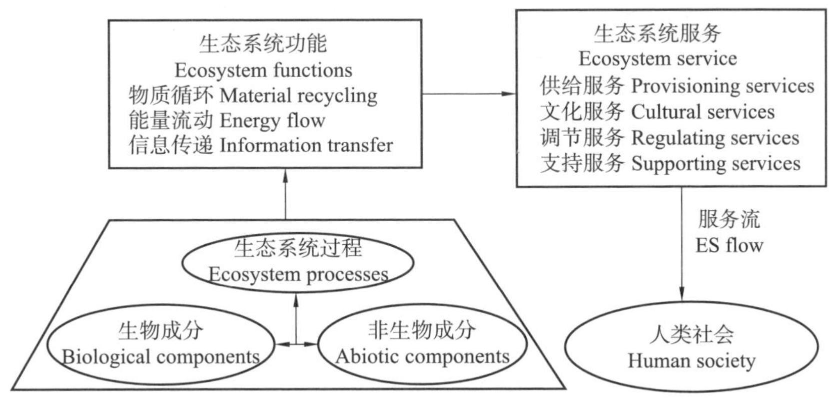

图3－6 生态系统服务流的形成过程（刘慧敏等，2016）

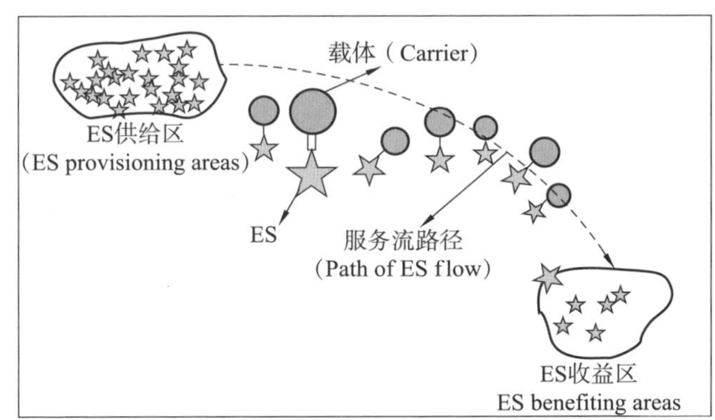

图3－7 依赖生态系统服务流载体传递的生态系统服务（刘慧敏等，2016）

2. 生态系统服务流量化

生态系统服务流现有研究大多还停留在概念阶段，对生态系统服务流传递机制、阈值范围、时空尺度以及权衡协同等研究仍然滞后（刘慧敏，2017；Fisher，2009；李双成，2014）。生态系统/景观服务供给—流动—需求研究步骤包括：(1) 确定服务供给区域与受益人群的空间位置；(2) 确定生态系统服务传输的媒介；(3) 刻画生态系统服务随媒介流向人类的过程与机理，并且通过过程分析，识别影响生态系统服务流的限制因素；(4) 在明确机理与过程的基础上对生态系统服务流进行定量化与制图；(5) 通过对生态系统服务实际流向人类的量与生态服务供给能力进行比较从而测算生态系统服务的传输效率（Fang et al.，2015；赵文武等，2018）。虽然生态系统服务流的研究框架已经初步建立，但对于生态系统服务流的传递路径、耗减过程研究仍然滞后，定量研究方法仍然缺乏。从方法来看主要包括断裂点公式法（范小杉，2007）、供需调查法（谢高地，2008）、框架分析法（Serna－Chavez，

2014）、空间显式建模法以及 SPANs 模型等（Villa et al.，2014），前三者仅能对区域流动关系进行定性分析，后两者能够建立流动路径分析，但是需要大量数据和知识支撑。同时，当前对于生态系统服务流的耗减过程大多仅考虑距离因素，对于空间异质性及其引起的截留、耗减、消费过程差异性考虑不足，导致生态系统服务流的精确性不够。未来，生态系统服务流的研究要结合景观或流域的地理要素的空间异质性分布特征（刘慧敏，2016），利用动态综合模型进行分布式模拟生态系统服务流的时空动态、方向路径和耗散过程。

3. 人类活动对生态系统服务流的影响

人类活动通过对生态系统服务流的空间单元、传递载体和量化属性等方面的影响进而影响到具体的生态系统服务流并最终影响人类福祉（刘慧敏，2017）。相关研究多集中在土地利用变化对生态系统服务影响方面（杨莉，2012）。鉴于退耕还林、退牧还草、禁牧轮牧、生态补偿等生态保护政策规模大、影响深远，评估生态政策对生态系统服务价值效益的研究也逐渐引起关注。关于生态保护政策实施后生态系统服务流变化的研究亟须加强（Ouyang et al.，2016）。但以往研究多通过对比实施政策前后土地利用格局及生态系统服务价值的差异来反映政策效益，缺少合适对照，忽略了政策实施期间其他驱动因素的影响，也缺少了服务流转格局的研究，导致研究结果不够客观，研究内容与深度有待拓展（赵敏敏，2016，2017；杨子生，2011）。动态过程生态本底、Matching 等方法以及欧阳志云等对全国生态系统服务研究方面取得重要进展和傅伯杰等对黄土高原退耕还林可持续性评估具有借鉴意义。生态政策驱动下生态系统过程与服务的相互关系、生态系统服务之间的相互关系以及区域集成与优化是生态系统服务研究的前沿科学问题（傅伯杰，2014）。

3.2.4 利益相关者及其博弈

生态系统服务或者生态产品生产、流通、消费等过程涉及不同利益主体，这些利益主体通过产品流、服务流、价值流形成了相互联系、相互作用的整体，是生态产品全过程运行的参与主体。生态产品是一种公共物品，具有外部性特征，存在私人成本和社会成本不对称的问题。如何协调不同利益主体的关系，建立生态产品不同利益主体的服务与生态安全的良性互动关系，也是生态产品可持续管理的关键所在。利益相关者（stakeholder）通常是指在某一个问题、政策或企业上有共同的特殊兴趣和利害关系的人或组织，一方的决定或行动影响到另一方。利益相关者理论是一种分析和协调多利益主体利益需求关系的主要理论，在生态补偿等生态保护政策制定中得到了广泛的应用，通过利益相关者分析建立有效链接并协调利益相关者的市场，对于生态产品价值实现与可持续供给和管理具有重要意义。

1. 生态产品利益相关者

生态产品是由生态系统通过生态过程生产，其可持续供给和管理与生态保护密切相关。同时，生态产品大部分不具备直接市场，其价值实现通常需要通过生态补偿市场构建技术。因此，生态补偿、生态保护利益相关者的研究提供了生态产品利益相关者分析的基础。有学者（马国勇和陈红，2014）从 4 个方面对生态补偿利益相关者进行了分类：(1) 从生态补偿影响涉及范围角度，分为影响者和被影响者；(2) 从行为（或过程）作用的负面影响特征角度，分为破坏者和受害者；(3) 从生态环境保护角度，分为保护者和受益者；(4) 从生态补偿的涉及主体的直接或间接性特征角度，分为直接利益相关者和间接利益相关者（图 3－8）。也有学者提出监管者（张玉强和张影，2017）、利益分享者（苏世燕和杨俊孝，2016）。在实践中，生态补偿多以保护者和受益者进行政策设计，生态环境损害赔偿采用破坏者、受害者进行政策设计。

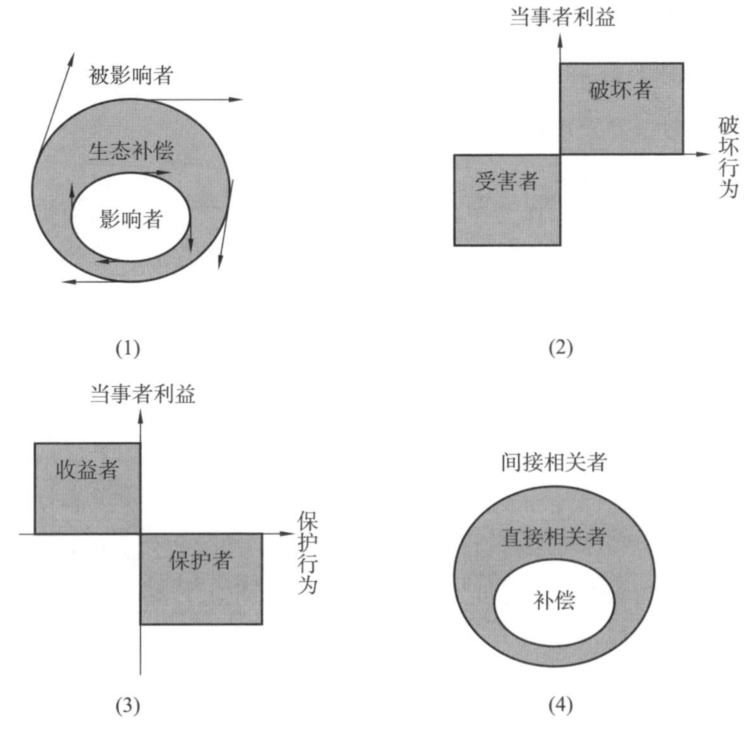

图 3－8　生态补偿利益相关者分类（马国勇和陈红，2014）

综合国内外研究，生态保护和生态补偿的利益相关者包括生态系统服务的生产者、保护者、所有者等提供者，也包括受益者、消费者等使用者，还包括监管者、管理者等第三方，这也构成了生态产品的参与主体。生态产品生产者是生态系统服务和生态产品的提供者，主要是生态系统等自然资本的所有者、拥有者、保护者；一般情况下所有者和保护者是一致的，但也有不一致的情况；当存在所有者和保护者分离时，需要同时考虑二者的利益诉求。生态产品消费者是生态系统服务和生态产品的使用者，一般也是生态系统服务的受益者。生态产品的管理者是指生态系统的监管者，主要是生态产品市场规则的制定者和市场平台建立者。此外，生态产品与生态系统服务最大的不同就是生态产品要最大化地运用市场机制，因此需要经营者，主要是提供生态产品市场服务者，包括监测、评估、咨询、中介等服务提供者。

2. 不同利益主体的权衡和博弈

从社会构成角度来看，生态产品的参与主体包括农户和农村集体组织、供给区政府、消费区政府和企业、中央政府、科研机构等。生态产品不同利益主体具有不同的利益诉求。生态产品的生产者依据自然资源资产产权主体可以分为农户、农村集体、政府：农户和农村集体主要利益诉求就是增加收入和追求自身发展，供给区政府有经济、社会、生态全面发展的需求。生态产品的消费者依据终端主体类型一般是消费区的个人、企业、政府，个人要求通过最小成本来满足个人福祉，企业主要是发展的保障和成本的控制，政府要求通过最小成本来满足区域社会福祉。生态产品管理者既包括供给区的政府也包括消费区的政府，同时包括中央政府，主要诉求是满足并提升区域或更大尺度的人类福祉。生态产品的经营者是生态产品市场的辅助参与者，主要是通过提供服务获得经济利益、保障公众利益等，包括各类科研机构、社团组织、中介服务公司等。

不同利益主体诉求间存在着反馈、权衡等多种关系，需要通过博弈等手段进行利益调整，并最终实现各方利益的最大化。生态系统具有多功能性，人类对生态系统多功能的偏好和权衡是区域生态风险形成的重要原因（傅伯杰，2016）。从理性经济人角度考虑，生态产品的生产者、消费者、管理者都会强调追求自身利益的最大化，存在着个人与社会、买方和卖方、短期利益和长期利益、局部利益和全局利益的权衡与博弈。在当前人的物质需求没有得到充分满足的情况下，生态保护往往会被生产者所忽略，造成保护与发展的矛盾与冲突。博弈论指各利益主体（参与人）采取有利于自己的行为，通过各自的一系列策略，最终达到各方都能接受并稳定存在的结果（均衡），目前已经在自然保护区管理、生态补偿政策等生态领域得到广泛应用（王文瑞等，2018）。此外，生态产品涉及利益主体较多，多主体模型方法也为分析生态产品利益权衡提供了可行的方法。近年来，多主体建模方法已经逐渐应用在土地资源利用、生态系统管理与保护等领域（潘理虎等，2012；翟瑞雪和戴尔阜，2018）。

3.3 生态产品价值实现与生态补偿

生态产品的价值实现就是将生态产品的潜在价值转化为现实的经济价值。生态产品价值实现是生态产品研究与实践的核心领域，是保障和提升生态产品持续供给能力的重要途径。推动生态价值的实现是形成人与自然和谐共生的现代化发展格局、可持续发展的关键所在。总体来看，生态价值无法转化为现实经济价值，以及资源低价、生态廉价是导致理性经济人忽视生态环境保护的原因所在。实现生态价值能够构建新的经济增长点，是破解经济发展与环境保护矛盾的关键突破口，是治理环境污染、实现可持续发展的有效途径，也是发展绿色经济、促进经济结构调整的价值导向（孙志，2017）。

3.3.1 生态产品的价值实现路径

当前关于生态产品价值实现和“两山”实践的研究还处于起步阶段，没有形成系统的理论体系。王金南（2017）认为，要实现“两山”转化的发展机制，就要构建绿色低碳的特色产业体系，构建自然秀美的生态环境体系，构建互联互通的绿色合作体系，构建系统完整的制度创新体系，构建“绿水青山”生态支付体系。苏杨等（2017）认为，按照对绿水青山的利用方式，即生态产品的实现方式，可以划分为直接转化和间接转化两种路径，前者对生态产品的优势进行转化产生增值，并作为生态产品直接参与交易获得价值；后者在减少环境损害的前提下，将生态产品作为资源利用后产生价值。政府和市场是生态产品价值实现的两种路径。廖福霖（2017）认为，政府和市场这两股力量，都要依靠体制、制度和机制来保障，要建立生态资源产权制度、生态价值核算制度、生态产品的政府购买机制，培育生态产品市场体系、绿色金融支撑体系，规范生态产业税收制度，通过深化改革完善激励约束制度，建立保护生态环境和增强生态产品生产能力的长效体制机制。

政府补偿和市场补偿是生态产品价值实现的主要路径。政府补偿形式有付费（转移支付）、专项基金和税收等。政府转移支付主要是国家或下游地方政府直接投资于流域上游地区土地购买或流域管理，以此确保长期稳定的水源涵养和供水安全。专项基金由政府设立，专门用于特定生态产品的补偿，如公益林。税收是政府代替受益者实施补偿的一种形式，如环境保护税。市场补偿主要遵循受益者付费的原则，包括流域付费、补偿基金、生态保护绩效付费等多种服务付费补偿形式。企业、NGO、财团或居民自发向生态产品提供地区付费，其实质是国际财团或公益组织代表出资方或捐赠者、企业和社会团体出于自身需求购买这类地区提供的生态产品。与政府提供的基金不同，补偿基金多由市场运作。生态保护绩效付费有国际上的保护区倡议和信托基金项目以及国内的流域断面水质监测项目。市场权益交易是指生态价值交易市场，包括碳排放权、水权、排污权、用能权等各种交易市场形式，是企业事业单位和其他生产经营者在政府设定的环境总体目标下，依托市场中介组织进行的环境权或环境信用交易。另外，政府还依据一定的生态标准对生态产品进行认证，并向其颁发特定生态标志，此类生态标记产品包括森林生态产品、海洋生态产品、农业生态产品以及得到节能认证的生态产品。国际上的生态系统服务付费（PES）包含政府付费和市场服务付费的实现形式，是本部分的主要讨论内容。

“十一五”以来，我国在清洁的空气、水土资源方面建立了排污权、碳交易等市场机制，并探索出区域间横向生态补偿机制，致力于生态系统修复。我国从2007年开始在浙江、江苏等省份启动了排污权交易试点，目前已有12个试点省份。从2011年开始在北京、广东、上海等7个省市启动了碳排放交易试点。自2006年以来，我国已有20余个省份相继出台了区域间生态价值补偿政策措施，探索了多种不同形式的生态补偿模式。但是，仍然未从根本上形成激励地方和市场主体自主保护生态环境的内生机制，实现生态价值还面临产权界定不清、交易计价模式不完善、生态修复动力不足等多方面问题（孙志，2017）。具体来看：一是赋予公众的享有清洁空气权等基本权利保护不到位；二是排污、排放总量控制不严格，通过市场机制实现生态价值的作用受限；三是碳交易、排污权交易等市场割裂，交易资源难以优化配置；四是生态系统作为公共资源，没有明确的产权界定和责任界定；五是对生态系统整体的价值认识不够；六是实施生态修复与保护的投入不足，区域间协作机制不健全。要促进我国生态价值实现的机制，就要以健全市场交易机制为核心，促进清洁大气、水土等生态价值实现，并且以区域间补偿带动生态修复为核心，促进生态系统价值实现。

3.3.2 生态补偿及其研究进展

实现生态产品价值包括多种方式和模式，生态补偿无疑是使用较早、接受度较广、方法较为成熟的一种方式。生态补偿在国际上又被称为“生态系统/环境服务付费”（payments for ecosystem /environmental services，PES）。中国生态补偿机制与政策研究课题组（2007）将生态补偿界定为“以保护和可持续利用生态系统服务为目的，以经济手段为主调节相关者利益关系的制度安排”。生态补偿包括生态系统服务受益者向生态系统服务提供者的补偿，也包括由生态破坏者向生态破坏受害者的补偿。

1. 生态补偿标准

作为生态补偿的核心问题，如何确定不同补偿类型的补偿标准是目前研究的热点之一，也是环境管理工作中急需解决的技术难点（刘桂环等，2011；胡振通等，2016）。外部性的生态补偿量很难直接货币化，往往要从成本弥补的角度来考虑。不仅要考虑生态建设和保护的直接成本，还要考虑损失的发展机会成本和政策投入等（俞海，2006）。补偿标准所采用的计量方法包括机会成本法、费用分析法、生态系统服务价值评估法、水资源价值法、条件价值评估法等。

（1）生态补偿标准的分析基础

生态补偿标准的经济学分析。运用边际分析方法讨论生态服务供给和需求在不同情景下的均衡，是合理确定生态补偿标准的经济学基础（段靖等，2010）。图3－9中，MPB代表生态服务供给者的生态保护行为对自身获得的生态系统服务的边际收益，MSB代表其生态保护行为对全社会的生态系统服务的边际收益，MC为其生态保护行为增加生态系统服务供给的边际成本。生态补偿的目的是使MPB与MC达成均衡的点A向MSB与MC达成均衡的点C移动，生态系统服务供给则由Q_1增至Q_2，需要补偿的额度至少为图中阴影三角形部分面积，以使得生态系统服务供给者增加的成本与获得收益相等。

生态补偿标准的逻辑分析。逻辑上生态补偿标准应介于损失的机会成本和提供的生态系统服务价值之间（Engel et al.，2008）。为使外部性内部化，生态补偿通过对生态系统经营者的经济行为所提供的生态系统服务和损失的机会成本进行补偿，以减少或消除个人成本与社会成本、个人效益与社会效益的偏差（图3－10）。

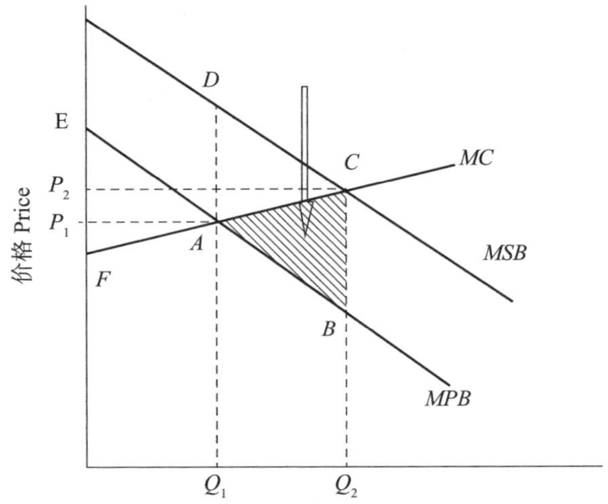

MPB：生态服务供给者的生态保护行为对自身获得的生态系统服务的边际收益；
MSB：其生态保护行为对全社会的生态系统服务的边际收益；
MC：其生态保护行为增加生态系统服务供给的边际成本。

图 3－9　生态补偿标准的经济学分析（段靖等，2010）

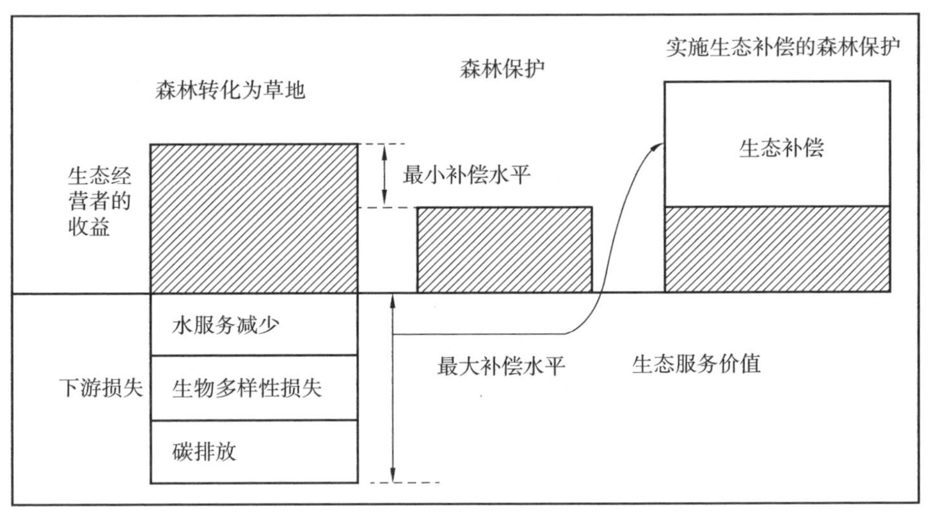

图 3－10　生态补偿的逻辑图（Pagiola，2007）

（2）生态补偿标准的研究

国际上对生态补偿标准的研究大多侧重于成本和效益两方面。表现成本的方法主要有机会成本法，机会成本就是为了保护生态环境所放弃的经济收入和发展权；表现效益的方法一般通过生态系统服务价值来进行评估，生态系统服务包括水源涵养、森林效益、防风固沙等方面。

生态系统服务价值评估。从效益的角度计算流域上游地区提供的生态系统服务价值，也是学术界确定生态补偿标准的依据。李亦秋（2009）、韩德梁（2010）利用 3S 技术及数理统计方法，对丹江口库区和上游生态系统服务价值进行了分析和估算。赵桂慎等（2016）对有机板栗的生态系统服务价值补偿标准进行了估算，同时计算了基于生命周期评价的生态补偿环境成本和有机认证费用等额外成本，提出了有机农产品的补偿额度参照值。虽然生态服务功能价值评估是制定生态补偿标准的重要依据，但这项工作实际操作却很难，得出的结果往往偏大（张惠远和刘桂环，2006）。

成本法，包括生态保护成本和发展机会成本。机会成本核算法主要包括问卷调查、实证调查和间接计算法（段靖等，2010）。问卷调查包括意愿调查法和选择模型法（翟国梁和张世秋，2006）。胡振通等（2016）认为机会成本法在草原牧户生态补偿标准估算中比作为标准上限的生态系统服务价值评估法更有效。刘桂环等（2011）将我国流域生态补偿标准核算方法总结为跨界断面水质水量生态补偿和水源地保护两种生态补偿方法，从成本的角度来确定补偿额度。以支付意愿和受偿意愿为主的条件价值评估法也被广泛应用于生态补偿标准计量（周晨等，2015；Feng et al.，2018a）。

在实际应用中，生态系统服务因地域不同呈现的形式和价值也会有所不同，且生态系统服务提供方的补偿需求也有差别（胡旭珺，2018）。因此，随着对生态系统及其服务功能认识的不断深入，各国学者越来越强调生态补偿标准的差异化，国际上诸多生态补偿实践案例也表明，补偿标准差异化能有效提高补偿实施效益。如美国切萨皮克湾依据地区生态保护成效进行差别化补偿，在达到相同生态成效下能够节约近半成本。哥斯达黎加则使用浮动价格系统（Sliding – scale System），依据不同农户对现金补偿的需求差异，对农户每增加的公顷受偿土地梯度减少现金补偿额度，以非物质补偿形式替代。

2. 生态补偿机制

生态补偿机制是以保护生态环境、促进人与自然和谐为目的，根据生态系统服务价值、生态保护成本、发展机会成本，综合运用行政和市场手段，调整生态环境保护各利益相关方之间关系的一种制度安排（王金南等，2006）。生态补偿机制主要是解决补给谁、谁来补、怎么补的问题，是生态补偿运转的核心内容。

朱桂香（2009）阐述了生态补偿主体的范畴，包括对生态环境本身的补偿、对生态保护做出贡献者给予补偿、对在生态破坏中的受损者进行补偿、对减少生态破坏者给予补偿和对个人或区域保护生态环境的行为进行补偿等。国外流域环境服务付费的标的是流域范围内各种能满足生态环境需求的服务，着眼点是对提供满足下游环境需求的行为给予付费，支付给流域生态服务的提供者——政府、私人部门或个人（靳乐山和甄鸣涛，2008）。政府是生态保护的责任主体，但并不意味着政府一定是付费主体。付费的主体可以是政府，也可以是个体、企业或者区域。国内流域生态补偿的提供主体应当是下游沿线享受生态服务的中央、地方政府，而上游水源涵养区的地方政府、企业法人与社区居民等是接受补偿的主体（俞海和任勇，2007）。

从补偿标的的发展趋势看，国际上正逐步将流域环境服务商品化，对明确界定的流域环境服务进行交易，更多的表现为现货交易或合同、契约；在国内，集权式决策和管理的政府是流域生态补偿的驱动力（靳乐山和甄鸣涛，2008），目前正逐步转向市场与政府结合的多元化模式。以下对国际国内的生态补偿项目做一对比，分别从政府和市场主导加以分类。

（1）政府付费的项目

国家对地方付费（转移支付）：国家直接投资于流域上游地区土地购买或流域管理，以此确保长期稳定的水源涵养和供水安全。国际上有国家主导的哥斯达黎加流域生态系统服务付费（PSA）项目，以及由国家和地方政府共同发起的南非用水（Work for Water）项目；国内主要有国家投资的退耕还林项目，以及国家和地方政府共同投资的新安江流域和东江源流域项目。

地方政府付费（转移支付）：下游地方政府直接投资于流域上游地区土地购买或流域管理，以此确保长期稳定的水源涵养和供水安全。国际上有地方政府主导的纽约市卡茨基尔/特拉华（Catskill/Delaware）流域保护投资项目，国内主要有地方政府出资的如金华江流域、闽江流域、密云水库上游退稻还旱项目等。

设立专项补偿基金。中央财政森林生态效益补偿基金（以下简称中央财政补偿基金）用于公益林的营造、抚育、保护和管理。中央财政补偿基金是森林生态效益补偿基金的重要来源，用于重点公益林的营造、抚育、保护和管理。浙江德清也在2005年设立了本县的生态补偿基金和生态公益林补偿基金，用于生态环境专项补偿基金。

（2）市场主导的项目

流域付费：企业、NGO、财团或居民自发发起并投资的流域投资和管理，以此确保长期稳定的水源涵养和供水安全。国际上有企业主导的法国Vittel项目、哥斯达黎加的Heredia项目，NGO主导的厄瓜多尔Quito－FONAG项目、洪都拉斯Jesus de Otoro项目，财团政府共同支持的巴西PCJ项目，以及流域上下游居民之间的协议。国内有小寨子河流域、金华金东区傅村镇与源东乡之间的付费协议等项目，小寨子河是村与村之间的协商，金华是乡与镇之间的交易。

补偿基金：通过收取补偿费用存入基金，并将收取的资金全部直接用于修复生态环境的相关活动和项目。国际上有巴西环境补偿基金（FCA）、印度生物多样性补偿基金等。

生态保护绩效付费：将补偿付费与生态保护成果紧密联系，为土地所有者、生态系统服务提供者和生态保护人员提供激励机制，推动他们寻求提供生态系统服务最为经济、有效的途径。国际上有亚马孙保护区倡议（ARPA）和哥斯达黎加无限期信托基金（Forever Costa Rica）等项目；国内有子牙河流域、清水河流域等项目。这些流域设定了断面水质标准，不达标的上游或下游城市需要交纳一定的补偿费用。

关于政府出资和用户出资两种进路，虽然有人认为政府只是第三方，而用户直接参与了补偿项目，清楚地了解项目机制是否运行良好（Pagiola et al.，2007），但因为规模经济和相关交易成本的因素，政府投资通常是有效的（Engel et al.，2008）。而要建立多元化的补偿机制，不仅要看发起人和出资人，还需要关注“中间人”的作用。Feng等（2018b）对国内外的27个案例进行了比较，指出“中间人”的多元化也是促进发展中国家项目进展的重要方面（表3－1）。

表 3－1 国内外案例比较（Feng et al. ,2018）

国家	发起人	ES 提供者	ES 购买者	ES 使用者	“中间人”	机制	经验	有效性	限制	挑战
中国	政府	农民	政府	下游用水户	政府	政府主导	自上而下实施	ES,贫困	自愿参与,中间人	多元化补偿标准
美国（纽约）	政府	农场主	政府	下游用水户	无	政府＋市场	多利益相关方协商	ES（水质）	可行性	保护自然资源和减轻乡村贫困
德国（慕尼黑）	企业,联合会	农场主	企业	下游用水户	企业	企业＋联合会	企业＋联合会	ES（水质）	协议过渡期	长期协议
法国（维泰勒）	企业	农场主	企业	企业	无	企业＋农户	公私合作	ES（水质）	达成协议	不足以确保环境服务的提供
其他发展中国家	政府,企业,居民,基金会,NGO	农民/农场主	政府,企业,居民,基金会,NGO	下游用水户	政府,基金会,NGO,企业	政府,企业,居民,基金会,NGO 联合	多利益相关方协商	ES（水质、水量）,贫困	支付保证	立法,协商

靳乐山和甄鸣涛（2008）指出了中国的生态补偿与国际环境服务付费的三方面差异：逻辑上的差异、具体实施原则的差异、实施理念的差异。国内外的生态补偿立足点都是生态系统，中国生态补偿出发点是人类对生态系统补贴或赔偿，最终归结到有利于生态环境；国际上环境服务付费的出发点是具体受益人对环境的改善付出报酬，最终归结到有利于付费者和服务者双方，但个人需求不一定对整个生态系统有利。中国的生态补偿遵循“使用者付费、污染者付费和受益者付费”的原则；国际环境服务付费是自愿性的受益者付费。中国的生态补偿是由政府、市场力量相结合的生态环境保护机制，体现了政府主导下的多方参与协商理念；国际上的环境付费是由市场力量自发调节的环境保护机制，即在主观为自己、客观为他人基础上的主观为经济、客观为生态的自由市场理念。

总体而言，生态补偿的范围包括生态保护和建设的额外成本和发展机会成本的损失等。在不同管理机制、生态条件以及付费形式下，生态补偿的运作过程也不尽相同。曹明德和王凤远（2009）认为，生态补偿机制是自然资源有偿使用制度的重要内容，首先表现在自然资源作为资源性资产，具有经济价值和生态价值，是所有权人实现其经济利益的方式；其次表现在对生态环境保护作出贡献并付出代价者理应得到相应的经济补偿，因为生态功能是具有价值的。在对流域生态补偿的关键问题，诸如补偿主体和对象的界定、补偿标准的确定等进行探讨的基础上，乔旭宁等（2012）构建了流域多种生态要素、多元主体间的流域生态补偿机制研究框架。生态补偿既包括补偿机制本身，也包括效果评估机制与监督机制。要建立真正的生态补偿机制，李雪松和李婷婷（2014）认为关键问题是如何分配和使用补偿资金，谁来征收，谁来使用，分配到何处，如何监督和评价政策或机制的效果。基于博弈论和前景理论的视角，邵毅（2015）将南水北调工程的水源区和受水区看作两个“个体理性人”，当两者陷入“理性陷阱”，缺乏主动合作的行动时，中央政府的监督惩罚机制变得十分必要；当“集体理性”得以实现时，双方会主动寻求合作，监督惩罚机制的作用越来越小。因此国家需要建立责权利统一的生态补偿行政责任机制。

3. 生态补偿成效评估

生态补偿的成效评估往往是判断一个项目是否达成预期效果的考量标准。生态补偿政策实施效果评估主要包括生态系统/环境服务评估和农户福祉评估两个过程，通常从环境、社会和经济影响三个维度来进行评价。生态补偿成效是否明显，一方面，需要知道生态产品供给能力是否达到了最初设定的环境目标，满足了生态系统服务的要求；另一方面，从社会经济角度而言，是否实现了社会效益、是否有助于减轻贫困是使服务最大化的一种方式。虽然不同研究对生态补偿效果评估持不同的观点，但其核心问题可概述为 5 个方面：生态补偿对提升区域生态系统服务的综合评价、生态补偿政策实施的成本效益、生态补偿对于改善当地农户福祉的作用、农户参与生态补偿的意愿、生态补偿综合优化调控技术（郝海广等，2018）。

（1）生态系统服务是否提升

生态补偿具有额外性，即除了原本可以实现的环境成效之外，具有由生态补偿项目产生的效果。学者们普遍将生态补偿效果定义为“额外增益”，即在评估生态补偿效果时，首先强调生态系统服务这一最初的目标（袁伟彦，2014），其中额外性和成本有效性是衡量生态补偿效果的重要指标，包括通过付费所购买的生态系统服务以及在给定的预算约束下所能获得的生态系统服务（柳荻等，2018）。王飞等（2013）、Wang 等（2017）围绕“额外增益”对生态补偿的生态系统服务变化及其价值进行了分析和研究。生态补偿的效果除表现在生态系统服务的改善，还体现在改善当地社区居民的生计结构上。从成本—效益角度来看，对农户生计的补贴（现金、技术、实物等）是生态补偿成本的主要支出范围。大多数研究通过调查问卷和实地访谈的形式对农户生计改善情况及参与意愿等方面进行了定性定量的分析，是生态补偿效果评估的重要组成部分。

生态系统服务的提升是衡量生态补偿效果最重要的指标。大多数研究结果表明，生态补偿政策的实施提升了区域生态系统服务功能，但实践中并非所有的生态系统服务都会得到提升（Sun et al.，2006；Wang et al.，2017）。生态系统服务并不是孤立存在的，而是彼此关联，表现出不同程度此消彼长的权衡关系。厘清生态系统服务之间的关系，不仅关乎生态补偿政策的实用性，更关乎政策实施的效果（徐建英等，2015）。目前，在生态补偿实施效果评估中，对生态系统服务变化机理、不同生态系统服务之间的权衡与取舍方面的研究仍然相对缺乏。今后相关研究需要在深入分析生态补偿实施前后生态系统服务变化机理的基础上，充分考虑生态系统服务之间的关系、生态补偿实施的机会成本等，对生态补偿政策及其布局进行优化，使其效益达到最大化（Xu et al.，2007；Turner and Daily，2008）。

（2）经济社会效益是否实现

在生态环境所应达成的目标之外，在多大程度上实现了社会经济效益往往也成为生态补偿项目是否有成效的一个评判标准。Wunder 等（2008）发现试图兼顾生态系统服务和减轻贫困两个目标是有难度的，虽然政府资助的项目经常设计为要达成这样的目标，但“以贫困者为目的显然不是实现 PES 效益的必要条件”，而且项目的效果在特定条件下会打折扣。例如，在菲律宾的 Maasin 流域恢复项目中，参与人把补偿看作减轻贫困而“应得的”。但是，其他学者对此持乐观态度。Pagiola 等（2005）指出，如果项目被很好地规划而且当地条件允许，就会产生协同增效作用。Groom 等（2010）认为退耕还林在减轻贫困和保护环境方面是双赢的，“这种模式预测了就限定的家庭来讲，如果限定因素缓释，项目对非农劳动机会的影响会很大”。同时，针对密云水库上游的退稻还旱项目，Zheng 等（2013）的调查结果显示，“该项目产生的水质和水量改善的效益超出了对农业产出减少的投入”。

图 3－11 表现了关于生态补偿效率的分析框架，是基于 Pagiola 在 2005 年发表的四象限图来介绍的。要达成右上区间的帕累托最优状态，即产生正外部性，必须要实现生态系统（环境）服务价值和个人净收益的最大化。斜线上方是对社会的正价值，下方是负价值。B、C、D 分别代表了三种低效的情形：支付不足以采纳社会需求模式；无社会需求，但成本远高于服务价值；无论如何都会被采纳的支付行为。只有 A 所表示的补偿模式，即无净收益但有社会需求的行为，才是具有高效率的生态补偿案例。

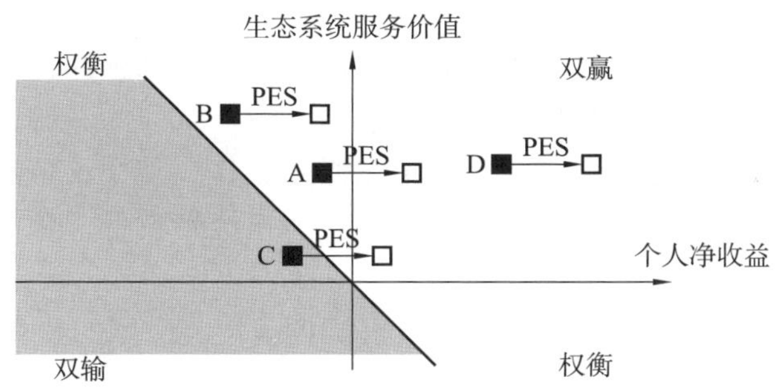

图 3－11　生态补偿效率分析框架（Pagiola，2005）

3.3.3　生态补偿实践

自 20 世纪末生态补偿项目广泛开展以来，国际国内关于生态补偿标准、机制及成效评估的研究越来越成熟，而生态补偿的相关政策也在实践中不断完善。

1. 国际生态补偿实践

国际上的生态系统/环境服务付费强调通过经济手段反映生态系统服务价值。在产权所有制、权责分担机制和社区参与机制等具体实践中的不断完善，以及多元化的生态补偿标准和方式，为我们提供了良好的经验借鉴。

（1）将区域生态系统服务作为生态补偿的主要依据

由于森林、草原、淡水等生态系统在一个区域内交汇、协同提供多种多样的生态系统服务，近年来以区域整体为单元、以生态系统服务为主要依据建立生态补偿机制逐渐成为国际上的关注热点，其主要方式是首先全面评估区域主要生态系统服务，并以此为依据进行区域整体性生态补偿，旨在保护和提升区域生态系统服务功能。

（2）将明确自然资源资产权属作为实施生态补偿的基础

近年来，Wunder、Engel、Baylis 等多位学者都提出明晰的自然资源产权是生态补偿开展的重要基础，有助于明确生态系统服务的提供者、生态保护的责任方与生态补偿的受偿对象，激发受偿地区群众在生态保护中的参与度和能动性。在私有制国家和市场化程度发展较高的国家，自然资源资产归当地土地所有人，生态补偿可以通过协议或者合同的方式开展。而在公有制或者不完全私有制的国家中，不断完善自然资源资产的权属关系成为实施生态补偿的客观要求。

（3）实行差别化的补偿标准和多样化的补偿方式

生态系统服务因地域不同呈现的形式和价值也会有所不同，且生态系统服务提供方的补偿需求也有差别。因此，随着对生态系统及其服务功能认识的不断深入，各国学者越来越强调生态补偿标准的差异化，国际上诸多生态补偿实践案例也表明，补偿标准差异化能有效提高补偿实施效益。与此同时，采用多样化补偿方式，如物质补偿、能力建设、技术协助、提供就业等，对引导农户生产方式转型、稳定生态保护成效显著。

（4）建立流域补偿责任共担和协作机制

欧洲最大跨国水系多瑙河、非洲尼罗河流域、北美洲密西西比河流域、南美洲亚马孙流域等全球主要跨国跨州流域，均采取公约框架作为基础并设立常设机构的责任共担协作机制开展流域生态补偿和生态修复工作。其中，公约框架为合作提供法律基础，规定缔约成员进行共同决策、共同承担经费责任，常设机构的设置则为流域整体生态环境改善提供了长效的沟通、协商、协作平台，根据流域所在地自然、社会、经济条件的实际差别，各缔约成员可协议承担有区别的经费责任。

（5）强化受补偿区域的社区协同管理机制建设

受补偿地社区是生态系统服务的维护者，在生态补偿体系中扮演着关键角色。国际上有很多实践案例表明，仅仅将当地社区作为补偿对象，而忽视其在生态保护和监督管理中的作用，将影响生态补偿的实施效果。而更加成功的做法则是通过签订协议，建立社区协同管理机制，使社区居民参与到生态补偿的项目监管中来。

（6）开展综合性的生态补偿效益评估

近年来，对于生态补偿效益的评估逐渐从单一的生态影响评估（impact evaluation）转变为综合性的效益评估（effectiveness evaluation）。2017 年，Börner、Baylis、Corbera、Ezzine - de - blas、Honey - rosés、Persson 以及 Wunder 等学者联合发文，建议通过项目成本、直接项目效果、间接项目溢出、支付指标和生态服务的相关性等 4 个方面综合评估生态补偿效益，其中项目成本与间接项目溢出是效益评估相较于以往影响评估所增加的部分。间接项目溢出一般指对补偿地生态环境变化以外的影响，如逐渐成为国际关注焦点的生态补偿社会效益即其扶贫作用，由于生态服务提供区与贫困群体存在高度地理重合而受到重视。

2. 中国生态补偿实践

从 2005 年党的十六届五中全会提出“加快建立生态补偿机制”以来，在十九大和十八届一中、三中、五中全会等重要会议，以及在《环境保护法》《关于加快推进生态文明建设的意见》《生态文明体制改革总体方案》《关于加快建立健全生态补偿机制的若干意见》等法律和重要政策文件中逐步对开展市场化生态补偿机制形成了系统全面的顶层设计。2016 年 5 月，《关于健全生态保护补偿机制的意见》指出“将分类补偿与综合补偿有机结合”，是对我国生态保护补偿试点的总体布局（王金南，2016），提出“到 2020 年，实现森林、草原、湿地、荒漠、海洋、水流、耕地等重点领域和禁止开发区域、重点生态功能区等重要区域生态保护补偿全覆盖，补偿水平与经济社会发展状况相适应，跨地区、跨流域补偿试点示范取得明显进展，多元化补偿机制初步建立，基本建立符合我国国情的生态保护补偿制度体系，促进形成绿色生产方式和生活方式”。

刘春腊等（2013）对 1987—2012 年国内的生态补偿相关研究情况做了回顾，发现整体而言呈现从质的研究到量的研究、基础研究到技术指导和政策的演变。生态补偿实践中，流域生态补偿开展得较早（张惠远和刘桂环，2006；李小云等，2007）。靳乐山和甄鸣涛（2008）、乔旭宁等（2012）、张志强等（2012）着重于生态补偿的机制、理论基础、补偿标准和技术支撑。徐大伟等（2008；2012）对国内生态补偿案例进行了计量和模型分析。胡仪元（2014）对汉水流域生态环境状况的历史变迁、生态保护与生态补偿的现状及未来对策进行了考察和调研。Li 等（2016）、Wei 等（2016）分别采用了生命周期评价和水足迹的方法对受水区的水资源和作物进行了考察。谭秋成（2012）认为为保护丹江口水库水质，减少氮、磷流入水体，可考虑以生态补偿方式鼓励农民将部分土地休耕或退耕。另外，森林、草原、自然保护区、矿产资源开发等不同类别的生态补偿案例研究分别都有所侧重，农业生态补偿研究近年来也逐步得到重视（金京淑，2015）。

国家部委及科研院所很早就开展了生态补偿试点及相关研究工作。2006 年，国家环保总局在赣粤闽等重点流域开展了生态补偿调研，并在浙江、广东等省份开展了流域生态补偿试点，为构建全国生态补偿机制框架和实践进行了有益的探索。中国水利水电科学研究院开展了“新安江流域生态共建共享机制研究”，河北子牙河流域、河南沙颍河流域、福建闽江流域、江苏太湖流域等国家重点流域基于跨界水质的流域生态补偿机制也取得了一定成效。对于跨流域的南水北调工程，2008 年开始，中央财政已经通过转移支付制度给中线水源区的各省安排了上亿元的生态补偿资金，并通过受水区—水源区对口帮扶来实施补偿。

各省市也相继开展生态补偿实践。北京市 2003 年就开始在白河流域上游进行退稻还旱的试点工程。2005 年，浙江出台了《关于进一步完善生态补偿机制的若干意见》，并在 2008 年成为全国第一个实施省内全流域生态补偿的省份。《苏州市生态补偿条例》于 2014 年开始实施，主要包括水稻田、生态公益林、湿地和饮用水水源地等生态功能区的生态补偿。2016—2017 年，《南京市生态保护补偿办法》《无锡市生态补偿条例》陆续出台。南京规定可以开展生态补偿的主要有 4 类生态保护区域，分别是生态红线保护区域、耕地、生态公益林和水利风景区。每个区域的补偿标准各不相同，实现了生态补偿标准多元化。2017 年，山东泰安出台《泰安市环境空气质量生态补偿暂行办法》，对辖区环境空气质量同比变化情况进行考核。各考核对象向市级补偿的资金纳入市级生态补偿资金规模，用于补偿市级向省级缴纳补偿资金和补偿空气质量改善的考核对象。2018 年年初，《江西省流域生态补偿办法》《天津市湿地生态补偿办法（试行）》实施，以推进建立和完善合理的生态补偿机制，促进湿地保护与修复。

我国生态补偿实践成效斐然，但仍存在一些问题：（1）生态补偿多依托单一生态要素开展，容易导致重复投入；（2）行政辖区利益意识高于协作保护意识，横向生态补偿难度大；（3）补偿对象群体大且机会成本高，补偿标准偏低（胡旭珺等，2018）。我国还缺乏一部专门的生态补偿法，亟须建立群众可接受的非单一化补偿标准，并评估经济和耕种方式转变带来的社会成本损耗，以判断一个项目是否实现了正的外部性，达到了环境效益和减贫效益共存的双赢状态。同时，政府虽然在补偿中扮演了关键的角色，但“中间人”的作用也不可小觑，多利益相关者协商机制可以促进上下游流域间和流域内各相关方的协商和咨询，如地方政府、NGO、村委会、用水联合会等（Feng et al.，2018b）。

3.4 生态产品管理

生态系统服务是连接自然环境与人类福祉的桥梁，是人地系统耦合研究的核心内容（赵文武等，2018）。而生态产品作为生态系统服务的衍生品和特殊形式，也必然是人与自然联系的桥梁和纽带。工业革命以来，由于人对自然的过度索取造成了生态系统的退化和生态安全的降低。作为人类享用自然生态的途径与载体，对生态产品进行可持续管理，既是保障和满足人类自身福祉的必然要求，也是维护生态安全的必要手段。生态产品具有多学科、多尺度、多主体、多功能等特征，实现生态产品可持续管理必须运用跨学科的手段和途径。

3.4.1 生态产品影响因素

明确生态产品的影响因素是实现其可持续管理的基础，影响因素来自自然生态系统和社会经济系统，涵盖地形、土壤、生物、气候、土地利用、社会经济等多个方面（赵文武等，2018）。其中，自然因素是决定生态系统服务和生态产品时空分布的基础；土地利用变化和其他社会经济因素，分别通过改变生态系统结构与功能和影响生态系统服务选择偏好与需求等产生作用。

1. 自然因素

生态系统异质性即生态系统结构与地理空间格局影响生态过程，进而决定着生态系统服务或生态产品的时空分布与异质性。地形、土壤、生物和气候因素是生态系统和地理单元的基本组成要素，这些自然因素的时空异质性也是生态系统异质性的成因。地形因素能控制中小尺度空间的水热资源分配，影响实际太阳辐射量、温度、土壤矿化速率、植被分布等众多环境条件与生态过程；虽然地形对不同生态系统服务类型的正负作用并不一致，但其对生态系统服务或生态产品的供给与维持有直接影响（Stewart et al.，2014；Marshall，2014；Biesemans et al.，2000；赵文武等，2018）。土壤理化性质及土壤生物多样性是生态系统结构和过程的重要组成，也与生态系统服务关系密切（Milne et al.，2015；Sauer et al.，2011；Lal，2011；Wang et al.，2013；Rutgers et al.，2012；Sandifer et al.，2015），在政策决策中需要注重考虑常常被忽略的土壤因素（Bouma，2014）。如前所述，生物多样性与生态系统服务和生态产品之间的关系比较复杂，生态系统服务与生物多样性的定量关系尚不清楚（Balvanera et al.，2006）。

气候因素特别是水热条件决定着生态系统的结构与功能，同时生态系统与气候之间存在复杂的反馈关系（Xiong et al.，2012；Fang et al.，2003）。已有研究表明，全球气候变暖是不争的事实。气候变化影响着生态系统结构、组成和功能，还影响生态系统服务稳定持续的供给水平，进而深刻影响着区域可持续发展能力（韩会庆等，2018）。气候变化对生态系统服务影响研究的主要内容包括：气候变化对生态系统服务供给水平、生态系统服务相互关系、生态系统服务管理的影响以及极端气候事件对生态系统服务的影响（韩会庆等，2018）。气候变化影响下全球各地生态系统服务供给水平变化突出，相关研究主要关注食物供给、水产品、林产品、生物量、调蓄洪水、病虫害防治、植物授粉、娱乐和旅游等服务功能（Bhattari，2017；Scoles，2016）。研究表明，气候变化是影响生态系统服务之间关系的外在因素（内在因素为人类活动），它引起生态系统服务之间的此消彼长，进而影响生态系统服务之间权衡与协同关系（李双成等，2013）。

在可持续管理方面，未来气候变化将挑战生态系统服务可持续管理，并使得管理难度大幅增加（Alamgir et al.，2014）。傅伯杰等（2017）指出，气候变化导致的生态系统结构和过程的改变增加了生态系统服务提供的不确定性，需要研究在各种可能变化情景及转折和突变条件下的适应措施，但目前还缺乏把气候变化耦合到生态系统服务评估和决策中的研究（图3－12）。未来，构建气候变化影响下科学管理方式、管理框架将对生态系统服务可持续利用至关重要，同时需要进一步加强不同尺度气候变化对生态系统服务供给水平变化及生态系统服务权衡与协同关系的影响研究，进行气候变化影响下生态系统服务科学管理（韩会庆等，2018）。

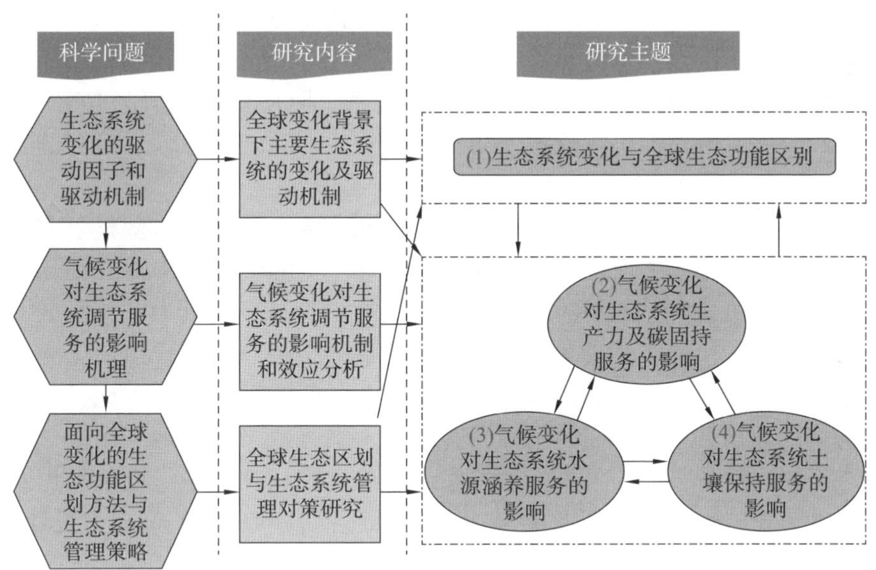

图3－12　全球变化对生态系统服务的影响主要研究内容（傅伯杰等，2017）

2. 人文因素

土地利用变化是指由于土地特性自身变化及人类个体或群体作用方式变化引起的土地利用方式、覆被和使用程度的变化，是人类活动与自然生态环境相互作用的集中体现。人类活动通过不同的土地利用策略对生态系统施加影响，直接改变生态系统结构和过程与功能，进而影响着区域生态系统向社会提供产品和服务能力的大小（肖玉等，2012；傅伯杰和张立伟，2014；王军和顿耀龙，2015）。欧阳志云等（2012）认为，土地利用变化对生态系统服务的影响主要通过3条途径：改变生物多样性、改变生态系统过程和改变生境。研究指出，土地利用对生态系统服务的影响表现在3个方面，土地利用类型的变化影响着生态系统的能量交换、水分循环、土壤侵蚀与堆积、生物地球化学循环等主要生态过程，从而改变着生态系统服务的提供（MA, 2005）；土地利用空间格局影响能量、物质以及生物在景观空间中的运动，不同土地利用格局会产生相应的生态过程，从而对生态系统服务造成影响（Fu et al., 2013）；土地利用强度不同，对生态系统服务产生的影响也不同（傅伯杰和张立伟，2014）。

除土地利用变化外，人口、教育、社会阶层、政策法规、宗教文化、城市化、经济水平等社会经济因素的区域分布不均与多元化发展，导致人类对不同类型的生态系统服务存在着选择偏好，进而导致生态系统服务权衡与需求差异（Rodríguez et al., 2006；赵文武等，2018）。人类活动是当前生态系统服务和生态产品最主要的影响因素，人文—自然系统的耦合集成研究是必然趋势（Duraiappah，2011；李琰，2013），但是当前这方面的研究存在严重不足。以生态政策为例，由于生态系统服务权衡关系、流转过程、供需关系、主体响应与权衡研究仍处在发展阶段（戴尔阜，2016；李双成，2013），目前关于生态政策实施效果的评估仍然存在较大片面性，对生态政策实施后生态系统和相关主体福祉及行为的研究绝大多数为分离的研究，缺少对生态政策实施后生态系统服务及其受益主体权衡关系的研究，也很少有将二者联系起来的研究。研究生态政策实施后生态系统服务与生态产品响应过程，对于整合形成生态系统服务与人类福祉相互关系、驱动机制的研究具有重要意义，不仅是当前生态保护管理实践的重大需求，也是生态系统服务管理研究的重要发展方向（Wong，2015；傅伯杰，2014）。

由于人类对生态系统影响的深度和广度如此巨大，以至于有些科学家提出了人类世的概念，并认为人类世是新时代人类对地球产生影响的一个潜在地质时间。工业革命以来的历史表明，人类活动对生态系统的影响是极其巨大和深远的，实现人与自然的和谐发展，必须注重从人文因素角度加强调控和管理。当前土地利用变化等人类活动的生态环境效应及其对生态系统服务的影响逐渐成为人地耦合系统、自然—经济—社会复合系统研究的核心内容之一。加强对不同土地利用变化驱动情景下的生态系统过程与服务的关系、生态系统服务之间相互关系、土地利用特征和变化过程及其影响的生态系统服务的尺度效应以及生态系统服务集成与优化的研究，是区域生态系统管理的基础（傅伯杰和张立伟，2014）。

3.4.2 生态产品多功能权衡与利用

生态产品产生、使用和损耗都与人类社会和人类福利有着密切的关系。生态系统服务与人类福祉之间存在不同形式的反馈关系，而且具有多尺度关联性（Hains - Young and Potschin，2010）。在特定时空尺度下，各生态系统服务间并不是完全独立的（Nelson et al.，2008），而是表现出复杂的相互作用关系（Brauman et al.，2007；Barbier et al.，2008）。由于生态系统服务概念的提出是以人类利用为中心，因而其供给与需求往往受到人类行为与管理决策的支配与干扰（李鹏等，2011；戴尔阜等，2016）。人类各种偏好和权衡行为以及生态产品相互作用关系形成了各类型服务间的权衡（trade - off）或协同（synergy）结果。科学认知不同类型生态系统服务之间权衡关系是实现生态系统可持续管理的前提（郑华等，2013），也是当前研究和决策的重点和难点（彭建等，2017；傅伯杰，2018）。

1. 多功能权衡

掌握生态系统服务权衡与协同关系的类型，是进行可持续生态系统服务管理的基础和前提（彭建等，2017）。根据关键因素，生态系统服务权衡可分为空间权衡、时间权衡和可逆权衡 3 个维度。空间权衡指一个区域生态系统服务消费对于另一个区域的影响；时间权衡指短期的生态系统服务消费对于长期生态系统服务供给或消费的影响；可逆权衡尽管也探讨生态系统服务在时间上的动态变化，但更强调被破坏的生态系统服务回到初始状态的可恢复性（彭建等，2017）。根据图 3－13 二维坐标系中两种生态系统服务变化的曲线特征，可将权衡关系归纳为 6 种，即无相互作用关联、直接权衡、凸权衡、凹权衡、非单调凹权衡以及倒"S"形权衡（Lester et al.，2013）。根据作用方向及驱动机制不同，生态系统服务间的影响可以划分为单向或者双向，两种生态系统服务间权衡或协同关系的产生可能源于共同影响因素的间接驱动，也可能是生态系统服务之间直接的相互作用（Benett et al.，2009）。

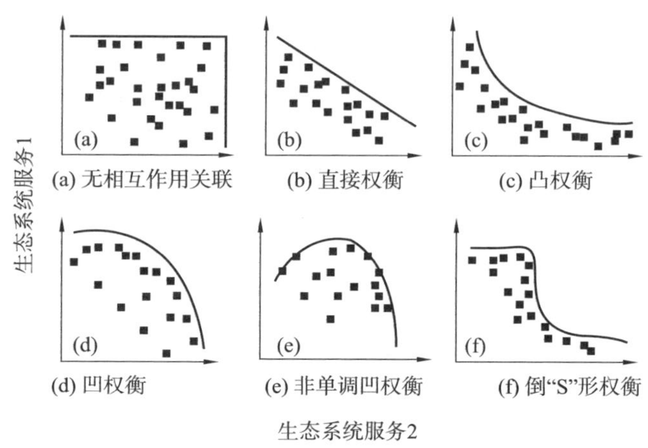

图 3－13　生态系统服务权衡的表现形式

生态系统服务权衡产生于人类对生态系统服务的选择偏好，当人们消费某一种或某几种生态系统服务时，就会有意或无意地对其他生态系统服务的提供产生影响，随即产生生态系统服务的权衡与协同问题（傅伯杰，2016）。为了维护全球环境稳定和保证生态系统服务可持续供给，需要量化生态系统服务变化与生态系统的结构和功能变化之间的动态关系、反馈机制和作用强度，量化政府政策和市场机制对生态系统服务管理的影响机制和区域差异；国内外大量学者从不同的学科角度分析了宏观尺度上生态系统服务权衡的驱动机制，但小尺度上研究仍然较少，亟待加强（Lautenbach et al.，2013；戴尔阜等，2016）。厘定生态系统服务的权衡关系是生态系统服务管理的基本前提（彭建等，2017），常用统计学方法包括相关性分析、回归分析、聚类分析、冗余分析等以及空间制图、多目标决策、情景模拟法等，当前权衡/协同的数量模型研究存在诸多不足（戴尔阜等，2016；彭建等，2017；赵文武等，2018）。

生态系统服务之间的权衡关系具有高度的复杂性（傅伯杰和于丹丹，2016）。生态系统服务权衡既存在于同一生态系统的内部，也发生在不同生态系统之间；既包括当前生态系统服务的权衡，也涵盖当下与未来生态系统服务的关系冲突（Rodríguez et al.，2006）。另外，生态系统服务之间的权衡关系具有空间异质性和时间动态性，且随着时空尺度的推移发生改变，即使同一对生态系统服务在不同区域、不同研究尺度上的权衡关系也会存在很大差异（彭建等，2017）。明确不同时空尺度上各种生态系统服务之间的权衡或协同关系，有助于优化生态系统服务管理，实现人类社会和生态系统的"双赢"（戴尔阜等，2016）。要求学者必须从不同角度充分阐明不同尺度生态系统结构—过程—功能—服务的作用机制，探讨生态系统服务权衡关系的时空动态、影响因素，辨识其内在机制和多尺度关联关系，以期探索促进自然生态、社会经济与人类福祉协调发展的适宜途径（赵文武等，2018）。

由于对权衡与协同关系认识的不足，科学合理测度生态系统服务为管理者提供可信、便于管理的决策信息是当前研究的难点（郑华，2013）。一方面，由于生态系统服务在评价方面仍缺少可靠的生态学基础、统一的指标体系和方法、成熟的时空尺度研究方法，导致评估结果存在偏差、应用性不强、可信度不高、可比性差（傅伯杰，2016），制约了科学设计、成功实施保护与发展的政策（张惠远和刘桂环，2006）。另一方面，尽管生态系统服务权衡的研究已经引起足够重视，但生态系统服务之间权衡与协同的机理尚不清楚、形成过程尚不明晰，没有重视生态系统服务权衡与协同的尺度效应，忽视了生态系统非线性特征所带来的不确定性，相关研究仍需加强（李双成，2013）。此外，当前生态系统服务权衡与协同分析研究仍以定性、静态分析为主，RMSD 是量化权衡度的一个简单、有效的方式。未来要强化生态系统过程与生态系统服务之间的关系、生态系统服务之间相互作用非线性关系特征研究、重视研究权衡与协同关系的时空异质性、揭示在不同的政策和激励措施下以及不同时空尺度引起的区域间权衡与协同关系的动态变化特征、完善生态系统服务权衡与协同分析的研究方法（MA，2005）。

2. 多功能利用

生态产品和生态系统服务具有多功能性。多功能利用就是生态产品多种功能最大化利用的状态。多功能利用起源于农业多功能开发和耕地多功能利用，随后拓展到生态系统多功能利用、景观多功能利用，成为生态系统可持续管理的新的研究热点领域，也是生态学等学科新的学科增长点。生态系统服务的多样性是景观多功能性的物质基础（吕一河等，2013）。与生态系统服务相比，景观服务能够更好地体现景观格局与过程的相互关系，有利于整合多门学科和研究方法，并帮助当地的利益相关者直接参与到景观经营与管理中来（汤茜和丁圣彦，2014）。目前，生态系统服务、景观多功能性评价和区域类型划分是国内学者关注的热点领域，相关研究案例不断增加（彭建等，2015）。生态产品多功能利用与其权衡利用本质上是一样的，多功能利用更强调实现最大化利用的状态。

人类对景观多功能的偏好和权衡是区域生态风险形成的重要原因（傅伯杰，

2018；Li 等，2015）。生态管理过程在某种程度上就是多种服务功能权衡的过程（傅伯杰，2018；郑华等，2013）。作为景观功能的重要基础，生态系统服务评估及其政策应用已成为应对全球可持续性挑战的重要途径和热点。对景观多功能性的认知和科学应用在很大程度上依赖于生态系统服务研究的深化（de Groot et al.，2010）。已有生态系统服务研究多集中在生态系统服务的价值估算、功能权衡、人类福祉关系、生态补偿的政策设计等方面，对其时空权衡关系认识的不足等，成为制约当前研究的难点。另外，充分理解景观多功能与人类福祉的关系是促进经济社会发展与生态保护双赢的重要基础。将生态系统服务引入景观和生态风险评价是当前研究的重要方向（彭建等，2015）。将生态系统服务作为生态风险的评价终点，能紧密联系到生态系统各种结构和过程，为后续评估交流与管理奠定良好的基础。如何权衡生态系统多功能利用、促进生态系统服务与人类福祉的可持续发展、减少生态风险发生，是多学科综合研究的一个重要方向（Carreño et al.，2012；Firbank et al.，2013）。

当前，相关研究仍缺乏系统规范方法论，对其过程机理、相互关联、动态监测及模型模拟等研究也普遍缺乏（彭建等，2015）。以景观多功能为例，对景观综合功能的评价方法包括使用货币等统一计量单位、使用指标体系单独核算、使用模型3 种，但目前研究未能凸显特定区域不同景观功能的重要性差异，缺乏统一框架，景观多功能性评价模型与方法的深入探讨成为当前多功能景观定量研究面临的重要问题。景观功能定量化制图的方法多种多样（彭建等，2015；Willemen，2010），基于 GIS 空间叠置分析对多功能景观热点区域进行定量辨识已成为多功能景观空间识别的基本研究范式，但与之相对应的多功能冲突区在空间识别中则较少涉及（彭建等，2015；汤茜和丁圣彦，2014）。将多功能权衡与利用整合入多功能景观的规划与管理中仍是难点。景观服务概念及分类体系、多功能景观权衡机理解析、多功能景观区域类型识别、多功能景观尺度与划区效应评估、多功能景观动态监测及多功能景观情景模拟是未来研究的重点发展方向（吕一河等，2013；彭建等，2015）。

3.4.3 生态产品综合集成管理

生态系统服务的区域集成是区域生态系统服务/生态产品管理的基础。综合集成研究主要发挥了计算机技术、应用统计学方法、GIS 空间信息科学与技术在地理—生态过程研究中的作用，开展基于对过程理解和定量阐述的模型研究，如建立区域综合模型、多尺度地理—生态过程模型等（傅伯杰，2016）。生态产品具有非线性、多层次、多尺度、突变性、随机机、自组织、自相似等复杂系统特点，实现对其的可持续管理需要基于复杂系统理论，采取综合集成的方法。另外，生态产品既是陆地表层系统的重要产物，也是陆地表层系统的重要组成部分，同时对其的消费利用又是陆地表层系统的重要影响因素。当前陆地表层系统的集成研究成为自然地理学乃至地理科学研究的前沿领域，是应对全球环境变化与可持续发展挑战的基础学科（傅伯杰，2017）。

1. 区域集成模拟与分析

生态系统服务的区域集成方法是目前研究的重点。Fisher 和 Turner（2009）提出以中间服务、终点服务和收益来建构起联结生态系统服务和人类福祉联系的概念框架。欧阳志云等（2015）采用生态生产函数连接生态系统特征与生态系统最终服务。目前，生态系统服务区域集成方法包括定性比较权衡法（玫瑰图）、空间制图、叠置与重点区域识别（供需平衡、成本—收益）以及综合模型系统（傅伯杰和于丹丹，2016）。尽管众多学者已经初步构建了生态系统结构—生态系统服务—人类福祉的级联研究框架（戴尔阜，2016；傅伯杰，2016），但目前对于生态系统服务区域集成及综合权衡的实现途径与方法尚不明晰。傅伯杰和于丹丹（2016）提出生态系统服务综合集成模型框架应该包括：确定所解决的科学问题；明确研究内容；模型方法构建；权衡分析和多目标分析。

从陆地表层系统研究来看，目前，陆地表层系统集成研究不仅强调格局与过程耦合、过程与服务耦合，更强调多要素、多尺度、多学科和多源数据集成（傅伯杰，2018）。耦合的主要途径包括多目标决策模型、系统动力学模型、均衡优化模型和集成生态经济模型等（Schmolke，2010）。模型或模型系统的建立作为系统集成分析的关键，不仅需要模拟自然过程，也需要耦合生态、人文和社会经济模型，实现多模型集成（傅伯杰，2018）。过去几十年来，在全球变化等全球性重大环境问题和人类科学决策需求的推动下，地理系统模型发展迅速，经历了从单要素到多要素、从统计到过程、从静态到动态、从单点到区域和全球尺度模拟等发展历程，但目前地理系统模型仍然比较偏重自然过程，对人类活动和人类社会的刻画不足，还不足以准确地模拟复杂人地系统和预测未来的人地系统（彭叔时等，2018）。

在可持续发展的框架下，人文—自然系统的耦合集成研究是必然趋势（Duraiappah，2011；李琰，2013；彭叔时等，2018）。生态产品从其概念内涵本身就兼具自然和人文的特征，人文与自然耦合应是其研究的基本方法和途径。生态产品的本质就是生态系统服务，而生态系统服务是当前地理学、生态学等学科的核心议题和热点领域。冷疏影等（2005）认为，地理过程的研究正经历着从自然向自然与人文结合，从无机向无机与有机结合，从单要素、单个过程的研究向多要素、多过程耦合与综合，从宏观到宏观与微观结合方向发展。未来地理学等相关研究将要进入对复杂人地系统和可持续发展系统的模拟，从而为决策提供科学依据（傅伯杰，2017）。Daily（2009）等指出整合自然资本与社会实践的多学科交叉研究仍处于起步阶段。傅伯杰（2018）指出区域生态系统综合模型将是我国未来研究的重点之一，探讨社会人文过程与生态系统结构、过程和功能的协同进化关系是关键问题之一。

2. 生态产品调控管理与综合决策

随着生态系统对人类社会可持续发展的基础支撑作用日益显著，以及人类对生态系统的扰动强度日益明显，生态系统管理、生态系统服务、生态资产、生态安全、生态健康等概念不断被提出并成为研究热点（侯鹏等，2015）。生态产品作为生态系统服务的特殊表现形式，与生态资产、生态安全、生态健康、生态福利等密切关联，也是可持续发展的重要表征。此外，陆地表层系统集成也依赖于系统整体的分析方法，需要分析探讨系统的脆弱性、恢复力或弹性、适应力等（傅伯杰，2018）。

随着生态文明理念的日益成熟与广泛接受，生态产品以及生态系统服务可持续管理必将成为相关学科的重要研究方向和内容。生态系统服务功能管理是指以实现区域生态系统服务功能的可持续供给为目标，综合利用生态学、管理学、经济学等学科基本原理调节生态系统格局、过程和功能，生态系统服务功能管理具有多学科交叉、多部门合作、跨区域联合的特点（郑华等，2013）。生态产品可持续管理与生态系统服务功能管理在本质上一样，相关研究具有借鉴性。

人与自然是生命共同体，生态产品是这一共同体的重要纽带和载体。实现生态产品可持续管理，必然是基于生命共同体系统观的管理，即生态系统方式管理或综合生态系统管理。生态系统管理研究具有强烈的多学科特点，需要综合利用地球科学、环境科学、资源科学、经济学和社会学的知识（刘树臣和喻锋，2010）。生态系统方式管理要求从生态系统整体性、完整性出发，把被管理的生态系统作为一个整体，综合考虑各要素间的关系和联系，并以生态系统整体目标最大化为管理目标的管理方式。王如松（2013）基于复合生态系统理论和生态控制论，提出了复合生态系统管理的核心在于生态整合，包括结构整合、过程整合和功能整合。当前，生态系统服务功能从认知走向管理实践面临着定量测度、多种服务功能权衡、生态系统服务功能多尺度关联、生态系统服务功能与政策设计结合的严峻挑战；需要进一步加强生态系统服务功能供给的理论研究，增加与社会学、经济学、人口统计学等领域跨学科研究，进一步探索生态系统服务功能研究成果如何运用到管理决策中（郑华等，2013）。

生态系统管理是一个庞大的系统工程，它要求自然科学家、社会科学家和政治家的通力合作，更需要生态系统内的政府、公众和科学工作者的有效协作（于贵瑞，2001）。生态产品具有非线性、突变性、随机性、不确定性等复杂系统特点，也受到气候变化、城市化、政策演变等动态影响，对其管理不能采用静态的方法。适应性管理是一种新兴的、动态的、针对不确定因素影响下的自然资源系统管理方法，它允许管理者对不确定性过程的管理保持灵活性和适应性，近年来被广泛倡导的生态系统管理方式。生态产品及生态系统服务价值随时空动态变化，受生态系统过程、尺度和完整度的影响。阐释不同时空尺度下生态系统演变及不同受益者因此获益或损失的变化量，能更有针对性地权衡利弊并制定可行的保护利用方案（李焕承，2010）。识别和预测生态系统服务或者生态产品的动态变化是实施生态产品适应性管理的关键。近年来已有不少学者指出开展生态系统服务价值动态评估的重要性，也已经开展了一些实践，但动态评估实践仍然处于发展阶段。

第 4 章
生态产品及其价值评估的总体框架

生态产品是人类赖以生存和发展的基础，长期以来，由于对生态产品及其价值的忽视和低估，人类对自然进行无节制的掠夺和索取，使自然环境急剧恶化，生态平衡受到破坏。生态产品及其价值计量评估是生态系统管理与决策制定的重要依据和关键支撑。如第 3 章所述，当前生态产品评估存在产品种类界限不清、难以完全界定、重复计算以及难以计价等问题，构建一套普适性的、规范化的、标准化的生态产品及价值评估体系，既是当前研究与实际的重点，也是难点之一。本章阐述了生态产品及其价值计量评估的基本原则、总体思路、框架体系，提出了指标总体框架及具体核算指标，将为不同尺度生态产品价值计量评估提供理论依据和技术支撑。

4.1 生态产品及其价值评估的总体思路

4.1.1 生态产品及其价值评估的必要性与意义

1. 科学认识生态产品、提高人类环境意识的必然要求和有效途径

人类在生产生活中对生态系统和环境资源施加破坏，从根本上来说是意识不足所造成的。由于绝大部分生态产品的无形性、公共物品属性，长期以来人类对生态资源的传统认识侧重于物质产品供给，忽视了生态系统在生态、经济和社会等诸多方面的功能与价值，这种片面认识导致了对生态资源的无序开发利用，引发了一系列生态环境问题，严重威胁着人类的健康与生存。如何科学、客观、定量地反映自然生态系统在经济社会发展中的重要作用，将自然资源和环境因素及其提供的生态产品纳入国民经济核算体系中，这是包括联合国在内的一些国际组织与经济学界长期关注的世界前沿领域与技术难题。开展生态产品及其价值的评估、核算、计量，对生态产品及其在经济、社会、文化等方面的价值进行科学量化、识别，可以将其明确清晰地展示在人们面前，也可以生动诠释生态产品和服务对国家和地区经济发展的现实贡献和未来潜力，有利于提高人们对生态资源价值的重视程度，有利于引导人类树立正确的环境价值观、合理开发利用生态资源，也有利于调动全社会生态保护的积极性，积极参与保护生态环境。

2. 促进绿水青山向金山银山转化的客观需求和关键所在

如何实现生态保护和经济社会发展的双赢是世界性难题，许多生态资源丰富地区守着绿水青山却换不来金山银山，“资源诅咒”现象较为突出和常见。生态产品搭建了生态保护和经济社会发展的桥梁，为解决这一问题提供了重要思路，即生态产品的价值实现。一方面，生态产品的价值实现，是以生态产品计量评估为基础的。只有先让绿水青山的资本可计量、比较、交换，实现货币化，才能让生态产品的价值实现成为可能。这里的关键就是要建立一套完整的产品评价体系，用具体的、市场化的办法去评价。另一方面，资源廉价、生态无价是当前生态环境破坏的根本原因，而要想提升这一价值并将其转化为现实价值，计量评估也是必需的。生态产品及其价值评估作为生态经济学、环境经济学的前沿科学领域，是实现生态服务从“无价”“低价”到反映稀缺性的定价的关键科学。绿水青山就是金山银山。提供更多优质生态产品满足人民群众更高的需求已经成为当前和今后一段时期我国的重要任务，也是决定我国可持续发展和生态文明建设成功与否的关键所在。量化评估生态产品及其价值为实现绿水青山向金山银山转化提供了关键技术和核心支撑。

3. 建立健全生态文明制度的内在要求和重要举措

党的十八大以来，党中央明确提出要把资源消耗、环境损害、生态效益纳入经济社会发展评价体系，建立体现生态文明建设要求的目标体系、考核办法、奖惩机制；还提出要大力探索编制自然资源资产负债表，对领导干部实行自然资源资产离任审计，建立生态环境损害责任终身追究制和生态补偿制度，要求建立“源头严防、过程严管、后果严惩”的生态文明制度体系。从源头严防来看，生态产品及价值计量是健全建立自然资源资产产权制度、自然资源资产监管体制、空间规划体系等制度的前提；从过程严管来看，生态产品及价值计量是资源有偿使用制度、生态补偿制度的依据；从后果严惩来看，生态产品及价值计量是实施生态环境损害责任终身追究制、损害赔偿、领导干部自然资源资产离任审计等制度的基础。生态产品及其价值的增长、稳定或降低反映了生态系统对经济社会发展支撑作用的变化趋势，可以用来评估可持续发展水平与状况、考核一个地区或国家生态保护的成效，还可以作为评估生态文明建设进展的指标之一，为生态文明提供决策依据。当前生态文明各项制度正在探索之中，开展生态产品及其价值评估的研究，不仅是生态文明制度建设的内在要求，还是推动其发展完善的重要举措。

4. 促进人与自然耦合学科发展的根本要求和重要领域

时代的发展要求我们开展自然—人文的综合研究，认识人类活动与自然生态环境的相互作用关系。这首先应该明确的科学问题包括：生态环境及其生态产品在人类发展过程中到底具有多大的价值与作用？各种人类活动对生态环境及其生态产品究竟有什么影响？这种影响对人类福祉又会产生什么样的反馈作用。生态产品及其价值核算研究的目的正是为尝试解决这些问题提供理论技术支撑。一方面，推进生态产品及其价值计量的研究可以加深我们对各要素、过程及其相互作用机理的认识。另一方面，生态是自然的，产品是社会的，生态产品及其价值计量研究天然地横跨自然与人文系统的特质，为实现自然—人文研究的融合提供了一个重要的契机和手段。同时，生态产品及其价值计量研究也为协调人地关系提供了依据，通过这座桥梁和纽带，可以集各学科之力建立一个自然—经济综合价值判断平台，也可以将自然过程纳入市场经济体系中，通过技术、市场、法律等手段引导人们做出科学的决策和影响人类活动的走向，从而有效地避免负外部性，促使人与自然和谐相处，并最终促使人类社会的可持续发展。

4.1.2　生态产品及其价值评估的任务内容

1. 主要任务

生态产品的计量评估的根本任务就是通过评估核算，识别、展示、捕获一定时间、一定范围内生态产品的数量、质量及其价值量的现状、预期及其变化状况，提供生态产品价值实现以及人与自然和谐共生的指标体系和工具方法。具体来说就是通过科学分析来识别生态产品的种类及其与人类福祉之间的关系，建立标准规范的方法体系，通过计量评估来展示生态产品及其价值，最后通过融入政策体系、市场机制来促进生态产品价值实现和可持续发展，纳入区域发展规划和相应政策，使其主流化。在具体计量核算时的基本任务又可分为核算生态产品的实物量、明确生态产品的质量、确定生态产品的价格、核算生态产品的价值量、模拟评估生态产品及其价值动态等。

2. 生态产品及其价值核算的前提条件

生态产品及其价值计量的最终目的是纳入国民经济核算和会计体系。因此，生态产品及其价值计量要遵循会计核算的基本假设，包括会计主体假设、持续经营假设、会计分期假设、多元计量假设。在会计主体上，我国法律规定除集体产权外其他自然资源均为国家所有，且我国已开始实行自然资源的确权登记，因此生态产品的会计主体可以是各级政府，也可以是农户个体，还可以是生态产品市场的监管主体和中介机构组织。在会计分期假设上，要与生态产品的属性特征和使用目的相结合，既可考虑生态产品生产、消耗的自然周期，也可考虑生态产品交易、考核的管理周期。在多元计量假设上，考虑到生态产品的特殊性，单独采用货币或者实物等计量方法都有其偏颇性，可以采用实物和货币等计量方式相结合的方法。

3. 生态产品价格计量标准

生态产品的货币计量是其价值评估的基本途径。生态产品价值评估包括生态产品使用价值（生态系统价值）和生态产品交易价值两个方面的核算。前者是反映生态产品对人类社会的生态服务价值，体现人与自然的关系；后者是反映生态产品生产过程中物化劳动和活劳动的投入，体现人与人的关系。生态产品价值实现是以交易价值核算为基础，而不是以使用价值核算来实现。由于大部分生态产品不能进入市场交易，无法通过市场价格确认其价值。我国财政部于2006年2月颁布的《企业会计准则——基本准则》中引入了公允价值理念，明确将公允价值视为会计计量属性之一，为合理计量生态产品价值提供了有效模式。

公允价值亦称公允市价、公允价格，是指熟悉市场情况的买卖双方在公平交易的条件下和自愿的情况下所确定的价格，或无关联的双方在公平交易的条件下一项资产可以被买卖或者一项负债可以被清偿的成交价格。公允价值的应用有三个级次，即：第一，资产或负债等存在活跃市场的，活跃市场中的报价应当用于确定其公允价值。第二，不存在活跃市场的，参考熟悉情况并自愿交易的各方最近进行的市场交易中使用的价格或参照实质上相同或相近的其他资产或负债等的市场价格确定其公允价值。第三，不存在活跃市场，且不满足上述两个条件的，应当采用估值技术等确定公允价值。由于大多数的生态产品无法进入交易市场，要将生态产品纳入会计核算体系，在计量中就应采用公允价值的第二、第三级次的估价技术。

4.1.3 生态产品及其价值评估的总体考虑

1. 借鉴国际经验，兼顾国内实际

一方面，要广泛参照国际经验，保持与国际已经形成的核算模式的对接。联合国自1993年以来颁布的SEEA体系相关理论，对综合环境经济核算体系的内容、方法等进行了较为全面的阐述，并在此基础上已经形成了资源环境经济核算体系的基本框架；另一方面，生态系统服务价值评估也取得了巨大进展。可充分借鉴SEEA关于资源耗减等纳入问题的概念、方法、分类和基本准则，并结合先进国家实践经验，进行生态产品核算模式的设计，同时遵照我国的客观实际情况，在我国绿色国民经济核算所取得的经验基础上，保持与我国现有统计和核算基础的衔接，实现生态产品经济核算的本土化。

2. 遵循共性要求，体现区域特色

中国地域广袤，自然条件差异大，生态资源资产及其负债产生的类型、特征、原因不同，同时目前生态资源核算仍处于探索过程中，且各地区生态产品可依赖的数据资源缺乏标准化、一致性和统一性，因此在各地区生态产品核算过程中，技术方法的选择上，允许特定主体进行核算技术方案的本地化探索，根据不同的区域条件、不同生态资源主体开展适宜于该地区的核算研究，以提高区域生态产品核算可行性与应用价值，同时对于丰富生态产品核算研究内容与研究成果，也具有重要意义。

3. 注重虚实结合，实现全面评估

当前关于生态产品价值评估的方法仍在探索完善，生态价值评估涉及诸多要素，需定性与定量结合进行。定性分析和定量分析各自反映同一事物的不同侧面，以定量计算为主，定性描述为辅，二者结合可提高生态产品价值评估的精度和准确性。确定生态产品价值的数量固然对生态产品的市场交易、生态补偿具有重要意义，但揭示其动态变化及其成因、对生态系统的影响也同样重要，后者对于实现生态系统可持续管理意义重大。

4. 依托已有基础，确保真实可靠

生态产品价值评估需要依靠翔实的数据基础，同时也涉及多部门、多学科的综合交叉。当前，我国环保、国土、林业、农业、水利等相关部门已经建立了较为完善的生态环境监测体系，具备了区域生态产品核算计量的基础条件。评估要充分依托已有各部门的工作基础，同时采用遥感调查、统计数据等，并结合研究区域实际情况及特色设定指标核算参数及模型，确保核算结果的真实可靠。

5. 结合国家政策，衔接实践需求

当前我国已开展自然资源资产负债表编制、自然资源资产离任审计、资源有偿使用和生态补偿、生态环境损害赔偿、绿色 GDP 核算体系以及构建生态补偿机制等生态文明制度建设。要充分考虑国家关于生态文明制度建设的政策要求，确保评估结果可利于提升研究区域生态文明，实现与国家要求相衔接。

4.1.4　生态产品及其价值评估的基本原则

1. 先数量再质量

质量是决定生态产品价值的重要因素，是生态资源资产数量核算的基础。现有生态系统服务、生态资源资产等生态产品价值核算，大都是直接利用价值系数或当量系数，缺少对质量的考虑，生态产品价值核算与评估的准确性受到影响。通过对生态产品质量的核算，并建立生态产品质量与价值量的关系，应是当前生态产品价值核算与评估的重要工作。

2. 先实物再价值

实物量计量是生态产品价值量评估的前提。实物核算是在对各类生态资源及其利用情况进行真实、准确和连续统计的基础上，以账户等形式反映某类生态资源的存量、流量和平衡状况。生态产品价值核算是在对生态产品进行翔实的物理量统计和合理估价的基础上，运用账户或比较分析方法，反映一定时空范围内生态产品价值问题及其收支或增减情况。生态产品实物核算，要既包括数量的统计，也包括不同等级质量的统计。生态产品价值核算，主要以货币化形式，计量生态产品的价值。

3. 先存量再流量

存量核算反映某个时点生态资源资产的统计状况，而流量核算是对存量核算的不断更新与完善。二者相互联系，可以相互转化。生态产品存量核算有助于评估某一时刻的资源问题及其与经济总量间的关系，也有助于对不同地区间的资源存量进行比较。流量核算有助于认识一国或一个地区随经济增长而发生的生态资源基础变化，也有助于分析资源流与经济流之间的动态关系。基于存量与流量核算的关系及其流量核算的复杂性，生态产品核算需遵循先存量、再流量的原则，优先核算生态产品存量。

4. 先分类再综合

生态产品分类核算是由于生态产品类型多样引起的。分类核算可以对生态产品逐类进行实物量或价值量的增减量和流量核算，综合核算目前仅限于价值量的核算，可加总、可比较。基于分类与综合核算的关系及其综合核算的复杂性和价值化问题，生态产品核算需遵循先分类、再综合的原则，优先核算生态产品分类实物和价值量表，为核算区域或者某一生态系统类型的生态产品综合价值量奠定基础。

5. 先供给再消费

生态产品的消费以供给为基础，供给量也决定了消费的大小，而确定生态产品的消费数量是建立生态产品市场机制的关键。当前，无论是存量还是流量的核算评估，都是基于生态系统生产供给的角度，没有刻画度量生态产品流转、消费过程。需要以生态产品存量、流量为基础，利用生态系统服务流分析和社会调查等手段，定量揭示单一生态产品从谁传递到谁、从哪流转到哪、最后到特定消费者的量是多少。

6. 先静态再动态

正如 Costanza（1997）所说：生态资产的总价值是无限的，仅仅对生态资产的总量进行评估没有意义，研究生态资产的变化对区域生态环境和经济社会发展的影响才更有价值。与之类似，生态产品研究的根本目的并不是为了衡量或评估全球或区域性的生态资产能为人类提供哪些类别的服务和福利，而是通过研究揭示区域或全球生态资产变化对生态环境提供给人类的福利的影响过程和影响规律，寻求一个整体运行良好、健康稳定的、可以满足人类经济社会可持续发展需要的生态环境。因此，有必要在静态核算的基础上开展动态核算。

4.2 生态产品及其价值评估技术框架

根据生态文明制度建设的需求，借鉴国内外生态服务价值评估、绿色 GDP、生态系统和生物多样性经济学（TEEB）、生态系统生产总值（GEP）、联合国环境与经济综合核算体系（SEEA）等相关研究成果，按照先存量、再流量，先实物量、再价值量，先分类、再汇总的原则，综合运用数理统计分析、模型模拟、专家咨询、公众参与等定性定量相结合的方法，构建生态产品及其价值评估技术框架，为我国生态文明建设和绿色发展提供技术支撑。由于理论方法不成熟，本框架暂时未考虑生态产品流转与消费及其价值的评估核算。

4.2.1　生态产品的类型种类

1. 生态系统分类

生态产品是由特定生态系统提供的，不同生态系统提供的生态产品不同。评估核算生态产品首先需要明确生态系统类型，然后再根据生态系统类型确定生态产品类型。根据《全国生态功能区划》，全国陆地生态系统分为森林、灌丛、草原、湿地、荒漠、农田、城市七大类。这里将河流、湖泊作为湿地生态系统。在具体实践中，可根据评估需要进一步对七大类进行细分。例如，森林生态系统可以划分为针叶林、阔叶林、针阔混交林，或者再进一步细化为冷杉林、云杉林。生态系统分类越精细，核算的生态产品结果也越可靠，但这同时会增加时间、金钱、人力等成本。实际核算时，需根据评估目标进行统筹考虑。

2. 生态产品分类

如前所述，生态产品来源于生态系统服务，是生态系统服务的表现形式。因此，可以借鉴利用生态系统服务分类方式。MA 将生态系统服务分为供给服务、调节服务、支持服务和文化服务，但考虑到生态产品仅是生态系统服务中满足生态需求的那部分服务，因此需要结合生态产品的内涵对 MA 生态系统服务分类进行重新调整。同时，生态产品是从以人为核心的角度对生态系统服务的重新定义，因此生态产品的定义必须从人的消费和利用角度出发，以便与管理、市场进行衔接。在综合考虑多方面因素后，将生态产品分为有形的可以直接消费的生态资源产品和无形的以间接消费为主的生态服务产品两大类。

生态资源产品主要是有形的生态系统要素资源及其供给服务。生态系统在相当长的历史过程中发展演化，积累蓄积形成土壤、水分和生物等生态要素资源，是生态服务和生态产品生产的基础。生态系统供给服务是生态系统生产出的可以供人类直接利用的物质，包括水、林木、草、食物等。这些产品能够直接进入经济社会活动，一般具备交易市场，存在市场交易和经济价值，比较容易量化。

生态服务产品主要是生态系统提供的无形服务。生态系统通过其结构和功能，形成涵养水源、土壤保持、防风固沙、洪水调蓄、灾害抵御等生态系统调节服务来保障生态安全，也通过水质净化、空气净化、降低噪音、降温增湿、杀菌等调节服务来提供安全的食品、干净的水、清洁的空气、舒适的环境、宜人的气候等改善和提高生活质量，还提供优美的景观、科教文化服务、灵感来源、精神寄托等精神层面的服务。这些服务一般是无形的，难以捕获、难以确定所有权、也难以确定消费量，最终导致难以建立市场，是当前研究的难点和重点。

4.2.2　生态产品的数量规模

1. 数量规模

生态产品通常以一定数量的形式表现出来，进入国民社会经济体系，并为人们所认识和利用。生态产品数量特征是指不同类型生态产品以物质量或者其他形式所反映的规模大小，是计量生态产品生产量、供给量、消费量等所必需的形式和途径。

主要表征指标包括面积、体积、重量、功能量等。生态产品从其物质形态来说，分为有形和无形两种。在有形的生态产品中，生态系统等生态资产可以认为是生产生态产品的机器，其规模大小与生态产品供给能力和产量密切相关，但同时生态系统本身也是人类需求的一种产品，因此在生态产品核算时要对其面积规模进行计量。水、林、草等生态资源的数量特征是生态产品量化的基本形式，对其数量规模计量可以通过重量、体积等形式。针对水质净化、洪水调蓄等无形的生态服务指标，数量特征指表征生态系统服务功能状况的指标，主要包括各类生态功能的服务功能量等。《全国生态功能区划》确定了水源涵养、土壤保持、防风固沙、洪水调蓄、生物多样性保护等服务功能，这应是生态产品涉及的重点。

2. 存量流量

所谓流量，是指一定时期内的行为和所发生的事件的效果；而存量则是指某一时点的状况。流量是按一定时期测算的量，有时间量纲。存量是指在某一时点上测算的量，无时间量纲。存量核算首先是特定时点上拥有量的核算，就一个核算期间（通常是一年）来说，包括期初和期末两个时点。流量核算是指在一个核算期间内的动态的流入量和流出量。资源的存量和流量的关系可以表示为：期初存量 + 期内资源增加量 - 期内资源减少量 = 期初存量 + 期内净变量 = 期末存量，其中，期内资源增加量包括新发现量、生长量、补充量、重估增值量等，期内资源减少量包括开采量、各种损失量、重估减值量等。

存量与流量两者之间有对应关系，也可能无对应关系。对于以实物形式存在的资源产品，既有存量又有流量的形态。对于无形的生态服务，一般不具有存量特征，多以流量形式存在。生态资产流量是在一定时间段内特定类型、特定空间范围内存量生态资产产出的有形生态系统产品及其提供的无形生态系统服务（高吉喜等，2016）。纳污价值核算时，由于环境容量是一个可更新的资源，存在动态和静态两种指标，可以不去追求严格意义上的存量和流量；所以存量核算（资产核算）主要指当期内的环境容量；流量核算主要指当期内向环境实际排放污染物的污染物总量。

4.2.3 生态产品的质量等级

生态产品的质量是其影响生态产品价值的因素，是生态产品数量核算的前提和基础。生态资源具有时间动态性和空间异质性，不同空间分布的同一生态系统类型的质量状况是不同的，同时也是随时间变化的，因而其生态产品价值具有差异，这种差异是由生态的质量状况来决定。一方面，不同质量的自然资源资产，其产生自然产品或生态产品的数量会有所差异；另一方面，不同质量的自然资源资产，会影响自然资源资产和生态产品的品质，产生不同的级差地租。

生态产品质量评估是对区域某一时间节点上的生态产品现存量的优劣等级评估。生态产品的质量往往体现在生态环境要素及其组成系统质量。环境要素的质量可以根据环境质量标准进行评价。对于生态环境质量的评价目前尚没有形成统一的评价标准和指标体系。对生态环境质量进行评价在某种意义上就是对生态系统组成结构和功能效用发生变化而导致的生态环境质量优劣程度的评价（徐燕和周华荣，

2003)。可以采用生态系统健康评价、生态风险评价等综合评价方法，也可以采用生态系统稳定度、破碎度、生产力、覆盖度等单一指标评价方法。需要注意的是，不同生态系统、不同生态产品具有不同的特征，其质量评价目前难以找到一个可以达成全面共识的统一方法。

4.2.4　生态产品的定价赋值

生态产品的定价是指确定各类生态系统产品与服务功能的价格，如单位木材的价格、单位水资源量价格、单位土壤保持量的价格等。自 20 世纪年代以来，在生态调节服务和文化服务的价格确定方面取得巨大进展，根据生态系统服务功能类型，建立了不同的定价方法，主要有替代市场技术和模拟市场技术。一般而言，价格机制由价格形成机制、价格运行机制、价格约束机制和价格调控机制 4 个层次构成。

1. 价格形成机制

价格形成机制就是指价格决定机制，即商品价格以及价格体系的形成、变化的基本原理。具体来看，价格形成机制主要指在商品价格形成过程中，具有直接定价权、间接定价权或价格干预权的政府、经济组织、企业、居民及司法机构的相互关系，其主要内容和核心是价格由谁决定，即价格由政府部门决定还是由生产经营者自主决定。在不同国家，由于实行的经济制度不同，价格形成机制有明显差别，即使在同一国家的不同时期由于实行不同的经济体制，其价格形成机制也会有明显差别。一般来说，凡是实行市场经济体制的国家，其价格形成机制是市场形成价格的机制，绝大部分商品的定价权掌握在生产经营者手中；凡是实行计划经济体制的国家，其价格形成机制大都为行政形成价格的机制，商品的定价权几乎集中在政府部门，生产经营者基本没有定价权。

2. 价格运行机制

价格运行机制主要是指价格在运动过程中与其他经济要素相联系，对市场和经济运行发挥调节作用的机理。具体来看，在市场运行中，价格的变动既受供求的决定，同时又决定供求。当某种商品供不应求时，价格就上涨，从而使该商品的生产部门和企业的利润增加，吸引更多的生产要素流入，生产规模扩大，该商品的供给量由此增加，直至出现供过于求，价格下跌，使该商品和企业利润减少，致使生产要素流出，生产规模缩小，该商品的供给量减少。在此基础上又进行新一轮供求与价格的循环，如此往复就是市场价格运行的基本机理。

3. 价格约束机制

价格约束机制是指规范价格合理形成和有序运行并发生作用的机理。其作用对象是全部商品价格及其行为主体。价格约束机制主要包括以下内容：（1）法律约束，即通过经济立法及其强制功能使价格行为有法可依，有章可循，从而实现良好的市场秩序和价格秩序。（2）经济约束，即通过运用经济手段，如财政补贴、税收政策、调节基金、物资储备及相应的经济惩罚措施等，引导、鼓励或限制相关的价格行为或价格运动方向。（3）行政约束，即运用行政手段和行政权力对价格行为主体直接进行管理、监督、检查，对价格违法行为实施处罚等。

4. 价格调控机制

价格调控机制是指政府为保证价格体制的有效运转，对价格运行进行间接调控而建立的组织原则、方式、方法及相关的各种措施。其作用对象是极少数重要商品价格和价格总水平。有效的价格调控机制可分为两个层次：一是宏观调控体系和调控机制，如运用财政政策、货币政策等手段从经济总量上对价格总水平的运行进行调控；二是调控市场价格的制度，如实行某些商品价格政府定价或指导价、某些商品提价申报等办法，对重要商品、特殊产业的市场价格进行必要的调节。

4.2.5 评估技术流程

1. 构建不同生态产品核算指标体系

充分借鉴国内外生态服务价值评估、绿色 GDP、TEEB、GEP、SEEA2012 等相关研究成果，结合自然资源资产负债表与离任审计、生态环境损害赔偿、生态补偿等生态文明制度建设要求，以森林、草原、湿地、农田、湖泊、荒漠等生态系统为重点，按照生态系统供给服务、调节服务、文化服务等功能，结合我国森林、草原、湿地、农田、湖泊、荒漠的自然特征等筛选主要影响指标，建立不同的生态产品核算指标体系。

2. 明确核算单元边界

生态产品及其来源生态系统服务具有尺度性，生态系统服务与人类福祉之间也具有多尺度关联性。也就是说，不同生态产品产生、存在、流通、消费都必须依托一定的时空尺度，因此必须明确核算单元，才能确保生态产品核算的准确性和可行性。SEEA 核算体系中在进行资源环境核算时需要注意基本空间单元、生态系统单元、土地利用单元的关系（图 4－1）。生态产品核算中需要明确两类单元边界，一是生态评估单元，一是生态系统单元。前者主要满足单个生态产品的核算与评估，后者满足生态系统或者区域生态产品价值汇总需要。

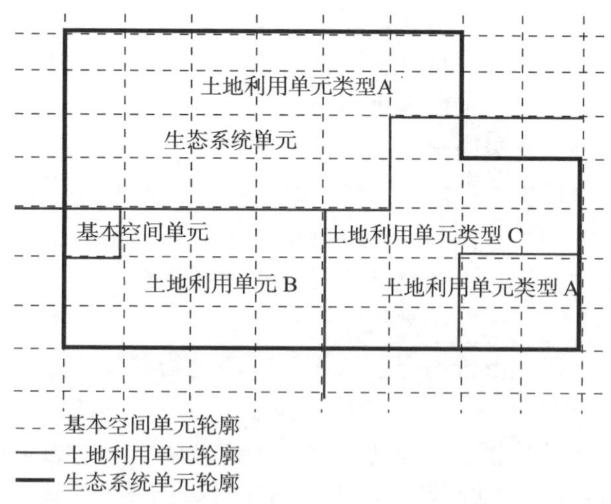

图 4－1　基本空间单元、生态系统单元、土地利用单元的关系（SEEA，2012）

3. 确定不同生态产品评估参数

不同生态产品包含的生态产品自然价值和具有的生态服务功能是不同的。以森林、草原、湿地、农田、湖泊、荒漠为重点，应用实地调查和测量数据、社会调查和统计数据、遥感数据及图件，辅以统计学方法和生态经济学理论，以行政区或流域为基本核算单元，明确项目区评估单元的生态系统类型，结合不同生态系统的土壤、气候、水文、地形等自然特征及生态服务功能的主要分类，确定反映不同生态产品的质量和数量的具体评估参数。

4. 核算不同生态产品的物质量

综合所构建的不同生态产品价值评估模型，核算各类生态产品资源量和功能量，包括不同生态系统提供的涵养水源量、土壤保持量、固碳释氧量、气候调节量、净化水质量、净化大气量、洪水调蓄量、水电航运服务量、休闲游憩和生物多样性保育等。

5. 核算不同生态产品的质量

以实物量核算为基础，综合运用地表水、空气、土壤、生态等环境质量评价标准，林地、草地、耕地分等定级标准，水土流失、风沙侵蚀、盐渍化、荒漠化等生态功能分级标准，以及干旱分级标准、人居环境适宜性等相关生态环境分级，明确生态产品质量等级。

6. 核算不同生态产品的价值量

根据生态产品实物量核算结果，以生态产品质量分级为依据，分别核算出不同质量等级的生态产品实物量，再结合国内外研究成果以及研究区相关经济社会统计指标，根据价值量参数和各种价值化方法，核算不同生态系统的生态价值量。

生态产品价值评估技术流程见图 4－2。

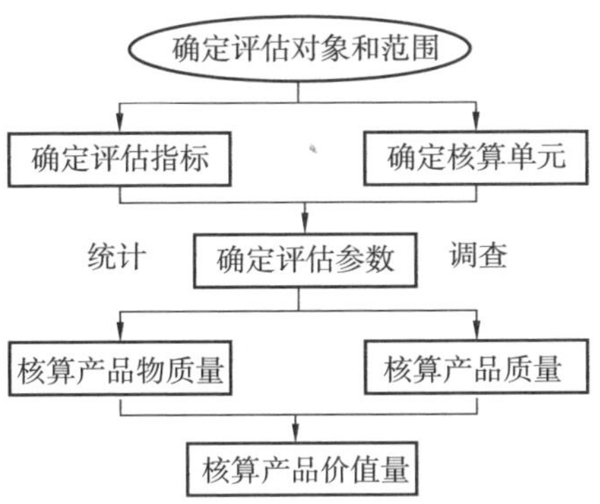

图 4－2　生态产品价值评估技术流程

4.3　生态产品及其价值评估指标体系

4.3.1　指标库构建

1. 采用最终生态系统服务指标分类体系

从实用的角度，借鉴 CICES 框架的最终生态系统产品和服务（FEGS）指标分类体系，将生态系统最终服务划分为与人类福祉直接相关的健康、安全、生产要素和自然多样性 4 个类别。采用最终生态系统服务指标分类体系能够避免定义内在的模糊性、有效减少双重核算、更好地链接自然系统与人类社会，以及可以找到服务的受益方而易于理解和交流。

2. 区分生态系统类型

不同生态系统类型可能具有共同的功能或属性特征，只是不同生态系统类型可能形成不同的具体服务的类别及其量级，因此指标体系的构建未列单独的生态系统类型。但由于陆地生态系统和水生生态系统之间存在一定的差异，在指标选取上除了包括两者共性的指标，另外需要包括单独刻画水生生态系统的指标。

3. 依据可操作性原则和简便易行原则

评估指标应在相对有限的时间尺度上容易获取，评估过程可行，评估结果才能提供有效的信息。评估指标体系的每一个指标都应当尽可能地利用现有统计指标，而且要做到定量化，以便于建立评估标准进行操作。尽可能利用现有的统计监测资料，使所确定的指标与已有的行业调查统计相衔接，各项评价指标都具有可测性，

限于当前的技术制约与客观复杂性，并不是所有的评估指标都能够进行量化。应选择已有相对成熟的评估方法的功能指标作为考核重点，以尽量保障评估结果的可靠性。指标的定量化数据要易于获得和更新，所选评价指标须内涵明确、容易理解、易于量化、计算方便、便于在区域生态产品实践中应用。指标的选择可以有一定的超前性，但应尽可能地选择仪器设备可以观测的指标，以及可以获取的指标。

4. 注重代表性、可比性

生态产品价值的评估是一个庞大、复杂的系统工程，因此评估体系和评估标准要全面系统。但是生态产品由多个子系统构成，它们之间既相互联系又各自独立，因此所选取的指标之间也要既能相互衔接又要相互独立，各个指标既要包含生态产品的各个主要方面的性质，彼此之间又要不存在含义与价值的交叉重叠，尽可能避免信息重叠太多与重复计算问题。为了使评估结果更加科学，评估指标应该最能代表生态产品本身固有的自然属性及其受干扰、破坏和利用的程度。评估框架体系中各种指标，要具有统一的量纲，便于不同区域、不同时间的生态系统价值进行横向和纵向的比较。要选用适用于区域和国家尺度的指标。

建立科学、合理、有效的核算体系，是进行生态产品资产核算的基础。为了客观评估生态系统服务的价值，研究者对生态系统服务的分类做了很多探索工作。从最早期的 Costanza 在强调生态系统服务这一观点并对其进行分类研究开始（Costanza et al., 1997），许多研究者都从自己的研究角度出发，对生态系统服务功能进行分类（表 4 - 1）。Czucz 等（2018）通过文献综述分析了当前常用的 440 个生态系统服务指标，他们发现针对不同类别的生态系统服务，指标建立的方式不一；从现有的研究成果来看，几乎每个研究都根据研究区域的生态系统状况、数据的可获性以及其他因素对生态系统服务进行了分类。缺乏统一的分类框架是当前面临的重大问题，亟须构建生态系统服务国际通用分类系统（CICES）。计量评价是当前生态产品从理论走向实践需要解决的重点难点问题，本书在借鉴相关研究基础上，以生态系统服务指标为重点筛选建立了生态产品备选指标库。

表 4－1　目前国内外生态系统服务代表性分类系统

代表	分类依据	体系	分类系统	特点
Costanza 等(1997)	服务的可更新性;强调功能;相互依赖性;产生服务的生态基础设施最低水平	17 类	气体调节、气候调节、干扰调节、水文调节、水供应、侵蚀控制、土壤形成、营养循环、废物处理、花粉传递、生物控制、生境、食物生产、原材料、基因资源、娱乐、文化	最早的分类体系,体系完整,应用范围很广
Daily(1997)	大自然服务供给与人类福祉	13 类	(1)生活与生产物种的提供;(2)生命支持系统的维持;(3)精神生活的享受	分类较小,但类型内部的研究比较详细
MA(2005)	具操作性,生态系统功能分组	4 种 23 类	(1)供给服务:食物、遗传资源、生化、天然药物等、观赏资源、淡水;(2)调节服务:气体调节、气候调节、水调节、侵蚀调节、病虫害调节、花粉传递;(3)文化服务:文化多样性、精神和宗教价值、娱乐和生态旅游、审美价值、知识系统、教育价值;(4)支持服务:土壤形成、光合作用、初级生产力、营养循环、水循环	分类体系系统性强,覆盖度广
TEEB(2010)	生物多样性保护和可持续利用	4 种	提供服务(包括食物、水、原料、药用和遗传、观赏植物资源);监管服务(监管空气质量、气候、水土流失、水质、土壤肥力、极端事件、水流、授粉和生物控制);生态系统服务生态系统和生物多样性的经济学分类的栖息地,像迁徙物种的生命周期的维护(栖息地)和维护(基因库保护);文化和审美服务(审美信息、娱乐和旅游的机会、文化艺术和设计的精神体验和供应认知发展的信息)	分类比较全面,注重文化等服务功能的测度

续表

代表	分类依据	体系	分类系统	特点
Wallace(2007)	基于人类价值即生存和繁殖	4种	(1)足够资源:食物、氧气、水、能量;(2)保护功能:传染病防治、免受捕食者侵害、免受疾病/寄生虫侵害;(3)良好的化学和物理环境:温度、湿度、光、化学物质;(4)社会文化:精神/哲学满足、良好的社会团体、娱乐休闲、有意义的职业、审美、机会价值、文化和生物进化能力、知识或教育资源、遗传资源	以人类价值为依据的分类方法会因为各个国家的文化差异,使得各个服务组分的权重发生大的变化
Boyd和Banzhaf(2007)	从环境核算的角度,避免重复计算	6种	(1)维持收获量的授粉动物种群、土壤质量、庇护地、可用水、鱼类、作物、海洋产品、生物多样性;(2)维持美感度的视域里的土地覆盖、野生动植物、变化的自然景观;(3)维持景观相关的物种、规避破坏的空气质量、饮用水质量、湿地、森林利用;(4)维持废物处理的地表水和地下水、开阔的土地;(5)维持饮用水供应补给地下水、地表水质量、地下水可获得性;(6)维持娱乐的相关物种种群、自然土地覆盖、地表水、沙滩等	应当区分生态系统的最终服务和中间服务
Rocco Scolozzi等(2012)	生态系统功能分组	10类	气候大气调节、干扰的预防、淡水的调节和供应、废物的吸收、营养调节、珍稀物种栖息地的保护、娱乐、美学和舒服性、土壤保持和形成、授粉	分类较为全面,但不够详细
Burkhard等(2012)	生态系统功能分组	4种29类	(1)生态完整性:无生命的非均质性、生物多样性、生物水流、代谢效率、获得能量、减少养分损失、存储容量;(2)调节生态系统服务:调节当地气候、调节全球气候、防洪、地下水补给、空气质量监管、侵蚀监管、调控营养、净化水、授粉;(3)提供生态系统服务:作物、牲畜、饲料、捕捞渔业、水产养殖、野生食物、木材、木头燃料、生物能源、生化和医学药剂、淡水;(4)文化生态系统服务:娱乐与审美价值、生物多样性的内在价值	分类比较系统、全面,体系较为复杂

续表

代表	分类依据	体系	分类系统	特点
谢高地等(2001)	中国民众及决策者对生态服务的理解程度	14 类	初级产品提供、淡水供给、大气调节、水文调节、环境净化、气候调节、废物处理、养分蓄积、土壤保育、防风固沙、维持生物多样性、休闲旅游、促进就业、科研文化历史	分类较为全面,但不够详细
傅伯杰等(2017)	综合考虑各种生态系统属性参数对生态系统服务指标的直接指代或数量关系,以及与健康、安全、生产要素和自然多样性 4 个方面人类受益的关系	3 种 18 类	(1)供给服务:产水量、农作物产量(粮食)、草地牧草产量(牲畜)、水草产量(水产品)、森林地上生物量、物种丰富度;(2)调节服务:生态系统碳固定、实际蒸散量、释氧量和滞尘量、森林覆盖率、湿地和冲积平原面积/洪水风险区面积、土壤保持量、植被覆盖度、植物物种丰富度、绿地和湿地景观覆盖率;(3)文化服务:世界遗产物种丰富度、生态系统类型多样性	分类体系系统性强,覆盖度广

4.3.2 指标筛选

目前筛选指标的方法主要有频度分析法、专家咨询法和层次分析法等。本研究综合运用了专家咨询法和频度分析法。首先采取频度分析法，对国内外众多国家生态系统评估的主要研究成果中的实用性的指标进行统计分析，选择那些使用频度较高的指标。同时，结合我国生态系统服务的特点，筛选适合中国的指标和方法体系。在此基础上，征询有关专家意见，对指标进行筛选及调整，形成常见生态系统服务备选指标库（表4－3）。

表4－3 常见生态系统服务指标

类别	功能指标	涉及具体指标
供给服务	食物	植物产品
		动物产品
		微生物产品
	淡水	灌溉用水量
		工业用水量
		饮用水量
	原材料	生物燃料和能源
		纤维
		木材
	遗传资源	遗传基因
		遗传物质载体
		遗传种群生境
调节服务	气候调节	气温
		气体调节
		降水及其他气候过程
	干扰调节	风暴防止
		洪涝控制
		干旱恢复
		其他自然灾害缓解
	水调节	涵养水源量
		蓄水量
		径流量
		蒸散量

续表

类别	功能指标	涉及具体指标
调节服务	水调节	净化水质量
		泥沙输送
		水力发电
		内陆航运
	生物调节	抵御外来物种入侵
		病虫害防治
		生态位调节
	疾病控制	疾病控制
	侵蚀控制	水土保持/表土流失控制
		泥沙淤积缓解
		土壤肥力保护
	空气净化	滞除（阻挡、过滤和吸附）粉尘
		吸收有害气体
		杀灭病菌
		增加负氧离子
	土壤控制污染和废物处理土壤污染控制	消除富集营养物
		污水处理能力
		废物处理能力
	授粉、繁育	花粉传播/昆虫传粉
		种子扩散
		物种繁育
文化服务	精神与宗	道德修养
		宗教信仰
	休闲与娱乐	休闲场所
		生活品质
		生态旅游
	美学与信息	美学体验
		知识获取
	科学与教育	科学素材
		研究基地
		教育机会

续表

类别	功能指标	涉及具体指标
文化服务	文化与艺术	文化多样性
		艺术创作
	激励与灵感	激励与灵感

4.3.3 生态产品及其价值评估的指标框架

通过对现有生态系统服务分类体系的综合分析研究，本书构建形成了生态产品价值评估指标体系（表4－4）。整个指标体系包括3个一级指标、24个二级指标，形成了生态资源产品、生态服务产品两个层次以及数量指标和质量指标两个层面的生态产品计量评价指标体系。由于生态系统的差异性，不同生态系统需要根据实际情况进行选择。考虑海洋生态系统的复杂性和特殊性，本研究暂未将其纳入考虑。

表4－4 生态产品指标体系框架

类型	产品名称	产品指标	数量指标	质量指标
生态资源产品	林产品	林木资源 非木材林产品	蓄积量、生产力 生物量	覆盖度、郁闭度 品质分级
	草产品	产草量 畜牧产品	产草量、生产力 产量	覆盖度 数量等级
	水产品	水产产品 水力资源	生物量、生产力 水电蕴藏量、可开发量	品质分级 数量等级
	安全的食品	生态标记农产品	农产品产量	农产品品质/土壤质量
	干净的水	净水功能	产水量、去氮、去磷	水环境质量标准
	清新的空气	空气净化	抑尘、杀菌、降毒、离子	空气环境质量标准
	肥沃的土壤	土壤肥料	氮磷钾含量	土壤肥力分级
生态服务产品	径流调节	水源涵养	水源涵养量	数量等级
	土壤保持	土壤保持	土壤保持量	土壤侵蚀强度分级标准
	洪涝防控	洪水调蓄	洪水调蓄量	数量等级
	风沙抵御	防风固沙	防风效能、固沙量	防风效能、风蚀分级标准
	气候变化	固碳释氧	固碳量、释氧量	数量等级
	生物调节	病虫害控制	病虫害减缓率	数量等级
	授粉繁育	授粉繁育	授粉功能量	数量等级
	其他灾害缓解	生态风险	生态健康程度	生态系统质量分级标准

续表

类型	产品名称	产品指标	数量指标	质量指标
生态服务产品	宜人的气候	气候调节	降温、增湿	人居适宜性评价
	舒适的环境	生态基础设施	生态系统面积、距离	数量等级
	优美的景观	景观游憩	生态旅游	旅游景观评价标准
	生物生境	生境提供	生境多样性	生境质量
	遗产价值	生物多样性	生物多样性指数	濒危程度
	科研教育	科研教育		
	文化艺术	文化艺术		
	宗教与情感	宗教与情感		
	激励与灵感	激励灵感信息		

4.3.4　主要指标内涵解释

水源涵养功能是生态系统通过林冠层、枯落物层、根系和土壤层拦截蓄滞降水，增强土壤下渗、蓄积，从而有效涵养土壤水分、缓和地表径流和补充地下水、调节河川流量的功能。不仅满足生态系统内部对水源的需要，同时也持续地向外部提供水源。水源涵养功能与水供给功能有密切关系。这一功能涉及的生态系统包括森林、草地、湿地、荒漠、农田等，由森林生态系统主要提供。

土壤保持功能是生态系统通过林冠层、枯落物层、根系等各个层次消减雨水的侵蚀能量，增加土壤抗侵蚀性，从而减轻土壤侵蚀，减少土壤流失和河流泥沙淤积，保持固定土壤的功能。土壤保持功能是生态系统服务功能的一个重要方面，它为土壤形成、植被固着、水源涵养等提供了重要基础，同时也为生态安全和系统服务提供了保障。这一功能涉及的生态系统包括森林、草地、湿地、荒漠、农田等，由森林、草地生态系统主要提供。

洪水调蓄功能是指湿地生态系统（河流、湖泊、水库、沼泽等）具有特殊的水文物理性质和蓄水能力，其特有的生态系统结构能够吸纳大量的降水和过境水，蓄积洪峰水量，削减并滞后洪峰，以缓解需求洪峰造成的威胁和损失，是城市、乡村等人居环境的重要的滞洪区和泄洪区。这一功能主要由湿地生态系统提供。

防风固沙功能是指生态系统通过多种途径减少土壤流失和风沙危害的功能。地表植被可根系固定等多种形式，改良土壤结构，减少土壤裸露机会，增加抗风蚀能力，植被还可通过增加地表粗糙度、阻截等方式降低起沙风速、降低风的动能，从而削弱风的强度和挟沙能力，减少风力侵蚀和风沙危害。这一功能涉及的生态系统包括森林、草地、湿地、荒漠、农田等，由森林、草地、荒漠生态系统主要提供，在荒漠地区具有极其重要的意义。

固碳释氧功能是指绿色植物通过光合作用吸收大气中的二氧化碳，转化为葡萄糖等碳水化合物，以有机碳的形式固定在植物体内或土壤中，并释放出氧气的功能。

这一功能对于调节气候、维护和平衡大气中二氧化碳和氧气的稳定具有重要意义，对于减缓二氧化碳浓度升高引起的温室效应具有极其重要意义，涉及的生态系统包括森林、草地、湿地、荒漠、农田等。

病虫害控制功能是指自然复杂群落减少、控制病虫害的能力。大规模单一植物物种的栽培，容易诱发特定害虫的猖獗，而复杂的群落通过提供物种多样性水平、增加天敌而降低植食性昆虫的种群数量，达到病虫害控制的目的。这一功能对农业生产等具有重要意义，涉及的生态系统包括森林、草地、湿地、荒漠、农田等。

授粉功能是指生态系统通过昆虫对有花植物进行传粉授粉促进其生长繁殖的效应。有花植物通常有固着生长的习性，其花粉传递依赖于一定的媒介，除去部分依靠风媒、水媒传递花粉的植物外，多数植物依赖动物传粉，且绝大多数为昆虫，所以如果没有传粉昆虫，许多野生植物群落稳定性及遗传多样性的维持将面临威胁。全球75%的粮食及经济作物生产依赖于传粉昆虫提供的传粉服务，35%的粮食产量直接得益于传粉昆虫，90%的植物多样性依赖昆虫传粉，这些植物为其他生物提供食物、栖息地和其他资源。这一功能对于自然生态系统和农田生态系统具有重要意义，过去许多学者都认为这一功能是一个中间过程，最终反映在农产品等生态系统产品中。本研究未将一般农产品作为生态系统产品，因此将授粉功能单独作为一个重要产品。

其他灾害缓解包括减少泥石流、滑坡、干旱、冰雹、台风等生态灾害和降低噪声等。其中减少生态灾害主要通过提高生态健康程度，来减少生态风险水平，提高生态安全。降低噪声是指生态系统通过隔声和吸声作用，降低环境噪音的水平。据调查，没有树木的高层建筑的街道上空，其噪声要比种上行道树的街道高5倍以上。一般公路两边各造10 m宽林带，可降低噪声25%～40%。

生态标记农产品是指经过严格的生态标准控制认证的农产品。这一农产品与普通农产品的区别之处在于其生产过程对生态友好，同时其产品具有更多的自然属性，强调其自然性。因此，这一产品蕴藏了更多的生态属性，是人们对自然的一种奢侈性消费。生态标记农产品种类繁多，主要是通过认证方式形成。

水环境质量是表征干净的水指标，这一指标是生态系统水质净化功能的最终表现，因此其数量和质量分别以水质净化功能量和水环境质量描述。水质净化功能是指水环境通过一系列物理和生活过程对进入其中的污染物进行吸附、转化以及生物吸收等，使水体生态功能部分或完全恢复至初始状态的能力。可重点根据地表水环境质量标准中对水环境质量控制项目和限值的规定项目选择评价指标。

空气环境质量是表征清洁的空气指标，这一指标是生态系统空气净化功能的最终表现。空气净化是指生态系统通过一系列物理、化学、生物因素的共同作用，吸收、过滤、阻隔和分解降低大气污染物，以及杀菌、消灭有毒有害物质等改善大气环境的生态效应。例如，绿色植物在其抗生范围内通过叶片上的气孔和枝条上的皮孔吸收空气中的有害物质，并在其体内转化为无毒物质；同时依靠其表面特殊的生理结构，对空气粉尘具有良好的阻滞、过滤和吸附作用，从而能有效净化空气。可重点参考空气环境质量标准选择评价指标。此外，提供负离子也具有重要性。空气负离子就是大气中的中性分子或原子，在自然界电离源的作用下，其外层电子脱离原子核的束缚而成为自由电子，自由电子很快会附着在气体分子或原子上，特别容易附着在氧分子和水分子上，而成为空气负离子。森林的树冠、枝叶的尖端放电以及光合作用过程的光电效应均会促使空气电解，产生大量的空气负离子。植物释放的挥发性物质如植物精气等也能促进空气电离，从而增加空气负离子浓度。

气候调节功能是指生态系统通过蒸腾作用与光合作用、水面蒸发过程降低气温、减少气温变化范围、增加空气湿度，从而改善人居环境舒适程度的生态效应。这包括水面蒸发吸收热量，向空气释放水汽，从而可以降低环境温度，增加环境湿度；生态系统通过蒸腾作用，将植物体内的水分以气体形式通过气孔扩散到空气中，使太阳光的热能转化为水分子的动能，消耗热量，降低空气温度，同时散发到空气中的水汽也能增加湿度。

生态基础设施是维护生命土地的安全和健康的关键性空间格局，是城市和居民获得持续的自然服务（生态服务）的基本保障。王如松院士认为，生态基础设施应包括流域汇水系统和城市排水系统、区域能源供给和光热耗散系统、城市土壤活力和土地渗滤系统、城市生态服务和生物多样性网络、城市物质代谢和循环系统、区域大气流场和下垫面生态格局等。主要是指各类自然生态系统、绿地、生态廊道等，这些基础设施在维护生态安全的同时，更多的是满足人们亲近自然的需求。

景观游憩功能是指生态系统本身是一种自然景观，它能为人类提供休闲、旅游、养生、游憩的目的地和载体。景观游憩功能主要是满足人类休息、游憩、娱乐、健康等舒适性、享受型生活需求。其产品供给与消费可以通过生态旅游来评价核算。

生境提供功能是指生态系统为生物提供了栖息地和生存环境。将这一功能纳入生态文化产品，主要是因为这一功能主要是针对生物多样性的保护，强调了人对自然保护，更多的是体现人类对自然关爱的精神追求。

生物多样性功能主要是指对人们对物种多样性的保护。这一功能主要体现了人类将其他物种看作具有重要价值的资源或遗产来保护，突出了人类对自然生态存在价值的保护需求。其价值可以用生物多样性价值来核算。由于数据的缺少，以及相关机制不清楚，目前关于生物多样性价值核算仍然是一个难题。

科研教育、文化艺术、宗教与情感、激励灵感信息功能指人们通过精神感受、知识获取、主观印象、美学体验从生态系统中获得的非物质利益，包括以生态系统为基础形成并发展的民族文化多样性、精神和宗教价值、社会关系、传统的和正式的知识系统、教育价值、科研价值、灵感、美学价值、人文情结等。这些功能比较抽象，目前尚没有可靠的方法对其进行度量，但这些功能对人类来说具有不可替代的作用。本书中也未对此进行深入探讨，未来应逐步将其作为重要的研究方向，因为这些功能对前述生态产品的消费具有影响作用。

第5章
生态产品实物量评估方法

生态产品实物量评估包括生态资源产品实物量评估和生态服务产品实物量评估。生态资源产品实物量评估，即对不同质量等级的生态资源产品在某一指定时间点之前的累积结存量进行评估；生态服务产品实物量评估，即对不同质量等级的生态服务产品在某一指定时间跨度内的累积供给量进行评估。生态产品实物量评估是生态产品价值化的前提和基础，也是现代生态学研究的热点和前沿。本章全面系统地介绍了各类生态产品实物量的常用评估方法，明确其适用范围、优劣以及所需的数据类型和来源，为后续的生态产品价值量核算以及人类对生态产品的可持续开发、利用和管理提供方法基础和技术保障。

5.1 生态资源产品实物量评估方法

生态资源产品包括森林资源产品、草地资源产品和水资源产品。生态资源产品实物量评估，即森林面积与林木蓄积量、草地面积与产草量、水域面积与水资源量的评估。各类生态资源产品实物量可通过遥感数据、评估模型和社会经济统计数据获取（见表5－1）。

表5－1 生态资源产品实物量评估指标与方法

<table>
<tr><th colspan="2">资源类型</th><th>评估指标</th><th>指标说明</th><th>数据来源或评估方法</th></tr>
<tr><td colspan="2" rowspan="7">森林资源产品</td><td rowspan="3">森林面积/km²</td><td rowspan="3">指定范围内林地面积</td><td>遥感影像解译</td></tr>
<tr><td>土地调查数据</td></tr>
<tr><td>森林资源清查数据</td></tr>
<tr><td rowspan="4">林木蓄积量/m³</td><td rowspan="4">指定范围内全部活立木蓄积量</td><td>多元线性回归法</td></tr>
<tr><td>人工神经网络法</td></tr>
<tr><td>土地调查数据</td></tr>
<tr><td>森林资源清查数据</td></tr>
<tr><td colspan="2" rowspan="4">草地资源产品</td><td rowspan="3">草地面积/km²</td><td rowspan="3">指定范围内草地面积</td><td>遥感影像解译</td></tr>
<tr><td>土地调查数据</td></tr>
<tr><td>草原监测数据</td></tr>
<tr><td>产草量/t</td><td>指定范围内齐地面剪割的草本植物产量及木本植物当年嫩枝叶的产量</td><td>遥感监测</td></tr>
<tr><td rowspan="11">水资源产品</td><td rowspan="6">河流</td><td rowspan="2">河流长度/km</td><td rowspan="2">指定范围内河流入境断面和出境断面直接的距离</td><td>遥感影像解译</td></tr>
<tr><td>水资源公报</td></tr>
<tr><td rowspan="4">水资源量/m³</td><td rowspan="4">指定范围内出境水量与入境水量之差</td><td>遥感监测数据</td></tr>
<tr><td>Biome－BGC 模型</td></tr>
<tr><td>水文模型</td></tr>
<tr><td>水资源公报数据</td></tr>
<tr><td rowspan="5">湖泊</td><td rowspan="2">湖泊面积/km²</td><td rowspan="2">正常水位时湖水面积</td><td>遥感影像解译</td></tr>
<tr><td>水资源公报数据</td></tr>
<tr><td rowspan="3">蓄水量/m³</td><td rowspan="3">正常水位时湖泊蓄水量</td><td>遥感监测数据</td></tr>
<tr><td>水文模型法</td></tr>
<tr><td>水资源公报数据</td></tr>
</table>

5.1.1　生态资源实物量评估方法

传统的基于调查统计数据的生态资源存量核算方法有其数据易获取、核算方法易推广的优势，但难以适应于对生态资源在时间和空间多维尺度上的评估，无法覆盖生态考核、生态补偿的政策制度对于生态资源在时间和空间差异性了解的数据需求。

从凸显生态资源的时空特征的角度出发，森林资源、草地资源、湿地资源等生态资源可依靠生态过程等模型进行模拟估测。陆地生态系统是一个异常复杂的系统，在土壤、植被、大气等不同圈层之间存在着错综复杂的相互作用（Wang et al.，2011；John，2013）。在此基础上建立起来的生态过程模型有着完备的理论框架，结构严谨，从机理上对植物的生理过程以及影响因子进行分析和模拟。根据植物生理生态学原理，通过光合作用过程、植物冠层蒸散以及同光合作用相伴随的植物体以及土壤水分散失的过程进行模拟，可以估算在单株尺度、林分尺度和陆地生态系统尺度上，植物的生物量、碳库等的变化，并能同时模拟各区域生态系统经历了降水、截留、下渗等水循环过程后产生的地表水量。另外，随着近年来遥感技术的不断发展与完善，越来越多的地球表面时空要素可以被有效探测并提取出来，其反演精度也得以日益提高，从而运用遥感实时有效地监测和识别森林资源的分布和蓄积量、地表水与地下水的水量和分布情况（Liu et al.，2011；Richardson et al.，2012；Xiang et al.，2016）。

5.1.2　生态资源量化方法

5.1.2.1　林木蓄积量量化方法

利用遥感图像光谱信息良好的综合性和时效性以及地理信息系统（GIS）强大的空间分析功能，结合线性或者非线性数学模型，可以建立森林蓄积量估测方程对区域活立木蓄积量进行全面评估。目前该类方法主要包括多元线性回归法和人工神经网络法。

1. 多元线性回归法

多元线性回归估测森林蓄积量是目前遥感定量估测蓄积量的主要方法。其方法是利用遥感影像图中与地面对应样点上测量的各波段灰度值和波段灰度比值，并加上各种相关的定性因子，如坡度、坡向等。以这些因子为自变量，地面样地中实测所得的森林蓄积量为因变量进行多元线性回归分析，求出多元线性方程的参数，拟合出最佳多元线性回归方程，以此作为估测整个林分蓄积量的依据。此方法目前应用最为广泛，计算过程也相对简单，但是计算结果存在一定的不确定性，精度不高。

多元回归估计蓄积量的一般公式为：

$$y = a + \sum_{i=1}^{n} b_i x_i \tag{5-1}$$

式中，y 为森林蓄积量；a 为回归常数；x_i 为参加回归的第 i 项自变量，$i=1, 2, \cdots, n$；b_i 为第 i 项自变量的回归系数。

2. 人工神经网络法

人工神经网络（Artificial Neural Network，ANN）是由大量功能简单的处理单元（神经元）相互连接形成的复杂非线性系统，它适于模拟复杂系统，且具有自学习、联想存贮和高速寻找优化解的功能。基于人工神经网络（ANN）模型估算的森林生物量与样地实测生物量的相关系数要高于通过各种遥感植被指数逐步回归的结果，如再增加地理信息系统（GIS）可提取因子和遥感波段比值项则更能提高林分蓄积量的估测精度。此方法在估测精度上相比线性回归更为可靠，但其计算过程复杂，所需参数较多，限制了 ANN 的运算效率，而且在将其应用于基于林斑和小斑单元上的蓄积量定量估测方面还需要进一步地深入研究。

5.1.2.2　产草量量化方法

首先是根据采样点经纬度坐标，可以得到对应点的 NDVI、EVI 及相应的植被覆盖度值（据 NDVI 计算f_{ndvi}或据 EVI 计算f_{evi}）；各采样点的总产草量鲜重值（即地面实测值）与对应点f_{ndvi}或f_{evi}相乘后，得到该采样点的单元产草量鲜重值，即该采样点对应的栅格单元的产草量鲜重值。用单元产草量鲜重值与对应点的 NDVI、EVI 值进行回归分析。按草甸草地、灌木草地、沼泽草地和山地疏林草地分别建立模型。根据已有研究成果（表 5－2），对每种草地类型选取线性、指数、幂函数 3 种函数进行建模。计算公式为：

$$y_{ndvi/evi}=\frac{F}{X_{(250m,500m,1km)}} \tag{5-2}$$

式中，y 为单元产草量鲜重值；X 为不同分辨率 MODIS 数据相应点 NDVI 值或 EVI 值；F 为线性函数、指数函数或幂函数。

对于每种草地类型，随机选取 20% 的采样点数据作为验证数据，剩余 80% 的数据用于建立模型。本书采用平均相对误差来检验模型精度，计算公式为：

$$\text{REE}=\sqrt{\frac{\sum\left(\frac{y_i}{Y'_i}\right)^2}{N}} \tag{5-3}$$

式中，REE 为平均相对误差；Y_i为单元产草量鲜重值；Y'_i为模型计算所得的单元产草量鲜重；N 为样点数。

表 5－2　鲜草产量和 NDVI 的关系

区域	模型类型	相关系数	F 值	样本数
东北温带半湿润草甸草原区	一元线性 $y=26\,357.712x-13\,037.257$	0.621	186.54	299
	幂函数 $y=16\,952.704x^{3.45}$	0.640	206.69	
	指数函数 $y=138.941e^{5.067x}$	0.651	218.37	

续表

区域	模型类型	相关系数	F 值	样本数
蒙甘宁温带半干旱草原和荒漠草原区	一元线性 $y=15\ 476.632x-6\ 190.677$	0.748	434.33	342
	幂函数 $y=12\ 448.435x^{3.194}$	0.670	278.21	
	指数函数 $y=68.55e^{5.647x}$	0.669	322.51	
华北暖温带半湿润、半干旱暖性灌丛区	一元线性 $y=14\ 127.657x-4\ 886.161$	0.699	203.00	214
	幂函数 $y=9\ 725.516x^{2.494}$	0.784	338.37	
	指数函数 $y=111.206e^{5.128x}$	0.778	326.15	
西南亚热带湿润热性灌草丛区	一元线性 $y=6\ 942.926x-1\ 830.354$	0.499	107.96	327
	幂函数 $y=5\ 266.173x^{1.624}$	0.616	198.51	
	指数函数 $y=438.874e^{2.723x}$	0.612	193.96	
新疆温带、暖温带干旱荒漠和山地草原区	一元线性 $y=17\ 650x-7.305$	0.672	161.42	198
	幂函数 $y=12\ 140x^{2.834}$	0.702	190.56	
	指数函数 $y=119.182e^{5.11x}$	0.718	208.33	
青藏高原高寒草原区	一元线性 $y=18\ 057.374x-4\ 753.882$	0.653	199.51	272
	幂函数 $y=18\ 282.825x^{2.234}$	0.741	327.31	
	指数函数 $y=304.302e^{5.046x}$	0.753	352.80	

5.1.2.3　水资源量量化方法

1. Biome – BGC 模型

Biome – BGC 模型（Biome BioGeochemical Cycles）是目前世界上应用范围较广且便于进行本土化修改的生态过程模型，可用于精确评估地表水资源量。

Biome – BGC 模型（Running 1984；Running et al.，1988；Running et al.，1993；Thorntonand et al.，2002；Hidy et al.，2012）是一个基于机理的生态系统模型，用于估算生态系统、水、碳、氮循环。模型的驱动因子除了温度和降水外，还包括太阳

辐射、日长、饱和水蒸气压差、二氧化碳浓度等气候因子，经纬度、土壤质地、植被类型等立地条件以及生理生态等参数。模型中涉及的碳、氮、水变量一共有489个，都可以用于输出。常用的日变量共23个，主要包括水循环模块的土壤水、冠层及土壤水蒸散、陆地生态系统的碳通量。年输出变量有年降水量、最大叶面积指数、年平均温度、年径流量、年NPP及NEP。该模型主要包括物候期的计算、光合作用、自养与异养呼吸、蒸发蒸腾、凋落物与土壤的分解、产物分配、水分循环（降雨、融雪、径流）等。

2. SWAT模型

SWAT模型（Soil and Water Assessment Tool）由美国农业部农业研究中心开发。模型开发的最初目的是预测在大流域复杂多变的土壤类型、土地利用方式和管理措施条件下，土地管理对水分、泥沙和化学物质的长期影响。SWAT模型近年来得到了快速的发展和应用，主要是利用遥感和地理信息系统提供的空间信息模拟多种不同的水文物理化学过程。

SWAT是一个物理基础的模型，可以进行连续时间序列的模拟。SWAT模拟的流域水文过程分为水文循环的陆地阶段（即产流和坡面汇流部分）和水文循环的汇流阶段（即河道汇流部分）。前者控制着每个子流域内主河道的水、沙、营养物质和化学物质等的输入量；后者决定水、沙等物质从河网向流域出口的输移运动。整个水分循环系统遵循水量平衡规律。

SWAT基于水量平衡模拟的水文循环公式为：

$$SW_t = SW_0 + \sum_{i=1}^{t} (R_d - Q_s - E_a - W_s - Q_g) \tag{5-4}$$

式中，SW_t为土壤最终含水量，mm；SW_0为第i天的土壤初始含水量，mm；t表示时间，d；R_d表示第i天的降水量，mm；Q_s表示第i天的地表径流量，mm；E_a表示第i天的蒸散发量，mm；W_s表示第i天从土壤剖面进入包气带的水量，mm；Q_g表示第i天回归流的水量，mm。

流域的气候提供了水文循环的水分和能量输入，控制着水量平衡，决定了水文循环不同要素的相对重要性。SWAT所需的气候变量包括日降水量、最高/最低气温、太阳辐射、风速和相对湿度，它们可以以实测数据记录方式输入或在模拟过程中由模型生成。

降水过程中，水分或被冠层截留或到达土壤表面。到达土壤表面的水分渗入土壤剖面或形成地表径流，地表径流很快汇入河道，形成短期水文响应。下渗水流可能存留于土壤中，随后发生蒸散发，或由地下通道慢慢汇入地表水系统。

5.2 生态服务产品实物量评估方法

生态服务产品实物量评估包括四大类，即产品提供功能、调节功能、支持功能和文化服务功能评估。其中，产品提供功能评估包括林业产品、畜牧产品、水产品、水资源、生态能源和生态标记农产品等；支持功能评估包括土壤保持、水源涵养、大气调节、空气净化、水质净化、气候调节和洪水调蓄等；支持功能评估包括生物多样性保育；文化服务功能评估包括自然景观游憩等（表 5－3）。

表 5－3　生态服务产品实物量评估指标

产品类别	评估指标	指标说明
产品提供功能	林产品	林木产品、林下产品产量以及与森林资源相关的初级产品量，如木材、茶叶、药材等
	畜牧产品	以放牧方式饲养禽畜获取的动物产品量，如牛、马、羊等
	水资源	直接适用的淡水资源，如工业、农业、生活、生态用水等
	水产品	通过捕捞、养殖等方式获取的水产品，如鱼类以及其他水生动物
	生态能源	水能和生物质燃料
	生态标记农产品	无公害、绿色、有机和地理标志农产品
调节功能	土壤保持	生态产品通过其结构与过程减少雨水的侵蚀量，减少土壤流失
	水源涵养	生态产品通过其结构与过程拦截滞蓄降水，增强土壤入渗，有效涵养土壤水分和补充地下水，调节河川流量
	大气调节	植被通过光合作用将二氧化碳转化为碳水化合物，并以有机碳的形式固定在土壤中或植物体内，同时释放氧气的功能，可以有效调节大气中二氧化碳和氧气的浓度，缓解温室效应
	空气净化	森林、草地等生态产品吸收、分解、阻滤大气中的二氧化硫、二氧化氮、粉尘等污染物以及释放负氧离子等，有效净化空气，改善空气质量
	水质净化	森林、草地、水域等生态产品通过一系列物理和生化过程对进入其中的水污染物进行吸附、转化以及生物吸收等，改善水体环境质量
	气候调节	森林、草地、水域等生态产品通过植被蒸腾作用或水面蒸发过程降低气温、增加空气湿度的生态效应
	洪水调蓄	湖泊、湿地等生态产品通过蓄积洪峰水量，削减洪峰，减轻洪水威胁产生的生态效应
支持功能	生物多样性保育	森林、草地、水域等生态产品维持生境、保护生物多样性的生态效应
文化功能	自然景观游憩	为人类提供美学价值、灵感、教育价值等非物质惠益的自然景观

5.2.1 生态服务产品实物量评估方法分类

生态服务产品实物量评估当前有三大类技术方法，即综合模型法、参数法和定量指标法（见表5-4）。

表5-4 生态服务产品实物量评估方法及其优缺点比较

分类	评估方法	优点	缺点
综合模型法	InVEST、ARIES和MIMES等	理论完备，方法科学，全面考虑了生态服务产品的内在机制，评估结果可靠性较高	所需参数众多，目前难于充分获取，增加了评估结果的不确定性和误差
当量因子法	谢高地中国陆地生态系统服务评估当量因子 Costanza全球生态系统服务评估当量因子等	计算所需参数少，便于操作，易于推广	评估所得结果在三类方法中不确定性最大
定量指标法	遥感监测法等	既简便易行，又具备一定生态学基础	生态服务产品评估的结果在绝对量值的准确性方面有待完善

5.2.1.1 综合模型法

国外从生态服务产品提供的生态和社会经济基础出发，试图发展综合性的生态服务产品评估方法，即综合模型法。综合模型法能够为决策和管理人员提供生态服务产品功能的供应以及管理对服务产品功能产生的影响等方面的信息（Vigerstol et al., 2011；Johnson et al., 2012）。应用最广泛的生态服务产品综合评估模型当属美国斯坦福大学生物系Daily教授研究小组开发的生态系统服务及其权衡综合评估（InVEST）模型，另外一个模型（ARIES）则以人工智能和网络化见长。

1. InVEST模型

InVEST模型（Integrated Valuation of Ecosystem Services and Tradeoffs）是基于GIS应用平台，可模型预测不同土地利用情境下生态服务产品功能的变化（Tallis et al., 2011），为合理决策及管理提供科学依据。目前，InVEST模型包括淡水、海洋和陆地三大系统评估模块，淡水系统模块包括水电、水短缺、产水量等内容；海洋系统模块包括渔业、海水质量、波能评估、波生物物理、叠置分析等内容；陆地系统模块包括生物多样性、碳储量、授粉、木材等内容。InVEST模型参数调整灵活，只要输入相应年份数据，便可模拟时间序列上的生态服务产品的实物量变化，因而其使用范围较广，在国内外生态服务产品实物量评估中得到了广泛应用，并迅速发展成为生态服务产品定量评估的重要手段，为生态产品管理提供了有力的技术支撑（Vigerstol et al., 2011）。

由于 InVEST 模型中的一些假定以及对算法的简化，导致模型具有一定的局限性。例如，为了使模型运行需要相对较少的信息，InVEST 模型的碳储量和碳汇模块对碳循环过程进行了过度简化，导致了一定的局限性。此模块假定每一土地覆盖类型的碳密度保持不变；并在估算碳汇时，假定碳储量随时间呈线性变化。另外，此模块还具有无法获取不同碳库之间流动信息的局限性（Hein et al., 2006）。模块局限性影响了估算结果的精确度和不确定性，但算法的简化可减少数据信息的需求，降低模型使用的难度。

2. ARIES 模型

ARIES 模型（Artificial Intelligence for Ecosystem Services）集合相关算法和空间数据等信息，可对多种生态服务产品功能进行模拟计算和空间制图（Bagstad et al., 2012a），采用贝叶斯概率模型模拟自然和社会经济因子对生态服务产品的影响（Johnson et al., 2010）。ARIES 可对生态服务产品功能的“源”（服务功能的潜在提供者）、“汇”（使生态服务产品流中断的生物物理特性）和“使用者”（受益人）的空间位置和数量进行制图（Bagstad et al., 2012a）。ARIES 的子模块 SPAN（Service path Attribution Network）用于模拟生态服务产品流的空间动态（Johnson et al., 2010；Bagstad et al., 2012a）。

ARIES 模型是在若干研究案例的基础上建立的。研究案例中采用较高分辨率的空间数据，并考虑了影响生态服务产品功能供应和使用的一些当地重要的生态和社会经济因子，因此 ARIES 模型对案例研究区内生态服务产品功能的评估精度较高。ARIES 开发团队立足于开发适用于全球范围的模型，并利用全球尺度的低分辨率空间数据库，对全球范围内生态服务产品功能提供、使用和空间动态进行模拟。由于全球模型所采用的空间数据分辨率相对较差，而且无法考虑过多生态或社会经济因子，因而其评估精度可能有所降低（Bagstad et al., 2012b）。

在 ARIES 的全球模型开发完成之前，ARIES 只适用于其研究案例所覆盖区域的生态服务功能评估（Bagstad et al., 2012b）。但未来 ARIES 的全球模型开发完成后，可以用于包括中国在内的全球范围内的生态服务产品功能评估，具有较好的应用前景。

3. MIMES 模型

MIMES（Multiscale Integrated Models of Ecosystem Services）模型是在 GUMBO 模型（Global Unified Metamodel of The Bbiosphere）（Boumans et al., 2002）基础上建立的，用于动态模拟生态服务产品功能。MIMES 模型旨在整合参与性模型构建、数据收集和估算，以促进综合评估中生态服务产品功能使用的研究（Boumans 和 Costanza, 2007）。此模型考虑时间动态，整合现有生态系统过程模型用于生态服务产品功能模拟，并通过输入/输出分析方法从经济上对生态服务产品功能进行估算（Bagstad et al., 2012a）。目前 MIMES 模型尚不成熟，还有一些模块正在开发之中，但其对生态系统服务功能时空动态的模拟能力具有良好的应用前景。

4. 综合模型法存在的不足

综合模型从理论上考虑到了生态系统服务的部分内在机制，但为了模型的可操作性，不得不进行大量的过程简化。尽管如此，在生态系统服务评估和模拟时仍然需要众多参数，而这些参数在实际应用中很难充分获取。所以，模拟评估中的不确定性和误差也在所难免，现阶段仍然无法精确计算和模拟生态系统服务的物质量。

5.2.1.2 当量因子法

当量因子法或参数法是根据评估区域各种生态产品类型面积乘以其单位面积生态服务产品的实物量参数，来计算区域生态服务产品实物量。需要获取的数据包括不同类型生态产品各种服务功能的单位面积实物量、生态资源产品面积、净初级生产力（NPP）等。单位面积的生态服务产品实物量基本以 Costanza 等（1997a）提出的单位面积当量为基础，谢高地等（2008）通过对国内 200 位生态学者的问卷调查，根据中国实际情况得到了中国陆地生态系统服务的修正系数，被众多国内学者用来评估国内生态服务产品实物量的变化情况。

随着研究的不断深入，越来越多的学者认识到，目前研究中所采用的当量因子法仅仅是一种静态的评估方法，估算结果不足以反映生态服务产品功能在时间和空间上的动态变化（Zhang et al.，2010），限制了该方法在生态产品与环境管理中的实际应用（Yu et al.，2011a）。为此，谢高地等（2015）基于文献调研、专家知识、统计资料和遥感监测等数据源，对当量因子静态评估方法进行了改进和发展，构建了基于单位面积生态系统服务当量因子法的中国陆地生态系统服务功能在时间（月尺度）和空间（省域尺度）上的动态综合评估。

当量因子法是通过二手数据，将已有实证研究的结果通过直接引用、简单均值、统计模型和函数分析等方式进行处理，用于估算研究区域的生态系统服务功能量和价值量，直观易用，数据需求量少，特别适用于区域和全球尺度生态系统服务核算（Costanza et al.，2011；Wang et al.，2012）。但是该方法也存在一定的不足，首先是参数的校正问题，有些特殊区域如自然保护区，部分生态功能如生物多样性维护功能突出，参数的调整存在很大的困难。其次是参数的时效性，受认知水平以及社会发展所引起的生态系统变化的影响，参数的时效性存在很大的不确定性。

5.2.1.3 定量指标法

定量指标法是根据一定的生态学原理，针对不同的生态服务产品，设计简要计算法以确定其量值，强调方法在表达空间单元生态服务产品方面的准确性和实用性，而不以生态服务产品的精确估算和模拟为目的。生态服务产品与地表生物量及其变异性有直接关系，可以通过遥感监测获取高时间分辨率、大空间尺度的定量信息，进而通过一系列简化进行计算，为大尺度生态服务产品功能的研究提供捷径，相比当量因子法具有更高的准确性和参考价值。

生态服务产品的定量评估在方法论上也面临着权衡的问题，客观地讲，生态系统服务概念的提出搭建了生态系统与人类福祉联系的桥梁，并为解决综合的生态经济问题提供了逻辑框架。但是，生态服务产品的定量评估仍然依赖于传统学科的理论和方法。然而，对生态产品同时提供多种服务的科学机理认识不足，以及现实性强的生态产品模型和数据的薄弱，使生态服务产品评估不论在物质量还是价值量方面的不确定性广泛存在（Johnson et al.，2012）。当量因子法最简单易行，所需的数据最少，但不确定性也最高；系统模型法理论上最完备，但由于其数据需求很难得到充分满足，在实际应用中准确性也得不到充分的保障；定量指标法既简便易行，又有一定的生态学基础，能够定量辨识空间单元生态服务产品提供能力的强弱，可以满足空间区划和规划任务的需求，但其在生态服务产品绝对量值的准确评估方面还有待完善。因此，现阶段的生态服务产品评估应根据目标需求选取适用方法，并且需要明确评估过程和结果中可能存在的不确定性及其控制措施。

5.2.2　生态服务产品实物量评估模型

本书在参考国内外多项相关研究成果的基础上，提出了各类生态服务产品实物量的评估模型。这些评估模型力求简单明了和易于操作，以便于读者理解和掌握，利于推广使用并充分发挥作用（表5－5）。

表5－5　生态服务产品实物量评估方法

产品类别	评估项目	实物量指标	评估方法
产品提供功能	林产品	林业产品产量	统计调查
	畜牧业产品	畜牧业产品产量	
	水资源	用水量	
	水产品	渔业产品产量	
	生态能源	水力发电量	
	生态标记农产品	无公害、绿色、有机和地理标志农产品量	
调节功能	土壤保持	土壤保持量	修正通用水土流失方程（RUSLE）
	水源涵养	水源涵养量	水量平衡法
			综合蓄水能力法
			降水储存法
	大气调节	固碳、释氧量	质量平衡法
	空气净化	森林滞尘、吸收污染物、生产负离子量	空气净化模型
		草地滞尘、吸收污染物量	
	水质净化	净化水质量	水质净化模型
			参数法
	气候调节	植被蒸腾消耗能量	蒸散模型
		水面蒸发消耗能量	
	洪水调蓄	湖泊可调蓄水量	湖泊调蓄水量模型
		湿地滞水量	湿地滞水量模型

续表

产品类别	评估项目	实物量指标	评估方法
支持功能	生物多样性保育	森林动、植物保育功能	Shannon 指数
		湿地生境维持功能	湿地生境维持指数
文化功能	自然景观游憩	游客总人数	统计调查

5.2.2.1 产品提供功能

产品提供功能是指森林、草地、水等生态资源产品通过初级生产、次级生产为人类直接提供的各种实物产品，包括食物、纤维、能源、天然药物和淡水等，产品提供功能与人类密切相关，这些产品的短缺会对人类福祉产生直接或间接的不利影响。

产品提供功能实物量评估主要包含林产品、畜牧产品、水资源、水产品、生态能源和生态标记农产品量评估6大类。其中，林产品主要包括林木产品、林下产品产量以及与森林资源相关的初级产品，如木材、茶叶等；畜牧产品主要包括人类以放牧方式饲养禽畜取得的动物产品，如牛、马、羊等；水资源指可以直接适用的淡水资源，如工业用水、农业用水、生活用水、生态用水等；水产品指人类利用水域中生物的物质转化功能，通过养殖、捕捞等方式获取的水产品，如鱼类及其他水生动物等；生态能源主要指水力发电；生态标记农产品包括无公害农产品、绿色农产品、有机农产品和农产品地理标志等。

1. 评估方法

产品供给量可以通过现有的经济核算体系获得，例如，林木产品供给主要通过种植和采摘经济作物资源的形式表现，这种实物产品的产量可以通过统计资料获取。

2. 评估参数及数据获取来源

林产品产量、畜禽存栏量、水资源供给量、水产品产量、水力发电量、生态标记农产品产量等数据来自统计年鉴及林业、渔业、水力、农业等相关部门相关统计资料。

5.2.2.2 土壤保持功能

水土流失是全球性的重大问题之一，也是我国土壤退化的主要方式。土壤侵蚀是地球表层物质运动的一种自然现象，是指地球陆地表层的土壤、成土母质以及岩石碎屑，通过重力、风力、水力和冻融等外力作用，进行各种侵蚀、分散、搬运与沉积的过程。土壤侵蚀根据其所造成侵蚀的外部营力的不同，分为自然侵蚀与人为侵蚀。自然侵蚀是指地质时期发生的侵蚀，它的发生由自然环境因素的变化而决定，是自然侵蚀影响因素相互作用与相互制约的结果，如地震、冰川、地质构造运动等。人为侵蚀是指在破坏林地、开垦草原等各种人类活动进程中，对地层物质扰动过度造成的侵蚀。自然侵蚀与人为侵蚀由于加入了人类活动，因而二者在许多地方进行着相互转化。

土壤保持是生态产品重要的服务功能，指的是生态产品通过消减雨水的侵蚀能量，增加土壤抗蚀性从而减轻土壤侵蚀，减少土壤流失，保持土壤的作用。其中，森林生态产品通过林冠层、枯枝落叶层、植被根系土壤层和土壤微生物群落以增加土壤的抗蚀性，实现防止土壤侵蚀的功能，有效防止并减少水土流失；草地生态产品通过草原植被密集紧贴地面、根系盘根错节于地表来固结土壤、增强土壤抗蚀功能；湿地生态产品地表常年积水，泥炭层深厚，植被和有机残体有阻滞水流、减少流水携沙、减弱土壤侵蚀的作用。

1. 评估方法

土壤保持功能主要与气候、土壤、地形和植被有关。以水土保持量，即潜在土壤侵蚀量与现实土壤侵蚀量的差值，作为土壤保持功能的重要指标进行核算。

运用修正通用土壤流失方程 RUSLE（Revised Universal Soil Loss Equation）来评估不同生态产品的土壤保持量，即潜在土壤侵蚀量与现实土壤侵蚀量之差。潜在土壤侵蚀量为没有植被覆盖和任何水土保持措施时的土壤侵蚀量，即 $C=1$，$P=1$；现实土壤侵蚀量为考虑地表植被覆盖和水土保持措施下的土壤侵蚀量。土壤保持量的基本公式为：

$$USLE_x = R_x \times K_x \times LS_x \times (1 - C_x \times P_x) \tag{5-5}$$

式中，$USLE_x$ 表示单位面积土壤保持量，$t \cdot hm^{-2} \cdot a^{-1}$；$R_x$ 为降雨侵蚀力因子，$MJ \cdot mm \cdot hm^{-2} \cdot h^{-1} \cdot a^{-1}$；$K_x$ 为土壤可蚀性因子，$t \cdot hm^{-2} \cdot h \cdot hm^{-2} \cdot MJ^{-1} \cdot mm^{-1}$；$LS_x$ 为坡度—坡长因子；C_x 为植被覆盖因子；P_x 为管理因子。

（1）降雨侵蚀力R_x

土壤侵蚀的驱动因子，与土壤侵蚀强度有直接的关系。本书采用章文波等基于日降雨量资料的半月降雨侵蚀力模型。其公式如下：

$$M_i = \alpha \sum_{j=1}^{K} (D_j)^{\beta} \tag{5-6}$$

式中，M_i 为第 i 个半月时段的侵蚀力值，$MJ \cdot mm \cdot hm^{-2} \cdot h^{-1}$；$K$ 为该半月时段内的天数，半月时段的划分以每月第 15 日为界，将全年依次划分为 24 个时段；D_j 为半月时段内地 j 天的侵蚀性降雨量，要求降雨量≥12 mm，否则为 0。α、β 为模型待定参数。

$$\alpha = 21.586\beta^{-7.1891} \tag{5-7}$$

$$\beta = 0.8363 + 18.144 \times P_{d12}^{-1} + 24.455 \times P_{y12}^{-1} \tag{5-8}$$

式中，P_{d12}为降雨量≥12 mm 的日均降雨量；P_{y12}为降雨量≥12 mm 的年均降雨量。

（2）土壤可蚀性因子K_x

用于表征土壤性质对侵蚀敏感程度的指标。本书采用 IPEC 模型计算土壤可蚀性因子，计算公式为：

$$K = \left\{0.2 + 0.3\exp\left[0.0256SAN\left(1 - \frac{SIL}{100}\right)\right]\right\}\left[\frac{SIL}{CLA + SIL}\right]^{0.3} \tag{5-9}$$

$$\left[1.0 - \frac{0.25C}{C + \exp(3.72 - 2.95C)}\right]\left[1.0 - \frac{0.7SNI}{SNI + \exp(-5.51 + 22.9SNI)}\right]$$

式中，SAN、SIL 和 CLA 分别为砂粒、粉粒、黏粒含量,%；C 为土壤有机碳含量,%；SNI = 1 - SAN/100。

（3）坡度—坡长因子

地形是导致土壤侵蚀发生的直接诱导因子，坡度—坡长因子反映了地形坡度和坡长对土壤侵蚀的影响。

$$L = \left(\frac{\gamma}{22.13}\right)^{m} \begin{cases} m = 0.5 & \tan\theta \geq 0.05 \\ m = 0.4 & 0.03 < \tan\theta \leq 0.05 \\ m = 0.3 & 0.01 < \tan\theta \leq 0.03 \\ m = 0.2 & \tan\theta \leq 0.01 \end{cases} \tag{5-10}$$

$$S = \begin{cases} 10.80\sin\theta + 0.03, & \theta < 5^{\circ} \\ 16.80\sin\theta - 0.50, & 5^{\circ} \leq \theta < 10^{\circ} \\ 21.91\sin\theta - 0.96, & \theta \geq 10^{\circ} \end{cases} \tag{5-11}$$

式中，L、S 分别为坡长因子、坡度因子；γ、θ 分别为坡长、坡度；m 为坡长指数。

2. 评估参数及数据获取来源

土地利用数据、气象数据分别来自国土、气象等相关部门，植被覆盖因子和管理因子可以通过文献资料获取。

5.2.2.3 水源涵养功能

随着水资源需求量的不断增加以及水环境的急剧恶化，水资源紧缺已成为世人所共同关注的全球性问题。计算一个区域中处于不同自然条件下、不同生态产品的水源涵养能力及其在空间上的差异性结果，能够为生态补偿机制的完善、实施以及区域生态恢复和重建提供量化参考。

水源涵养是生态产品重要生态服务功能之一，包含着大气、水分、植被和土壤等自然过程，其变化将直接影响区域气候水文、植被和土壤等状况，是区域生态产品质量状况的重要指示器。随着人们对生态产品水源涵养功能认识的不断加深，当前的水源涵养功能概念更加综合化，关注的角度不仅仅是生态产品内的水文过程，同时也关注更多水文过程所产生的综合效应。即狭义上的水源涵养功能指的是生态产品拦蓄降水和调节河川径流量的功能，广义的水源涵养功能则指的是生态产品内多个水文过程及其水文效应的综合体现。

生态产品水源涵养功能主要体现在拦蓄降水、调节径流、影响降水量及净化水质 4 个方面。拦蓄降水是指生态产品对降水的拦截和贮存作用，主要包括 3 个方面：林冠层截留降水、枯落物层储存降水、土壤蓄水。生态产品对于降水的拦蓄可以减少直接降落于地表的降水量，从而有效降低洪涝灾害、泥石流、滑坡的发生概率。拦蓄降水作用是生态产品涵养水源最主要的表现形式；调节径流指的是生态产品对河流径流量产生的影响，主要包括两种情形：削减丰水期的河流洪峰以及增加枯水期的河流径流量；影响降水量指某种生态产品对某一区域的气候的调节作用，表现在增加或减少该区域的降水，即生态产品通过自身的蒸散发，可以增加某一区域的降水量。净化水质的作用在森林生态产品中体现得最为明显，它是指降水经过森林的层层截留，发生各种物理化学过程，水质发生明显改善的过程。

生态产品水源涵养功能评估的主要方法有水量平衡法、降水储存法、土壤蓄水能力法、综合蓄水能力法、地下径流增长法、年径流量法、多因子回归法、林冠截留量法等。目前，针对区域不同尺度水源涵养功能研究不多，尤其是从小尺度推到大尺度研究难度较大，同时缺乏流域尺度或者更大空间尺度的研究。当前诸多学者尝试用主成分分析法、遗传算法、SOFM 神经网络、尺度外推法等方法更精确地计算水源涵养功能，取得了较大的进展。

1. 评估方法

本书主要对森林、草地、湿地等生态产品的水源涵养功能进行评估，主要方法有以下几种。

（1）水量平衡法

水量平衡法适用于计算各类生态产品的水源涵养量，其以水量的输入和输出为着眼点，从水量平衡的角度，降水量与蒸散量以及其他消耗的之差即为水源涵养量（孙立达，1995；肖寒，2000）。

$$TQ = \sum_{i=1}^{j} (P_i - R_i - ET_i) \times A_i \times 10^3 \qquad (5-12)$$

式中，TQ 为总水源涵养量，m^3；P_i 为降雨量，mm；R_i 为地表径流量，mm；ET_i 为蒸散量，mm。

①降雨量因子

根据气象数据集处理得到，在 Excel 中计算出区域所有气象站点的年降水量数据，将这些值根据相同的站点名与 ArcGIS 中的站点（点图层）数据相连接（Join）。在 Spatial Analyst 工具中选择 Interpolate to Raster 选项，选择相应的插值方法得到降水量因子栅格图。

②蒸散发因子

根据国家生态产品观测研究网络科技资源服务系统网站提供的产品数据。原始数据空间分辨率为 1 km×1 km，通过 ArcGIS 软件重采样为 250 m 空间分辨率，得到蒸散发因子栅格图。

③地表径流因子

采用经验公式，由降雨量乘以地表径流系数获得：

$$R = P \times \alpha \qquad (5-13)$$

式中，R 为地表径流量，mm；P 为多年平均降雨量，mm；α 为平均地表径流系数（表 5－6）。

表 5－6　各类型生态产品地表径流系数均值表

生态产品类型	生态产品类型	平均地表径流系数/%
森林	常绿阔叶林	2.67
	常绿针叶林	3.02
	针阔混交林	2.29
	落叶阔叶林	1.33
	落叶针叶林	0.88
	稀疏林	19.20

续表

生态产品类型	生态产品类型	平均地表径流系数/%
灌丛	常绿阔叶灌丛	4.26
	落叶阔叶灌丛	4.17
	针叶灌丛	4.17
	稀疏灌丛	19.20
草地	草甸	8.20
	草原	4.78
	草丛	9.37
	稀疏草地	18.27
湿地	湿地	0.00

水量平衡法是把生态产品整体作为研究对象，以宏观的角度来考虑问题，思路清晰，便于理解，计算过程也较为简单，易于操作，适用于空间异质性小的研究区域。水量平衡法主要涉及三种类型数据，即降雨量、蒸散量和林地面积数据，其使用的最大阻力来源于所需的蒸散数据获取难度大。而且，该方法未考虑土壤地下水、地表枯落物层、林冠截留等因素的影响，计算结果不能全面地反映生态产品的水源涵养量。

（2）综合蓄水能力法

综合蓄水能力法基于对森林林冠截留量、枯落物持水量以及土壤毛细管孔隙贮水量三个层次水源涵养效益的定量评价，将三者之和作为森林的水源涵养效益（郎奎建，2000；李佳，2012）。

$$S = I + K + Q \tag{5-14}$$

式中，S 为森林涵养水源量，$t \cdot hm^{-2} \cdot a^{-1}$；$I$ 为林冠截留量，$t \cdot hm^{-2} \cdot a^{-1}$；$K$ 为枯落物持水量，$t \cdot hm^{-2} \cdot a^{-1}$；$Q$ 为土壤毛细管孔隙，$t \cdot hm^{-2} \cdot a^{-1}$。

综合蓄水能力法综合考虑了三个不同层次的水源涵养能力，相对比较全面，适用于降水充沛的区域。但是，此方法需要获取大量实测数据，包括林分类型、龄组和郁闭度数据、研究区域经纬度及高程数据等，其计算结果仅仅代表理论上的效益值，与实际状态下的森林水源涵养效益仍有一定差距。

（3）降水储存法

用草地、湿地和森林生态产品的蓄水效应来衡量水分的功能（周晓峰，1998；张三焕，2001；刘军会，2008；）。

$$Q = A \times J \times R \tag{5-15}$$

$$J = J_0 \times K \tag{5-16}$$

$$R = R_0 - R_g \tag{5-17}$$

式中，Q 为水源涵养量，$mm \cdot hm^{-2} \cdot a^{-1}$；$A$ 为森林、草地、湿地等生态产品面积，hm^2；J 为研究区多年均产流降雨量，$P > 20$ mm；J_0 为研究区多年均降雨总量，mm；K 为研究区产流降雨量占降雨总量的比例（秦岭—淮河以北取 0.4，以南取 0.6）（赵同谦，2004）；R 为与裸地（或迹地）比较，生态产品减少径流的效益系数；R_0 为产流降雨条件下裸地降雨径流率；R_g 为产流降雨条件下生态产品降雨径流率。

该方法主要是根据以往经验来估量水源涵养值，其优点是计算简单，所需数据量较少，主要包括降水量数据、研究区域面积数据和植被覆被率数据。但是，其计算结果受降水量影响较大，只适用于部分特定区域。

2. 评估参数及数据获取来源

生态产品面积、植被覆盖、降雨量、径流量、地表径流因子、蒸散发数据可以通过遥感数据、文献资料、国土、气象等相关部门获取。

5.2.2.4　大气调节功能

碳循环问题日益成为全球变化与地球科学研究领域的前沿与热点问题。IPCC 报告指出，近百年来，由于大气 CO_2 浓度的增加，地表温度已上升 0.3～0.6℃，预计到 2050 年，全球可能增温 1.5～4.5℃。全球变暖主要是由于人类活动释放到大气中的温室气体浓度上升引起的，而 CO_2 是数量最多、对增强温室效应贡献最大的气体。植被生产力与人类生产、生活关系密切，植被可以提供食物、原料和燃料，也具有防风固沙、净化空气等功能，而且是生态产品碳源与碳汇的重要调节因子。绿色植物通过光合作用吸收空气中的 CO_2，生成葡萄糖等有机物质并释放 O_2，绿色植物的这种功能对于维护大气中 CO_2/O_2 的稳定具有重要作用。随着工业生产的发展，排入大气的 CO_2 越来越多，而绿色植物在光合作用中能够固定大气中的 CO_2 并释放出 O_2，因此对缓解大气 CO_2 浓度升高具有重要作用。

1. 评估方法

根据森林、草地、湿地等生态产品的固碳速率、生物量评估生态产品的固碳量和释氧量。植物进行光合作用时，植被每生产 1g 干物质能固定约 1.63g CO_2，同时释放约 1.2g O_2（李金昌等，1999；靳芳等，2007），1g 干物质量的转换为 0.45g C（姜立鹏等，2007）。

根据上述物质生产与固碳释氧之间的比例关系，利用改进的光能利用率模型计算出净第一性生产力物质量，计算结果可以计算出生态产品固定 CO_2 和释放 O_2 的物质量。此方法可用于各种尺度的研究。

$$G_{碳} = \sum 1.63 \times A_i \times B_i \tag{5-18}$$

式中，$G_{碳}$ 为区域年固碳量，$t \cdot a^{-1}$；A_i 为第 i 类生态产品面积，hm^2；B_i 为第 i 类生态产品净初级生产力，$t \cdot hm^{-2} \cdot a^{-1}$。

$$G_{氧气} = \sum 1.19 \times A_i \times B_i \tag{5-19}$$

式中，$G_{氧气}$ 为区域年释氧量，$t \cdot a^{-1}$；A_i 为第 i 类生态产品面积，hm^2；B_i 为第 i 类生态产品净初级生产力，$t \cdot hm^{-2} \cdot a^{-1}$。

2. 评估参数及数据获取来源

净初级生产力（NPP）、生物量、生态产品面积等数据可以通过遥感、实地调查、文献资料或者国土、林业等部门获取。

5.2.2.5 空气净化功能

随着经济快速发展，我国工业化、城镇化进程加快，大气污染成为难以避免的严重问题。近年来，我国空气质量改善缓慢，大气污染物的排放总量长年居高不下。具体表现为：大气环境中总悬浮颗粒物浓度普遍超标；SO_2污染保持在较高的水平；机动车尾气污染物排放总量迅速增加；氮氧化物污染呈加重的趋势；全国形成华中、西南、华东、华南多个酸雨区，以华中酸雨区最重。目前，我国大气污染已危害了人们的身体健康。研究表明，在中国引起慢性障碍性呼吸道疾病的主要决定因素是大气污染，大气污染造成了巨大的经济损失，制约了经济的发展。应对众多的大气环境污染问题，我国虽然在大气污染化学治理技术和应用方面取得了显著的成效，但与大气污染控制的需求差距还较大，大气污染治理单靠化学处理是远远不够的，森林、草地、湿地等生态产品在一定程度上有吸收、稀释、同化、降解受污染的有害有机物和无机物的功能，是解决大气污染最绿色的方式。

生态产品的空气净化服务功能是生态服务产品的重要组成部分，生态产品对空气的净化功能主要是通过生态产品的生态过程，包括物理、化学和生物多用，如植物通过叶片上的气孔和枝条上的皮孔吸收 SO_2等有害气体，在体内经过氧化还原过程转化为无毒的物质；生态产品对通过降低大气颗粒物移动动力、增加大气颗粒物湿度、分泌黏性物质固定大气颗粒物以达到对大气颗粒物阻挡、过滤和吸附的作用。此外，森林的树冠、枝叶的尖端放电以及光合作用过程的光电效应会促使空气电解，产生大量的空气负离子，植物释放的挥发性物质如植物精气等也能促进空气电离，从而增加空气负离子浓度。

1. 评估方法

本书主要评估森林和草地生态产品在滞尘、吸收污染物（二氧化硫、氮氧化物、氟化物等）、生产负离子等方面的空气净化功能，主要方法有以下几种。

（1）森林空气净化模型

依据中华人民共和国林业行业标准《森林生态系统服务评估规范》（LY/T 1721—2008），森林生态产品潜在的滞尘量计算公式为：

$$U_D = Q_D \times A \tag{5-20}$$

式中，U_D为年滞尘量，$kg \cdot a^{-1}$；Q_D为单位面积林分年滞尘量，$kg \cdot hm^{-2} \cdot a^{-1}$；$A$ 为林分面积，hm^2。其中，每公顷森林每年滞尘 2.13 万 kg，灌木林每年滞尘 1.14 万 kg，经济林每年滞尘 1.42 万 kg。

吸收 SO_2的计算公式为：

$$U_s = Q_s \times A \tag{5-21}$$

式中，U_s为林分吸收 SO_2量，$kg \cdot a^{-1}$；Q_s为单位面积林分吸收 SO_2量，$kg \cdot hm^{-2} \cdot a^{-1}$；$A$ 为林分面积，hm^2。

根据相关研究，针叶林平均吸收 SO_2能力为 215.60 $kg \cdot hm^{-2}$；阔叶林平均吸收二氧化硫的能力为 88.65 $kg \cdot hm^{-2}$。

吸收氟化物、氮氧化物量：

$$U_F = Q_F \times A \tag{5-22}$$

式中，U_F为林分吸收氮氧化物总量，kg · a^{-1}；Q_F为单位面积林分吸收氮氧化物量，kg · hm^{-2} · a^{-1}；A 为林分面积，hm^2。

$$U_N = Q_N \times A \tag{5-23}$$

式中，U_N为林分吸收氮氧化物总量，kg · a^{-1}；Q_N为单位面积林分吸收氮氧化物量，kg · hm^{-2} · a^{-1}；A 为林分面积，hm^2。

依据相关研究，针叶树平均吸收氟化物和氮氧化物能力分别为0.5 kg · hm^{-2}、6.0 kg · hm^{-2}；阔叶树平均吸收氟化物和氮氧化物能力分别为4.65 kg · hm^{-2}、6.0 kg · hm^{-2}；经济林吸收氟化物能力为1.68 kg · hm^{-2}。

生产负离子量的计算公式为：

$$U_A = 5.256 \times 10^{15} \times AHQ_A/L \tag{5-24}$$

式中，U_A为生林分生产的负离子量，个 · a^{-1}；A 为林分面积，hm^2；H 为植被高度，m；Q_A为林分负离子浓度，个/cm^3；L 为负离子寿命，min。

（2）草地空气净化功能评估方法

草地生态产品潜在的滞尘量计算公式为：

$$U_D = Q_D \times A \tag{5-25}$$

式中，U_D为年滞尘量，kg · a^{-1}；Q_D为单位面积年滞尘量，kg · hm^{-2} · a^{-1}；A 为草地面积，hm^2。根据中华人民共和国林业行业标准《森林生态系统服务评估规范》（LY/T 1721—2008），草地的滞尘能力为每公顷120 kg。

吸收SO_2的计算公式为：

$$U_s = Q_s \times A \tag{5-26}$$

式中，U_s为生态产品吸收SO_2量，kg · a^{-1}；Q_s为单位面积吸收SO_2量，kg · hm^{-2} · a^{-1}；A 为草地面积，hm^2。依据孙江河等的研究，草地对SO_2吸收能力为每公顷约21.7 kg。

2. 评估参数及数据获取来源

生态产品面积可以从国土部门或者通过遥感数据获取。大气污染物排放数据可以从环境质量公报或者统计年鉴获取。单位面积大气污染物净化量、负离子生产量可以从相关文献获取。

5.2.2.6　水质净化功能

水质净化服务功能是指森林、草地、水域等生态产品能够吸收、处理、过滤水体污染物，净化水质的功能。通过生态产品这种服务功能能够为人类及其他生物提供干净的饮用水，以及适合用作工业、娱乐、野生动物栖息地等用途的干净水源。

森林生态产品的林冠层、地被物和土壤层三个界面对降水的拦截、吸收和沉淀，不仅是水量得到重新分配的过程也是化学元素进行交换的一个过程。经过森林生态产品以后的降水的水质中，无论是总盐度和NO_3^-还是溶解在水中的氧气等营养元素都有了明显的增加，而水质的浑浊度也有了明显的下降，除此之外，NH_4^+和 pH 值等也有了显著的下降，这说明了降水在经过森林生态产品以后得到了不同程度的净化。

湿地具有去除水中营养物质或污染物质的特殊结构和功能属性，在维护生态平衡和水环境稳定方面发挥巨大作用。湿地的水质净化功能是重要的生态功能之一，当污水流经湿地时，流速减缓，水中的有机质、氮、磷、重金属等物质，通过重力沉降、植物和土壤吸附、微生物分解等过程，会发生复杂的物理和化学反应，这个过程就像“污水处理厂”和“净化池”一样可净化水质。湿地在净化农田径流中过剩的氮、磷发挥着极其重要的作用。

（1）评估方法

本书主要评估森林、草地、湿地等生态产品的水质净化功能，主要方法有以下几种。

① 参数法

基于谢高地对中国生态服务产品的评估研究（谢高地等，2015），根据单位面积生态服务产品实物当量表，对各类生态产品的水质净化功能进行评估。该方法直观易用，数据需求量少，特别适用于全球和区域尺度的生态服务产品评估（Costanza et al.，2011；Wang et al.，2012）。

$$V_i = A_i \times Q_i \times P_i \tag{5-27}$$

式中，V_i为 i 类生态产品的水质净化量，kg；A_i为 i 类生态产品的修正系数；Q_i为 i 类生态产品的面积，hm^2；P_i为 i 类生态产品单位面积的水质净化量，$kg \cdot hm^{-2}$。

②森林水质净化模型

根据《森林生态系统服务功能评估规范》（LY/T 1721—2008）中的方法评估森林生态产品的水质净化功能。

$$W_f = 10 \times A \times (P - E - C) \tag{5-28}$$

式中，W_f为森林生态产品水质净化量；A 为林分面积，hm^2；P 为年降雨量，mm；E 为林分年蒸散量，mm；C 为年地表径流量，mm。

③湿地水质净化模型

湿地水体稀释、沉积、分解或转化污染物的过程中改善水质的作用，重点考虑对水体 COD 的稀释净化作用（孟庆义等，2012；张彪等，2017）。

$$W_p = \sum_{i=1}^{n} [H_i \times A_i \times (40 - P_i)] \tag{5-29}$$

式中，W_p为湿地净化水体 COD 量，$t \cdot a^{-1}$；H_i为湿地平均水深，m；P_i为湿地水质等级 COD 含量，mg/L；A_i为湿地面积，hm^2。

④ 草地水质净化模型

本书根据多项研究成果得到以下计算草地水质净化功能评估公式：

$$W_g = A - B \tag{5-30}$$

式中，W_g为草地年净化水质量，$m^3 \cdot a^{-1}$；A 为地下水资源输入量，$m^3 \cdot a^{-1}$；B 为地下水输出量，$m^3 \cdot a^{-1}$。

（2）评估参数及数据获取来源

污染物排放数据来自环境监测部门，污染物的单位面积净化量数据来自文献。林分面积、降雨量、蒸散量、径流量分别来自林业、气象部门和文献以及遥感数据。

5.2.2.7　气候调节功能

在城市化进程中，人类的活动不断地改变着下垫面的性质，将自然生态环境变成性质稳定的建筑物和人工地貌体。随着经济社会的高速发展，工业生产、机动车的行驶、家庭及商业的运作向环境排放了大量的废物、废水、废气和“废热”，使生态环境日趋恶化，失去了物质和能量平衡，在许多城市形成了“热岛”和“干岛”，气候和环境的恶化打破了环境给人类的自然舒适度。森林作为一种特殊的下垫面，以其庞大的林冠层，在地表与大气之间形成了一个“绿色的调温层”，起着改善环境、调节小气候的作用，森林植被能显著影响区域内的风、温度、湿度和降水，具有明显的气候调节功能。

此外，增湿调温的气候调节功能是湿地重要的生态功能，湿地自由水面巨大的水汽蒸发及其茂密植被的水汽蒸腾进入大气中，然后又以雨的形式降到周围的地区，使得湿地和大气之间不断地进行着能量和物质交换，从而保持当地的湿度和降水量。

1. 评估方法

（1）水汽蒸散量

基于研究区生态产品净初级生产量，结合该地区植被蒸腾系数，计算研究区年水汽蒸发、蒸腾量，计算公式为：

$$VC = A \times (WL + QM \times TA) \tag{5-31}$$

式中，VC 表示研究区水汽年蒸散量，$mm \cdot a^{-1}$；WL 表示研究区水汽蒸发量，mm；QM 表示研究区植被年初净初级生产量，$g \cdot hm^{-2} \cdot a^{-1}$；$TA$ 表示研究区植被的平均蒸腾系数；A 为校正系数，等于研究区与地带性林区干燥度指数的比值。地带性林区干燥度指数借鉴刘巽浩（2005）的研究，森林一般分布于干燥度小于 1.5 的地方。

（2）森林、草地温度调节功能量

计算公式为：

$$Et_i = A_i \times E_i \times \rho \times H_e \tag{5-32}$$

式中，Et_i为 i 类生态产品的温度调节功能，$kJ \cdot a^{-1}$；A_i为 i 类生态产品的面积，m^2；E_i为 i 类生态产品单位面积的实际蒸散量，$mm \cdot a^{-1}$；ρ 为水的密度，$kg \cdot m^{-3}$；H_e为水的汽化热，$kJ \cdot kg^{-1}$；H_e取水温 100℃，1 个标准大气压下的汽化热为 2 260 $kJ \cdot kg^{-1}$。

（3）湿地蒸发降温

湿地水面蒸发产生的热量、水分以及气体交换，从而降低空气温度的作用（暂未考虑湿地植物蒸发蒸腾的作用）（张彪等，2017）。

$$W_h = \sum_{i=1}^{n} (\lambda_i \times A_i \times ET \times \delta) \tag{5-33}$$

式中，W_h为湿地夏季蒸发吸热量，kJ；λ_i为湿地水面率,%；A_i为湿地面积，hm^2；

ET 为夏季水面蒸发量，mm；δ 为水汽化热，$kJ \cdot kg^{-1}$。

2. 评估参数及数据获取来源

植被蒸散发量、水面蒸发量、单位面积蒸腾耗热量、生态产品面积等数据来自国土、林业、水利、气象等相关部门和文献资料。

5.2.2.8 洪水调蓄功能

洪水调蓄服务能力主要取决于湖泊及水库的容积，容积越大，调蓄洪水的能力越强。其次，沼泽湿地对流域的洪水调蓄能力的影响较大，由于沼泽湿地长期积水，茂密植物的草根层疏松多孔具有很强的持水能力，是蓄水防洪的天然“海绵”。同时，洪水调蓄能力还与流域内植被、土壤、气候和地形等因素密切相关。在湿地容积确定的情况下，降水量和承雨面积越大，洪水调蓄服务表现和发挥的可能性越大，同时植被可起到缓滞水流和保护地面的作用，可以在一定的范围内减少洪灾。

1. 评估方法

选取防洪库容（水库）、可调蓄洪水（湖泊）、洪水期滞水量（湿地）来表征水域湿地生态产品的洪水调蓄功能，即湿地调节洪水的潜在能力；沼泽湿地调蓄水量通过构建沼泽土壤蓄水量和地表滞水量模型计算；湖泊、水库调蓄水量通过构建水库调蓄水量模型计算。

（1）湿地滞水量模型

湿地通过自身水循环过程实现容纳调蓄洪水的作用（谢高地等，2017）。

$$W_r = \sum_{i=1}^{n} (A_i \times H_i) \qquad (5-34)$$

式中，W_r 为湿地调蓄水量，m^3/a；A_i 为湿地面积，m^2；H_i 为平均水深，m。

（2）湖泊、水库调蓄水量模型

湖泊和水库的洪水调蓄能力水库库容量进行估算，计算公式为：

$$\ln(Q_{r1}) = 0.927\ln(A_1) + 4.904$$
$$Q_{r2} = 0.35\,C_1 \qquad (5-35)$$

式中，Q_{r1} 为湖泊洪水调蓄能力；Q_{r2} 为水库洪水调蓄能力；A_1 为湖面面积，km^2；C_1 为水库库容。

基于沼泽面积与洪水调蓄量之间的数量关系建立经验方程，通过沼泽的面积推算其洪水调蓄能力。

$$Q_{r3} = 99.77\,C_2 \qquad (5-36)$$

式中，C_2 为沼泽面积，km^2。

2. 评估参与及数据获取来源

湖泊进出水量、湖面面积、沼泽面积、水库防洪库容等来自水利及相关部门统计部门，出入湖流量来源于各水利监测站点的实测数据。降雨量数据来源于气象部门，降雨径流量参考相关文献。

5.2.2.9 生物多样性保育功能

生物多样性是人类赖以生存和发展的基础，是国家生态安全的基石。1992 年世界各国于巴西里约热内卢举行联合国环境及发展会议，并签署了《生物多样性公约》，其中定义，生物多样性是指所有来源的活的生物体中的变异性。1995 年，联合国环境规划署在其关于全球生物多样性的巨著《全球生物多样性评估》中，将生物多样性定义为“生物和他们组成系统的总体多样性和变异性”，包括多个层次或水平，主要有景观多样性、物种多样性、遗传多样性和生态系统多样性等。生物多样性的评估是有效保护生物多样性、合理利用其资源、保证其可持续发展的基础和关键。

古树名木是经历了千百年的自然变迁和社会发展而生存下来的佼佼者，是历史的见证，是社会文明程度的标志。古树名木的价值不是单一的，而是具有综合性的。古树名木可以通过生物、美学、环境和文化等方面的效益，对人类生活和社会福利作出贡献，我国对古树名木价值评估起步较晚，研究一般从基本价值和附加价值两个方面来考量古树名木的价值。

1. 评估方法

（1）Shannon 指数法

本书选用 Shannon - Wiener 指数来评估森林生态产品的生物多样性保育功能，Shannon - Wiener 指数是反映森林中物种的丰富度和分布均匀程度的经典指标，计算公式为：

$$Sn = -\sum_{i=1} P_i \times \log P_i \tag{5-37}$$

式中，P_i为属于第 i 种的个体的比例。

（2）湿地生境维持指数法

湿地为野生动植物提供良好的繁殖、栖息、迁徙、越冬的场所，以及丰富的食物来源和营巢、避敌的良好条件，从而维持生物多样性存在的能力。其计算公式为（谢高地等，2017）：

$$A_i = 0.5 \times Wt + 0.3 \times Wb + 0.2 \times Wo \tag{5-38}$$

式中，A_i 为湿地生境质量指数；Wt、Wb 和 Wo 分别为不同湿地类型、现存动植物数量等级和湿地起源类型参数值（沼泽、河流、湖库、坑塘、水田和公园湿地生境参数分别取 1、0.8、0.6、0.4、0.2 和 0.5，天然湿地和人工湿地起源生境参数分别取 1 和 0.8，现存生物数量参数按照调查发现动植物分布等级极丰富、丰富、一般、少、较少和无分别赋值 1、0.8、0.6、0.4、0.2 和 0）。

2. 评估参数及数据获取来源

树种资源、古树名录、珍稀野生动物资源等数据可以通过森林资源连续清查等调查数据和林业局等相关部门获取。

5.2.2.10　文化服务功能

生态产品文化服务是生态服务产品的重要组成部分，在社会—生态产品中发挥着重要作用，其不仅提供原材料和食物供给以及气候调节等服务类型，而且也承载人类的传统文化情感和观光旅游等文化服务。然而，社会经济的快速发展加剧生态服务产品功能退化，与多元文化间的关系被不断削弱和异化，生态产品文化服务亟须得到关注和保护。2005 年，千年生态系统评估将生态产品文化服务定义为“人类通过精神满足、认知能力的发展、反思、娱乐以及审美体验等从生态系统中获取的非物质收益”。

生态产品文化服务的一个被广泛认同的特征即无形性。不少学者认为，正是因为这一特性导致该服务一直没有受到应有的重视。生态产品文化服务的无形性主要表现在以下两个方面。第一，产生及获取的主观性。人类从生态产品中获取的身体、情感和精神方面的收益往往是主观体验和认知，一般难以用数据进行客观描述，通常只能通过间接的表现形式含蓄地表现出来。因此，文化服务的价值评估，取决于其为人类福祉做出的贡献。不同个体的文化背景、宗教信仰、社会习俗、生活方式以及自身经历等主观因素，都会对文化服务价值评估有直接或间接的影响。第二，消费过程的非消耗性。不同于供给服务会因个人及社会消费而不断减少，相反地，对于某些特定的文化服务类型，如精神及宗教服务、美学价值和灵感获取等，由于产生过程主观性，消费的人数越多，就意味着该生态产品提供的文化服务越多。

（1）评估方法

采用研究区域内自然景观的年旅游总人次作为文化服务功能量的评估指标。

（2）评估参数及数据获取来源

自然景观名录、旅游人次、旅客来源通过林业、旅游、统计等部门或通过问卷方式获取。

5.2.3 生态服务产品实物量评估方法展望

1. 深化生态服务产品功能评估中的尺度问题研究

生态产品研究中的尺度现象、尺度之间的耦合程度、跨尺度的观察以及现象在尺度之间的变化问题被认为是对任何生态产品进行分析的基础，在评估生态服务产品实物量过程中，跨尺的相互作用对特定尺度的评估结果会产生重要影响，比如从一个较大尺度或较高机制水平角度从上到下看待一个特定的问题所获得的结果与从一个较小尺度或较低机制水平角度从下至上的结果有所不同。如何将跨尺度的评估结果综合是生态服务产品实物量评估与尺度相关面临的最大挑战。因此，今后应在生态服务产品实物量评估的尺度推绎方法等方面加强研究。

2. 加强对评估结果不确定性的分析

利用评估用模型对生态服务产品实物量进行评估时，存在较大的不确定性。当前，大多数生态服务产品实物量评估模型的应用中缺乏不确定性分析或者不够完善，应该加强对评估结果不确定性的分析。找出评估结果不确定性的来源，利用定性或定量的方法分析评估结果的不确定性，从而提高评估结果的可靠性。

3. 强化生态服务产品功能形成过程与机理的研究

生态产品结构与功能是形成生态服务产品的基础。由于生态产品是一个十分复杂的综合体，所以生态服务产品的形成过程也很复杂。通过多学科交叉、团队合作等方式，加强生态服务产品的形成机理的研究，以探明其形成过程和机制，可为模型的改进和完善提供重要理论依据。同时，探明生态服务产品形成过程与机理，完善评估模型的结构，还有助于降低评估结果的不确定性、提高评估结果的精度。

4. 加强本土化生态服务产品实物量评估模型的开发

当前的生态服务产品实物量评估模型多由国外开发，在引进并用于国内生态服务产品实物量评估时，通常还需要考虑模型的参数取值的适宜性、模型的适用范围等问题，有时还需对某些参数进行修正，增加了这些模型在国内实际应用的难度和评估结果的不确定性。因此，应针对中国的区域分布、自然环境条件等特点，加强本土化生态服务产品实物量评估模型的开发。

5.3　生态产品质量评估方法

生态产品质量评估是对区域某一时间节点上的生态资源产品现存量和某一时间段内生态服务产品供给量的优劣等级评估，其结果用于反映生态资源产品的生产力、覆盖度、环境质量和生态服务产品的生态效应规模以及对区域生态环境质量的影响程度等。生态产品的质量具有时间动态性和空间异质性，这也决定了生态产品价值的时间和空间差异性。目前，有关生态产品质量评估的研究相对较少，对不同生态产品的质量评价也难于找到一个能得到广泛认可的统一方法。本书尝试根据不同生态产品的特征，为其建立合适的质量评估及其等级划分方法，为将来的生态产品差异化定价提供科学可靠的依据。

5.3.1　生态资源产品质量评估方法

生态资源产品的质量评估包括森林资源质量评估、草地资源质量评估和水资源质量评估。其中，森林资源质量评估采用相对生物量密度或综合质量评价指数；草地资源产品质量评估采用植被覆盖度或草类占比；水资源产品质量评估采用《地表水环境质量标准》（GB 3838—2002）（见表 5－7）。

表 5－7　生态资源产品质量评估指标与方法

生态资源类型	评价指标	质量等级				
		优	良	中	差	劣
森林资源	相对生物量密度	≥85%	70%～85%	50%～70%	25%～50%	<25%
	综合质量评价得分	≥85	70%～85%	50%～70%	35%～50%	<35
草地资源	植被覆盖度	≥85%	70%～85%	50%～70%	25%～50%	<25%
	综合评价法	优类牧草占60%以上	良类以上牧草占60%以上	中类以上牧草占60%以上	低类以上牧草占60%以上	劣类牧草占40%以上
水资源：河流 湖泊	水质	Ⅰ类	Ⅱ类	Ⅲ类	Ⅳ类	Ⅴ类和劣Ⅴ类

5.3.1.1 森林资源产品质量评估方法

1. 相对生物量密度评价法

相对生物量密度评价法相对简单，所需评价参数较少，但评价结果较片面。其计算公式为：

$$RBD_{ij} = \frac{B_{ij}}{CCB_j} \times 100\% \tag{5-39}$$

式中，i 为 i 像元数量；RBD_{ij}为 j 类生态系统 i 像元的相对生物量密度；B_{ij}为 j 生态系统 i 像元生物量，通过遥感数据获得；CCB_j为 j 类生态系统顶级群落每像元的生物量，运用生态系统长期定位观测数据，或样地调查数据。

2. 综合质量指数评价法

综合国内外森林质量评价的相关研究成果，本书提出一种森林质量综合评价方法。该方法运用 AHP 确立由森林资源质量和构成森林资源质量物质基础的 3 个主要方面的 8 个评价指标，此方法可以更全面、直观地评价森林资源质量（见表 5－8）。

表 5－8 森林资源质量综合评价指标

<table>
<tr><td rowspan="10">森林资源质量综合评价指标体系</td><td>一级指标</td><td>二级指标</td><td>三级指标</td><td>四级指标</td><td>指标分值计算</td></tr>
<tr><td rowspan="9">森林结构</td><td rowspan="9">林分结构</td><td rowspan="6">龄组结构</td><td rowspan="2">幼龄林
比重 A_1</td><td>$Y_1 = (0.33/X_1) \times A_1$
$X_1 \geq 33\%$</td></tr>
<tr><td>$Y_1 = [0.33/(0.66 - X_1)] \times A_1$
$X_1 < 33\%$</td></tr>
<tr><td rowspan="2">中龄林
比重 A_2</td><td>$Y_2 = (0.33/X_2) \times A_2$
$X_2 \geq 34\%$</td></tr>
<tr><td>$Y_2 = [0.33/(0.66 - X_2)] \times A_2$ $X_2 < 34\%$</td></tr>
<tr><td rowspan="2">近成过熟林
比重 A_3</td><td>$Y_3 = (0.33/X_3) \times A_3$
$X_3 \geq 33\%$</td></tr>
<tr><td>$Y_3 = [0.33/(0.66 - X6)] \times A_3$
$X_3 < 33\%$</td></tr>
<tr><td>林分平均
直径 A_4</td><td>—</td><td>$Y_4 = (X_4/C_I) \times A_4$</td></tr>
<tr><td rowspan="2">林层结构</td><td>复层林面积
比重 A_5</td><td>$Y_5 = (X_5/X_{8m}) \times A_5$</td></tr>
<tr><td>单层林面积
比重 A_6</td><td>$Y_6 = (X_6/X_{6m}) \times A_6$</td></tr>
</table>

续表

<table>
<tr><td rowspan="16">森林资源质量综合评价指标体系</td><td>一级指标</td><td>二级指标</td><td>三级指标</td><td>四级指标</td><td>指标分值计算</td></tr>
<tr><td rowspan="6">森林结构</td><td rowspan="2">林分结构</td><td rowspan="2">郁闭度</td><td>林分平均郁闭度 A_7</td><td>$Y_7=(X_7/X_{7m})\times A_7$</td></tr>
<tr><td>疏林地比重 A_8</td><td>$Y_8=(1-X_8/X_{8m})\times A_8$</td></tr>
<tr><td rowspan="4">植被结构</td><td rowspan="3">树种组成</td><td>针叶林面积比重 A_9</td><td>$Y_9=(X_9/X_{9m})\times A_9$</td></tr>
<tr><td>阔叶林面积比重 A_{10}</td><td>$Y_{10}=(X_{10}/X_{10m})\times A_{10}$</td></tr>
<tr><td>针阔混交林比重 A_{11}</td><td>$Y_{11}=(X_{11}/X_{11m})\times A_{11}$</td></tr>
<tr><td>灌木林比重 A_{12}</td><td>—</td><td>$Y_{12}=(X_{12}/X_{12m})\times A_{12}$</td></tr>
<tr><td rowspan="4">森林生产力</td><td>森林蓄积量 A_{13}</td><td>—</td><td>—</td><td>$Y_{13}=(X_{13}/X_{13m})\times A_{13}$</td></tr>
<tr><td>森林生长量 A_{14}</td><td>—</td><td>—</td><td>$Y_{14}=(X_{14}/X_{14m})\times A_{14}$</td></tr>
<tr><td>林地利用 A_{15}</td><td>—</td><td>—</td><td>$Y_{15}=(X_{15}/X_{15m})\times A_{15}$</td></tr>
<tr><td>林地坡度</td><td>≥25°林地面积比重 A_{16}</td><td>—</td><td>$Y_{16}=(X_{16}/X_{16m})\times A_{16}$</td></tr>
<tr><td rowspan="5">森林健康</td><td rowspan="4">森林病虫害</td><td>无 A_{17}</td><td>—</td><td>$Y_{17}=(X_{17}/X_{17m})\times A_{17}$</td></tr>
<tr><td>轻度 A_{18}</td><td>—</td><td>$Y_{18}=(X_{18}/X_{18m})\times A_{18}$</td></tr>
<tr><td>中度 A_{19}</td><td>—</td><td>$Y_{19}=(X_{19}/X_{19m})\times A_{19}$</td></tr>
<tr><td>重度 A_{20}</td><td>—</td><td>$Y_{20}=(X_{20}/X_{20m})\times A_{20}$</td></tr>
<tr><td>森林枯损量 A_{21}</td><td>—</td><td>—</td><td>$Y_{21}=(X_{21}/X_{21m})\times A_{21}$</td></tr>
</table>

注：$X_1\sim X_{21}$为各指标的评价区域值或比重；$Y_1\sim Y_{21}$为各指标的得分值；$A_1\sim A_{21}$为各指标的权重值（根据不同区域有专家打分或者层次分析法确定）；C_i为全国同级区域林分平均胸径最大值；X_{im}为对应评价指标的全国同级区域的最大值。

5.3.1.2　草地资源产品质量评估方法

1. 植被覆盖度评价法

草地的质量可采用植被覆盖度来评价。植被指数与植被覆盖度有较好的相关性，可以用归一化植被指数（NDVI）来计算植被覆盖度。根据像元二分模型理论，可以认为一个像元的 NDVI 值是由植被部分贡献的信息组合而成。此方法计算简单，参数易获取，因此得到较广泛应用，但其评价结果存在片面性不足等缺点。计算公式为：

$$F_c = \frac{NDVI - NDVI_{soil}}{NDVI_{veg} - NDVI_{soil}} \tag{5-40}$$

式中，F_c为植被覆盖度；NDVI 为通过遥感数据近红外波段与红光波段的反射率来计算的归一化植被指数；$NDVI_{reg}$为纯植被像元 NDVI 值；$NDVI_{soil}$为完全无植被覆盖像元的 NDVI 值。

2. 草类占比法

根据《中国草地资源评价原则及标准》，对各种饲用植物进行综合评价。划分出优、良、中、低、劣五类；然后以草地型为评价基本单元，再根据型内五类品质草种（见表5－9）在草群中所占的重量百分比例划分为优、良、中、低、劣五等草地。Ⅰ等（优等）草地，优类牧草占60%以上；Ⅱ等（良等）草地，良类以上牧草占60%以上；Ⅲ等（中等）草地，中类以上牧草占60%以上；Ⅳ等（低等）草地，低类以上牧草占60%以上；Ⅴ等（劣等）草地，劣类牧草占40%以上。此评价方法建立在野外实地调查和科学研究成果的基础之上，评价结果更加科学合理。

表5－9　草种质量等级划分

等级	草种
优类	羊草、冰草、沙生冰草、蒙古冰草、羊茅、沟羊茅、微药羊茅、寒生羊茅、穗状寒生羊茅、三界羊茅、紫羊茅、阿拉套羊茅、细叶早熟禾、新疆早熟禾、草地早熟禾、渐狭早熟禾、早熟禾、羊茅状早熟禾、西藏早熟禾、疏花早熟禾、高山早熟禾、散穗早熟禾、中华隐子草、多叶隐子草、糙隐子草、无芒隐子草、雀稗、无芒雀麦、地毯草、巨穗剪股颖、川滇剪股颖、鸭茅、披碱草、垂穗披碱草、布顿大麦草、白三叶、红三叶、山野豌豆、冷蒿、高山绢蒿、博洛塔绢蒿、伊犁绢蒿、新疆绢蒿、白茎绢蒿、纤细绢蒿、沙漠绢蒿，木地 肤、圆穗蓼、珠芽蓼
良类	阿拉善鹅观草、垂穗鹅观草、贝加尔针茅、甘青针茅、疏花针茅、小针茅、大针茅、克氏针茅、长芒草、针茅、天山针茅、短花针茅、镰芒针茅、昆仑针茅、新疆针茅、东方针茅、丝颖针茅、紫花针茅、座花针茅、沙生针茅、戈壁针茅、白羊草、硬质早熟禾、大赖草、赖草、多枝赖草、芨草、矛叶芨草、纤毛鸭咀草、鸭咀草、田间鸭咀草、短芒大麦草、星星草、碱草、裸花碱茅、毛稃偃麦草、寡穗茅、野青茅、糙野青茅、细柄草、细株短柄草、穗序野古草、画眉草、黑穗画眉草、知风草、结缕草、竹节草、狗牙根、蜈蚣草、马陆草、假俭草、双花草、鼠尾粟、藏异燕麦、猬草、青海固沙草，尖叶胡枝子、达乌里胡枝子、山竹岩黄芪、华扁穗草、草原苔草、窄果苔草、寸草苔、尖叶苔草、林芝苔草、无脉苔草、亚柄苔草、白克苔草、红棕苔草、黑褐苔草、细果苔草、黑花苔草、糙喙苔草、白尖苔草、毛囊苔草、葱岭苔草、短柱苔草、异穗苔草、毛果苔草、裸果扁穗苔草、四川嵩草、大花嵩草、高山嵩草、线叶嵩草、矮生嵩蒿草、北方嵩草、西藏嵩草、禾叶嵩草、窄果嵩草、粗状嵩草、藏北嵩草、甘肃嵩草、华北米蒿、米蒿、白沙蒿、旱蒿、新疆亚菊、蓍状亚菊、束伞亚菊、亚菊、碱韭

续表

等级	草种
中类	红裂稃草、黄背草、野古草、桔草、金茅、须芒草、扭黄茅、四脉金茅、密序野古草、刺芒野古草、鹧鸪草、臭根子草、光高粱、芨芨草、沙鞭、固沙草、银穗草、羽柱针茅、草沙蚕、中亚细柄茅、大油芒、芒、白健杆、中亚白草、白茅、荻、拂子茅、湖北三毛草、小菅草、旱茅、五节芒、苞子草、青香茅、拟金茅、硬杆子草、刚莠竹、棕茅、华三芒、水庶 草、铺地黍、假苇拂子茅、大拂子茅、牛鞭草、扁穗牛鞭草、狭叶甜茅、高山黄花茅、三角草、扁芒草、藏布三芒草、类芦、芦苇、小叶锦鸡儿、棕条锦鸡儿、垫状锦鸡儿、牛枝子、甘草、胀果甘草、疏花骆驼刺、刺叶柄棘豆，线叶菊、裂叶蒿、牛尾蒿、猪毛蒿、藏白蒿、女蒿、冻原白蒿、川藏蒿、日喀则蒿、藏龙蒿、褐沙蒿、黑沙蒿、沙蒿、藏沙蒿、准噶尔沙 蒿、差巴嘎蒿、灌木亚菊，青藏苔草、木里苔草、漂筏苔草、柄囊苔草、芒尖苔草、脚苔草、披针苔草、异穗苔草、羊胡子草、大叶章、小叶章、瘤囊苔草、阿穆尔莎草、尖叶苔草，二裂委陵菜、百里香、角果藜、驼绒藜、垫状驼绒藜、臭蚤草、小缝、叉毛逢、红砂、五柱红 砂、短叶假木贼、无叶假木贼、圆叶假木贼、沙拐枣、多穗蓼、长梗蓼、尼泊尔蓼、叉分蓼、梭梭
低类	西伯利亚羽衣草、天山羽衣草、阿尔泰羽衣草、獐毛、发草、兰花棘豆、苦豆子、细裂叶莲蒿、蒙古蒿、栉叶蒿、山蒿、铁杆蒿、灰苞蒿、银蒿、蒙古短舌菊、星毛短舌菊、灰枝紫菀、灌木紫菀、紫苞风毛菊、高山风毛菊、灰化苔草、灰脉苔草、乌拉苔草、菊叶委陵菜、高原委陵菜、西南委陵菜、星毛委陵菜、大花白麻、马蔺、碱蓬、囊果碱蓬、木碱蓬、盐地 碱蓬、草原老鹳草、刺旋花、紫花鸢尾、天山鸢尾、大苞鸢尾、弯叶鸢尾、高山地榆、地榆、旋叶香青、木根香青、合头藜、珍珠猪毛菜、天山猪毛菜、松叶猪毛菜、木本猪毛菜、东方 猪毛菜、盐爪爪、圆叶盐爪爪、尖叶盐爪爪、黄毛头盐爪爪、细枝盐爪爪、泡泡刺、白刺、小果白刺、蒙古扁桃、半日花、霸王、柽柳、多枝柽柳、油柴、鹰爪柴、盐节木、盐穗木、棉刺
劣类	黄花棘豆、劲直黄芪、飞机草、花花柴、紫茎泽兰，蕨草、双桩头蕨草、针蔺、荆三棱、薄果草、草血竭、草原糙苏、山地糙苏、高原芥、走茎灯心草、香蒲、水麦冬、裸果麻黄、麻黄、粗糙点地梅、沙冬青、黑果枸杞、黄总花、四裂红景天、唐古特红景天、老鸹头、大叶囊吾、白喉乌头

5.3.1.3　水资源产品质量评估方法

水资源产品质量通常将地表水环境质量评价结果与《地表水环境质量标准》（GB 3838—2002）进行比较，并依此划分水质等级。

1. 单因子评价法

单因子法是把实测的水质各参数值与国家标准（GB 3838—2002）相比较，从而判定水质类别，进而选择最低的水质类别作为最终的评价结果。通过此方法能比较简明地得到水质结果与标准之间的关系。单因子评价指数是最简单的环境质量指数（徐建平，2001），该指数能反映某参数相对于标准参数值的污染程度。其计算公式为：

$$Q_i = \frac{C_i}{S_i} \tag{5-41}$$

式中，Q_i为单因子评价指数；C_i为第 i 种评价因子在环境中的观测值；S_i为第 i 种评价因子的评价标准值。单因子评价指数的值越大就表示该参数在水环境中的污染程度越重，反之越轻。

2. 综合污染指数法

综合污染指数法是对各评价指标的相对污染指数进行统计，得出代表水体污染程度的数值，该方法用以确定污染程度和主要污染物，并对水质变化趋势进行判断。这种评价方法假设参评的水质各因子对于水质的影响大小是一样的，然后将参评的各因子的参数算术平均值作为最终的评价结果，从而对河流水质进行分级，计算公式为：

$$P_i = \frac{C_i}{C_0} \tag{5-42}$$

$$P = \frac{1}{m}\sum_{i=1}^{m} P_i \tag{5-43}$$

式中，P_i 为第 i 项目污染物的污染指数；C_i为第 i 项污染物的浓度值；C_0为第 i 项污染物的评价标准；P 为水质综合污染指数。

5.3.2 生态服务产品质量评估方法

生态服务产品的质量评估包括调节服务功能质量评估、支持服务功能质量评估和文化服务功能质量评估。其中，调节服务功能质量根据水环境质量、空气环境质量、土壤侵蚀强度、人居适宜性评价等进行评估；支持服务功能质量根据生境质量进行评估；文化服务功能根据自然景观评价标准进行评估（见表 5－10）。

表 5－10 生态服务产品质量评估指标与方法

产品类别	评估项目	质量指标	评估方法
调节功能	土壤保持	土壤侵蚀强度	土壤侵蚀模数
	水源涵养	数量大小	土壤含水率/土壤相对湿度
	固碳释氧	数量大小	生态产品固碳量在区域碳储量增量中的占比
	空气净化	空气质量	空气环境质量综合指数
	水质净化	水质	水污染单因子评价
	气候调节	气候适宜性	人体舒适度指数
	洪水调蓄	数量大小	湖库洪水调蓄能力与设计洪量的比值
支持功能	生物多样性保育	生境质量	生境适宜度指数
文化功能	自然景观游憩	自然景观质量	景区质量等级评价

1. 土壤保持功能质量评估方法

土壤保持功能质量采用土壤侵蚀模数进行评估。土壤侵蚀模数是指单位时段内（α）单位面积（km^2）上的土壤侵蚀总量（t），它是表征土壤侵蚀强度的指标，可用以反映指定区域单位时间内侵蚀强度的大小。其计算公式为：

$$USLE_x = R_x \times K_x \times LS_x \times C_x \times P_x \tag{5-44}$$

式中，$USLE_x$ 为土壤侵蚀模数，$t \cdot km^{-2} \cdot a^{-1}$；$R_x$ 为降雨侵蚀力因子，$MJ \cdot mm \cdot hm^{-2} \cdot h^{-1} \cdot a^{-1}$；$K_x$ 为土壤可蚀性因子，$t \cdot hm^{-2} \cdot h \cdot hm^{-2} \cdot MJ^{-1} \cdot mm^{-1}$；$LS_x$ 为坡度—坡长因子；C_x 为植被覆盖因子；P_x 为管理因子。

土壤侵蚀模数越小，表明出区域水土流失程度越轻，说明区域生态产品土壤保持量越多，功能越强，质量越好（表 5－11）。

表 5－11　生态产品土壤保持功能质量等级划分

功能质量等级	平均土壤侵蚀模式/（$t \cdot km^{-2} \cdot a^{-1}$）		
	西北黄土高原区	东北黑土区/北方土石山区	东北黑土区/北方土石山区
优	<1 000	<200	<500
良	1 000 ~2 500	200 ~2 500	500 ~2 500
中	2 500 ~5 000		
差	5 000 ~8 000		
劣	>8 000		

2. 水源涵养功能质量评估方法

水源涵养功能质量采用土壤含水率或土壤相对湿度进行评估。土壤含水率是指土壤绝对含水量，即 100 g 烘干土中含有若干克水分。计算公式为：

$$\omega = \frac{\rho'_b - \rho_b}{\rho_b} \tag{5-45}$$

式中，ω 为土壤含水率；$\rho' b$ 为土壤湿容重；ρb 为土壤容重。

土壤相对湿度是指土壤的干湿程度，即土壤的实际含水量，可用土壤含水量占烘干土重的百分数表示：土壤相对湿度 = 水分重/烘干土重 ×100%。土壤含水率或土壤相对湿度越大，说明区域生态产品的水源涵养功能越强，质量也越好。

表 5－12　生态产品水源涵养功能质量等级划分

功能质量等级	土壤含水率或土壤相对湿度
优	土壤含水率大于 20%，或土壤相对湿度大于 80%
良	土壤含水率在 15% ~20%，或土壤相对湿度在 60% ~80%
中	土壤含水率在 12% ~15%，或土壤相对湿度在 40% ~60%
差	土壤含水率在 8% 左右，或土壤相对湿度在 20% ~40%
劣	土壤含水率在 5% 以下，或土壤相对湿度小于 20%

3. 大气调节功能质量评估方法

大气调节功能质量采用生态产品固碳量在区域碳储量增量中的所占比率进行评估。占比越高，说明区域生态产品的固碳量越大，反映了区域生态产品固碳能力、速率和潜力，也从侧面体现了生态产品固碳功能的质量。

表 5－13　生态产品大气调节功能质量等级划分

功能质量等级	生态产品固碳量在区域碳储量增量中的占比
优	≥40%
良	30% ~40%
中	20% ~30%
差	15% ~20%
劣	≤15%

4. 空气净化功能质量评估方法

空气净化功能质量采用空气环境质量综合指数进行评估。空气环境质量综合指数是描述区域环境空气综合状况的无量纲指数，它综合考虑了 SO_2、NO_2、PM_{10}及 $PM_{2.5}$等空气主要污染物的污染程度，环境空气质量综合指数越大表明综合污染程度越重。其计算公式为：

$$I_i = \frac{C_i}{S_i} \tag{5-46}$$

$$I_{sum} = \sum I_i \tag{5-47}$$

式中，C_i为污染物 SO_2、NO_2、PM_{10}及 $PM_{2.5}$的月均浓度值；S_i为污染物 i 的年均值二级标准；I_{sum}为综合污染指数；I_i 污染物 i 的单项指数，i 包括全部 4 项指标，即 SO_2、NO_2、PM_{10}和 $PM_{2.5}$。空气环境质量综合指数越小，说明区域空气环境质量越优，也反映出区域生态产品的空气净化功能强，质量好。

表 5－14　生态产品空气净化功能质量等级划分

功能质量等级	空气环境质量综合指数
优	$I_{sum} \leq 50$
良	$50 < I_{sum} \leq 80$
中	$80 < I_{sum} \leq 100$
差	$100 < I_{sum} \leq 150$
劣	$I_{sum} > 150$

5. 水质净化功能质量评估方法

水质净化功能质量采用水污染单因子法进行评估。水污染单因子法是把实测的水质各参数值与国家标准相比较，从而判定水质类别，进而选择最低的水质类别作为最终的评价结果。通过此方法能比较简明地得到水质结果与标准之间的关系。单因子评价指数是最简单的环境质量指数，该指数能反映某参数相对于标准参数值的污染程度。其计算公式为：

$$Q_i = \frac{C_i}{S_i} \tag{5-48}$$

式中，Q_i为单因子评价指数；C_i为第 i 种评价因子在环境中的观测值；S_i为第 i 种评价因子的评价标准值。单因子评价指数的值越大就表示该参数在水环境中的污染程度越重，反之越轻。此指数可以较好地反映出区域生态产品的水质净化能力和质量。

表 5-15　生态产品水质净化功能质量等级划分

功能质量等级	水环境污染单因子值/（mg/L）
优	化学需氧量≤15；氨氮≤0.15；总氮≤0.2；总磷≤0.02
良	15 < 化学需氧量≤20；0.15 < 氨氮≤0.5；0.2 < 总氮≤0.5；0.02 < 总磷≤0.1
中	20 < 化学需氧量≤30；0.5 < 氨氮≤1.0；0.5 < 总氮≤1.0；0.1 < 总磷≤0.2
差	30 < 化学需氧量≤40；1.0 < 氨氮≤1.5；1.0 < 总氮≤1.5；0.2 < 总磷≤0.3
劣	40 < 化学需氧量；1.5 < 氨氮；1.5 < 总氮；0.3 < 总磷

6. 气候调节功能质量评估方法

气候调节功能质量采用人体舒适度指数进行评估。人体舒适度指数（Comfort Index of Human Body）是日常生活中较为常用的表征人体舒适度的方法，它主要取决于气温、湿度与风速 3 个指标。其计算公式为：

$$ssd = (1.818t + 18.18) \times (0.88 + 0.002f) + \frac{t-32}{45-t} - 3.2v + 18.2 \tag{5-49}$$

式中，t 为平均气温；f 为相对湿度；v 为风速。舒适度指数越高，说明区域的气候越宜居，也从侧面反映了区域生态产品在气候调节方面功能强，质量好。

表 5-16　生态产品气候调节功能质量等级划分

功能质量等级	人体舒适度指数
优	人体感觉舒适或较舒适的天数占全年天数比≥75%
良	人体感觉舒适或较舒适的天数占全年天数比≥70%
中	人体感觉舒适或较舒适的天数占全年天数比≥60%
差	人体感觉舒适或较舒适的天数占全年天数比≥50%
劣	人体感觉舒适或较舒适的天数占全年天数比 < 50%

7. 洪水调蓄功能质量评估方法

洪水调蓄功能质量采用湖库洪水调蓄能力与设计洪量的比值进行评估。设计洪量是指一场洪峰通过的洪水总量，区域洪水调蓄能力与设计洪量的比值反映了该区域防洪需求的大小，通常比值越小，防洪需求越大。将湖库洪水调蓄能力与设计洪量的比值对区域生态服务产品洪水调蓄功能质量进行评估，能较好地反映区域湖库洪水调蓄的能力以及洪水调蓄能力的稀缺性和洪水调蓄功能的质量。

表 5－17　生态产品气候调节功能质量等级划分

功能质量等级	洪水调蓄能力与设计洪量的比值
优	洪水调蓄能力与设计洪量的比值≥100%
良	洪水调蓄能力与设计洪量的比值≥70%
中	洪水调蓄能力与设计洪量的比值≥50%
差	洪水调蓄能力与设计洪量的比值≥20%
劣	洪水调蓄能力与设计洪量的比值＜20%

8. 生物多样性保育功能质量评估

生物多样性保育功能质量采用生境适宜度指数进行评估。生境适宜度指数（Habitat Suitability Index，HSI）。HSI 模型最初由美国渔业与野生动物局开发，主要立足于生境选择、生态位分化和限制因子等生态学理，依据动物与生境变量间的函数关系构建，因此，HSI 模型特别适于表达简单而又易于理解的主要环境因素对物种分布与丰富度的影响。20 世纪 80 年代以来，在定量评估管理活动对野生动物生境影响方面，HSI 模型逐渐成为一种广泛使用的生境评价方法（Brooks，1997）。生境适宜性指数（HSI）模型为：

$$HSI = (V_1 \times V_2 \times V_3 \times V_4)^{1/2} \quad (5-50)$$

式中，V_1 为干扰程度；V_2为食物丰富度；V_3为积水状况；V_4 为覆被适宜度。生境适宜性指数越高，说明区域生境质量越好，反映区域生态产品在生境质量维护、生物多样性保护方面的功能强、质量好。

表 5－18　生态产品生物多样性保育功能质量等级划分

功能质量等级	生境适宜度指数（HSI）
优	1＞HSI≥0. 8
良	0. 8＞HSI≥0. 6
中	0. 6＞HSI≥0. 4
劣	HSI ＜0. 4

9. 文化服务功能质量评估方法

文化服务功能质量采用景区质量等级进行评估。《旅游景区质量等级的划分与评定》根据观赏游憩价值、历史文化科学价值、珍稀或奇特程度、规模与丰度、完整性、知名度、美誉度、市场辐射力、主题强化度 9 个方面对景区景观质量进行综合评分，并根据评分结果将景区从低到高分为 5 个等级，即 1A～5A，并以此为依据，将生态服务产品的文化服务功能质量划分为 5 个等级（表 5－19）。

表 5 - 19　生态产品生物文化服务功能质量等级划分

功能质量等级	景区质量等级
优	5A
良	4A
中	3A
差	2A
劣	1A

第 6 章
生态产品价值化方法

生态产品的价值量是指生态系统为人类福祉和经济社会可持续发展提供的产品与服务及其价值的总和，是在产品功能量核算的基础上，确定各类生态系统产品及其服务的价格，从而核算生态产品的总经济价值。生态产品价值量核算既是把资源消耗、环境损害、生态效益纳入经济社会发展评价体系的切入点和突破口，也是国际生态学和生态经济学研究的前沿领域，可为将生态效益纳入经济社会发展评价体系、完善发展成果考核评价体系与政绩考核制度提供重要支撑，还可为自然资源资产负债表的编制提供生态资产评估的理论依据与方法基础。本章系统介绍了生态产品常用的价值化方法及其价值量核算模型，为后续不同生态系统及流域生态产品价值量的核算奠定了方法论基础。

6.1 生态产品价值核算指标

随着可持续发展不断深入，人类的可持续发展必须建立在保护地球生命支持系统、维持生物圈的可持续性和维持生态系统服务功能的可持续性的基础上。当生态系统服务与功能成为一种资源，对其资产的评估便成为当今生态学、生态经济学与环境经济学研究的热点与前沿领域。生态产品的价值量核算主要包括生态资源产品价值的估算和生态系统服务功能价值的估算。生态系统服务功能的多面性，使得生态系统服务具有多价值性。所以，对生态系统服务价值进行科学的分类是进行价值评估的基础。

6.1.1 生态系统服务的价值构成

生态系统服务价值具有不同的分类方法，但是不同的分类方法都赞同生态系统服务的总经济价值（TEV）包括两部分：使用价值（Use Value，UV）和非使用价值（Non - Use Value，NUV）（马中，1999）。根据 Pearce 分类系统，使用价值又包括直接利用价值、间接利用价值和选择价值，非使用价值包括遗产价值和存在价值（图 6 - 1）。使用价值是指当某一物品被使用或被消费的时候，满足人们某种需要或偏好的能力。直接使用价值包括在自然生态系统中可直接利用的生物资源，如食物、药材、木材等，还包括非消耗性的娱乐和欣赏，如欣赏动植物、水上运动等。间接使用价值为人们使用的最终产品与服务的中间投入的生态系统服务，属于生态系统的支持、调节以及文化服务价值，包括土壤中的养分、食物生产过程中的水分、废

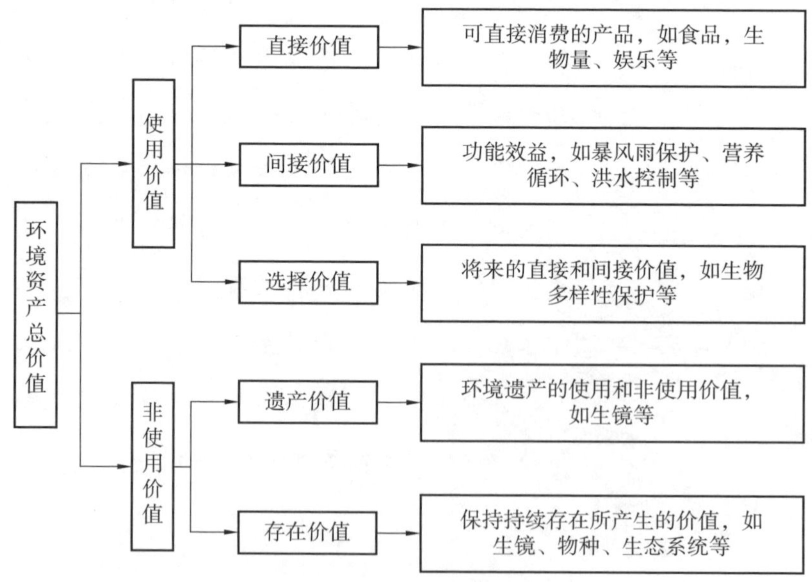

图 6 - 1 环境经济价值构成图

弃物的净化等。选择价值是指人类将来能够利用的生态系统服务价值，尽管现在还没有从这些生态系统服务中获得任何效用。受益的群体包括未来的自己、未来的他人、未来的子孙后代，包括未来可能会被使用的供给、调节、文化服务。非使用价值是指资源的内在属性，它与人们是否使用它没有关系。它是生态系统的内在价值，包括濒危物种、生境等。存在价值可以反映出人类对生态系统、濒危物种等的责任、同情和关注。非使用价值还包括子孙后代利用的有关的生态系统服务价值，当代人并不选择利用这些价值，为后代保存未来使用这些服务的选择机会，被称作遗产价值（魏同洋，2015）。

6.1.2　生态产品价值量核算指标

生态产品价值量由直接价值和间接价值两部分组成。直接价值是生态系统产生的直接的经济价值，如农、林、水和畜产品的价值。间接价值是指除了产品供给以外，人类从生态系统获取的调节和文化服务的价值，如土壤保持、水源涵养、防风固沙、固碳释氧等。

6.1.2.1　直接价值核算指标

直接价值是森林、草地、湿地、农田等生态系统产生的直接的经济价值，是在某一特定时间点，通过交易市场体现出来的价格。森林中林木在货币价值核算方面，联合国综合环境与经济核算（SEEA－2012）和欧洲森林环境与经济核算框架（IEEAF－2002）明确指出货币价值仅局限于核算木材资源存量价值，包括自然增长和砍伐减少的存量价值，具体核算方法采用净现值法及其简化形式，即林木价值等于未来成熟林立木价格扣除林木长成期间的成本之后的贴现值。农田、草地等其他生态系统估价方法参照SEEA－2012以及国土资源部发布的《农用地估价规程》（TD/T 1006—2003）中推荐的收益还原法，即通过估算被评估资产的未来预期纯收益并折算成现值，从而估算资产价值的方法（表6－1）。

表6－1　直接价值核算指标

生态资产类别		核算项目	评价方法
自然生态系统	森林	木材、林下产品等	简化的净现值法
	灌丛	林下产品等	收益还原法
	草地	牲畜、牧草等	收益还原法
	湿地	水资源、鱼、虾、芦苇等动植物产品	收益还原法

续表

生态资产类别		核算项目	评价方法
人工生态系统	农田	玉米、大豆、水稻、马铃薯、山野菜、甜菜、杂豆、胡萝卜等	收益还原法
	人工林	木材、林下产品等	收益还原法
	人工操场	牧草、牲畜等	收益还原法
	水库	水资源、水产品等	收益还原法
	养殖水面	鱼、虾等水产品	收益还原法
	城镇绿地	—	—

6.1.2.2 间接价值核算指标

间接价值是人类从生态系统中获取的间接的经济价值，如森林、草地、湿地等生态系统提供的水源涵养、土壤保持、防风固沙、固碳释氧、空气净化等服务（表6－2）。这些服务属于公共物品，不具有市场价值，但能够间接地产生经济效益。

表6－2　间接价值核算指标

功能类别	核算项目	森林	灌丛	草地	湿地	荒漠	农田	人工林	人工草场	城镇绿地	水库	养殖水面
调节服务	水源涵养	√	√	√	√	√	√	√	√	—	—	—
	土壤保持	√	√	√	—	√	√	√	√	√	—	—
	防风固沙	√	√	√	—	√	√	√	√	√	—	—
	洪水调蓄	√	√	√	√	—	—	√	—	√	√	√
	固碳释氧	√	√	√	√	√	√	√	√	√	—	—
	空气净化	√	√	√	√	—	√	√	√	√	—	—
	水质净化	—	—	—	√	—	—	—	—	—	√	—
	气候调节	√	√	√	√	—	—	√	√	√	√	√
文化服务	自然景观	√	√	√	√	√	—	√	√	√	√	—

注："√"表示具有该项服务功能；"—"表示不具有该项服务功能。

6.2 生态产品价值评估方法分类

货币价值计量同时包括自然资产和生态系统服务的价值估算，有时也直接从整体上进行货币价值估算。可以商品化或市场化的自然资产，可以用一般商品的定价方法；而生态系统服务因难以商品化或者市场化，成为目前自然资源资产估价中的难点。虽然现有的估价方法从总体上可以比较容易地在利用价值和非利用价值的层次上做出区分，但由于选择价值、遗产价值和存在价值之间存在价值重叠，将它们完全分开还很困难。因此，目前所说的自然资源资产估价实际上是指对直接利用价值和间接利用价值两部分价值的估算。尽管实现对生态产品价值的精确评估在理论上和实践中面临着较多的困难，但是以货币这种直观的形式对区域生态产品价值进行经济评估，有利于帮助人们认识生态产品价值在人类生存中的重要作用，有助于显化自然资源的经济价值，并且这种评估为政府决策者制定发展策略、衡量发展效益提供了具有一定说服力的工具。因而，对生态产品价值进行货币化评估一直是研究者研究的热点之一。

生态产品价值的基础是人们对环境改善的支付意愿（willingness to pay）或忍受环境损失的接受赔偿意愿（willingness to accept）。关于生态产品价值的评估方法很多，生态学家从完全客观的角度衡量生态系统服务的价值，认为其取决于产生这一服务所耗费的能量（如太阳能）（Odum，1979）；环境经济学家则认为价值取决于生态系统服务对人们需求的满足程度，通常由支付意愿来表示（Krutilla，1967）。在环境经济学中，价值评估通常基于个体的偏好和选择。经济学家认为消费者最了解自身的需求和偏好，因此，消费者的消费行为是其需求和偏好最直接的反映。而货币是人们在经济生活中最普遍使用的计量单位，因此人们为获得某种商品或服务所愿意支付的价格也就反映了其“支付意愿”（郭晶，2017）。

就目前的研究进展来说，关于生态产品价值评估的方法有很多研究，不同的研究成果对方法的分类不同。无论学者从何种角度对评估方法分类，依据目前生态系统服务与自然资本的市场发育程度，根据国际上通用的评价方法，现存的生态产品货币价值计量方法大致可以归为三个大类：直接市场评估法、替代市场评估法和假想市场法。

（1）直接市场评估法

应用于具有实际市场的生态系统产品和服务，以市场价格作为生态系统服务的经济价值。此评价方法主要包括市场价值法和费用支出法。

（2）替代市场评估法

此种方法用于没有直接市场交易与市场价格但具有这些服务的替代品的市场与价格的生态服务，以“影子价格”和消费者剩余来表达生态系统服务功能的价格和经济价值、间接估算生态系统服务的价值。评估方法包括替代成本法、机会成本法、恢复和防护费用法、影子工程法、旅行费用法（TCM）、享乐价格法（HPM）等。

（3）假想市场法

对没有市场交易和实际市场价格的生态系统产品和服务，只有人为地构造假想市场，以支付意愿和净支付意愿来衡量生态服务功能的经济价值。在实际研究中，从消费者的角度出发，通过调查、问卷、投标等方式来获得消费者的支付意愿和净支付意愿，综合所有消费者的支付意愿和净支付意愿来估计生态系统服务功能的经济价值，其代表性方法为条件价值法。

6.2.1 直接市场评估法

直接市场法把环境质量看作一个生产要素，对具有实际市场的生态系统产品和服务，以生态系统产品和服务的市场价格作为生态系统服务的经济价值。当生态系统提供的服务具有明确的价格时，既可以直接到市场上交易，也可以用同类物品的价格对其进行评价，这种生态价值评价方法称为直接市场评估法。直接市场评估法用于评估可以在市场上进行交易的服务价值，主要包括市场价值法和费用支出法等。

6.2.1.1 市场价值法

市场价值法是对有市场价格的生态系统产品和服务功能进行估价的一种方法，它操作简单，是最直接和应用最广的评估方法。评价任何产品或服务的最简单、最直接、最常用的方法就是考察其市场价格。在一个运行良好的竞争性的市场，这些价格取决于相应的供求现状，价格反映了产品或功能的真实稀缺度，并等同于其边际价值。

对已经市场化的产品和服务可以采用市场价值法进行评估。这一类生态系统产品和服务可以用消费者剩余和生产者剩余的变动来表示，即产品的价格和数量变化的乘积来表示。市场价值法评估的步骤是先定量评价某种生态系统服务功能的效果，然后再结合这些服务效果的市场价格来估算该生态系统服务功能的经济价值。其评价方法通常有两类：理论效果评价法与环境损失评价法。理论效果评价法要先计算某种生态系统服务功能的定量值，如农作物的增产量、二氧化碳的固定量等；接着评估生态系统服务功能的“影子价格”，如可根据当前市场的价格来给农作物定价；最后综合估算出其总的经济价值（肖生美等，2012）。而环境损失评价法是指用生态系统破坏所造成的损失来估算其经济价值。这种方法可以直接反映在国家收益账户上，受到国家和地方的重视，也是当前人们普遍概念上的生物资源价值（张素珍，2005）。其计算方法可用公式表述如下：

$$v = \sum_{i=1}^{n} Q_i P_i \tag{6-1}$$

式中，Q_i 为第 i 种产品的产量；P_i 为第 i 种产品的市面价格。

在缺乏市场供需信息的情况下，通常假定市场供需固定，用生态系统服务品质改善（或恶化）所带来的产品产量增加（或减少）乘上产品的市场价格，或用生产成本的降低（或增加），或消费者支出金额的减少（或增加），当作生态系统服务的价值。其快速评价公式可以表达为：

$$MV = P \times \Delta Y \qquad (6-2)$$

式中，ΔY 为环境产品和服务的数量变动；P 为单位环境产品和服务的市场净价值。所谓市场净价值是扣除产品成本的每单位产品净利。

这个方法是利用由资源环境质量变化或者其他变化引起的产量和利润的变化计量资源环境质量变化带来的经济效益或者经济损失。根据不同方案的经济效益或经济损失的大小排序，效益最大、损失最小的为最佳方案。采用不同方案的前提是市场价格必须正确反映资源的稀缺性。如果存在价格扭曲，需要对价格进行调整。市场价值法由简至繁可以分为市场价格法和生产率变动法。

（1）市场价格法

市场价格法或者称为直接市场价格法，是使用市场价格来估算生态系统服务价值的方法。例如，当生态系统提供食物、饮用水、原料和材料，可以在市场上进行交易，就可以使用它们的市场价格来核算这些生态服务的价值。

（2）生产率变动法

生产率变动法，是利用生产率的变动来评价环境状况变动影响的方法。生产率的变动是由投入品和产出品的市场价格来计量的。这种方法把环境质量作为一个生产要素，环境质量的变化导致产品价格和产量的变化。利用市场价格就可以计算出自然资源变化发生的经济损失或实现的经济收益。如空气污染可能增加机器设备的腐蚀和损坏，从而降低生产率。该方法适用于有实际市场价格的生态系统服务的价值评估，当生态系统服务的变化主要反映在生产率的变化上时可以采用该方法，缺点是指考察直接使用价值而不能考察缺乏市场价格的生态系统服务。

运用生产率变化作为评价基础的技术是传统的费用－效益分析法的延续。生产的实物变化是根据投入和产出的市场价格（或存在扭曲时，则根据经过适当调节的市场价格）来评估的。然后将所得到的货币价值纳入项目的经济分析中去。这种方法直接建立在新古典福利经济学和社会福利决定的基础上。分析的范围得到扩展，以便能包含一项行动的所有费用和效益，而不管这些费用和效益究竟发生在项目的通常范围之内或之外。

生产率变动法的基本步骤：①估计环境变化对受者（财产、机器设备或者人等）造成影响的物理效果和范围；②估计该影响对成本或产出造成的影响；③估计产出或者成本变化的市场价值。

假设环境变化所带来的经济影响（E）体现在受影响的产品的产量、价格和成本等方面，即净产值的变化上，可以用下面的公式表示：

$$E = \left(\sum_{i=1}^{k} p_i q_i - \sum_{i=1}^{k} k x_j q_j\right)x - \left(\sum_{i=1}^{k} p_i q_i - \sum_{i=1}^{k} k x_j q_j\right)y \qquad (6-3)$$

式中，p 为产品的价格；c 为产品的成本；q 为产品的数量；i，j 分别为环境变化前后的产品和投入。

6.2.1.2 费用支出法

费用支出法是休闲娱乐功能的价值估算常常采用的方法，这种方法是一种以生态系统服务功能的消费者所支出的费用来衡量生态系统服务价值的方法。常用于人们对某种自然景观旅游服务功能的估算，估算中用旅游者费用支出的总和（包括交通费、食宿费等一切用于旅游方面的消费）作为该景观旅游功能的经济价值。这种方法最先应用于通过观测人们的市场行为来推测他们的喜好，来计算旅游景点的价值。对生态系统服务功能旅游价值的估算，可以根据公式：

旅游价值 = 旅行费用支出 + 消费者剩余 + 旅游时间价值 + 其他花费 (6-4)

(1) 旅行费用支出

其中，旅行费用支出主要包括以下费用：游客从出发地至景点的直接往返交通费用；游客在整个旅游时间中的食宿费用；门票和景点的各种服务收费。

(2) 旅游时间价值

由于进行旅游活动而不能工作损失的价值也是对旅游投入的一部分。国外游客一般收入水平都较高，可取平均时间机会成本 800～1000 元/天，取平均值，据此估算旅游时间消费总额。国内游客工资收入高低不等，除学生外，根据游客的职业组成分析，不同的职业组成占游客人数的比重不同，每天收入差异也较大，通过归类加总，可得国内游客旅游时间的花费总额。

(3) 其他花费

其他花费包括用于购买旅游宣传资料、纪念品、摄影等方面的花费的统计。

(4) 消费者剩余

对某一生态系统旅游价值的总消费者剩余的计算主要取决于费用与旅游人次，而游客人次的多少则受多因子制约，如游客出发地的人口，各出发地游客的平均收入，旅行费用，旅行时间，以及风景在各地的知名度。通过与上述因子的相关性分析，可找出旅游率最相关的因素。这方面的分析目前已经达成共识，经济合作与发展组织（OECD，1996）认为采用半对数形式的关系式，即将旅游次数的对数与旅行费用等进行相关分析可以得到最好的结果。如果按照旅游率随旅行费用而变化，就会得到二者相关的需求函数，根据费用数据与实际旅游次数结合，得到需求曲线的系列点，做出曲线，可得消费者剩余。

6.2.2 替代市场评估法

某些生态系统的某些服务虽然没有直接的市场交易和市场价格，但具有这些服务的替代品的市场和价格，可以通过估算其替代品的经济价值而估算这些服务的价值，即以使用技术手段获得与某种生态系统服务相同的结果所需要的生产费用为依据间接估算生态系统服务的价值。这种评估方法以“影子价格”和消费者剩余来估算生态系统服务的经济价值，统称为替代市场评估法。替代市场评估法衡量对于使用区域生态系统服务功能的支付意愿或者生态系统服务功能损害后接受补偿的意愿，它基于替代市场进行，替代市场反映影子价格和消费者剩余。替代市场价值评估方法多种多样，如替代成本法、机会成本法、恢复和防护费用法、影子工程法、旅行费用法、享乐价格法等。

6.2.2.1 机会成本法

以保护某种生态系统服务的最大机会成本（放弃的替代用途的最大收益）来估

算该种生态服务的价值。该方法使用的潜在支持确定生态环境资源变化的价值。机会成本法常用衡量决策的后果。所谓机会成本，就是做出某一决策而不做出另一种决策时所放弃的利益。任何一种自然资源的使用，都存在许多相互排斥的备选方案，为了做出最有效的选择，必须找出社会经济效益最大的方案。资源是有限的，且具有多种用途，选择了一种方案就意味着放弃了使用其他方案的机会，也就失去了获得相应效益的机会，把其他方案中最大经济效益，称为该资源选择方案的机会成本。

机会成本法是费用 - 效益分析法的重要组成部分，它常被用于某些资源应用的社会净效益不能直接估算的场合，是一种非常实用的技术。它简单易懂，能为决策者和公众提供宝贵的有价值的信息。由于生态系统服务功能的部分价值难以直接评估，因此，可以利用机会成本法通过计算生态系统用于消费时的机会成本，来评估生态系统服务功能的价值，以便为决策者提供科学依据，更加合理地使用生态资源。其公式可以表达为：

$$OC_i = S_i \times Q_i \tag{6-5}$$

式中，OC_i 为第 i 种资源的损失的机会成本价值；S_i 为第 i 种资源单位机会成本；Q 为第 i 种资源损失的数量。

6.2.2.2　恢复和防护费用法

恢复和防护费用法是指为消除或减少有害环境影响，恢复或防护一种资源不受污染所需的费用作为环境资源破坏带来的最低经济损失的方法。采取补偿的方法对环境进行估价，即以个人在自愿基础上为消除或减少环境恶化的有害影响而承担的防护费用作为环境产品和服务的潜在价值。防护费用是指人们为了减少和消除环境污染或生态恶化的影响而支付的费用。比如为了得到安全卫生的饮用水，而购买安装净水设备等。例如，红树林有抵抗海浪冲蚀海岸的功能。如果红树林被破坏，那么就必须修建海岸防波堤，则修建防波堤的费用就可以看作红树林抵抗风浪侵蚀的生态价值。

由于增加了这些措施的费用，就可以减少甚至杜绝生态环境恶化及其带来的消极影响，产生相应的生态效益。避免了的损失，就相当于获得的效益。因此，可以用这种防护费用来替代生态环境的价值。尽管这种替代还存在一些缺点，但是防护费用法对生态环境问题的决策还是非常有益的，因为有些保护和改善生态环境的措施的效益，或生态环境的价值的评估是非常困难的；而运用这种方法，就可以将不可知的问题转化为可知的问题，这也是一种创新（李金昌等，1999）。其公式可以表达为：

$$V_{td} = \sum E_{tdi} \tag{6-6}$$

式中，V_{td}为环境防护工程队生态系统的保护价值；E_{tdi}为保护生态环境质量的各项工程费用。

防护费用法的缺点是，只能评估利用价值而不能评估非利用价值，评价结果是对生态系统服务价值的最低估计。但是，防护费用法对生态环境问题的决策还是非常有益的。因为有些保护和改善生态环境措施的效益，或生态环境价值的评估是非常困难的，而运用这种方法，就可以将不可知的问题转化为可知的问题。

6.2.2.3 重置或恢复成本法

重置成本法是指当自然资源、生态系统遭到破坏后，在现行市场公允价值条件下，通过计算恢复生态环境到破坏前的状况所需要的费用，即恢复原生态环境状态与生态系统服务功能所要付出的成本，借以估算生态环境被破坏后所影响的经济价值或者重新复原和恢复其功能并保持其功能需要付出的成本。

该方法的创新思路是把重置成本法在资产评估和环境治理评价的应用中进行了同构，将生态环境视为一种资产，当人类的社会生产、经营等活动对生态环境造成破坏时，该生态环境资产的价值就会被降低和破坏，这部分被破坏的价值，则可以通过重新构建的一项新的生态环境资产进行重置。这种方法的评估结果只是对生态系统服务的经济价值的最低估计。

6.2.2.4 影子工程法

影子工程法是根据旅游方面的投资来推算旅游功能价值的方法，根据平均每年的实际旅游投资额，并按照通用的旅游投资预收，以效益比15%计算，可得每年旅游方面的价值。首先要对生态系统的某种生态服务的效果进行定量的评价，再找到能够提供类似服务的工程措施，则产生等同效果的工程造价就是所要评价的生态系统服务的价值。影子工程法是恢复成本法的一种特殊形式，替代工程法是指在生态系统被破坏后，用人工方法建造一项新工程来替代原来生态环境系统的功能或原来被破坏的生态功能的费用，然后用建造新工程所需的费用来估计环境破坏（或污染）造成经济损失的一种计量方法。

当生态系统服务功能的价值难以直接估算时，可借助于能够提供类似功能的替代工程或影子工程的费用，来替代该环境的生态价值。如森林具有涵养水源的功能，这种生态系统服务功能很难直接进行价值量化，于是，可以寻找一个替代工程，如修建一座能贮存与森林涵养水源量同样水量的水库，则修建此水库的费用就是该森林涵养水源生态服务功能的价值；如湿地水调节价值就等于总水分调节量和单位蓄水量的库容成本之积（张素珍等，2005）。

其公式可以表达为：

$$V=f(x_1, x_2, \cdots, x_a) \tag{6-7}$$

式中，V为需评估的生态系统服务价值；x_1，x_2，…，x_a为替代工程中各项目的建设费用。

影子工程法将难以计算的生态价值转换为可计算的经济价值，简化了生态系统服务的价值估价。鉴于替代工程的唯一性，每个替代工程的费用又有差异。为了尽可能地减少偏差，可以考虑同时采用几种替代工程，然后选取最符合实际的替代工程或者取各替代工程的平均值进行估算。

6.2.2.5 旅行费用法

旅行费用法（Travel Cost Method，TCM）又叫游憩费用法，是一种基于消费者选择理论的旅游资源非市场价值评估方法，常常被用来描述那些具有市场价格的自然景点或者环境资源的价值，它用旅行费用作为替代物，来衡量游憩场所的价值，起源于如何评价消费者从其所利用的环境中得到的效益（OECD，1996；李金昌等，

1999)。它是通过往返交通费和门票费、餐饮费、住宿费、设施运作费、摄影费、购买纪念品和土特产的费用、购买或租借设备费以及停车费和电话费等旅行费用资料确定某环境服务的消费者剩余，并以此来估算该项环境服务的价值。环境服务同一般的商品不同，它没有明确的价值。消费者在进行环境服务消费时，往往是不需要花钱的，或者只支付少量的入场费，而仅凭入场费很难反映出环境服务的价值。研究表明，尽管环境服务接近于免费供应，但是在进行消费时仍然要付出代价，这主要体现在消费环境服务时，要花往返交通费、时间费用及其他有关费用。旅行费用法的基本设想是：根据游客在旅游活动中所有的支出和花费包括游客在某一湿地所支出的交通费、饮食费、门票、住宿费和旅行时间价值等，建立一条游憩需求曲线，以计算出的消费者剩余作为游憩场所的价值（张素珍等，2005）。

旅行费用法是发达国家最流行的游憩价值评价标准方法之一。旅行费用法是在20 世纪 50 和 60 年代提出并完善的，随后遭到一些经济学家的批评，但 80 年代后日益盛行，并广泛用于评价各种野外游憩活动的利用价值。旅行费用法自问世以来其方法也渐趋完善，已发展出三类具体方法，即区域旅行费用法（ZTCM）、个人旅行费用法（ITCM）和随机效用法（RUM）。个人旅行费用法和随机效用法是针对区域旅行费用法存在的问题而设计的，个人旅行费用法较适用于以当地居民为主要游客的旅游地的环境服务的价值评估，区域旅行费用法则宜于以广大范围人口为主要游客的旅游地的环境服务价值评估，随机效用法则常用于评估旅游地环境质量变化引起的价值变化和新增景观的价值。这三种方法的理论基础是相同的，可以说它们是在同一理论下的三种表达方式。

区域旅行费用法的计算公式如下：

$$Q_i = V_i / P_i \tag{6-8}$$

式中，Q_i 为出发地区 i 的旅游率（$i=1, 2, 3, \cdots, n$）；V_i 为根据抽样调查结果推算出的从 i 区到评价地点的总旅游人数；P_i 为出发地区 i 的总人口数。

个人旅行费用法的计算公式如下：

$$V_{ij} = f(P_{ij}, T_{ij}, Q_i, S_j, Y_i) \tag{6-9}$$

式中，V_{ij}为个人 i 到地点 j 的旅行次数；P_{ij}为每次去 j 地区时个人 i 的花费；T_{ij} 为每次去 j 地区时个人 i 花费的时间；Q_i 为旅行地点的效用衡量，主观品质感觉；S_j 为替代物的特征（相似自然环境的娱乐地点，该地区的其他娱乐功能）；Y_i 为个人收入或家庭收入。

旅行费用法是通过旅行费用，建立描述无价格的环境服务的需求曲线（严格地说，是一种“全经验”曲线），进而求出环境服务的价值的方法。旅行费用法的最大贡献是对消费者剩余的创造性应用。旅行费用法的局限性表现在于，一是旅行费用法将效益等同于消费者剩余，即用旅游者的消费者剩余代替环境服务的价值，这就导致其结果难以与通过其他方法得到的货币度量结果相比，其主要原因是两者对待消费者剩余有不同的态度；二是效益是现有收入的分配函数，与区域的社会经济条件密切相关，因此旅行费用法计算出的消费者剩余并未反映游憩地的自身价值，而是区域社会经济结构的一种反映；三是旅行费用法中的许多费用并不是为享受森林游憩而支出的；四是该方法不能说明游憩者少的森林如热带雨林的巨大游憩价值；此外，处理多目的旅游问题也存在着一定的难度。

综上可见，TCM 的各种模型各有优缺点和适用范围，在实践中要根据研究目的和目的地的实际情况灵活掌握，选择最适合的模型。

6.2.2.6 享乐价格法

享乐价格法（特征价格法，HP，Hedonic Pricing）主要是以个人对于商品或者服务的效用为基础的。在许多情况下，同一件物品包含多种特性，这些物品不是单一的。包含不同特性的物品被称为有差异的物品。一个消费者对物品的满意程度取决于这些特性。因此，享乐价格法是通过分析某种物品的价格差异来反映其部分价值。享乐价格法即通过分析特征价格函数进而推断人们对某种环境特征的需求函数和愿付价格差异来反映其部分价值。它的假设前提就是人们不仅仅考虑商品本身，而且更多地考虑商品及其周围的特性。

享乐价格根据环境如空气、水等的相关属性，选择具体的评估函数形式，在收据数据的基础上进行回归分析，建立模型，进而评估某项服务功能的价值。享乐价格主要运用在房地产周边环境因子价值评估。住房有很多特性，单元的大小、位置、质量、四邻状况等。空气质量也被看作房产的一个特性。在住房市场竞争的情况下，若其他条件相同，空气质量较好地区的房价应该比较昂贵。

6.2.3 假想市场法

在连替代市场都没有办法找到的情况下，评估者构建一个虚拟的产品市场，根据这个假想市场的市场价格，估算资源环境价值及其变动的方法，称为假想市场法。不同于替代市场法，假想市场法是通过假想的市场中的个体行为来推断公共物品的价值，通常是通过调查等方式直接询问被调查对象在一些假想情景中所做出的支付意愿（WTP）或者补偿意愿（WTA）来估计环境物品的价值。

$$W = \mathrm{WTP} - \mathrm{WTA} \tag{6-10}$$

WTP 和 WTA 是通过问卷或电话或集中询问等方式直接向调查对象进行调查，利用人们的偏好和支付意愿（或受偿意愿）来评价生态系统服务的价值。与替代市场法相比，假想市场法的应用范围更加广泛，它可以用于更广泛的环境物品或服务的价值评估，而且可以用来评估揭示偏好法无法评估的环境物品的非利用价值的评估，主要包括条件价值法（Contingent Valuation Method，CVM）、选择实验法（Choice Experiment Method，CEM）和群体价值法。

6.2.3.1 条件价值法

条件价值法（CVM）也叫调查评价法、支付意愿调查评估法和假设评价法，是一种直接调查方法，普遍适用于缺乏实际市场和替代市场交换商品的价值评估，是经济学中“公共商品”价值评估的一种特有的重要方法（张军连和李宪文，2003）。它从主观满意度出发，利用效用最大化原理，直接询问人们对某种生态系统服务的支付意愿（WTP）或对某种生态系统服务损失的接受赔偿意愿（WTA），让被调查者在假想的市场环境中回答对某物品的最大支付意愿（maximum willingness to pay,

WTP），或者是最小接受补偿意愿（minimum willingness to accept，WTA），以此揭示被访者对公共物品的偏好，并通过统计分析最终获得该项公共物品的价值的评价方法。

CVM 属于纯粹的市场调查方法，它从消费者的角度出发，在一系列的假设问题下，通过调查、问卷、投标等方式来获得消费者的 WTP 或 NWTP（NWTP 还需要知道消费者的实际支出），综合所有消费者的 WTP 或 NWTP，得到生态系统服务功能的经济价值。CVM 的基本理论依据，是效用价值理论和消费者剩余理论。具体地说，它依据个人需求曲线理论和消费者剩余、补偿变差及等量变差两种希克斯计量方法，运用消费者的支付意愿或者接受赔偿的愿望来度量生态系统服务功能的价值。

20 世纪 80 年代以后，该方法在西方国家得到较为广泛的应用，研究案例和著作日益增多，调查和数据统计方法也迅速发展，已经成为一种评价非市场环境物品与公共资源经济价值的最常用和最有用的工具。CVM 适用于缺乏实际市场和替代市场交换的公共商品的价值评估，能够评价各种环境效益（包括无形效益和有形效益）的经济价值，从各种使用价值、非使用价值（如存在价值和遗产价值）到各种可用语言表达的无形效益。由于社会体制、生活习惯、文化传统等多种因素的影响，CVM 在发展中国家应用的案例不多。

条件价值法的局限性主要表现在假想性和偏差两个方面。CVM 不是基于可观察到的或预设的市场行为，而是基于被调查对象的回答，直接询问调查对象的支付意愿既是条件价值法的特点，也是条件价值法的缺点所在。由于 CVM 法所得数据受被调查者对所调查问题的重要性的认识、回答问题的态度、假设条件是否接近实际等问题的影响，难免使结果偏离实际价值量；另外，需要较大样本的数据调查和处理，调查和分析工作费时费力。而且 CVM 法在实施中可能出现信息偏差、工具偏差、初始点偏差、假想偏差、策略性偏差等多方面的偏差。为避免偏差所导致的结果失真通常须进行 CVM 可靠性检验，CVM 法可用于评估生态资源的利用价值和非利用价值，并被认为是唯一可用于非使用价值评估的方法。

6.2.3.2　选择实验法

选择实验法（Choice Experiment Method，CEM）主要用于确定“复合物品”（由一系列有价值的特征组成的物品，如自然保护区）的某种特征的质量变化对“复合物品”的价值的影响，是基于随机效用理论的非市场价值评估的解释偏好技术。选择实验法给调查对象提供一系列备选方案，每种备选方案中包含 3 种或更多种资源利用选项。通常每种备选方案都由一组属性限定。如保护区有现有稀有物种的数量、到达该地区的便捷程度、区域面积、居民成本等多种属性。这些属性将在各种备选方案中发生变化。然后，被调查者被要求挑选他们最偏好的备选方案。被调查者的 WTP 值从相应的计量模型中获得。这种方法可以用于评估多个地点或多种资源使用的选择。

6.2.3.3　群体价值法

生态经济学在协调生态系统与经济系统的关系上有三个标准观念，即经济效益、生态可持续和社会公平性。从社会公平性角度看，关键问题是生态系统产品和服务价值评价如何包含不同社会群体的公平处理，群体价值法（GV）正是基于此点而逐渐发展起来的。群体价值法源于经济学、社会心理学、决策科学、政治理论，建立在如下假设基础上——“公共商品的价值评价不应该是个体偏好的总和，而应通过一个自由的、公开的辩论过程得到”，基本含义是一些小的利益相关者群体聚集在一起商讨公共商品的经济价值，并且能够将由此得到的价值直接用于指导环境政策，其作用是帮助社会各阶层知晓并表达对选择性生态系统产品和服务的偏好。群体之间所做的并不是协商谈判，而是通过辩论过程做出意见一致的判断。与基于个人偏好的意愿调查法相比，群体价值法更能体现社会公平性。

6.2.4 生态产品不同价值评估方法比较

每一种生态产品功能或许会有多种不同的评估方法，每种方法都有其优点和不足之处。货币价值法所评估自然资源资产价值量与国民生产总值进行直观的对比，但由于受到当年可比价格以及市场变化等因素影响，实际评价结果常出现较大偏差。其中，直接市场评估法主要用于产权明确、价格确定，可直接进行市场交易的生态产品估算。替代市场法是先对核算某一区域或某种环境下的生态产品价值，再将该价值估算结果运用到其他类似区域或基本相同的生态产品价值核算中。假想市场法主要是通过调查居民对使用某区域生态产品的支付意愿，并基于该产品的支付意愿进行生态产品价值估算（廖福霖，2017）。生态产品常用的价值评估方法对比分析见表6－3。这些经济学评价方法都有各自的优缺点，而每种服务均有适合它的评价方法，某些服务功能评价可能需要一些评价方法结合使用。

表6－3 生态产品常用的价值评估方法优缺点比较

评估方法		优点	缺点
直接市场评估法	费用支出法	可较好的量化生态环境价值	不能全面、真实反映生态资产价值
	市场价值法	评价较客观，多用于评估林产品价值，不能评估非市场价值	须全面充足数据、受市场波动影响、在衡量非物质性资产时争议较大
替代市场评估法	旅行费用法	可核算生态系统休憩的使用价值，可评价无市场价格的生态环境的价值	不能核算生态系统的非使用价值，可信度低于直接市场法
	享乐价格法	通过侧面比较分析可求出价值	主观性强，受其他因素影响较大，可信度低于直接市场法
	机会成本法	运用其他利用方案中的最大利益作为该选择的机会成本，客观全面，可信度较高	无法衡量资源稀缺价值
	影子工程法	可将难以直接估算的生态价值用替代工程表示	替代工程非唯一性，替代工程时间、空间差异较大
	恢复和防护费用法	可通过生态恢复费用或防护费用量化生态环境价值	评估价值偏低、环境生态服务价值无法衡量

续表

评估方法		优点	缺点
假想市场法	条件价值法	适用于缺乏实际市场和替代市场的商品的价值评估，能评价各种生态服务功能的经济价值，适宜于非实用价值占比重较大的独特景观和文物古迹的评价	实际评价结果常出现重大偏差，调查结果的准确性依赖于调查方案的设计和被调查对象等诸多因素，可信度低于市场法

6.3　生态产品价值量核算方法

生态产品价值分为资产存量价值和生态流量价值两部分，所以生态产品的价值量核算主要包括生态资源产品价值的核算和生态系统服务功能价值的核算。生态资源产品价值是生态系统产生的资产存量价值，即土地、水、林等资源存在实体的价值。生态系统服务功能价值是指包括产品供给功能在内的人类从生态系统获取的调节服务和文化服务的价值。

6.3.1　生态资源产品价值量核算

$$ERV = \sum_{i=1}^{n} ER_i \qquad (6-11)$$

式中，ERV 为生态资源产品总价值；ER_i 为第 i 类生态资源产品价值。不同生态资源产品的价值根据其质量进行调整。生态资源产品指标包括生态用地、林木资源和水资源三个指标，用来反映生态资源产品的物质存量（表 6－4）。

表 6－4　生态资源产品价值核算方法

指标	价值化方法及参数
生态用地资源	$V_{land} = V_{normprice} \times f_{qua} \times f_{loc}$ $f_{qua} = \frac{Y}{Y_{avg}}$ $f_{loc} = \frac{P}{P_{avg}}$ V_{land} 为待估土地地价；$V_{normprice}$ 为基准地价；f_{qua} 为土地质量因子修正系数；f_{loc} 为土地区位因子修正系数；Y 为目标区域产量；Y_{avg} 为案例区平均产量；P 为目标区平均地价；P_{avg} 为案例区平均地价
水资源	采用市场价值法计算水资源价值，即采用水资源费作为水的资源租金进行价值估算

续表

指标	价值化方法及参数
林木资源	$F_{val}=V_{forest}\times M$ F_{val}为林地价值；V_{forest}为林木资源蓄积量；M为林木资源价值参数

6.3.2 生态系统服务产品价值量核算

生态系统服务价值量的评估方法很多，同一种生态系统服务功能也可以采用不同的评估方法，所以评估结果很大程度上依赖于不同方法的选择。综合前人研究结果，在生态系统服务产品价值核算中，产品提供服务是生态系统向人类提供的食物、原材料、药物资源、遗传物质和能源资源等，这些产品和服务通常有真实的市场价格，因此主要使用市场直接定价。调节服务主要采用市场价值法和替代市场法，部分也可以采用条件价值法。其中提供水源、调节水分通常采用市场直接定价；其他服务，如空气净化、气候调节、干扰调节、保持和形成土壤、水质净化等通常采用市场间接定价，如替代市场法；有时也可以采用条件价值法。文化服务功能更多地使用模拟市场法和替代市场法（表6－5）。

表6－5　生态系统服务价值量核算方法

功能类别	核算项目	价值量指标	价值量核算方法
产品供给	农业产品	农业产品产值	市场价值法
	林业产品	林业产品产值	
	畜牧业产品	畜牧业产品产值	
	渔业产品	渔业产品产值	
	水资源	用水产值	
	生态能源	生态能源产值	
	其他	装饰观赏资源产值等	
调节功能	水源涵养	蓄水保水价值	影子工程法（水库建设成本）
	土壤保持	减少泥沙淤积价值	替代成本法（清淤成本）
		减少面源污染价值	替代成本法（环境工程降解成本）
	洪水调蓄	调蓄洪水价值	影子工程法（水库建设成本）
	防风固沙	减少土地沙化价值	恢复成本法（沙地恢复成本）

续表

<table>
<tr><th>功能类别</th><th>核算项目</th><th>价值量指标</th><th>价值量核算方法</th></tr>
<tr><td rowspan="12">调节功能</td><td rowspan="3">空气净化</td><td>净化二氧化硫价值</td><td>替代成本法（二氧化硫治理成本）</td></tr>
<tr><td>净化氮氧化物价值</td><td>替代成本法（氮氧化物治理成本）</td></tr>
<tr><td>净化工业粉尘治理价值</td><td>替代成本法（工业粉尘治理成本）</td></tr>
<tr><td rowspan="3">水质净化</td><td>净化总氮价值</td><td>替代成本法（总氮治理成本）</td></tr>
<tr><td>净化总磷价值</td><td>替代成本法（总磷治理成本）</td></tr>
<tr><td>净化 COD 价值</td><td>替代成本法（COD 治理成本）</td></tr>
<tr><td rowspan="2">固碳释氧</td><td>固碳价值</td><td>替代成本法（造林成本）</td></tr>
<tr><td>释氧价值</td><td>替代成本法（工业制氧成本）</td></tr>
<tr><td rowspan="4">气候调节</td><td>森林蒸腾降温增湿价值</td><td rowspan="4">替代成本法（空调/加湿器降温增湿成本）</td></tr>
<tr><td>灌丛蒸腾降温增湿价值</td></tr>
<tr><td>草地蒸腾降温增湿价值</td></tr>
<tr><td>水面蒸发降温增湿价值</td></tr>
<tr><td>文化功能</td><td>自然景观</td><td>景观游憩价值</td><td>旅行费用法</td></tr>
</table>

6.3.2.1　产品供给功能

生态产品提供价值是指生态系统通过初级生产、次级生产为人类提供农产品、林业产品、畜牧业产品、渔业产品、生态能源、水资源等，满足人类生产与发展的物质需求。由于生态系统提供的农产品、林产品、水产品和畜产品都能够在市场上进行交易，存在相应的市场价格，对交易行为所产生的价值进行估算，从而得到该种产品的价值。常用市场价值法对生态产品提供的各种服务进行价值评估。

（1）核算模型

$$V_p = \sum_{i=1}^{n} E_i \times P_i \qquad (6-12)$$

式中，V_p为生态产品提供的价值，元/a；E_i为第 i 类生态系统产品产量，kg/a；P_i为第 i 类生态系统产品的价格，元/kg。

（2）数据获取来源

生态系统的产品单价，通常可以为产品的收购价、批发价或零售价。生态系统产品的产量可以从统计年鉴及相关统计资料中获得，其单位价格可以查询相应的价格年鉴获得。当统计年鉴不可获得时，农产品可以根据产量系数与面积进行折算，渔产品和畜产品可以根据区域饲养密度与面积进行估算，林产品可以根据相关林业采伐与经营的规范进行估算。农、林产品供给功能与传粉功能具有重复性，传粉是中间过程，因此未纳入生态资产核算框架。水源供给功能是生态系统提供给人类的重要服务功能之一。水源供给功能为人类的生产与生活提供所需要的水源，保证人类经济与社会的稳健发展，从而促进生态系统处于可持续发展的状态。水源供给可以通过实测法、水量平衡法等获得。水资源供给的价值可以根据水的市场价格来估算。

6.3.2.2 土壤保持功能

土壤保持功能是生态系统服务功能的一个重要方面，它为土壤形成、植被固着、水源涵养等提供了重要基础，同时也为生态安全和系统服务提供了保障。生态系统土壤保持价值是指通过生态系统减少土壤侵蚀产生的生态效应，包括减少泥沙淤积和减少面源污染两个指标。

减少泥沙淤积：根据USLE方程，土壤侵蚀量等于潜在土壤侵蚀量减去现实土壤侵蚀量。其中，潜在土壤侵蚀量是指无任何植被覆盖的情况下，土壤的最大侵蚀量。现实土壤侵蚀指当前地表覆盖情形下的土壤侵蚀。土壤侵蚀流失的泥沙淤积于水库、江河、湖泊中，在一定程度上增加了干旱、洪涝灾害发生的机会，减少了地表有效水的蓄积。如未采取任何水土保持措施，需要人工清淤作业进行消除。根据土壤保持量和淤积量，利用替代成本法，通过采取水库清淤工程所花费的费用计算减少泥沙淤积价值。按照我国主要流域的泥沙运动规律，全国一般土壤侵蚀流失有37%滞留，33%入海，24%淤积于江河、水库、湖泊，在此只考虑淤积于水库和江河湖泊的24%（张强，2016）。

减少面源污染：土壤营养物质（主要是N、P、K）在土壤侵蚀的冲刷下大量流失，进入受纳水体（包括河流、湖泊、水库和海湾等），造成大面积的面源污染，如未采取任何水土保持措施，需要通过环境工程降解受纳水体中的过量的营养物质（N、P、K）减少面源污染。根据土壤保持量和土壤中N、P、K的含量，运用替代成本法，通过环境工程降解成本计算减少面源污染价值。

（1）核算模型

$$V_{soil} = V_{\mathrm{silt}} + V_{\mathrm{diffuse}} \tag{6-13}$$

式中，V_{soil}为生态系统土壤保持价值，元/a；V_{silt}为减少泥沙淤积价值，元/a；V_{diffused}为减少面源污染价值，元/a。

减少泥沙淤积价值：

$$V_{silt} = \lambda \times \frac{\mathrm{A}_{\mathrm{soil}}}{\rho} \times c \tag{6-14}$$

减少面源污染价值：

$$V_{\mathrm{diffused}} = \sum_{i=1}^{3} A_{\mathrm{soil}} \times c_i \times p_i \tag{6-15}$$

式中，V_{diffused}为减少面源污染价值，元/a；A_{soil}为土壤保持量，t/a；c_i为土壤中氮、磷、钾的纯含量，%；p_i为环境工程降解成本，元/t。

（2）数据获取来源

水库清淤工程费用：根据《中华人民共和国水利建筑工程预算定额》，挖取单位面积土方的费用是 12.6 元/m^3，根据价格指数折算获得核算年份的当年单价。

环境工程降解成本： 治理水体中氮、磷的成本。根据中华人民共和国发展和改革委员会等四部委 2003 年第 31 号令中《排污费征收标准及计算方法》，以及 2014 年国家发展和改革委员会《关于调整排污费征收标准等有关问题的通知》中各项污染物的排放收费标准计算。

土壤容重、氮、磷、钾含量根据土壤调查数据获取；泥沙淤积系数为年均水库淤积量与年均土壤侵蚀总量的比值。

6.3.2.3　水源涵养功能

生态系统的一个重要功能为水源涵养，其功能主要表现为：截留降水、蒸腾、增强土壤下渗、抑制蒸发、缓和地表径流、补充地下水等。其价值是生态系统通过吸收、渗透降水、增加地表有效水的蓄积从而有效涵养土壤水分、缓和地表径流和补充地下水、调节河川流量而产生的生态效应。水源涵养价值主要表现在蓄水保水的经济价值。生态系统涵养水源的效益分两种情况估算。当下垫面为土壤时（如林地、灌丛、草地等），采用基于母岩性质的贮水量的方法，根据不同植被覆盖下的土壤储水能力来计算涵养水源价值；当下垫面为水时（如水域、水稻田、沼泽等），则根据降水转换率（降水贮存量占总降水量的百分比）来计算。水源涵养功能价值评估多采用替代工程法或影子工程法，一般采用模拟建设与水源涵养量库容相等的水库建设成本。

（1）核算模型

方法一：

$$V_{\text{water}} = Q_{\text{water}} \times \text{c} \tag{6-16}$$

式中，V_{water}为蓄水保水价值，元/a；Q_{water}为区域内总的水源涵养量，m^3/a；c 为水库单位库容的工程造价或水资源交易价格，元/m^3。

方法二：

$$V_{\text{water}} = Q_{\text{water}} \times (C_{build} + C_{operating}) \tag{6-17}$$

式中，V_{water}为蓄水保水价值，元/a；Q_{water}为区域内总的水源涵养量，m^3/a；C_{build}为水库单位库容的工程造价，元/m^3；$C_{\text{operating}}$为水库单位库容的年运营成本，元/m^3·a。

（2）数据获取来源

方法一：水库单位库容的工程造价，根据 1993—1999 年中国水利年鉴平均水库库容造价为 2.17 元/m^3，林业局据此折算 2005 年单位库容造价为 6.1107 元/m^3，通过价格指数折算，得到核算年份的单位库容造价 c。

方法二：市场价值法，采用核算年份当地水价作为价格参数。

6.3.2.4　防风固沙功能

防风固沙功能是指生态系统通过其结构与过程，降低因风蚀导致的地表土壤裸露，增强地表粗糙程度，降低风速，减少风沙输沙量，减少土地沙化。生态系统防风固沙价值主要体现在减少土地沙化的经济价值。根据防风固沙量和土壤沙化盖沙厚度标准，核算出减少的沙化土地面积；运用替代成本法，根据单位面积沙化土地治理费用（将沙地恢复为有植被覆盖的草地/农田所花费的费用），计算治理这些沙化土壤的成本作为生态系统防风固沙功能的价值。

（1）核算模型

$$V_{sand} = \frac{Q_{\text{sand}}}{\rho \cdot h} \times c \tag{6-18}$$

式中，V_{sand}为减少土地沙化价值，元/a；Q_{sand}为固沙量，t/a；ρ为土壤容重，t/m^3；h为土壤沙化标准覆沙厚度，m；c为治沙工程的平均成本，元/m^3。

（2）数据获取来源

土壤容重数据参考土壤调查数据。

6.3.2.5 固碳释氧功能

植被通过光合作用将太阳能转化为生物能，固定 CO_2、释放 O_2，在维持 CO_2/O_2平衡和减缓温室气体的排放中有着不可替代的作用。量化植被维持大气平衡的生态价值，是当今环境经济学研究的热点之一（刘敏超等，2006）。生态系统固碳释氧价值指生态系统通过植被光合作用固定二氧化碳并释放氧气，实现大气中二氧化碳与氧气的稳定产生的生态效应，体现在固碳价值和释氧价值两个方面。生态系统固碳价值核算常用的方法有：碳税法、碳交易价格、造林成本法、工业减排法，其中采用较多的是造林成本法和碳税法。释氧价值主要采用工业制氧法和造林成本法来评估。欧阳志云等（1999）认为固碳与释氧都具有自身的价值，将二者价值相加作为维持碳氧平衡的价值；薛达元等（1997）则认为固碳与释氧为同一生态过程，为不重复计算，则略去释放 O_2价值的评估，直接将固定 CO_2的价值作为维持碳氧平衡的价值。

（1）核算模型

固碳价值：

$$V_{\text{C}} = NEP \times CM \tag{6-19}$$

式中，V_{C}为生态系统固碳价值，元/a；NEP为生态系统固碳总量，t/a；CM为造林成本，元/t。

释氧价值：

$$V_{\text{oxygen}} = Q_{\text{oxygen}} \times C \tag{6-20}$$

式中，V_{oxygen}为生态系统释氧价值，元/a；Q_{oxygen}为生态系统氧气释放量，t/a；C为工业制氧成本，元/t。

（2）数据获取来源

造林成本通过价格指数折算为所核算年份的现价；工业减排成本通过价格指数折算为所核算年份的现价。

6.3.2.6 空气净化功能

生态系统空气净化价值是指生态系统通过一系列物理、化学和生物因素的共同作用，吸收、过滤、阻隔和分解降低大气污染物（如二氧化硫、氮氧化物、粉尘等），使大气环境得到改善产生的生态效益。多采用市场价值法、恢复费用法、替代成本法、防护费用法等方法评估其经济价值。

（1）核算模型

$$V_{air} = Q_{SO_2} \times C_{SO_2} + Q_{NO_x} \times C_{NO_x} + Q_{dusts} \times C_{dusts} \qquad (6-21)$$

式中，V_{air}为生态系统空气净化价值，元/a；Q_{SO_2}为二氧化硫排放量，t/a；C_{SO_2}为二氧化硫治理成本，元/t；Q_{NO_x}为氮氧化物排放量，t/a；C_{NO_x}为氮氧化物治理成本，元/t；Q_{dusts}为工业粉尘排放量，t/a；C_{dusts}为工业粉尘治理成本，元/t。

（2）数据获取来源

二氧化硫、氮氧化物、一般性粉尘治理成本均参照国家发展和改革委员会等四部委 2003 年第 31 号令中《排污费征收标准及计算方法》二氧化硫、氮氧化物、一般性粉尘排污费收费标准。

6.3.2.7　水质净化功能

生态系统水质净化价值是指湿地生态系统通过自身的自然生态过程和物质循环作用降低水体中的污染物质浓度，水体得到净化产生的生态效应。如何确定生态系统净化各类污染物的价格，是水质净化功能价值核算的重中之重，目前使用较为广泛的核算方法是影子工程法和支出费用法等。

（1）核算模型

当污染物排放量不超过环境容量（即不造成明显的环境问题），则采用相应污染物的工程治理成本乘以排放量来核算其价值：

$$V_{water} = Q_{COD} \times C_{COD} + Q_{TN} \times C_{TN} + Q_{TP} \times C_{TP} \qquad (6-22)$$

式中，V_{water}为生态系统水质净化价值，元/a；Q_{COD}为 COD 排放量，t/a；C_{COD}为 COD 治理成本，元/t；Q_{TN}为总氮排放量，t/a；C_{TN}为总氮治理成本，元/t；Q_{TP}为总磷排放量，t/a；C_{TP}为总磷治理成本，元/t。

如果污染物排放量超过环境容量（即不造成明显的环境问题），则采用湿地生态系统自净能力与污染物治理成本的乘积核算水质净化功能的价值。

（2）数据获取来源

COD、总磷、总氮治理成本采用国家发展和改革委员会等四部委 2003 年第 31 号令《排污费征收标准及计算方法》以及 2014 年国家发展和改革委员会《关于调整排污费征收标准等有关问题的通知》中，污水中 COD 及各类污染物排污费征收标准。

6.3.2.8　气候调节功能

生态系统气候调节价值是指植被通过蒸腾作用和水面蒸发过程使大气温度降低、湿地增加产生的生态效应，包括植被蒸腾和水面蒸发两个方面。植被通过蒸腾作用吸收热量，降低温度，增加湿度，运用替代成本法，采用空调等效降温增湿所需要的耗电量计算植被降温增湿价值。水面通过蒸发作用吸收热量，增加空气中水汽含量，降低温度，增加湿度，运用替代成本法，采用加湿器等效降温增湿所需要的耗电量计算水面蒸发降温增湿价值。

（1）核算模型

$$V_{climate} = Q_{climate} \times p \qquad (6-23)$$

式中，$V_{climate}$为生态系统气候调节的价值，元/a；$Q_{climate}$为生态系统蒸腾蒸发消耗的总能量，kW·h/a；p 为电价，元/（kW·h）。

（2）数据获取来源

电价参考国家和各地发改委相关文件。

6.3.2.9 洪水调蓄功能

生态系统洪水调蓄价值是湿地生态系统（湖泊、水库、沼泽等）通过蓄积洪峰水量，削减洪峰从而减轻河流水系洪水威胁产生的生态效应。洪水调蓄价值主要体现在减轻洪水威胁的经济价值。湿地生态系统的洪水调蓄功能与水库的作用非常相似，运用影子工程法，通过建设水库的费用成本计算湿地生态系统的洪水调蓄价值。

（1）核算模型

$$V_{\text{flood}} = C_{\text{flood}} \times c \tag{6-24}$$

式中，V_{flood} 为减轻洪水威胁价值，万元/a；C_{flood} 为湿地（湖泊、水库、沼泽）洪水调蓄能力，万 m^3/a；c 为水库单位库容的工程造价，元/m^3。

（2）数据获取来源

水库单位库容的工程造价：根据 1993—1999 年中国水利年鉴平均水库库容造价，根据价格指数折算得到核算年份的单位库容造价。

6.3.2.10 文化服务功能

自然景观为人类提供美学价值、灵感、教育价值等非物质惠益，其承载的价值对社会具有重大意义。选用自然景观的游憩价值，作为评估生态系统的文化功能价值的指标。

（1）核算模型

运用旅行费用法核算生态系统的文化服务价值，即自然景观的使用价值（Use Value，UV）。UV 是一种替代价值，为消费者支出（Consumer Cost，CC）与消费者剩余（Consumer Surplus，CS）之和。

$$\text{UV} = \text{CC} + \text{CS} \tag{6-25}$$

消费者支出为旅行费用（Travel Cost，TC）与旅行时间价值（Time Value，TV）之和：

$$\text{CC} = \text{TC} + \text{TV} \tag{6-26}$$

消费者支出包括交通费用、食宿费用、门票、拍摄相片、购买特产纪念品等费用，元；时间价值是旅行花费时间的机会成本，元，一般用机会工资成本替代：

$$\text{TV} = H \times W \tag{6-27}$$

式中，H 为游客在景点游览的时间，h；W 为工资率，RMB·h^{-1}。

消费者剩余的计算应用区域旅行费用法。首先，根据客源地划定出游区域，假设同区域的游客偏好相同，旅游费用相等；通过问卷调查的方式获得游客的所属区域、职业、受教育程度、收入情况、旅行费用及结构、旅游时间等信息；然后，求出各小区的旅游率，为小区游客量与小区人数之比。

在区域汇总数据的基础上建立出游区域的旅游人次与追加旅游费用（x）的函数关系，形成的曲线也称 Clawson－Knetch 需求曲线 $f(x)$；追加费用一直到理论上没有来该地游览为止，得到最大追加费用（Pm），最后通过积分即可得到消费者剩余：

$$CS = \int_0^{Pm} f(x)\,dx \tag{6-28}$$

（2）数据获取来源

自然景观名录、客流量、旅游收入通过旅游局、林业局以及国土资源部等官方网站获取。游客的社会经济特征、旅行费用情况等通过问卷调查获得。

第 7 章
典型生态系统生态产品价值评估

我国的自然生态系统主要有森林生态系统、草原生态系统、湿地生态系统、荒漠生态系统、农田生态系统、城市生态系统以及海洋生态系统等。森林被称为地球之肺，湿地被称为地球之肾，草原是地球上分布最广的植被类型，它们不仅在面积上占据了我国国土面积的大部分，同时从生态产品数量上来看也是最主要的供给者。为了探索生态系统尺度上生态产品价值评估方法，本章从森林、草原、湿地三个方面选择了五峰县、鄂温克及抚仙湖与辽河干流河段进行生态价值评估，以期为相关研究和实践提供科学指导。

7.1 森林生态系统生态产品及其价值评估——以五峰县为例

森林具有防风固沙、防洪滞尘、涵养水源、调节气候、净化空气、美化环境等作用，在维护生态安全、改善人居环境等方面发挥着重要作用。第八次全国森林资源清查结果显示，全国森林面积2.08亿 hm^2，森林覆盖率21.63%；活立木总蓄积164.33亿 m^2，森林蓄积151.37亿 m^3。其中，天然林面积1.22亿 hm^2，蓄积122.96亿 m^3；人工林面积0.69亿 hm^2，蓄积24.83亿 m^3。森林面积和森林蓄积分别位居世界第5位和第6位，人工林面积仍居世界首位。我国森林资源类型丰富，依据不同的气候特征和群落类型，可以划分为热带雨林生态系统、亚热带常绿阔叶林生态系统、暖温带落叶阔叶林生态系统、寒温带针叶林生态系统等。

五峰土家族自治县（以下简称五峰县）位于湖北省西南部，属于全国生态功能区划中的“武陵山区生物多样性保护与水源涵养重要区”、生物多样性保护优先区中的“武陵山生物多样性保护优先区”及湖北省主体功能区划中的“三峡库区水土保持生态功能区”，是维系华中地区乃至长江中上游地区生态安全的重要屏障。同时，五峰县为典型的喀斯特地貌地区，属于生态功能区、自然保护区和生态环境脆弱区，受全球气候变化和人为干扰等因素影响，水土流失严重，人民群众生产基础和生存环境不断恶化。

近年来，各级政府高度重视五峰县生态环境保护和社会发展情况，在五峰县各族人民的努力下，五峰县的生态保护和建设成效显著，森林覆盖率逐年增加。五峰县以“生态立县”为战略发展目标，先后争取国家投入资金2亿多元，实施了长江防护林、天然林保护工程、退耕还林工程、低产林改造工程等近20个林业重点项目，全县经济林面积从17万亩上升到40万亩，实现了农村人均2亩经济林的目标；林地面积从275万亩上升到298万亩；活立木蓄积从347万 m^3 上升到668万 m^3；森林覆盖率从73.8 %上升到81.2%，位居湖北全省县市之首。但是，由于五峰县地处武陵山区，是我国14个集中连片贫困区，同时是湖北省9个深度贫困地区之一，五峰县的森林生态保护与发展之间仍存在很多特殊的困难和问题，需要各级政府高度重视。

7.1.1 研究区概况

1. 地理位置优越，交通便捷

五峰土家族自治县位于湖北省西南部，属武陵山支脉，隶属湖北省宜昌市，邻近长江干流和湖南省。地理位置介于东经110°15′~111°25′，北纬29°56′~30°25′，正处于神奇的北纬30°区域。县境东邻宜都市和松滋市，南抵湖南省石门县，西与鹤峰、巴东两县接壤，北与长阳土家族自治县毗连，离宜昌水运口岸108 km，宜昌东站106 km，宜昌三峡机场101 km，呼北高速直达县城，325省道贯穿县境，为外界交流提供了便利的条件，已形成“两国道、三省线和四旅游路”的大交通格局（图7－1）。

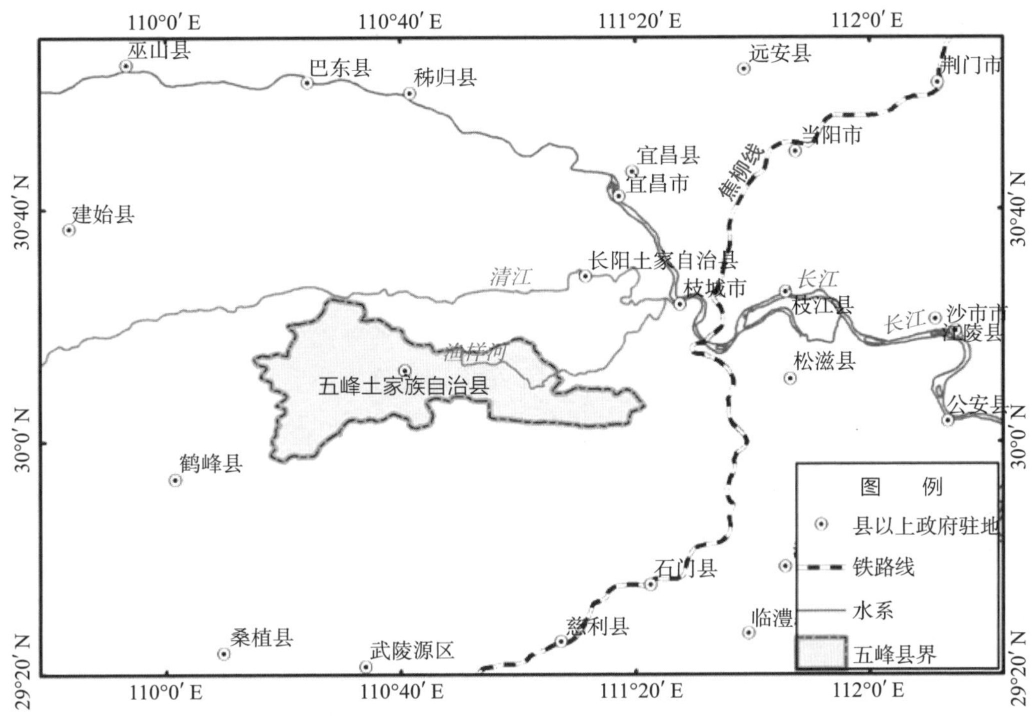

图7－1　五峰县地理位置示意图

2. 流域面积广，水资源储蓄量大

五峰县境内有渔洋河、泗洋河、南河、天池河、湾潭河等河流，支流30余条，流域面积之广达到1 956 km^2，且小水电理论蕴藏量30万kW左右，可开发24.05万kW，现已开发装机20.8万kW。五峰县从自身特点和优势出发，积极创新思路，强化措施，按照“三条红线”要求，坚持一手抓民生水利，一手抓水资源管理，加快实行最严格水资源管理制度工作，取得了一定成效。多年平均降水量36.75亿m^3，多年平均地表水资源总量22.95亿m^3，地下水资源量5.68亿m^3。全县现有南河水库、月山水库、龚家坪水库共3座水库。南河水库、月山水库为小型水库，龚家坪水库为中型水库。在建水库2座——深溪河水库、关门岩水库，均为大型水库。

3. 矿产资源丰富，利用价值高

矿产资源较丰富，矿产种类繁多，初步查明有煤、重晶石、白云石、方解石、建筑石料用灰岩、制灰用灰岩、面料用石料（大理石）、水泥配料用页岩和砂岩、冶金用石英岩、高岭石黏土、饰面石材、高磷铁矿等10多种矿产，矿产地50余处，已被初步确定为建始等八县市“贮油中心地带”。经过不同程度的地质调查，其中在当前条件下具有开采利用价值的有6种矿产，建筑用石料灰岩、方解石、重晶石、水泥配料用灰岩等四类矿产，储量丰富、质量较好，以建筑用石料灰岩最为丰富。其中方解石储量 6 000 多万 t，可年产 30 万 t 以上品质优良的稀有矿泉水。五峰县发现的矿产地中，已探明（含未上表储量）大型铁矿床 1 处，中型矿床 7 处，占已发现矿产地的 6%；小型矿床 20 处，占 20%；小矿、零散矿 77 处，占 74%。铁矿、重晶石两种矿产已探明储量分别占全省同类矿产探明储量的 9.98%、18.23%。

4. 森林面积广，旅游发展前景较好

五峰县森林资源丰富。林业用地 2 976 860 亩，占全县土地面积的 83.8%。在林业用地面积中，有林地面积 2 580 182 亩，占林业用地面积的 86.7%；疏林地面积 11 945 亩，占 0.4%；灌木林地 362 208 亩，占 12.2%；未成林造林 19 750 亩，占 0.7%；无立木林地 576 亩；宜林地 1 709 亩；林业辅助生产用地 199 亩；苗圃地 291 亩。森林覆盖率为 80.86%。林业用地按类别可分为：生态公益林 1 001 500 亩，商品林 1 975 360 亩。有林地按树种组分：针叶林面积 196 756 亩，阔叶林 1 820 041 亩，针阔混交林 563 385 亩。有林地按龄组分：幼龄林 1 466 494 亩，中龄林913 823 亩，近熟林 130 133 亩，成熟林 60 953 亩，过熟林 8 779 亩。按起源分：天然林 2 508 220亩，人工林 446 115 亩。

目前，五峰县生态旅游产业体系已初步形成，是“湖北旅游强县”，已被纳入国家第二批“全国全域旅游示范区”创建单位。其中后河国家级自然保护区、柴埠溪国家级森林公园和五峰国家地质公园集中了该县自然生态系统和自然景观中最精华的区域，是森林旅游的理想场所。可以开发的森林旅游产品有森林景观、古树名木、地质景观、民族文化等生态观光类产品，洞穴探险、漂流、攀岩、徒步旅行等森林体验类产品，农家居、农家乐、生态度假、采风、摄影、生态采摘等森林休闲类产品及野生动植物考察、民族文化鉴赏，人文历史探究等科考科普类产品。全县旅游资源基本类型实体 502 处，以洞穴和奇特象形山石为主要内容，属资源丰富程度中等类型，归为 5 大类 23 种，基本类型占全国 56 种的 41.7%。自然旅游资源占全县旅游资源基本类型的 61%，占全县旅游资源实体的 77%；人文旅游资源分别占 39% 与 20%。近年来，随着我国城乡居民收入的提高，以走向保护区、亲近大自然为主题的森林旅游热正在逐步兴起，五峰县森林旅游面临巨大的历史发展机遇。

7.1.2 指标数据与研究方法

1. 指标体系

结合目前国内外生态系统服务价值评估的最新发展以及武陵山区生态系统的特殊地位和情况，构建五峰县森林生态产品价值评估指标体系。该指标体系包括：森林生态资源及森林生态系统服务。本案例选取了森林生态资源产品中林木资源进行价值评估；森林生态系统服务产品选取了林产品供给、水土保持、水源涵养、固碳释氧等进行价值评估（表 7－1）。

表 7－1　森林生态系统生态产品价值评估方法

序号	生态产品	价值类型	评价方法
生态资源产品			
1	林木资源	直接使用价值	市场价格法
2	林产品供给	直接使用价值	市场价格法
生态系统服务产品			
3	水源涵养功能	间接使用价值	影子项目法
4	固碳释氧功能	间接使用价值	碳税法
5	水土保持功能	间接使用价值	条件价值法

2. 数据方法

本案例中林木资源及林产品采用市场价格法，生态系统服务水土保持、水源涵养、固碳释氧价值评估具体方法详见第 4、第 5 章。

7.1.3　森林生态系统生态产品价值评估

1. 林木资源价值评估

根据《五峰 2016 年森林覆盖率及蓄积量情况表》，2016 年五峰县森林蓄积量为 825.5 万 m^3。价值参数采用松原木价格，根据国家发改委价格监测中心监测的 2016 年月度重要工业生产资料价格行情表确定林木价格为 1 804.83 元/m^3，计算得出五峰县 2016 年林木资源总价值为 148.99 亿元（表 7－2）。

表 7－2　2016 年五峰县林木资源价值统计表　　单位：万元

类型 地区	有林地	疏林地	四旁树	散生木	合计
五峰镇	285 109.83	367.87	507.32	2 084.57	288 069.64
湾潭镇	225 475.55	290.93	401.21	1 648.56	227 816.28
长乐坪镇	245 753.05	317.09	437.29	1 796.81	248 304.29
渔洋关镇	204 795.77	264.24	364.41	1 497.36	206 921.81
仁和坪镇	134 355.50	173.36	239.07	982.34	135 750.28
傅家堰乡	77 418.90	99.89	137.76	566.05	78 222.61
采花乡	184 860.29	238.52	328.94	1 351.60	186 779.38
牛庄乡	116 810.22	150.72	207.85	854.05	118 022.87
合计	1474 579.11	1 902.62	2 623.83	10 781.33	1489 887.17
备注：后河保护区	101 871.22	11.84	0.00	19.61	101 902.69

2. 林产品价值评估

2016 年五峰县林产品以茶叶和中药材为主，中药材主要有独活、贝母、玄参、大黄、天麻、五倍子等，由此测算出五峰县森林生态系统 2016 年林产品供给价值为 105.22 亿元，其中茶叶产值为 96.97 亿元，其次为中药材，产值为 7.88 亿元（表 7－3）。

表 7-3　2016 年五峰县主要林产品价值

单位:亿元

地区＼产品	五倍子	独活	贝母	天麻	白芨	七叶一枝花	玄参	三七	云木香	黄连
牛庄乡	0. 004	0. 058 2	0. 369 38	0. 670 1	0. 012	0. 12	0. 035 6	0. 003 6	0. 081 9	0. 004 1
湾谭镇	0. 000 6	0. 048 8	0. 350 6	0. 032 9	0. 132	0. 36	0. 029 7	0	0. 353	0. 023 5
采花乡	0. 002 4	0. 014 6	0. 278 6	0. 074 7	0. 079 2	0. 588	0. 013 56	0	0. 027 7	0
傅家堰乡	0. 001	0. 008 7	0. 128 6	0	0. 096	0. 06	0. 031 3	0	0. 036 4	0
五峰镇	0. 005 2	0. 025	0. 495	0. 464 9	0. 096	0. 3	0	0	0. 071 5	0
长乐坪镇	0. 009	0. 014 4	0. 656 3	0. 022 5	0. 192	0. 3	0. 005 4	0. 003 6	0. 045 5	0. 004 1
渔阳关镇	0. 003 6	0	0. 3	0	0. 072	0. 12	0. 010 8	0	0. 019 5	0. 001
仁和坪镇	0. 000 4	0	0. 019 5	0. 002 7	0. 288	0. 18	0. 002 2	0	0. 016 9	0
合计	0. 026 2	0. 169 7	2. 598	1. 267 7	0. 967 2	2. 028	0. 128 6	0. 007 2	0. 652 3	0. 032 6
	牛膝	党参	大黄	辛夷花	杜仲	厚朴	黄柏	木瓜	银杏	茶叶
牛庄乡	0. 008 84	0. 003 42	0. 025 5	0	0. 000 1	0. 000 1	0. 000 1	0. 000 1	0	0. 055
湾谭镇	0. 070 38	0. 028 215	0. 059 5	0. 000 2	0. 002 4	0. 009 6	0. 002 5	0. 000 8	0. 000 3	1. 025
采花乡	0. 003 944	0. 004 788	0. 056 95	0	0. 000 5	0. 000 7	0. 000 8	0. 000 1	0. 000 3	54. 755
傅家堰乡	0. 003 4	0	0. 025 5	0	0. 000 1	0. 000 1	0. 000 3	0. 000 3	0. 000 4	0. 41
五峰镇	0. 006 8	0	0	0. 000 1	0. 000 3	0. 000 2	0. 001 1	0	0	14. 025
长乐坪镇	0. 001 36	0. 002 565	0. 042 5	0. 000 02	0. 000 7	0. 000 3	0. 000 6	0. 000 03	0. 000 1	5. 805
渔阳关镇	0	0	0	0. 000 1	0. 000 5	0. 000 3	0. 000 2	0. 000 1	0. 000 1	15. 795
仁和坪镇	0	0	0	0. 000 8	0. 000 8	0. 000 3	0. 000 2	0	0. 000 5	5. 1
合计	0. 094 7	0. 039	0. 21	0. 001 2	0. 005 4	0. 011 6	0. 005 8	0. 001 4	0. 001 7	96. 97

3. 水土保持能力价值评估

计算得出，森林水土保持总量为 86 623. 75 万 t，总的经济价值为 190. 38 亿元，其中因水土保持而减轻的泥沙淤积量为 20 789. 7 万 t，经济价值为 19. 11 亿元，因水土保持而保肥价值为 171. 27 亿元。从空间分布来看，五峰县水土保持总价值呈现东西高、中间低的趋势，水土保持价值最高的乡镇为五峰镇，为 36. 90 亿元，占水土保持总价值的 19. 38%；其次为渔洋关镇、长乐坪镇、采花乡、湾潭镇、仁和坪镇、牛庄乡和傅家堰乡。

从林种来看，用材林的水土保持价值最高，为 91. 22 亿元，占森林水土保持总价值的 47. 91%；其次为防护林及经济林，水土保持价值分别为 48. 09 亿元、20. 48 亿元，占森林水土保持总价值的 25. 26%、10. 76%；薪炭林及特殊用材林水土保持价值相对较小，分别为 18. 87 亿元、11. 71 亿元（见图 7－2）。从不同经济林水土保持价值来看，食用原料林占据了经济林水土保持价值的主导，为 14. 88 亿元，占经济林水土保持总价值的 72. 66%，其余依次为其他经济林、果树林、油料林、药用林，水土保持价值分别为 4. 28 亿元、0. 81 亿元、0. 26 亿元、0. 25 亿元（见图 7－3）。

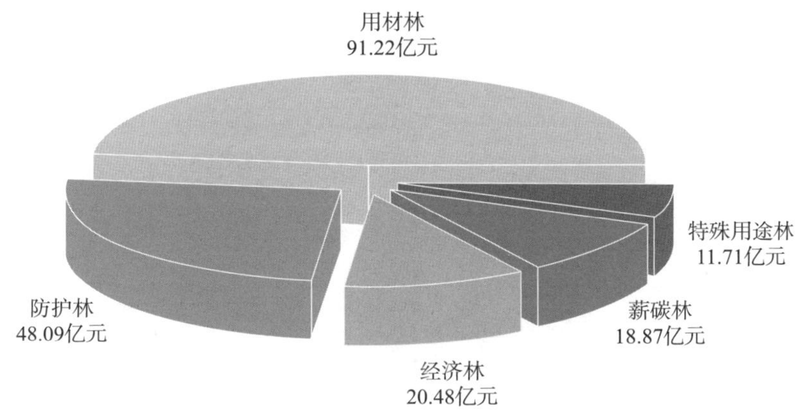

图 7－2　2016 年五峰县森林生态系统不同林种水土保持价值

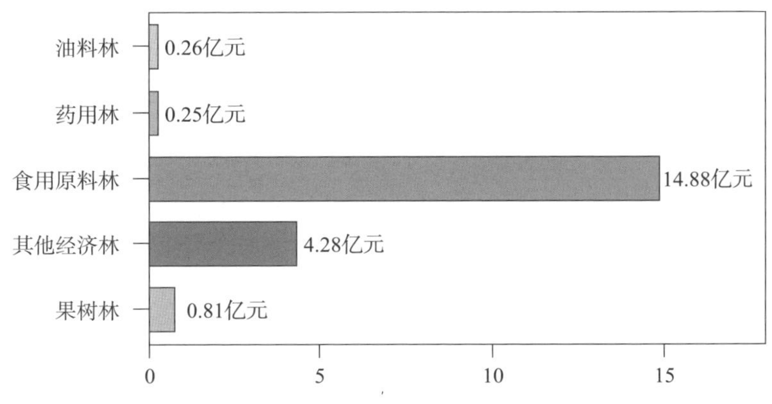

图 7－3　2016 年五峰县经济林水土保持价值

4. 水源涵养能力价值评估

五峰县2016年森林生态系统涵养水源量为24.93亿m^3，水源涵养功能的经济价值为226亿元。

从空间分布来看，五峰镇森林具有最高的水源涵养价值，为42.39亿元，占森林水源涵养总价值的18.76%；往下依次为长乐坪镇、湾潭镇、渔洋关镇、采花乡，水源涵养价值分别为36.47亿元、36.07亿元、34.71亿元及30.85亿元，占比分别为16.14%、15.96%、15.36%及13.65%；仁和坪镇、牛庄乡及付家堰乡的水源涵养价值相对较低，分别为8.54亿元、7.22亿元及4.38亿元。

从不同林种的水源涵养价值来看，用材林及防护林拥有相对较高的水源涵养价值，分别为112.68亿元、58.02亿元，分别占森林水源涵养总价值的49.86%及25.67%；薪炭林及经济林水源涵养价值基本持平，分别为20.6亿元及20.3亿元；特殊用途林具有较低的水源涵养价值，为14.4亿元（见图7－4）。从不同经济林的水源涵养价值来看，食用原料林水源涵养价值占据了经济林水源涵养总价值约75%，为14.78亿元；其余依次为其他经济林、果树林、油料林及药用林，水源涵养价值分别为4.29亿元、0.76亿元、0.26亿元及0.21亿元（见图7－5）。

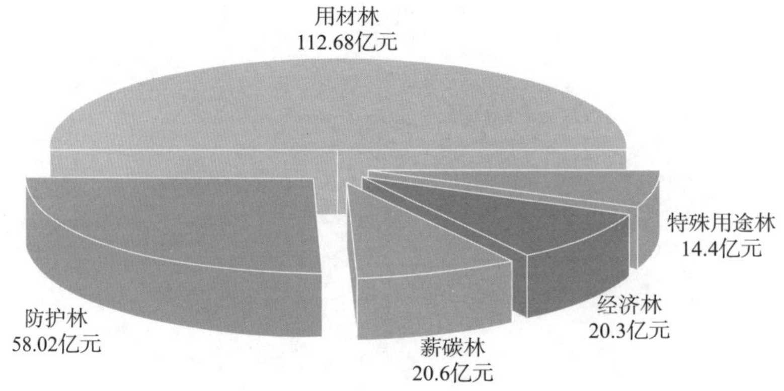

图7－4　2016年五峰县森林生态系统不同林种水源涵养价值

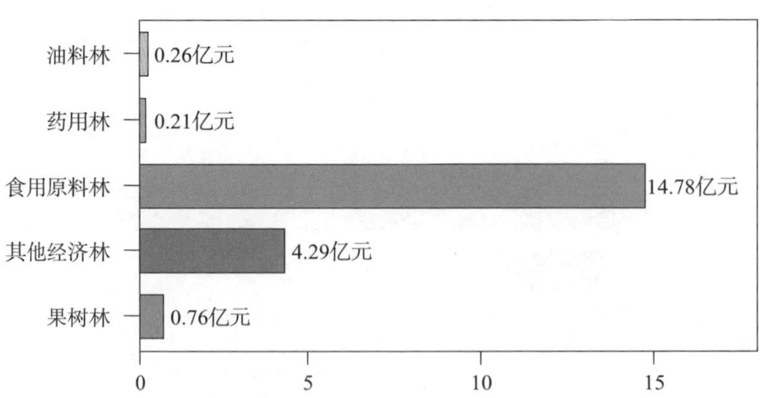

图7－5　2016年五峰县经济林水源涵养价值

5. 固碳释氧能力价值评估

2016 年五峰县森林生态系统固碳量为 439. 35 万 t，固碳价值为 18. 28 亿元，释氧量为 320. 75 万 t，释氧价值为 41. 85 亿元。综上，五峰县森林生态系统固碳释氧总价值为 60. 13 亿元。

由于固碳价值、释氧价值与植被净初级生产力之间具有十分密切的联系，因此其分布与植被净初级生产力空间分布表现一致，均表现为五峰县的固碳释氧价值最高，为 11. 6 亿元，占全县森林固碳释氧总价值的 19. 29%；其次为长乐坪镇、湾潭镇、渔洋关镇，其固碳释氧价值分别为 9. 9 亿元、8. 88 亿元、8. 7 亿元，分别占全县森林生态系统固碳释氧总价值的 16. 46%、14. 77% 及 14. 47%；其余四个乡镇从大到小的顺序依次为采花乡、仁和坪镇、牛庄乡、付家堰乡，固碳释氧价值对应为 7. 95 亿元、5. 37 亿元、4. 69 亿元、3. 04 亿元。

从林种来看，用材林固碳释氧价值最高，为 23. 47 亿元，占固碳释氧总价值的 39. 03%；其次为防护林、经济林、薪炭林及特殊用材林，固碳释氧价值分别为 15. 86 亿元、9. 8 亿元、7. 82 亿元及 3. 19 亿元（见图 7－6）。在经济林中，食用原料林固碳释氧价值最高，为 6. 07 亿元；其次为其他经济林、果树林、药用林及油料林，固碳释氧价值分别为 2. 8 亿元、0. 5 亿元、0. 29 亿元及 0. 13 亿元（见图 7－7）。

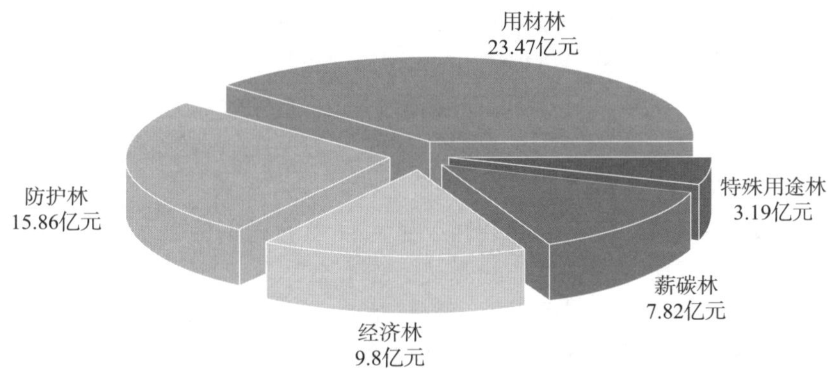

图 7－6　2016 年五峰县森林生态系统不同林种固碳释氧价值

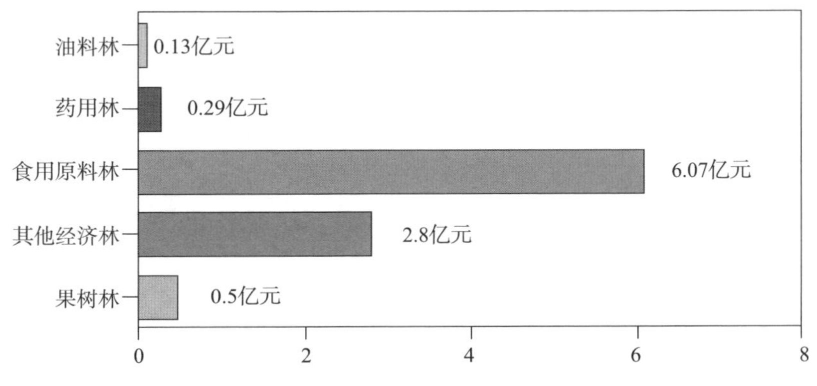

图 7－7　2016 年五峰县经济林固碳释氧价值

7.1.4 结论与讨论

（1）五峰县森林生态系统的生态产品价值较高，生态系统服务产品价值高于生态资源产品价值。2016年五峰县森林生态产品价值总量为730.72亿元，其中生态资源产品价值为254.21亿元，生态系统服务产品价值为476.51亿元。生态资源产品价值以林木资源和林产品为主，分别为148.99亿元和105.22亿元。生态系统服务产品水土保持、水源涵养、固碳释氧价值分别为190.38亿元、226亿元、60.13亿元，分别占生态系统服务价值的39.95%、47.43%、12.62%，充分说明了五峰良好的生态环境产生了良好的生态效益。

（2）不同的林种其侧重的生态系统服务产品价值不同。除水质净化、生物多样性保育及文化服务外，本研究针对生态系统的不同林种及不同经济林类型的价值进行了初步探讨。从几个森林生态系统服务的总价值来看，用材林的服务价值最高，为268.83亿元，占所有林种总价值的44.21%；其余依次为防护林、经济林、薪炭林和特殊用材林，价值分别为156.93亿元、73.83亿元、69.88亿元、38.62亿元。五峰县的经济林不仅具有较高的经济价值，同时也具有客观的生态价值。

（3）不同的经济林类型的生态系统服务产品价值也不同，茶叶林地生态价值相对较高。总体来看，食用原料林的各项生态系统服务价值均为最高，共计47.11亿元，占经济林生态系统服务总价值的64.83%，五峰县食用原料林以茶叶林地为主，因此大面积的茶园不仅具有良好的经济效益，在生态系统服务方面也发挥着重要作用。其他经济林、果树林、药用林、油料林的生态系统服务价值相对较小，分别为19.76亿元、3.61亿元、2.15亿元、1.18亿元。

作为典型的喀斯特地区，五峰县属于生态环境的脆弱区，水土流失等自然灾害严重，在水土保持方面，五峰良好的森林生态有效减轻了泥沙淤积，同时其本身的保肥价值十分巨大，水土保持和水源涵养价值在生态系统调节服务中占比较多，此外，较高的森林覆盖率赋予五峰县价值突出的温度调节和湿度调节功能，为当地人们生产、生活带来了福祉。森林生态产品价值评估工作是五峰县森林生态保护和建设的一项基础性技术支撑工作。通过对生态产品价值进行估算，摸清了五峰县森林的家底，掌握了五峰县森林生态系统服务的空间变化规律，了解了生态工程建设对五峰县生态产品的影响，为下一步五峰县生态保护和建设提供了科学依据，也为五峰县争取更多的生态补偿政策、资金等提供了参考。

专栏7－1　五峰依靠森林资本发展茶旅产业带动扶贫增收

五峰森林覆盖率达81%，是湖北省著名的“天然氧吧”“天然药谷”及武陵山区自然生态系统的重要组成部分。作为宜昌市重要的生态屏障，五峰土家族自治县充分利用“森林生态资本”，将生态资源转化为生态竞争力，走出了一条经济建设与生态建设同步推进、产业竞争力与环境竞争力一起提升的“绿色崛起”可持续发展之路。

“绿水青山就是金山银山”，通过保护生态卖“风景”，绿色致富更长久。2018 年清明小长假，五峰全县旅游实现收入 5 200 多万元，“逆雨”增长 10% 以上。森林生态产品一应俱全，云雾中新鲜的绿茶、高山生态土豆、纯天然养殖的山羊……五峰的各种“土”味农特产品，正以其绿色、有机、安全无污染，通过京东、淘宝等电商平台，成为城里人眼中的“香饽饽”。“生态立县”“旅游富县”“全域旅游”“中蜂养殖”……五峰系列发展战略，加速了生态优势向经济“红利”的持续转化。

除了特色农产品，五峰县也是湖北的产茶大县和全国重点产茶县，茶叶生产历史悠久，茶园总面积达 21.3 万亩。茶叶加工“以电代柴”，是五峰减少生态环境破坏，力促经济与环保双赢举措之一。“以电代柴”项目运行后，享受电力部门的优惠电价，不仅保护了生态环境，还降低了生产成本。2017 年 9 月，五峰被世界茶叶协会授予“世界茶旅之乡”，“土凉茶”招牌走出国门，2018 年 3 月，五峰第二次入围“百佳呼吸小城”，当地优越的生态环境和优质生态资源吸引了越来越多的游客和资本。

保护生态环境，利用生态资源优势，发挥生态产品价值，五峰县的风景越来越优美，人民生活水平也越来越高，用生态保护带动扶贫行动，五峰县正在迅速“绿色崛起”。

7.2 草原生态系统生态产品及其价值评估——以鄂温克族自治旗草原为例

草原生态系统在调节气候、改良土壤、保持水土、防风固沙、涵养水源等方面发挥着巨大的作用。我国是世界上草原资源最丰富的国家之一，拥有各类天然草原面积近 4 亿 hm^2，覆盖 2/5 的国土面积，为现有耕地面积的 3 倍，是我国面积最大的陆地生态系统。中国草原是欧亚草原的一部分，以东北经内蒙古直达黄土高原，呈连续带状分布。此外，还见于青藏高原、新疆阿尔泰山前地区以及荒漠区的山地，大致从北纬 51°起南达北纬 35°。黄河、长江、辽河、黑龙江等主要水系均发源于草原区。全国草原面积约 60 亿亩，其中 50 亿亩分布在西部 12 省（区）。草原面积较大的省份是西藏、内蒙古、新疆、青海、四川、甘肃，这些省份的草原面积占到全国草原的 75.1%。中国最著名的四大草原区分别为内蒙古鄂温克族自治旗草原、内蒙古锡林郭勒大草原、新疆伊犁草原、西藏那曲高寒草原。

呼伦贝尔草原是我国纬度最高的天然草原，属温带大陆性气候，是我国重要的防风固沙区，是华北、东北地区的重要生态屏障。呼伦贝尔草原同时也是《全国生态功能区划》中 50 个重要生态功能保护区之一。鄂温克族自治旗（简称鄂温克旗）地处中高纬度，全旗大部属中温带大陆性草原气候，北部偏东地区属中温带季风性森林草原气候，这对草原资源的形成和成长有着得天独厚的自然条件。

鄂温克旗草地生态系统环境良好，但由于长期来人口不断增长和经济不断发展，导致了生态环境发生改变，由于人类对草原利用强度的增加，再加上自然条件的限制原因，鄂温克旗的草原退化现象较为严重。全球气候变暖、雨水量少、风沙增多、沙质草原比例增多等自然因素，以及过度放牧、修建公路铁路、开采矿山等人为因素，导致草畜平衡被破坏，草场缺水现象严重，致使鄂温克地区草地植被退化严重，局部地区出现了沙化等恶劣的自然现象。目前，在全国退耕还林还草工程的响应下，当地政府部门针对环境及生态保护等做出相关政策及努力，在全体人民的努力下，鄂温克旗的生态修复工程取得了很好的效果，共累计治理沙化草地4万hm^2，退耕还草工程完成良好，当地的草原得到一定程度的恢复。良好的草原生态环境是鄂温克旗人民生活的关键因素和基本保障，保护草原生态环境，评估草原生态价值，实现生态价值向经济价值的转化是目前急需考虑的重点工作任务。

7.2.1 研究区概况

鄂温克旗位于内蒙古自治区东部、大兴安岭西麓，处于大兴安岭山地向呼伦贝尔高平原的过渡地段。地理坐标为东经118°48′02″~121°09′25″、北纬47°32′50″~49°15′37″。东临牙克石市，南与扎兰屯市及兴安盟交界，西靠新巴尔虎左旗，北与海拉尔区和陈巴尔虎旗相连。南北长187 km，东西宽173 km，总土地面积约为18 773 km^2（见图7－8），占呼伦贝尔市总面积的7.6%，占内蒙古自治区总面积的1.61%。由耕地、林地、草地、建设用地、未利用地和其他土地六部分构成。

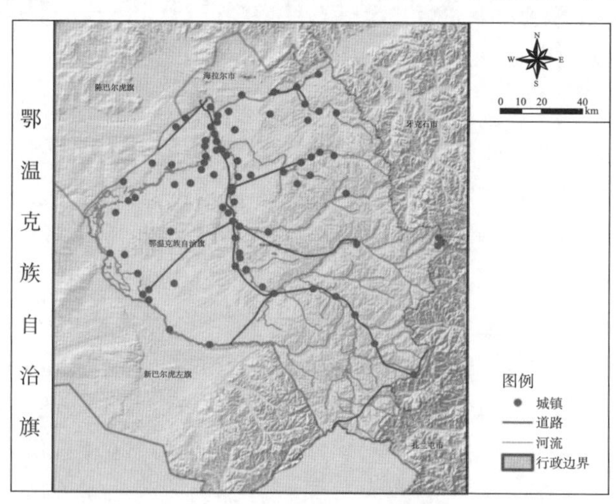

图7－8 鄂温克族自治旗地理位置图

1. 地质结构多样复杂，以砂层沙丘居多

鄂温克旗地处大兴安岭隆起和巴彦胡硕坳陷之间，蒙古弧形构造与新华夏系构造的交接复合部位。地质构造复杂，地质条件多样。东南部中低山区为新华夏第三隆起带。伊敏河以西大片地区为海西褶皱带地质构造。本旗部分地区属呼伦贝尔高平原东南部，平原上堆积厚层砂层。部分地区处在风力作用下形成的沙丘或沙带上。

2. 土壤类型多样，宜发展农牧业

鄂温克旗共有9个土类，22个亚类，43个土属。栗钙土是主要的地带性土壤之一，分布于伊敏河以西的高平原地区；棕色针叶林土分布在东南部针叶林、针阔混交林区；中部中低山地带阳坡及阴坡下部无林地段多为黑钙土，杨桦林下则为灰色森林土。隐域性土壤有风沙土、草甸土、沼泽土。主要土壤类型有以下几种：（1）棕色针叶林土分布在东南部山地海拔 1 200 m 以上地带，宜林，植被以兴安落叶松和林下灌木为主，面积 94 742 hm^2，占全旗土地总面积的 5%。（2）灰色森林土分布在低山丘陵海拔 950 ~ 1 200 m 地带，是良好的宜林土壤，森林草原土的过渡类型，面积 283 970 hm^2，占全旗土壤总面积的 15%。（3）黑钙土分布在低缓丘陵和波状高平原海拔 800 ~ 1 000 m 地带，是良好的宜林、宜牧、宜农土壤，面积 429 166 hm^2，占全旗土地总面积的 23%。（4）栗钙土分布在黑钙土以西广大波状高平原和部分河谷冲积平原海拔 610 ~ 800 m 地带，是典型的草原地带，良好的天然放牧场和割草场，面积 540 714 hm^2，占全旗土地总面积的 29%。（5）草甸土分布在全旗各地带性土壤区，以条带呈枝状伸展，或与地带性土壤构成土被组合，成为水面向地面过渡的第一阶梯，面积 130 952 hm^2，占全旗土地总面积的 7%。（6）沼泽土分布在全旗山谷低地、河流湖泊周围低湿和积水地段，辉河中下游的沼泽土地段，是全旗芦苇主要产区，面积 139 775 hm^2，占全旗土地总面积的 7.5%。（7）风沙土分布广泛，主要以带状分布在辉河北岸，跨越干草原、森林草原两个地带，面积 225 629 hm^2，占全旗土地总面积的 12%。（8）盐土和碱土分布在辉河中下游沿岸河漫滩部分湖泊周围地带，面积 6 888 hm^2，占全旗土地总面积的 0.4%。全旗在“全面推进大气、水、土壤等污染防治”的号召下，努力为人民提供良好的畜牧业土壤环境。

3. 气候变化剧烈，降雨风向随地势变化

鄂温克旗属中温带大陆性气候，冬季漫长寒冷，夏季温和短促，降水较集中。春秋两季气候变化剧烈，降水少，多大风。气温年日差较大，无霜期短，光照充足。年极端最高气温为 37.7℃，年平均气温在 -2.4 ~ 2.2℃。年日照数平均在 2 900 h 以上，日照百分率为 61% 以下。夏季日照时间长，最长日照时数可达 16 h。冬季日照时间短，最短日照时数为 8 h。受地形影响，降水自东南向西北递减。东南部年降水量在 380 mm 左右，年最多降水量为 460 mm，最少的为 220 mm 左右；西部地区少雨，年降水量最大为 370 mm，年最少为 179 mm 左右；北部地区多雨，年降水量最多为 410 mm，年最少为 225 mm 左右。无霜期的分布受地形影响，自西向东递减，地势较低地区无霜期略长。全年无霜期平均在 100 ~ 120 d，最长年份可达 140 d，最短年份不到 100 d。全境年平均风速 3.5 m/s，自东南向西北逐渐增大。全年大风日数为 20 ~ 40 d，最多风向为南南东和南南西。

4. 河网密布，水资源较为丰富

鄂温克旗水资源量为 149 486 万 m^3，人均占有水资源量为 10 469 m^3/a。全旗有大小河、沟共计 263 条，其中河流长度大于 20 km 的 31 条。河流总长度为 5 398 km，河道水面积约 108.8 km^2。较大的河流有伊敏河，主要支流有辉河、锡尼河、维纳河、维特根河等。伊敏河长 359.4 km。全流域有 258 条大小河流汇入伊敏河，全流域面积为 22 636.5 km^2，多年平均径流量 10.8 亿 m^3。伊敏河最终汇入海拉尔河。辉河发源于大兴安岭南段霍玛拉胡尔敦山东北 2 km 处，干流长 362.5 km，是伊敏河最大的支流。全流域面积 11 465 km^2，该河流域为沙丘和草原区，多沼泽洼地，滞缓径流，河网不发育，多年平均径流量 1.115 亿 m^3。除上游和下游有较明显的河床外，中游无明显河床，多为沼泽地，植被茂密，盛产芦苇。自治旗西部湖泊较多，大部集中于辉河流域。湖水矿化度多在 1～3g/L。全旗有大小湖泡 1 465 个，总面积 127 km^2。其中独立湖泊 570 个，水域面积 39km^2。这些湖泊多集中在河流下游，且多是季节性积水。全旗通过多次宣传及展示活动切实增强了广大居民群众对水资源、水生态的保护意识，激发了群众了解环保、投身环保、参与环保的积极性，营造了保护环境、人人有责的良好氛围。

5. 植被类型丰富，草原资源蕴含量巨大

鄂温克旗植被类型较为丰富，包括有森林植被、草原植被、草甸植被、沙生植被、盐生植被、沼泽植被六大类型。植被的地带性分布与气候热量的空间变异相适应，从大兴安岭顶到西部高平原依次有：森林、森林草原、草原，具有明显的交错性、复杂性和脆弱性。由于多年来封育措施的实施，鄂温克旗沙地樟子松资源丰富，带动了当地旅游事业的发展，发挥了森林的生态效益、社会效益和经济效益。

鄂温克旗草原生态本底较好，是野生动植物的天然乐园，结合民俗文化，形成了独具特色的草原旅游风光。2008 年，鄂温克旗草地面积 101 万 hm^2，占全旗总面积的 55.3%，鄂温克旗草地类型丰富，按草原普查分类，包括 5 个草原类和 38 个草原型：（1）温性草甸草原类，总面积 11.11 万 hm^2，约占草地总面积的 11%，植被以中旱生草本植物、旱中生禾草和杂类草为主，草群密度较大，多用来饲养肉牛、奶牛，或作为打草场。（2）温性草原类，总面积 35.86 万 hm^2，约占草地面积的 35.5%，植被以丛生禾草、小灌木、根茎禾草、小半灌木为主，草群低矮稀疏，多用来饲养羊。（3）山地草甸类，总面积 17.07 万 hm^2，约占草地面积的 35.5%，植被以中旱草本植物为主，草群密度较大，产草量高，多用来作为打草场。（4）低平地草甸类，总面积 13.64 万 hm^2，约占草地面积的 13.5%，植被以中旱草本植物为主，草群密度较大，产草量高，多用来饲养牛。（5）低湿地草甸类，总面积 25.35 万 hm^2，约占草地面积的 25.1%，植被以湿生和中生植物为主，草群密度较大，产草量高，多用来饲养牛。

7.2.2 指标数据与研究方法

气象数据来源于国家气象局，时间为 1961—2008 年，数据内容为月平均降水量、月平均气温、月均相对湿度，以及各气象站点的经度、纬度和海拔高度，共涉及呼伦贝尔行政区内和周边 29 个气象站点，并对数据进行精度验证。

计算时需要栅格化气象数据，使其从空间上与遥感数据相匹配。利用 GIS 空间分析的插值工具反距离权插值法（Inverse Distance Weighted）对气象要素进行插值，像元大小与投影方式同 NDVI 数据一致。

1∶100 万《中国植被类型图》来源于中国科学院植物研究所；1∶400 万数字化《中国植被类型图》来源于国家地理信息系统重点实验室；1∶400 万《中国土壤质地图》来源于全国生态环境调查；覆盖呼伦贝尔的数字高程模型（DEM）（1：25 万）来源于全国生态环境调查。社会经济统计数据来源于《呼伦贝尔市统计年鉴》，时间为 2000—2010 年。

1. 指标体系

草地生态系统中的植物群落，通过光合作用提供净初级生产物质，为消费者和分解者提供必需的物质和能量，草地生态系统提供初级生产物质的功能具有重要的意义和价值，它既是草地生态系统的多种功能能否正常发挥的基本条件，同时也是进行次级物质生产的基础。因此，草地生产力作为草地生态产品的生产功能，是必选的评价指标。草原生态系统在保持土壤、涵养水源，及保持大气中 CO_2 和 O_2 的动态平衡、减缓温室效应以及提供人类生存的最基本条件起着至关重要的作用。同时，草原上数以千计的动植物以及游牧民族的传统文化、风土人情具有鲜明的生态旅游特色，成为生态旅游的理想目的地。

因此，本案例选取了生态资源产品——草原物质生产量，草原生态系统服务产品——水源涵养量、土壤保持能力、固碳释氧量等进行价值评估，探讨草原生态系统的潜在经济价值。

2. 数据方法

（1）光谱生物量研究

2014 年 7 月中旬，进行了调查路线选择，在前期遥感影像和草原类型图的基础上，结合当地交通状况，选择了穿越研究区主要草原类型的调查路线（见图 7－9）。

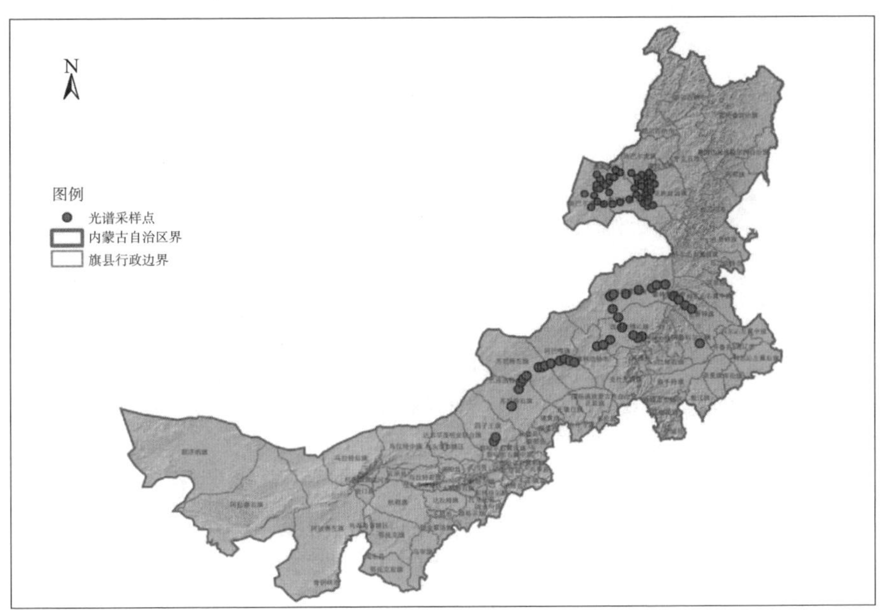

图 7－9 光谱采样点

本研究在以往研究的基础上，通过分析研究区内实测 ASD NDVI 和实测草地地上干物质量（ANPP）散点关系，选用线性函数、对数函数、乘幂函数和指数函数进行回归分析。结果表明：实测 ASD NDVI 和 ANPP 之间存在较强的相关关系，可以认为建立基于实测的 NDVI 的 ANPP 估测模型是可行的（见图 7－10）。ASD NDVI 和 ANPP 之间各个方程能通过极显著性水平（0.01）的 F 检验，达到统计学要求标准（见表 7－4）。

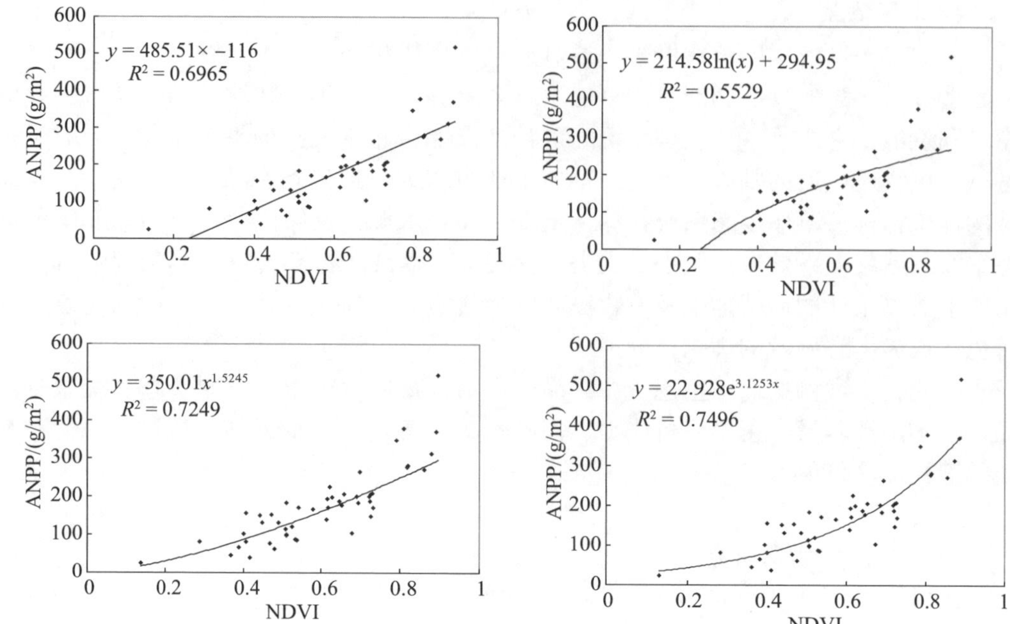

图 7－10　ASD NDVI 与 ANPP 之间的回归方程

表 7－4　ASD NDVI 与 ANPP 之间回归方程拟合效果分析

模型类型	N	R	Adust R^2	F，$\alpha=0.01$
线性	49	0. 8346	0. 6900	107. 85，$P<0.001$
对数	49	0. 7436	0. 5434	58. 12，$P<0.001$
乘幂	49	0. 8514	0. 7190	123. 83，$P<0.001$
指数函数	49	0. 8658	0. 7443	140. 69，$P<0.001$

通过对比其决定系数的大小，选择指数函数为地上干物质量（ANPP）与 ASD NDVI 之间的表达式：

$$ANPP=22.928\times e^{3.1253\times NDVI_{ASD}}\ (R^2=0.7496,\ P<0.001) \quad (7-1)$$

参考估算植被覆盖度的 MODIS 光谱模型的获取方法，将公式代入式（7－1）得到估算地上干物质量的 MODIS 光谱模型，表达式为：

$$ANPP=22.928\times e^{(3.2312\times NDVI_{Modis}-0.042)} \quad (7-2)$$

在本研究的尺度范围内，可以根据 ANPP 与 NPP 之间的经验公式进行换算，用于遥感估测产草量。

（2）遥感数据处理

①遥感影像解译

利用 Erdas Imagine 9. 1 遥感图像处理专业软件，利用地面测量的控制点，完成遥感影像的几何精校正。并利用 Erdas Imagine 9. 1 提供的图像增强处理等功能模块，对典型研究区的草原等植被信息、沙地等信息通过波段运算、主成分分析、去相关拉伸等增强算法，实现草原植被、沙地等信息的增强，便于之后的目视解译（或监督分类）。

②草地土地利用类型提取

在完成图像增强处理后，利用监督分类，局部区域结合目视解译，完成草地土地利用类型等信息的遥感数据提取。提取研究区草地类型、流动沙地、半固定沙地、固定沙地等信息及其分布。结合 ArcGIS 所提供的统计及制图功能，进行草地类型面积统计及分布制图。

③草地盖度提取

根据前人的研究，植被覆盖度和叶面积指数可作为衡量地表植被数量指标。采用的遥感数据生成植被指数（NDVI），根据 NDVI 值，并对其处理，只保留植被信息部分的 NDVI 值，然后通过读取其值，获取 $NDVI_{max}$ 和 $NDVI_{min}$，利用 Erdas 遥感图像处理软件建模运算，得到草地盖度分布数据。同时利用地面调查获取的盖度数据和对应点的遥感影像的 NDVI 值，利用 SPSS 软件，进行回归分析，反演草原盖度，生成植被盖度分布专题数据，并对比分析以上两种结果的差异。

④生物量提取

利用 NDVI 数据及地面调查样点获取的生物量数据，利用 SPSS 统计软件，建立 NDVI 值与对应点的地面生物量直接的回归方程，进而反演生物量及其分布。

（3）鄂温克旗草原价值指标体系

依据资源价值理论，结合鄂温克旗草原生态功能实际情况建立鄂温克旗草原价值评价指标和功能评价指标，并以 2010 年作为基准年，利用确定的评价方法核算其草原生态系统生态产品价值，见表 7－5，具体计算评估方法见第 4、第 5 章。

表 7－5 鄂温克旗草原生态服务价值类型与评价方法

序号	生态产品	价值类型	评价方法
生态资源产品			
1	草原物质生产量	直接使用价值	市场价格法
生态系统服务产品			
2	水源涵养功能	间接使用价值	影子项目法
3	固碳释氧功能	间接使用价值	碳税法
4	水土保持功能	间接使用价值	条件价值法

（4）草地型的遥感划分

选择 2010 年 8 月 18 日的 123/26 和 123/27 两景 Landsat TM 图像，利用 Erdas Imagine 实现遥感影像拼接和几何精校正。使用 ArcGIS 对呼伦贝尔鄂温克旗行政区进行矢量化，使其与 TM 图像具有一致的投影方式和坐标系，并完成裁剪工作，获取鄂温克旗区域的遥感影像。

整理 2009—2013 年野外实地植物群落属性调查历史数据和 2011 年 8 月的地面调查数据共计 169 条记录。

在去除非天然草地土地利用区域的基础上，利用2010年8月中上旬的NDVI，结合同期野外实地植物群落属性调查数据，以20世纪80年代全国统一草地资源调查数据为参考，进行监督分类，将鄂温克旗草原划分为24类草原型（见表7-6），经验证，分类精度为89.5%，基本满足研究需要。与20世纪80年代数据对比，从类型及面积分布划分结果基本一致，2011年遥感划分的草原型减少了7类草原型，增加了3类草原型，鄂温克旗草原总体呈温性草甸草原向温性草原退化、低地草甸盐渍化恶化趋势。

表7-6 鄂温克旗草原型遥感划分表

编号	草原类名称	草原亚类名称	草原型编号	草原型名称	面积/hm²
1	Ⅰ温性草甸草原类	平原、丘陵草甸草原亚类	2	羊草、贝加尔针茅	6 560.95
2	Ⅰ温性草甸草原类	平原、丘陵草甸草原亚类	5	贝加尔针茅、羊草	2 027.05
3	Ⅱ温性草原类	平原、丘陵草原亚类	42	羊草、杂类草	25 294.24
4	Ⅱ温性草原类	平原、丘陵草原亚类	43	羊草、冷蒿	9 070.64
5	Ⅱ温性草原类	平原、丘陵草原亚类	44	具小叶锦鸡儿的羊草	8 119.81
6	Ⅱ温性草原类	平原、丘陵草原亚类	45	大针茅	3 416.43
7	Ⅱ温性草原类	平原、丘陵草原亚类	46	大针茅、糙隐子草	15 608.54
8	Ⅱ温性草原类	平原、丘陵草原亚类	50	克氏针茅、糙隐子草	6 052.98
9	Ⅱ温性草原类	平原、丘陵草原亚类	51	克氏针茅、冷蒿	25 964.56
10	Ⅱ温性草原类	平原、丘陵草原亚类	59	冰草、冷蒿	16 754.22
11	Ⅱ温性草原类	平原、丘陵草原亚类	68	冷蒿、丛生禾草	97 938.06
12	Ⅱ温性草原类	沙地草原亚类	128	沙生冰草、糙隐子草	10 970.77
13	Ⅱ温性草原类	沙地草原亚类	132	沙蒿	206 842.50
14	Ⅱ温性草原类	沙地草原亚类	133	具小叶锦鸡儿的沙蒿	279 691.67
15	Ⅱ温性草原类	沙地草原亚类	134	具家榆的沙蒿	30 875.12
16	Ⅱ温性草原类	沙地草原亚类	136	具灌木的差巴嘎蒿	55 431.69
17	Ⅱ温性草原类	沙地草原亚类	139	冷蒿、沙生冰草	51 098.51
18	Ⅱ温性草原类	沙地草原亚类	141	具家榆的冷蒿、杂类草	8 453.91
19	Ⅱ温性草原类	沙地草原亚类	1001	沙鞭、杂类草	23 749.56
20	低地草甸类	低湿地草甸亚类	566	羊草、芦苇	4 792.04
21	低地草甸类	低湿地草甸亚类	579	寸草苔、杂类草	45 303.76
22	低地草甸类	低地盐化草甸亚类	583	芦苇	15 128.01
23	低地草甸类	低地盐化草甸亚类	586	芨芨草	4 986.27
24	低地草甸类	低地盐化草甸亚类	602	马蔺	7 505.37

7.2.3　草原生态系统生态产品价值评估

1. 物质生产力价值评估

草地依据光谱试验建立的用于估产的地面光谱模型，基于 MODIS—NDVI 计算研究区内 2000—2010 年的地上干物质量（ANPP）和格局（见图 7－11、表 7－7）。

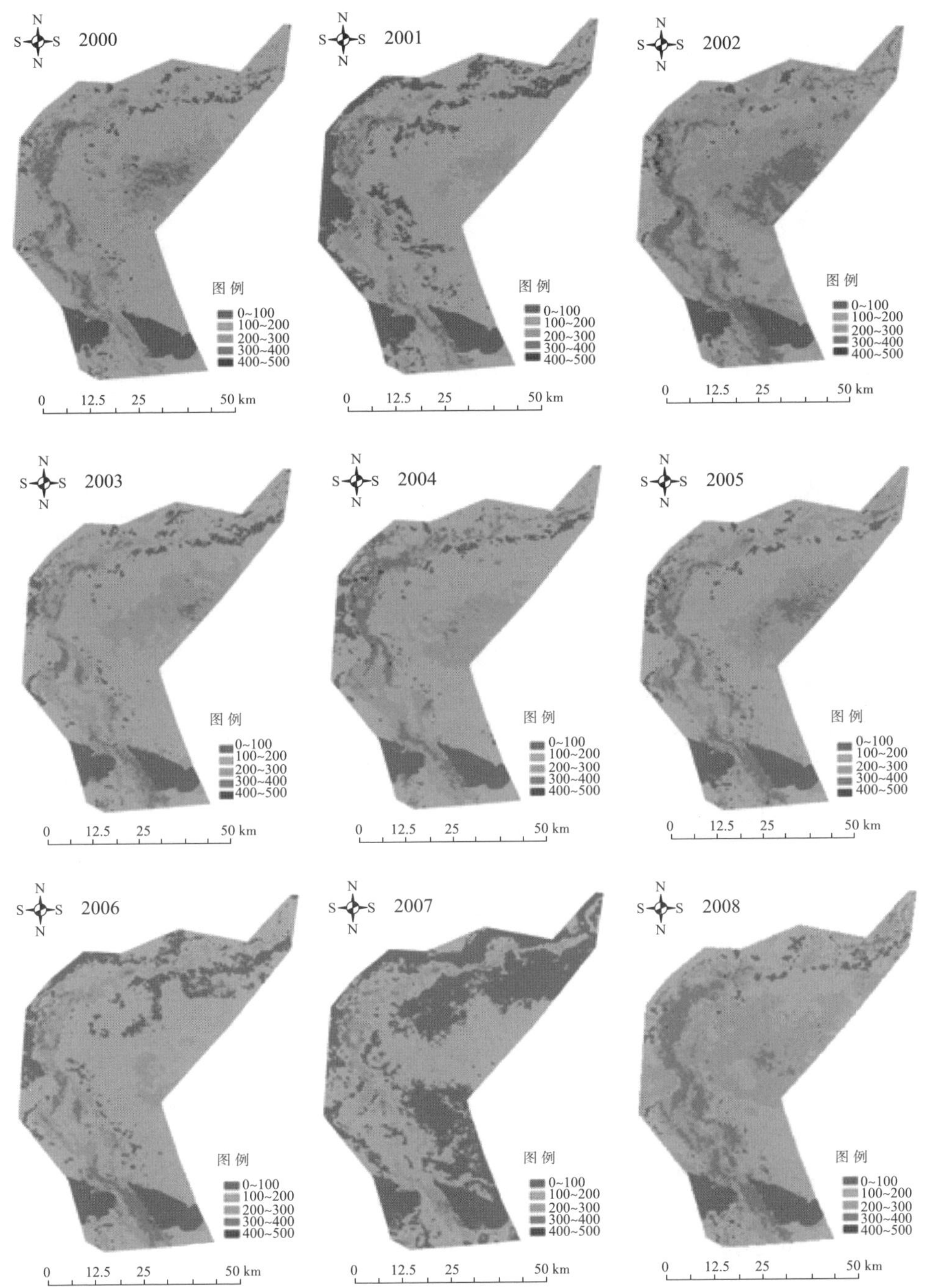

图 7－11　2000—2010 年干草产量格局（沙地疏林未参与计算）

表 7－7　2000—2010 年研究区草原生态系统的干草产量　　单位：10^4t /a

年份	草地		合计
典型草原	草甸草原		
2000	32. 77	6. 03	38. 8
2001	25. 61	4. 69	30. 3
2002	42. 44	6. 62	49. 06
2003	32. 91	5. 57	38. 48
2004	30. 99	5. 30	36. 29
2005	34. 05	6. 16	40. 21
2006	27. 07	4. 05	31. 12
2007	19. 76	3. 33	23. 09
2008	38. 98	5. 58	44. 56
2009	31. 83	5. 87	46. 48
2010	32. 07	4. 25	39. 12
平均值	31. 62	5. 26	36. 88

从产干草量分布格局分析，总体来看，高值区的区域在中东部的草甸草原区和湿地分布区，低值区分布于中部的典型草原区；草原生态系统 9 年产干草量的均值最大的是草甸草原，为 2. 42 t/hm^2，最小的是典型草原，为 1. 68 t/hm^2。

采用市场价值法测算其有机物生产的价值。根据实地调查呼伦贝尔 2010 年干草的实际价格为 2 000 元/t，折合成 1990 年不变价格为 1 018 元/t。根据公式计算其价值量，见图 7－12。

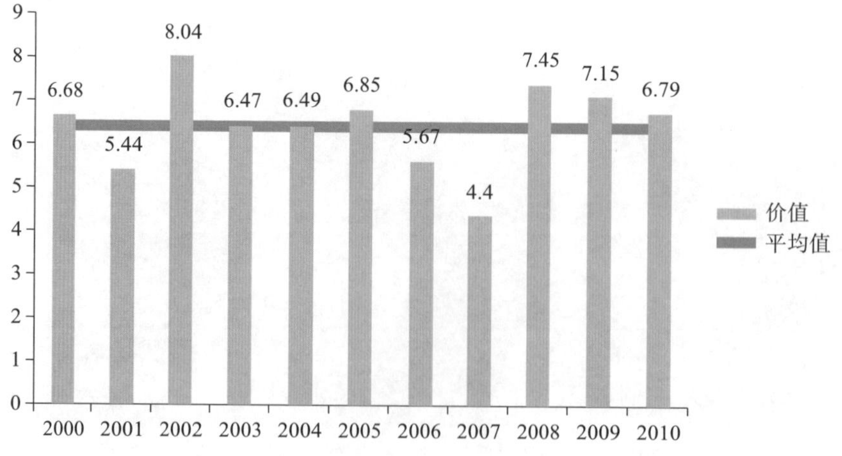

图 7－12　2000—2010 年研究区生产干草的价值量（单位：10^8元 /a）

物质生产功能总价值随干草产量而波动，2007 年最小，为 4.40×10^{8} 元/a，2002 年最大，为 8.04×10^{8} 元/a。

2. 水源涵养能力价值评估

利用陆地生态系统涵养水源物质量计算公式计算草地植被涵养水源的量（表 7－8）。

表 7－8　2000—2010 年草原生态系统涵养水源量　　单位：$10^{7}m^{3}/a$

年份	典型草原	草甸草原	草地
2000	4.93	0.77	5.70
2001	2.88	0.47	3.35
2002	6.22	0.86	7.08
2003	4.74	0.71	5.45
2004	4.12	0.62	4.74
2005	4.70	0.73	5.43
2006	3.91	0.55	4.46
2007	2.47	0.40	2.87
2008	6.00	0.80	6.80
2009	4.94	0.81	5.75
2010	5.12	0.79	6.91
平均值	4.44	0.66	5.10

从涵养水源总量来看，各年份差别较大，11 年来平均值为 $5.10\times10^{7}m^{3}a$，其中 2002 年最多，为 $7.08\times10^{7}m^{3}/a$，2007 年最少，为 $2.87\times10^{7}m^{3}/a$。因为本研究的涵养水源量主要是基于植被覆盖度和降水量估算的，上述变化趋势主要受降水量和气温配置的影响。据根据距离保护区最近的海拉尔气象站的气象数据分析，降水量在 2002 年为 352 mm，且降水量主要集中在 6 月和 7 月，2007 年为 233 mm，降水量主要集中在 8 月，2008 年又增加到 363 mm，降水量主要集中 7 月。研究区草地最适生长阶段是 7 月，这种降水时间分布格局造成 2002 年植物生长最好，2007 年最差，2008 年又是一个较高年份。

涵养水源能力的分布格局各年略有差异，总体来看，草甸草原介于 185.08 ~ $331.45m^{3}/hm^{2}$，功能较弱的分布于保护区中部的典型草原区，涵养水源能力介于 131.32 ~ $506.91m^{3}/hm^{2}$，见图 7－13，单位面积涵养水源量的均值见表 7－9。

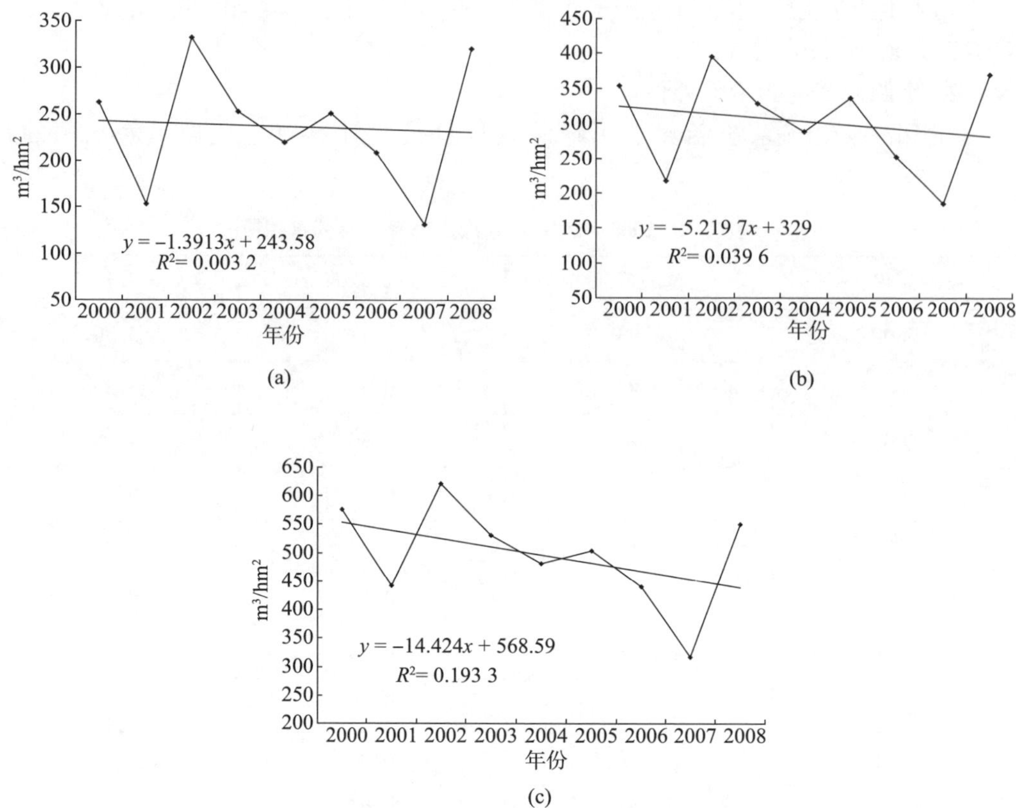

（a）典型草原；（b）草甸草原；（c）保护区平均涵养水源能力

图 7－13　2000—2010 年草原生态系统单位面积涵养水源能力变化（不包括湖泊和河流涵养水源量）

表 7－9　2000—2010 年草原生态系统平均单位面积涵养水源量　单位：m^3/hm^2

	典型草原	草甸草原	平均
单位面积涵养水源量	236. 62	302. 90	269. 42

根据近年来的研究成果，目前常用的水库建造成本费用为 2. 789 元/m^3（1990 年不变价格），计算出辉河自然保护区 2000—2010 年水源涵养的价值总量，见图 7－14。2002 年草原生态系统水源涵养价值达到最高为 6. 30 亿元/年，2007 年达到最低，为 3. 29 亿元/年，价值量随水源涵养量上下波动。

3. 土壤能力价值评估

保护区位于风蚀区，但在雨季也有少量的水蚀，本次保持土壤总量按防风固沙量和减少水蚀土壤保持总量计算。由试验建立的光谱模型和像元分解模型计算得到研究区内植被覆盖度，根据植被覆盖度以及表 7－10 确定的抵防风固沙量和减少水蚀土壤保持量，2008 年研究区的防风固沙、土壤保持量为最低，且明显低于 2000—2010 年的平均值，防风固沙量在 2009 年达到最大值，土壤保持量在 2002 年达到最大值。

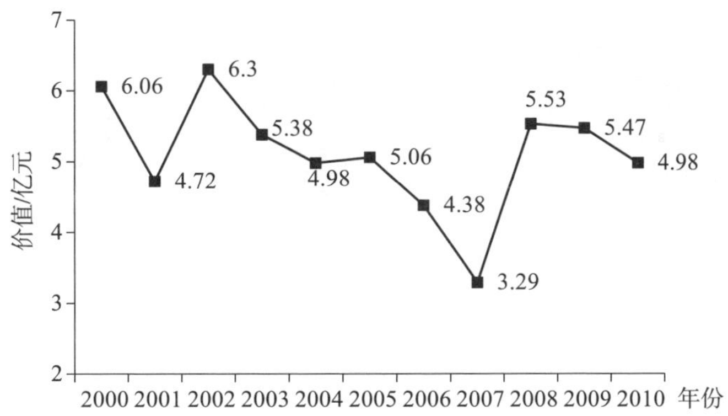

图 7－14　辉河自然保护区 2000—2010 年涵养水源价值总量

表 7－10　2000—2010 年草原生态系统防风固沙量、土壤保持

年份	防风固沙/（10^7t/a）			土壤保持/（10^6t/a）		
	典型草原	草甸草原	合计	典型草原	草甸草原	合计
2000	1.93	0.25	2.18	3.93	0.60	4.53
2001	1.70	0.25	1.95	3.67	0.53	4.20
2002	2.05	0.26	2.31	4.5	0.61	5.11
2003	1.92	0.25	2.17	3.94	0.59	4.53
2004	1.88	0.25	2.13	3.91	0.57	4.48
2005	1.93	0.26	2.19	4.06	0.61	4.67
2006	1.76	0.24	2.00	3.73	0.48	4.21
2007	1.46	0.22	1.68	3.12	0.45	3.57
2008	2.01	0.26	2.27	4.36	0.60	4.96
2009	1.82	0.23	2.67	3.64	0.59	4.71
2010	2.06	0.24	2.13	3.83	0.52	4.29
平均值	1.85	0.25	2.10	3.91	0.56	4.47

各类生态系统保持土壤能力的分布格局各年略有差异，见图 7－15。总体来看，辉河自然保护区保持土壤量功能最强的区域在保护区中东部的草甸草原区，功能较弱的分布于保护区中部的沙地疏林和典型草原区。经测算，草原生态系统单位面积涵养水源能力的多年平均值分别为典型草原 119.75 t/hm^2，草甸草原 136.57 t/hm^2。

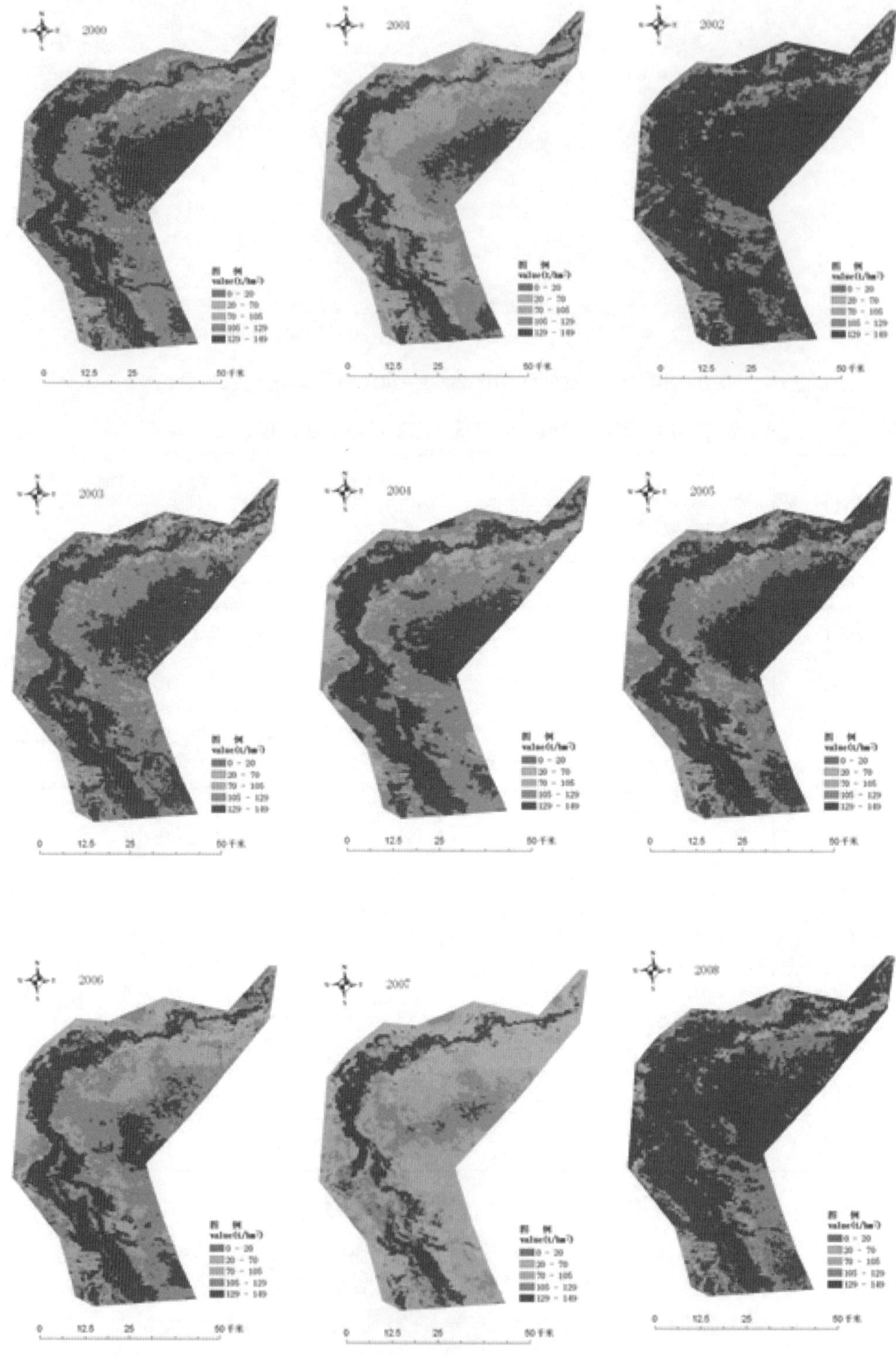

图 7－15　2000—2010 年保持土壤量分布格局

在计算得到生态系统的单位面积土壤保持量后，利用机会成本法、影子价格法计算其经济价值，保持土壤的价值主要包括：减少土地废弃价值、保持土壤有机碳的经济价值和土壤肥力保持价值。根据《中国呼伦贝尔草地》和《呼伦贝尔土壤》等资料，得到研究区内表层土各种营养成分的含量，见表 7－11。其中淡黑钙土对应保护区的草甸草原，暗栗钙土对应典型草原，风沙土对应沙地疏林。

表 7－11　研究区各类土壤营养成分含量　单位:%

	有机质含量	氮	磷	钾
淡黑钙土	7.01	0.325	0.068	1.23
暗栗钙土	3.89	0.184	0.081	1.43
沼泽土	15.44	0.590	0.086	1.12
风沙土	1.24	0.036	0.013	2.55

2010 年鄂温克旗牧业生产的年平均收益为 814 元/（hm^2·a），折合成 1990 年不变价为 413 元/（hm^2·a）；中国化肥平均价格为 2 549 元/t（1990 年不变价）；碳的价格按碳税法，为 1 242 元/t C，按 CPI 上涨指数折合到 1990 年的价格为 690 元/t C；利用上述三个价格计算到 2000—2010 年土壤保持价值（见表 7－12）。

表 7－12　2000—2010 年土壤保持价值　单位：10^7元/a

年份	减少土地废弃价值	保持土壤有机碳价值	保持土壤氮价值	保持土壤磷价值	保持土壤钾价值	合计
2000	0.268 0	108.084 7	36.378 6	8.717 1	153.052 7	306.501 1
2001	0.244 8	99.535 4	33.459 7	7.939 1	139.829 7	281.008 7
2002	0.284 0	112.950 6	38.075 9	9.222 3	162.659 3	323.192 1
2003	0.265 0	106.046 3	35.730 1	8.608 7	151.546 0	302.196 1
2004	0.264 3	107.001 4	35.993 7	8.591 9	150.943 4	302.794 7
2005	0.269 8	108.544 0	36.555 2	8.775 7	154.095 7	308.240 4
2006	0.250 8	101.998 6	34.269 0	8.136 7	143.496 7	288.151 8
2007	0.217 9	91.749 0	30.714 7	7.101 0	123.347 9	253.130 5
2008	0.278 9	111.349 3	37.531 5	9.071 9	159.614 6	317.846 2
2009	0.264 0	101.046 3	38.730 1	8.708 7	159.566 0	311.196 1
2010	0.270 8	100.998 6	35.266 0	8.146 9	147.486 7	298.871 8
平均值	0.260 4	105.251 0	35.412 0	8.462 7	148.731 8	298.118 0

鄂温克旗草原生态系统土壤保持价值在 2002 年达到了最大值——32.3 亿元/a，2007 年土壤保持价值最低为 25.31 亿元/a。2001 年、2006 年、2007 年三年低于连续 10 年的土壤保持平均价值。

4. 固碳释氧能力价值评估

草地和未利用土地部分（沼泽植被）依据光谱试验建立的用于估产的地面光谱模型，基于 MODIS—NDVI 计算研究区内 2000—2010 年的地上干物质量（ANPP）和格局，首先在 ArcGIS 中求取每年最大 NDVI 值，基于最大 NDVI 值计算每年最大地上干物质量，根据多个学者的研究结果确定地上干物质量（ANPP）与净初级生产力（NPP）的换算的经验公式为 NPP =（ANPP/0.35），计算出草地和未利用土地部分每年的 NPP 总量和分布格局；林地部分利用改进的光能利用率模型和每年生长季（5—9 月）每个月的 MODIS—NDVI 计算 2000—2010 年 NPP 总量和分布格局，最后将计算结果按土地利用类型合成，得到整个自然保护区 NPP 总量和分布格局。

植被通过光合作用和呼吸作用与大气进行物质交换，这对维持地球大气中的 CO_2和 O_2的动态平衡、减缓温室效应，以及提供人类生存的最基本条件具有不可替代的作用。本次测算以净第一性生产力为基础，根据光合作用和呼吸作用的反应方程式，植被生态系统每生产 1.00 g 植物干物质能固定 1.62g CO_2，并释放 $O_2$1.20 g，依据 NPP 与固碳释氧量之间的定量关系，在 Arcgis 中计算得到固碳释氧总量和分布格局（表 7－13）。

表 7－13　2000—2010 年研究区草原生态系统固定二氧化碳量　单位：10^9g /a

年份	固定二氧化碳量			释氧量		
	典型草原	草甸草原	合计	典型草原	草甸草原	合计
2000	1501.524	282.564	1784.088	1112.24	209.3067	1321.5467
2001	1176.624	219.06	1395.684	871.5733	162.2667	1033.84
2002	1931.76	310.68	2242.44	1430.933	230.1333	1661.0663
2003	1504.908	260.928	1765.836	1114.747	193.28	1308.027
2004	1420.524	249.768	1670.292	1052.24	185.0133	1237.2533
2005	1560.24	288.828	1849.068	1155.733	213.9467	1369.6797
2006	1246.356	191.34	1437.696	923.2267	141.7333	1064.96
2007	916.488	157.5	1073.988	678.88	116.6667	795.5467
2008	1794.384	262.368	2056.752	1329.173	194.3467	1523.5197
2009	1574.908	280.928	1795.836	1314.747	197.28	1308.027
2010	1346.356	231.34	1637.696	983.2267	146.7333	1264.96
平均值	1450.31	247.00	1697.31	1074.31	182.97	1257.28

固碳价值算法采用碳税法，为 690 元/t C（1990 年不变价格）CO_2中 C 的含量为27.27%，释氧价值按造林成本法为353 元/t（按1990 年不变价格计算），计算结果见表 7－14。固碳价值在 2002 年达到 7.21 亿元，2007 年最低为 3.97 亿元。释氧价值在 2002 年达到 10.01 亿元，2007 年最低为 5.52 亿元。总体来看，研究区在

2000—2010 年，固碳释氧价值上下波动，在 2002 年和 2007 年分别达到最大值和最小值。

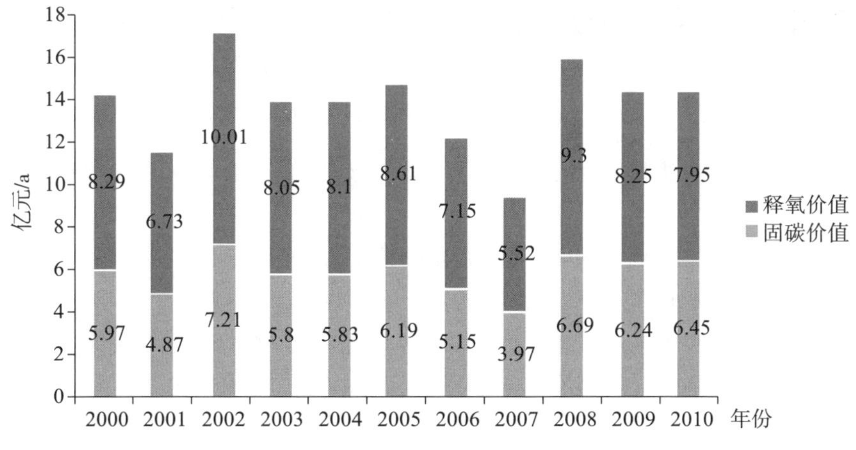

图 7－16　2000—2010 年研究区固碳释氧价值

7.2.4　结论与讨论

（1）鄂温克旗草原生态产品价值在 2000—2010 年出现上下波动。鄂温克旗草原物质生产功能总价值随干草产量而波动，2007 年最小，为 4.40×10^8 元/a，2002 年最大，为 8.04×10^8 元/a。2002 年草原生态系统水源涵养价值达到最高，为 6.30 亿元/a，2007 年最低，为 3.29 亿元/a，价值量随水源涵养量上下波动。鄂温克旗草原生态系统土壤保持价值在 2002 年达到了最大值，为 32.3 亿元/a，2007 年土壤保持价值最低，为 25.31 亿元/a。2001 年、2006 年、2007 年三年低于连续 10 年的土壤保持平均价值。固碳价值在 2002 年达到 7.21 亿元，2007 年最低为 3.97 亿元。释氧价值在 2002 年达到 10.01 亿元，2007 年最低为 5.52 亿元。总体来看，研究区在 2000—2010 年，固碳释氧价值上下波动，在 2002 年和 2007 年分别达到最大值和最小值。

（2）鄂温克旗草原 2010 年生态产品价值量下降主要是由于生态系统服务产品中水源涵养、土壤保持的价值下降引起的。整体来看，鄂温克旗草原 2000 年生态产品价值总量为 24.05 亿元，2010 年生态产品价值总量为 23.04 亿元，生态产品价值降低了 4.2%。物质生产价值量由 2000 年的 0.668 亿元上升为 2010 年的 0.679 亿元，物质生产能力有所提升，水源涵养价值量有所下降，由 6.06 亿元降为 4.98 亿元。土壤保持能力有所下降，土壤保持价值降低了 0.08 亿元，固碳释氧价值提高了 0.14 亿元。

目前对生态产品的价值评估已成为生态学、生态经济学与环境经济学研究的热点与前沿领域，也是制订各项政策与方针的基础。本案例主要通过鄂温克旗草原生态资源产品及生态系统服务产品的评估来反映草原生态产品的价值总量。从结果来看，鄂温克旗草原的水源涵养、土壤保持价值有所降低，下一步工作重点将集中在草原荒漠化防治方面，遏制草原水源涵养、土壤保持能力的下降趋势，以期提高草原综合生态服务能力，发挥其巨大的屏障作用，造福于当地人民。

专栏7－2 鄂温克旗凭借良好的草原生态产品大力发展旅游业

从2016年开始，鄂温克旗充分发挥冰雪、森林、草原、湖泊、湿地、民俗等自然人文资源优势，凭借全域旅游和厕所革命，大力发展生态旅游新业态，打造“景区＋家庭牧户游”发展模式，成为牧民增收和牧业转型的重要支点，成就品牌旅游目的地。

鄂温克旗作为中国旅游强县和内蒙古呼伦贝尔草原旅游重点旗县，坚持把旅游业作为战略性支柱产业来培育，着眼原生态、可持续融合发展。以草原资源为聚焦点，在重要旅游道路等重点生态区位，注重乡土特色树种，丰富草原景观结构，增强景观色彩。积极配合呼伦贝尔中心城及周边生态旅游绿道建设工作，完成主要交通路口绿化、景观工程方案设计，绿化、景观设计方案，完成占地面积约4万平方米景观绿化工程。累计栽植树苗株，乔木株，灌木株。其中，鄂温克旗至牙克石城市绿道建设计划栽植树苗株，乔木6 894株、灌木9 000株；海拉尔至伊敏百公里景观带绿化栽植树苗株，乔木株，灌木株，努力营造“一路山水一路景”的草原旅游绿色风貌。

该旗将原生态景区、景点建设作为草原旅游发展基本要求，推广在全旗建立形态各异、品牌保值度和吸引力较高的“品牌景区＋特色嘎查＋民俗景点”。依托三个“唯一”，即全国唯一的鄂温克族聚居区、唯一的布里亚特蒙古族部落、唯一的厄鲁特蒙古族部落为抓手，策划原汁原味的原生态特色旅游村寨，逐渐形成鄂温克旗独特的草原旅游开发模式。通过“双百工程”即百户千万工程和百公里草原旅游景观带工程不断提升景区和家庭牧户游软硬件水平，借力十个全覆盖工程和精准扶贫工作，使村容村貌得到极大改善。

鄂温克旗积极探索草原旅游营销新模式，充分发挥既要重点抓好旅游与现代服务业等第三产业交叉融合形成的新业态，又要抓好旅游与第一、二产业的融合渗透产生的新业态，不断丰富和完善旅游产品种类，挖掘生态产品的经济价值，逐步形成门类齐全、风格鲜明的鄂温克旗旅游产品系列。

7.3 典型湿地生态系统生态产品及其价值评估——以抚仙湖和辽河为例

湿地在为众多野生动植物提供栖息地的同时，也为人类提供多种生态服务，如在抵御洪水、调节径流、蓄洪防旱、降解污染、调节气候、固碳释氧、营养循环、控制侵蚀、促淤造陆、美化环境等方面有其他系统不可替代的作用，因此，湿地被誉为“地球之肾”。由于长期以来湿地的效益和功能并未得到社会公众和政府部门的重视，造成湿地的盲目开发，湿地面积和湿地资源日益减少，使湿地面临着退化的严重威胁。除了气候变化等一些自然因素外，造成湿地面积大幅度减少的主要原因还包括污染、围垦、基建占用、过度捕捞和采集在内的人类活动占用和改变湿地用途是其主要原因。作为地球表层最富有生物多样性的生态系统之一，保护湿地及其生物多样性已经成为当前国际社会备受关注的热点（牛振国等，2012）。我国水域湿地分布见图 7－17。

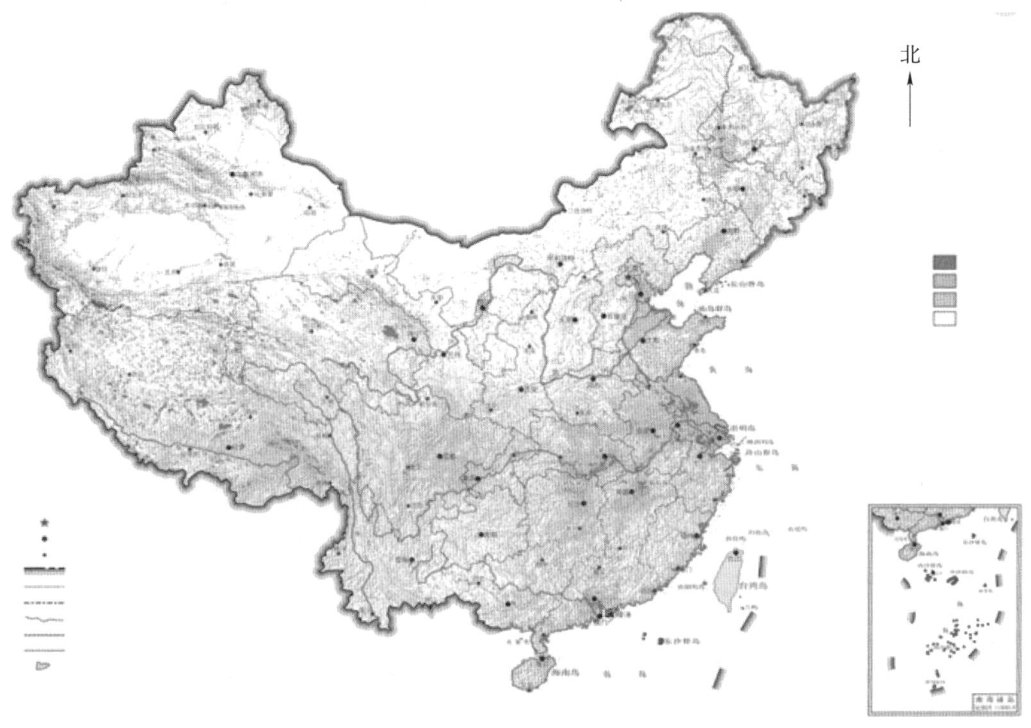

图 7－17　我国水域湿地分布图

资料来源：第一次全国地理国情普查公报。

2014 年第二次全国湿地资源调查结果显示，青海、西藏、内蒙古、黑龙江等 4 省区湿地面积均超过 500 万 hm^2，约占全国湿地总面积的 50%。我国现有 577 个自然保护区、468 个湿地公园。受保护湿地面积 2 324.32 万 hm^2。两次调查期间，受保护湿地面积增加了 525.94 万 hm^2。对调查成果的分析表明：我国的淡水资源主要分布在河流湿地、湖泊湿地、沼泽湿地和库塘湿地之中。湿地维持着约 2.7 万亿 t 淡水，保存了全国 96% 的可利用淡水资源，湿地是淡水安全的生态保障。我国湿地有湿地植物 4 220 种，湿地植被 483 个群系；脊椎动物 2 312 种，隶属于 5 纲 51 目 266 科，其中湿地鸟类 231 种。湿地是“物种基因库”。湿地净化水质功能十分显著。每公顷湿地每年可去除 1 000 多 kg 氮和 130 多 kg 磷。我国湿地为降解污染发挥了巨大的生态功能。我国湿地储存的泥炭对应对气候变化发挥着重要作用。如：若尔盖湿地面积 80 万 hm^2，储存的泥炭高达 19 亿 t。

湿地生态系统所提供的资源、净化能力、缓冲能力以及超强的自维持能力已经影响着人们的日常生活。如何评价湿地生态系统服务的重要性和价值？如何理解湿地生态系统的变化机理？如何度量和评价湿地生态产品？都是亟待解决的问题。湿地生态产品的价值评估在湿地生态系统管理中可以起到桥梁的作用，通过湿地生态产品价值的评估，可以量化所研究的湿地生态系统的现状以及可以达到的水平，从而可以量化生态系统管理的目标。

7.3.1 湖泊生态系统生态产品及其价值评估——以抚仙湖为例

1. 研究区概况

抚仙湖位于云南省玉溪市境内，居滇中盆地中心，位于昆明市东南 60 km 处，跨澄江、江川和华宁三县，地理位置为 24°21′28″N ~ 24°38′00″N，102°49′12″E ~ 102°57′26″E。抚仙湖处于滇中湖群五大湖泊（抚仙湖、星云湖、杞麓湖、阳宗海和滇池）的中心部位，与滇池、杞麓湖、阳宗海的水平距离分别为 17 km、18 km、27 km，南部有 2.5 km 长的隔河与星云湖相通。

（1）东西山势陡峭，形成抚仙湖的天然屏障

抚仙湖东西两岸山势陡峭，呈北东走向，与构造线基本一致。区内最高点为梁王山，海拔高 2 820 m。山脉经东虎山（2 628 m）、黑汉山（2 494 m）、谷堆山（2 648 m）、老君山（2 319 m）等一系列山由北向南东延伸，形成金沙江水系（滇池）与珠江水系（抚仙湖、星云湖）的分水岭，这些山脉像一道屏障，屹立在抚仙湖西岸。抚仙湖东岸，由梁王山余脉经献抉饭山（2 274 m）、东鸡哨（2 065 m）、老祖右头（2 144.2 m）、标杆山（2 195.1 m），过海口河后，再经子弹山（2 386 m）、阴登山（2 381 m）、磨豆山（2 663.1 m）一直由北向南延伸至马鞍山（2 469 m），这一南北走向山脉与抚仙湖西岸的分水岭平行，它是抚仙湖东岸的天然屏障，是抚仙湖与南盘江的分水岭。

（2）具有独特的地貌结构

流域属滇中红土高原湖盆区，以高原地貌为主，由于受构造盆地影响，区域内地势周围高、中间低，相对高差大。地质构造上，抚仙湖位于小江断裂带自巧家至汤丹和东川附近分成两支，东支经宜良至南盘江，西支则经阳宗海、抚仙湖至通海。抚仙湖湖盆四周出露的地层按岩性主要有三大类：① 以石灰岩为主的碳酸盐岩。大面积分布于东岸，北、西岸有少量分布。② 以砂岩及页岩为主的碎岩类。分布于北、西岸。多冲沟破箐，岩石易风化，是水土保持的重点地区。③ 玄武岩分布面积约 55 km^2。它们分别是震旦系澄江组砂砾岩和灯影组石灰岩、白云岩；寒武系砂页岩；泥盆、石灰系白云岩和灰岩；二叠系玄武岩及白云岩和灰岩，以及侏罗系岩和泥岩等。根据地质构造和岩性、地形的特征及其形成，湖区地貌大致可分为构造——剥蚀地貌和堆积地貌两种类型。

（3）气候宜人，四季变化不分明

抚仙湖位于亚热带季风气候区，属中亚热带半湿润季风气候。冬春季受印度北部次大陆干暖气流和北方南下的干冷气流控制，夏秋季主要受印度洋西南暖湿气流和北部湾东南暖湿流影响，形成春暖旱重、夏无酷暑、秋凉雨少、冬无严寒，干、湿（雨）季分明的气候特征。流域常年平均气温 15.5℃，年降雨量 800 ~ 1 100 mm，

全年 80% ~90% 的雨量集中在 5—10 月的雨季。蒸发量一般大于降雨量，在 1 200 ~ 1 900 mm，日照时数为 2 000 ~2 400 h。

（4）湖泊蓄水量大，水质较好

抚仙湖属南盘江流域西江水系，流域面积 674. 69 km^2（不含星云湖流域），当湖面高程为 1 722. 5 m 时，水域面积约 216. 6 km^2，湖长约 31. 4 km，湖最宽处约 11. 8 km，湖岸线总长约 100. 8 km，最大水深 158. 9 m，平均水深 95. 2 m，相应湖容水量约 206. 2 亿 m^3，占云南省九大高原湖泊总蓄水量的 68. 3%。抚仙湖流域共有大小入湖河流 103 条（含季节河、农田排灌沟），其中非农灌沟的河道有 60 多条，其中较大的有 27 条，集水面积大于 30 km^2 的有 3 条，10 ~30 km^2 的有 6 条，小于10 km^2 的有 18 条。河流普遍短小，最长的梁王河 21 km，其次是东大河 19. 9 km，其余多在 10 km 以下。由于抚仙湖属雨水补给型湖泊，河道径流调节性能很差：多为间歇性河流、暴涨暴落、汇流时间短、并携带大量泥沙入湖。

抚仙湖群山环抱，周围湖积平原狭窄，除东大河流域面积 50 km^2 外，其余多在 30 km^2 以下，约有 1/2 以上的河流流域面积不超过 10 km^2。河长多在 20 km 以内，河床比降达 10% ~100‰，常以坡面漫流和细小沟溪直接汇入湖泊，导致河水暴涨暴落，枯季断流，河川径流的调节性极差。湖岸周围有地下水补给，如东岸老鹰地溶洞、猪嘴山溶洞群、禄充大洞、甸朵大洞，北岸的西龙潭，东岸的大湾、小船尖落水洞、热水塘等。

海口河是抚仙湖历史上唯一的明河出水口，从海口村起东流约 14. 5 km 入南盘江。按入江处海拔 1 335 m 计，河道总落差为 386 m，平均坡降为 27%。

抚仙湖水资源主要靠降雨地表径流补给，据《星云湖抚仙湖出流改道工程可研报告》中近 40 年的水文统计资料，抚仙湖流域多年平均径流量 16 092 万 m^3，最大径流量为 27 930 万 m^3（1966—1967 年），最小径流量为 5 442 万 m^3（1992—1993 年）。40 年中流域径流量 2 亿 m^3 以上的年份有 13 年，占 32. 5%；1. 0 亿 ~1. 9 亿 m^3 的年份有 22 年，占 55%；0. 5 亿 ~0. 9 亿 m^3 的年份有 5 年，占 12. 5%。抚仙湖集水面积 674. 69 km^2，仅为湖面积的 3 倍。流域内有大小河流 103 条，主要河流有 35 条，较长河流有 2 条（梁王河 21 km、东大河 19. 9 km），其余为 2 ~10 km。抚仙湖属雨水补给型湖泊，河流多为间歇性河，暴涨暴落，汇流时间短。据海口河 40 多年水文实测统计资料，多年平均水位 1 721. 00 m，历年最高水位 1 722. 51 m（2002 年 12 月 30 日），最低水位 1 720. 31 m（1978 年 5 月 1 日）。绝对变幅 2. 20 m，历年平均变幅仅为 0. 70 m，其相应的湖泊蓄水量变化为 2×10^8 m^3，占总蓄水量的 1%，其最大蓄水量变化已知有 $3.4 \times 10^8 m^3$，占总水量的 1. 7%，蓄水量变化微小。抚仙湖无过境河流，水源完全靠降雨量补给，多年平均入湖径流量为 $1.6 \times 10^8 m^3$，湖面降雨 $2.0 \times 10^8 m^3$，地下泉水 $0.28 \times 10^8 m^3$。湖面蒸发量 $2.8 \times 10^8 m^3$，多年平均出流量 $0.9 \times 10^8 m^3$，换水周期长达 167 年（图 7 -18）。

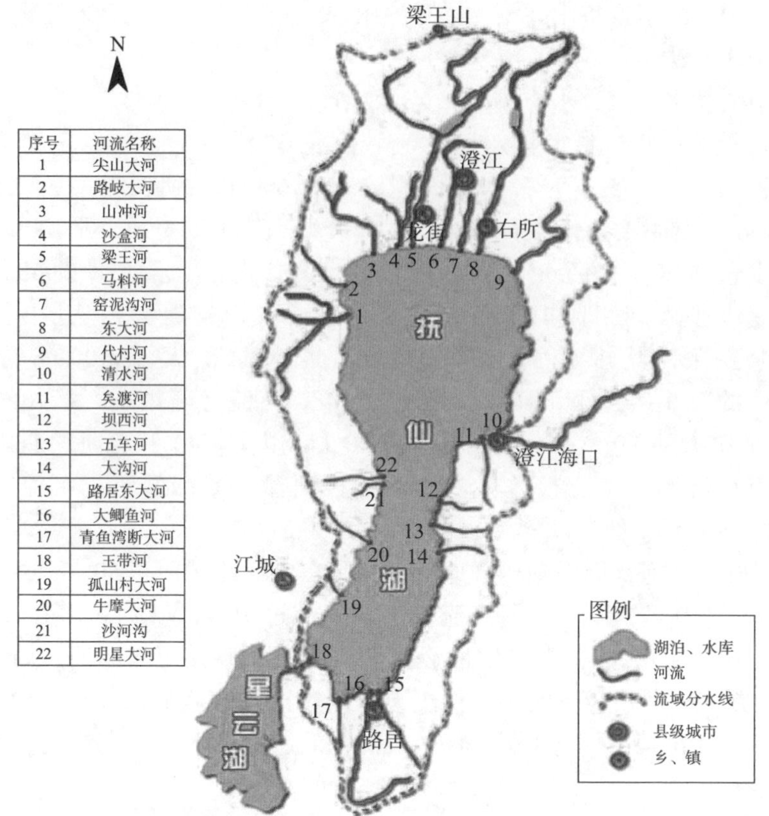

序号	河流名称
1	尖山大河
2	路岐大河
3	山冲河
4	沙盒河
5	梁王河
6	马料河
7	窑泥沟河
8	东大河
9	代村河
10	清水河
11	矣渡河
12	坝西河
13	五车河
14	大沟河
15	路居东大河
16	大鲫鱼河
17	青鱼湾断大河
18	玉带河
19	孤山村大河
20	牛摩大河
21	沙河沟
22	明星大河

图 7－18　抚仙湖流域主要入湖河流位置图

2. 指标数据与研究方法

（1）指标体系

湖泊是水资源的基本载体，是水生植物、微生物、无脊椎动物、鱼类、两栖动物、鸟类等生物的栖息地，是防洪、排涝、引水、灌溉、航运、供水、养殖等人类活动的基础。湖泊的水面积、岸线长度、容积、淤积容量等指标对于土地利用、防洪排涝的评估、水资源调度能力的分析等均具有十分重要的作用。因此，本研究主要选取了抚仙湖生态资源如水资源、鱼类、水生植物等的变化情况及调节气候价值、调节蓄洪价值、景观价值等进行评估，通过湖泊生态系统物质生产及生态服务功能价值的评估来反映湖泊生态产品的价值，通过将湖泊生态系统提供的物质产品和服务功能进行货币化，实现将湖泊自然资源价值化的目的。

（2）数据方法

①生态资源产品价值评估

湖泊水生态系统的物质生产价值，主要包括供水，产出水产品，提供各种植物性资源产品等。采用直接市场价值法进行评估。

本案例主要涉及水产品生产，主要考虑水产品总产值和各种植物性资源产品产值，以货币单位表示。主要包括鱼类、贝类、虾类蟹类等动物和蒲草、芦苇等水生植物。

$$V_{水产品} = \sum_{j=1}^{m} P_j Q_j$$

式中，Q_j 为第 j 种水产品的产量；P_j 为第 j 种水产品的市场价格。

②生态系统服务产品价值评估

湖泊的环境调节价值主要包括污染物截留和净化、调节空气、调蓄洪水、土壤持留、改变区域局部小气候等。本案例主要涉及固碳释氧、调洪蓄洪等价值评估，见表 7－14。具体评估方法参见第 4、第 5 章。

表 7－14　抚仙湖生态产品价值类型与评价方法

序号	生态产品	价值类型	评价方法
生态资源产品			
1	水产品生产	直接使用价值	市场价格法
2	水资源蓄积	直接使用价值	市场价格法
生态系统服务产品			
3	调节气候功能	间接使用价值	影子项目法、影子价格法
4	调洪蓄洪功能	间接使用价值	影子工程法

湖泊生态产品的存在价值，即采用湖泊自然资源年收益除以年收益率的方法，公式如下：

$$V_3 = \frac{V_1 + V_2}{r}$$

其中，V_1 为湖泊生态产品的经济价值；V_2 为湖泊生态产品的支持功能价值；r 为自然资源收益率；V_3 为湖泊生态产品的存在价值。

3. 抚仙湖生态产品价值评估

（1）抚仙湖生态资源变化情况

通过现有文献收集、相关统计年鉴、野外实地调查，对抚仙湖流域土地利用情况的卫星解译结果，以 2005 年为参照，2010 年作为评价年，从湖泊形态特征、原有生态资源结构及数量等方面对抚仙湖生态资源变化进行描述。

表 7－15　2005 年与 2010 年抚仙湖物理形态特征比较

形态分类		2005 年	2010 年	变化量
物理形态	水域面积/km^2	216.53	216.47	－0.06
	流域面积/km^2	674.69	674.69	0
	湖岸线总长/km	115.32	115.29	－0.03
	湖滨缓冲区的面积/km^2	88.57	88.57	0
	平均水深/m	95	94.9	－0.1
	湖面最低水位/m	1 722.34	1722.21	－0.13
	蓄水量/万 m^3	205.84	205.55	－0.29

与2005年相比，2010年抚仙湖的物理形态特征方面的构成指标，例如，水面面积、水位、湖岸线长度等均有少量减少，蓄水量由2005年的205.84万m^3减少为2010年的205.55万m^3，造成这种现象的主要原因可能一方面与抚仙湖流域降水量减少有关，另外，星云湖抚仙湖出流改道工程实施后，导致抚仙湖的入湖水量减少，水量的减少直接导致了水位、水面面积、湖岸线长度的变化。

与基准年2005年相比，抚仙湖水质指标中，高锰酸盐指数、总氮、溶解氧、透明度等质量指标略有下降，氨氮和总磷浓度指标略有改善，对湖泊的六个关键指标进行归一化并加权处理后，得到2005年和2010年水质综合质量指数分别为1.2和1.08，得出水质综合质量指数下降约10%，说明抚仙湖水质略有下降。生态指标中，抚仙湖叶绿素a浓度、营养指数基本维持不变，自然湖滨缓冲区面积及自然岸线长度略有下降，自然岸线占总岸线的比例由2005年的31.13%变化为2010年的30.94%，表面抚仙湖生态环境状况基本未发生变化（表7-16）。

表7-16 2005年与2010年抚仙湖水质及生态特征对比

形态分类		2005年	2010年	变化量
质量特征	水质			
	高锰酸盐指数/（mg/L）	1.04	1.07	+0.03
	TN/（mg/L）	0.155	0.17	+0.015
	TP/（mg/L）	0.007	0.005	-0.002
	氨氮/（mg/L）	0.092	0.037	-0.055
	DO/（mg/L）	8.52	7.69	-0.83
	SD/（m）	5.6	5.28	-0.32
	生态			
	叶绿素a/（mg/m^3）	1.99	1.89	-0.1
	营养指数	18.9	18.48	-0.42
	特征指示物种密度	—	—	—
	生物多样性指数	—	—	—
	自然湖滨缓冲区面积/km^2	47.66	47.62	-0.04
	自然岸线长度/km	35.90	35.67	-0.23

抚仙湖生物多样性丰富，主要包括鱼类、鸟类、沉水植物、浮游植物、底栖生物等。2005年在抚仙湖共采集到鱼类33种，隶属于13科30属，从表7-17中可以看出，鱼类组成以鲤科鱼类为主，共17种，占总种数的51.5%；鳗鲡科、鳅科、鲇科和鰕虎鱼科各2种，各占6.1%；其他8科各1种，各占3.0%。在鲤科鱼类中，鲤亚科最多，有5种，占鲤科鱼类总种数的29.4%；其次是鲃亚科，有4种，占23.5%。33种鱼类中，土著鱼类14种，占42.4%，其中抚仙湖特有鱼类钱鱇浪鱼、抚仙金线鲃、花鲈鲤和抚仙高原鳅，其他鱼类19种，占57.6%。在种数上，

非土著鱼类已经占据了抚仙湖鱼类的主体。

表 7－17　2005 年与 2010 年抚仙湖物种结构及数量的变化

物种种类	2005 年	2010 年	变化量
动物			
鱼类产量/t	1699	1982	+283
鱼类/种	33	24（2007—2008 年）	－9
土著鱼类/种	14	10（2007—2008 年）	－4
植物			
沉水植物/t	19 500	23 400	+3 900
浮游植物/（万个/L）	98.98	90.64	－8.34

而根据相关文献及调查结果，2007—2008 年，抚仙湖内鱼类种类为 24 种，其中土著鱼类 10 种，与 2005 年相比，鱼类种类减少 9 种，其中土著鱼类减少 4 种，主要原因可能与外来物种入侵有关。同时，抚仙湖特有鱼类鱇浪鱼数量大为增加，由 2005 年的 1 t 左右增加到大约 3 t，这与抚仙湖当地的放流增殖有关，2007—2009 年，当地共放殖鱇浪鱼 251.4 万尾，使得抚仙湖鱼类产量有较大提升。

2005—2010 年抚仙湖沉水植物生物量表现出微弱的上升趋势，2005 年 7 月沉水植物平均生物量为 6 168 g/m^2，2009 年 7 月为 6 294 g/m^2，2010 年 8 月为 7 355 g/m^2，而轮藻植物生物量的上升趋势较沉水植物的明显，由 2005 年 7 月的 230 g/m^2 上升到了 2010 年 8 月的 1 721 g/m^2。

抚仙湖共有浮游植物近 40 种，分属 6 个门，其中绿藻门浮游植物种类最多。浮游植物的细胞密度在 $0.7 \sim 5.7 \times 10^5$ 个细胞/L，整个湖泊叶绿素 a 浓度在 0.5～3.5 ug/L，在靠近村落和河流入水口湖湾，叶绿素 a 浓度和细胞密度都比较高。2005—2010 年，抚仙湖叶绿素 a 的浓度分别为 1.99 mg/m^3 和 1.89 mg/m^3，浮游植物分别为 98.98 万个/L 和 90.64 万个/L。

相较于 2005 年，抚仙湖水生植被覆盖度增加了 0.3%，水面面积减少了 0.06 km^2。而抚仙湖湖滨带草地面积未发生变化，林地和农田均有所降低，降低幅度为 0.15% 和 1.24%，建筑用地和其他用地面积增加，建筑用地增加了 9.7%，显示湖滨带人为活动有所增加，可能会对抚仙湖生境产生较大影响（表 7－18）。

表 7－18　抚仙湖及湖滨土地利用情况

	水体		湖滨带/亩				
	水面/km^2	水生植被覆盖度/%	草地	林地	建筑用地	农田	其他
期初存量	216.53	1.5	30 780	40 710	6 975	54 225	165
本期增加		0.3	0	0	675	0	60
本期减少	0.06		0	60	0	675	0
期末存量	216.47	1.8	30 780	40 650	7 650	53 550	225

（2）抚仙湖生态资源产品价值评估

①抚仙湖生态产品的价值结构

依据资源价值理论，借鉴并参考国内外相关湖泊生态系统价值分类体系的分类方法，并结合抚仙湖的生态功能实际特点建立抚仙湖的价值评价指标和功能评价结构，计算方法依据本研究确定的评价方法来计算，分别计算基准年与评价年的产品价值。

②抚仙湖生态价值评价

使用价值评价

抚仙湖使用价值评价是抚仙湖总价值评价的重要部分，包括直接使用价值和间接使用价值。

a）直接使用价值

直接使用价值主要包括提供物质产品价值和水资源蓄积价值两项内容。

水资源蓄积价值

抚仙湖蓄水能力巨大，不仅可以为一般工业、农业以及一般渔业提供服务，同时还可以作为饮用水水源为城镇生活提供水资源的补充。

2005 年和 2010 年，抚仙湖蓄水量分别为 $205.84\times10^{8}m^{3}$ 和 $205.55\times10^{8}m^{3}$，由于缺乏调水水资源价格，暂时采用全国水库建设投资每增加 $1m^{3}$ 库容的成本为 0.67 元计算，则 2005 年和 2010 年抚仙湖蓄积水资源的价值分别为 137.91×10^{8}元/a 和￥137.72×10^{8}元/a。

主要水产品价值

抚仙湖的水产品包括鱼类、虾、贝壳类和多种底栖类等多种产品，其中以鱼类产品为主要的经济产品，其中又以土著的抚仙湖鱇浪鱼和引进的银鱼为目前市场销售的鱼类品种。因此本研究以此两种鱼类为价值评估对象。计算结果见表 7－19。

表 7－19　2005 年与 2010 年抚仙湖鱼产品价值评估表

	2005 年			2010 年		
鱼种类名称	产量/t	市场价格/（元/kg）	总价值/元	产量/吨	市场价格/（元/kg）	总价值/元
鱇浪鱼	1.0	1 000	1.0×10^{6}	3.0	1 000	1.0×10^{6}
银鱼	1 624.0	20	32 480	1 970.0	20	39 400
合计	1 741.0		1.32×10^{6}	1 973.0		1.39×10^{6}

因此，2005 年和 2010 年，抚仙湖鱼类产品价值分别为 1.32×10^{6}元/a 和 1.39×10^{6}元/a，且鱇浪鱼产量及价值高于银鱼。

（3）抚仙湖生态系统服务产品价值评估

b）间接使用价值

抚仙湖间接使用价值评价主要包括气候调节、调蓄洪水和生物多样性维持等三个方面。

调节气候价值

抚仙湖的调节气候功能价值主要是通过植被吸收 CO_2，释放 O_2实现对大气组分的调节。因此，该项价值的评价采用影子项目法和影子价格法。

依据抚仙湖水域植被盖度的统计资料，2005 年及 2010 年抚仙湖的湖体沉水植被净生物量分别为 19 500 t 和 23 400 t，干物质量分别为（按 90% 含水率计算）1 950 t和 2 340 t。根据光合作用方程式，得到抚仙湖水生植被年固定 CO_2约为 3 179吨和 3 814 吨，释放 O_2约 2 262 吨和 2 714 吨。固碳和制氧价值分别采用碳税法和造林成本法来估算。其中，碳税法是影子价格法的一种，即对 CO_2的排放进行收费来确定 CO_2排放损失价值的方法。参照《中国生物多样性国情报告》中使用的瑞典碳税率（150 美元/t），折合人民币 1 174.5 元/t（2005 年中央银行人民币汇率中间价）。抚仙湖释放 O_2的价值取中国工业制氧 400 元/t（O_2）。经计算得到抚仙湖水生植被 2005 年和 2010 年固定碳的价值分别为 3.7×10^6元和 4.5×10^6元，释放氧气的价值为9.0×10^5元和 10.9×10^5元，总计分别为 4.6×10^6元和 5.6×10^6元。

调洪蓄洪价值

抚仙湖具有重要的调蓄洪水的能力，调蓄洪水功能价值评价方法采用影子工程法来计算。2005—2010 年，抚仙湖可调蓄的库容为 $21\times10^8\,m^3$，单位蓄水量的库容成本按照 0.67 元/m^3计算（1990 年不变价）。因此，该项功能价值计算为：

调蓄洪水功能价值 = 可调蓄洪水量 × 单位蓄水量的库容成本 = 14.07×10^8元/a

表 7－20　抚仙湖生态价值评价结果

		基准年（2005）价值量（10^8元/年）	评价年（2010）价值量（10^8元/年）
抚仙湖生态产品价值	提供水资源价值	137.91	137.72
	物质产品价值	0.013 2	0.013 9
	小计	137.92	137.73
	调节气候价值	0.046	0.056
	调洪蓄洪价值	14.07	14.07
	栖息地（生物多样性）	9.6	9.6
	小计	23.72	23.73
	合计	161.64	161.46

4. 结果分析

（1）抚仙湖 2010 年生态产品价值总量相较于 2005 年呈降低趋势。抚仙湖生态产品价值由 2005 年的 161.64 亿元到 2010 年的 161.46 亿元，下降约 1 800 万元，其中水资源价值量有所下降，物质产品（鱼类）价值和调节气候价值略微升高，其余价值的基准年和评价年基本持平，表明抚仙湖生态产品价值并未发生显著变化。其中提供水资源量价值占比分别为85.32%和85.30%，为生态产品价值总量的主要和重要内容，具有较高的经济价值和生态价值。

（2）抚仙湖生态资源产品价值较高，生态实现价值较低。抚仙湖提供水资源价值和水产品价值共计约137亿元，远高于生态系统服务产品的价值量，占总体生态产品价值的85%以上。生态系统服务产品价值占比仅为15%左右。

对湖泊的自然资源产品及生态服务产品进行价值评估，能够充分了解湖泊的资源变化情况。本案例从水资源量、水产品价值及调节气候、调蓄洪水方面评估了抚仙湖的生态产品价值，发现抚仙湖生态价值较高，但生态实现价值相对较低，未来工作重点将考虑如何将抚仙湖的生态价值发挥出较大经济效益，实现抚仙湖的绿色发展。

专栏7－3　抚仙湖积极开展生态保护活动

自2004年以来，抚仙湖沿岸村庄开展“环湖文明走廊工程”，将新农村建设、和谐社会构建融入抚仙湖的保护治理中，通过充分发挥党员干部的模范带头作用、广泛发动群众参与，改变了农村人居环境，还帮助群众树立生态观念，增强环保意识。

自2005年起，玉溪市每年举行“8·26”抚仙湖保护活动日，广泛开展宣传教育活动和植树造林活动，大张旗鼓对在抚仙湖保护治理工作中作出贡献的单位和个人进行表彰奖励，形成了政府主导、全民参与的良好氛围，“像爱护眼睛一样爱护抚仙湖”成为全社会的共识。

7.3.2　河流生态系统生态产品及其价值评估——以辽河干流为例

由于本案例只选取了辽河干流新民段河堤内为代表进行生态产品价值评估，且只针对该段河流开展工作，其工作重点是评估河堤范围内植被、水生生物和生态系统服务等方面的生态属性，而对其进行生态价值转化，因此将此案例归为小范围的湿地生态系统进行研究，并未涉及整个流域生态系统的价值评估。

1. 研究区概况

以新民市境内辽河干流为例，进行河流生态产品价值评估，评估范围为河堤内的区域，河段长度约90 km，评估基准年份为2010年。参考我国土地利用分类体系标准，结合研究区土地利用现状特征，将研究区土地利用分为林地、草地、湿地、河流、耕地、建设用地和沙地共7个类型，见图7－19。辽河干流新民段河堤内土地利用现状以耕地为主，占土地面积的60.43%，沙地占比最小，为2.1%。详细统计结果见图7－20。

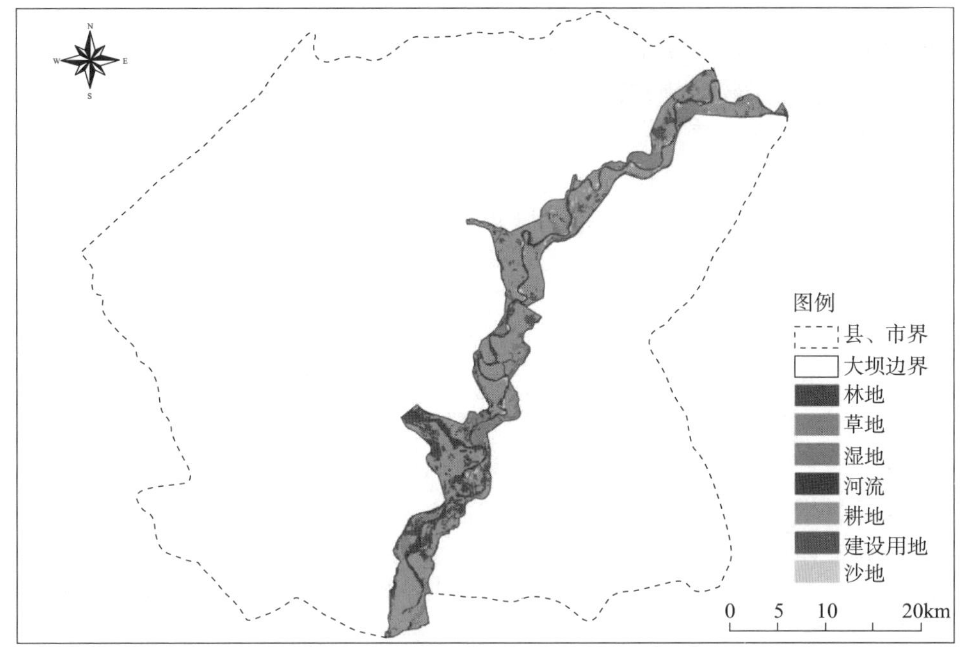

图7－19 辽河干流新民段土地利用现状

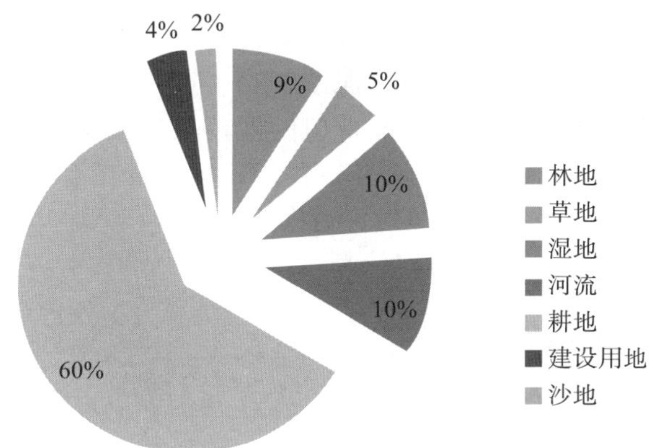

图7－20 辽河干流新民段土地利用现状统计结果

（1）水资源量减少，气候干旱化

近年来，受自然条件影响，辽河流域年均降水量减少，加之全球气候变暖，辽河流域年平均气温也连年升高，使河流蒸发量增加，河流径流量变小，导致水面缩减，地下水位降低，河流的自净能力降低，致使气候干旱化。此外，土地周边土壤的盐渍化影响植被的生长，导致植被覆盖率降低，流域生物多样性和生态平衡遭到破坏。

（2）水污染严重，水环境恶化

辽河流域流经我国东北重要的工业基地和经济区，也是我国重要的农牧区之一。随着辽河流域社会经济的发展和城市化进展的加快，辽河流域水资源匮乏与水污染严重已成为制约该区域国民经济可持续发展的重要因素。一方面，辽河流域内多年人均地表水资源量 535 m^3，仅为全国的 1/5，水资源极为短缺；另一方面，辽河流域重工业发展，污染物的排放，造成工业点源污染，破坏流域水生态环境，加之农牧业产生的农村面源污染，导致水环境恶化，近年来综合污染指数一直居全国七大流域前列。

（3）水土流失状况加剧，土壤表层受污染

流域内土地的过度开发利用，化肥农药利用率低，使土壤肥力消耗过大，破坏土壤的结构和特性，甚至出现盐碱化、营养和有机质缺乏等问题，导致流域内的水土流失现象也较为严重。盲目开荒耕种、破坏植被，造成土地风蚀沙化，加剧地区水土流失，且很难再生或恢复。土壤侵蚀，土壤地力大幅减退，干旱的威胁也随之增加，工农业生产过程中对土壤表层的污染等，这些都严重制约着辽河流域土壤的可持续发展。

2. 指标数据与研究方法

（1）指标体系

河流生态产品是人类从河流中获得的各种服务和福利的价值体现，是生态经济和环境经济研究中连接生态环境、生态系统与人类经济社会的桥梁和纽带，包括自然资源价值和生态服务功能价值，它是一个时空动态变化的量值，其价值机制来源于河流内部物理、化学、生物组分之间的互相作用。因此，本案例主要选取了辽河干流（新民段）生态资源如水资源、水生植物、鱼类、两栖类、爬行类等的变化情况及林地、草地、湿地及耕地的价值，泥沙输送、调节蓄洪价值等进行评估，通过河流生态系统物质生产及生态服务功能价值的评估来反映河流生态产品的价值，通过将河流生态系统提供的物质产品和服务功能进行货币化，评估潜在经济价值（图 7－21、表 7－21）。

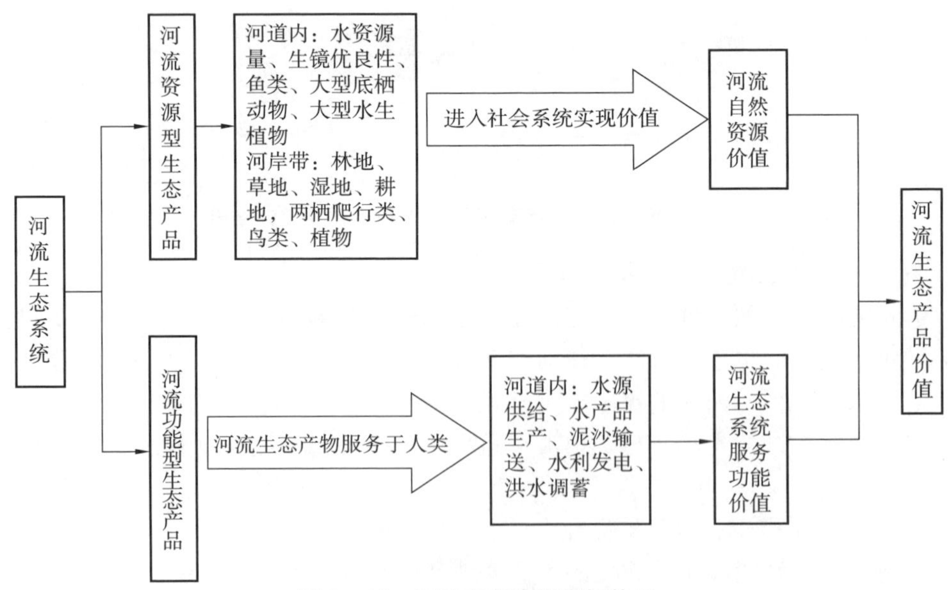

图 7－21　河流自然资源指标体系

表 7－21　辽河干流（新民段）生态产品价值类型与评价方法

序号	生态产品	价值类型	评价方法
生态资源产品			
1	水产品生产	直接使用价值	市场价格法
2	水资源蓄积	直接使用价值	市场价格法
3	林地草地湿地耕地	直接使用价值	基于遥感影像计算
生态系统服务产品			
4	泥沙输送	间接使用价值	影子工程法、影子价格法
5	调洪蓄洪功能	间接使用价值	影子工程法
6		存在价值	

（2）数据方法

河流生态产品的评估范围在纵向上应包括河源至河口之间的河道，横向上应包括河道、河岸带和泛洪区中有关的地下水、湿地、河口以及其他依赖于淡水流入的近岸环境。

对鱼类、大型水生植物、两栖类、爬行类、河岸带植物进行定性评估。

本案例涉及的生态资源产品如水产品生产、水资源蓄积、林地、草地、湿地、耕地价值及生态系统服务产品如泥沙输送、洪水调蓄具体价值评估方法详见第 4、第 5 章。

3. 辽河干流新民段生态产品价值评估

辽河干流新民段生态产品评估以大堤以内区域为评估范围，河流生态产品在横向上分为河道内自然资源、河岸带自然资源和河流生态系统服务功能三部分。

（1）生态资源价值定量评估

①水资源量

根据河口控制站 1956—1979 年资料推算，辽河多年平均流量约 400 m^3/s。辽河干流新民段位于辽河干流中下游，按辽河多年平均径流量的 1/3 估算得新民段每年水资源总量为 $4.2\times10^9 m^3$，按平均水价 2 元/m^3 计算，辽河干流新民段水资源价值为 840 亿元/a。

②林地

新民段辽河干流评估范围内林地的面积为 25.89 km^2（即 2 589 hm^2），参考 Costanza（1997）论文中林地生态服务功能的单价价值 969 美元/（$hm^2\cdot a$），评估的新民段辽河干流评估范围内林地价值为 2 508 741 美元/a（约 1 544 万元/a）。

③草地

基于遥感影像，应用 GIS 统计的新民段辽河干流评估范围内草地的面积为 12.81 km^2（即 1 281 hm^2），参考 Costanza（1997）论文中草地生态服务功能的单价价值 232 美元/（$hm^2\cdot a$），评估的新民段辽河干流评估范围内草地价值为 297 192 美元/a（约 183 万元/a）。

④湿地

湿地包括自然湖泊、水库、坑塘、水渠、滩涂等湿地类型。基于遥感影像，应用 GIS 统计的新民段辽河干流评估范围内湿地的面积为 28.61 km^2（即 2 861 hm^2），参考 Costanza（1997）论文中湿地生态服务功能的单价价值 14 785 美元/（hm^2·a），评估的新民段辽河干流评估范围内湿地价值为 42 299 885 美元/a（约 26 036 万元/a）。

⑤耕地

基于遥感影像，应用 GIS 统计的新民段辽河干流评估范围内耕地的面积为 170.75 km^2（即 17 075 hm^2），参考 Costanza（1997）论文中耕地生态服务功能的单价价值 92 美元/（hm^2·a），评估的新民段辽河干流评估范围内耕地生态价值为 1 570 900美元/a（约 967 万元/a）。

（2）生态资源价值定性评估

①生境优良性

根据“河流栖息地评价指标与评价标准”，调查样点 XM1、XM2、XM3、XM4、XM5 的总评分分别为 125、132、125、129 和 111，与辽河流域其他调查样点进行插值运算，结果表明辽河干流新民段河流栖息地评分在 120～150，表明辽河干流新民段河流栖息较好。

②鱼类

对辽河干流新民段进行了鱼类调查，调查样点分布见图 7－22。在调查样点 XM1、XM2、XM3、XM4、XM5 共采集鱼类样本 643 尾，隶属于 1 纲 3 目 5 科 19 属 21 种。其中鲤科鱼类最多，15 种，分别为鲫、鲤、䱗、马口鱼、兴凯鱊、棒花鱼、

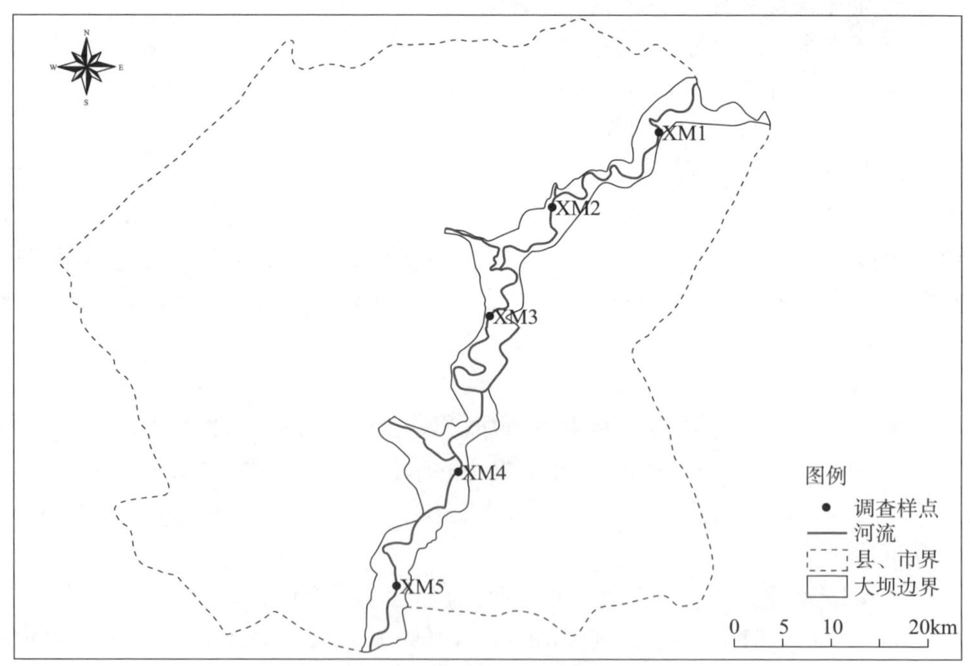

图 7－22 辽河干流新民段调查样点分布

红鳍原鲌、细体鮈、棒花鮈、清徐胡鮈、麦穗鱼、宽鳍鱲、鲢、鳙、彩鳑鲏，占总物种数的 71.4%；其次是鳅科（泥鳅、大鳞副泥鳅）和鰕虎鱼科鱼类（子陵吻虾虎鱼、波氏吻虾虎鱼），各为 2 种，分别占总物种数的 9.5%；最少的是鲇科和鳢科鱼类，各自仅为一种，分别占总物种数的 4.8% 。该区段出现的重要经济性鱼类为乌鳢、鲇、鲢、鳙、红鳍原鲌、鲤，共计 6 种，占总物种数的 28.6%；同时，经济性鱼类出现频率较低，在样点 XM1、XM2、XM3、XM4、XM5 中调查尾数分别为 2 尾、3 尾、1 尾、1 尾、8 尾、1 尾，共计 16 尾，占调查总尾数的 2.5%。在该区域中，鲤科鱼类是绝对优势性物种，其次是鰕虎鱼类，在各样点均有出现。

在各样点的调查结果如下：

样点 XM1：204 尾，隶属于 2 目 3 科 12 属 12 种；鲤科 10 种，鳅科和鰕虎鱼科各 1 种；G14：45 尾，隶属于 2 目 2 科 7 属 7 种；鲤科 6 种，鰕虎鱼科 1 种。

样点 XM2：45 尾，隶属于 2 目 2 科 7 属 7 种；鲤科 6 种，鰕虎鱼科 1 种。

样点 XM3：151 尾，隶属于 2 目 4 科 13 属 13 种；鲤科 9 种，鳅科 2 种，鰕虎鱼科和醴科各 1 种。

样点 XM4：81 尾，隶属于 3 目 4 科 10 属 11 种；鲤科 8 种，鳅、鲇、鰕虎鱼科各 1 种。

样点 XM5：162 尾，隶属于 3 目 3 科 12 属 13 种；鲤科 11 种，鲇、鰕虎鱼科各 1 种。

③大型水生植物

对辽河干流新民段进行了野外大型水生植物调查。该河段出现的大型水生植物主要包括狭叶香蒲、菖蒲、藨草、两栖蓼和芦苇等，其中狭叶香蒲和菖蒲属挺水植物，两栖蓼为水陆两栖植物，藨草和芦苇为湿生植物。

④两栖类

根据野外调查，辽河流域新民段两栖类生物有 5 科 6 属 13 种，即蟾蜍科、姬蛙科、铃蟾科、蛙科、小鲵科 5 科；蟾蜍属、极北属、铃蟾属、蛙属、窄口蛙属、小鲵属 6 属；北方窄口蛙、东北林蛙、东北小鲵、东方铃蟾、黑斑蛙、黑龙江林蛙、花背蟾蜍、恒仁林蛙、极北鲵、史氏蟾蜍、中国林蛙、中华蟾蜍、中亚林蛙 13 种。

⑤爬行类

根据野外调查，辽河流域新民段爬行类动物有 2 科 5 属 11 种，即鳖科、遊蛇科 2 科；鳖属、腹链蛇属、锦蛇属、链蛇属、遊蛇属 5 属；鳖、白条锦蛇、赤峰锦蛇、赤链蛇、东亚腹链蛇、黑眉锦蛇、红点锦蛇、黄脊遊蛇、团花锦蛇、玉斑锦蛇、棕黑锦蛇 11 种。

⑥河岸带植物

对辽河干流新民段进行了野外植被调查，调查样点分布见图 7－22。在调查样点 XM1、XM2、XM3、XM4、XM5 采取样线法进行了植被调查，样线长 50 m，宽 1 m。调查结果表明：辽河干流新民段河岸带植物以草本为主，木本植物多为杨柳科物种和豆科植物紫穗槐，草本植物共有 47 种，分属 15 科 38 属。物种科组成以菊科和禾本科植物占优势。因洪水的冲刷作用使得紧邻河缘的区域植被覆盖率较低，以柳树和芦苇等湿生植物占优势；而在离河道较远的阶地受洪水的影响较小，但人类活动强度增加，植被覆盖率较高，多形成单优群落，如小飞蓬群落、三裂叶豚草群落、茵陈蒿群落、拂子茅群落、野艾蒿群落和野大豆群落等，这些优势物种多为杂草，其中三裂叶豚草为外来入侵物种。

(3) 生态系统服务产品价值评估

辽河干流新民段没有取水口，因此水源供给服务功能价值不需要计算；辽河干流新民段位于辽河中下游，落差较小，没有水电站，因此水力发电服务价值不需要计算；辽河干流新民段历史上有航运功能，根据《辽河志》描述，从 1982 年起航运局停止内河航运，因此，内陆航运服务价值不需要计算。

①水产品生产

查阅《沈阳统计年鉴 2011》得出新民市 2010 年渔业生产总值为 66 866 万元。

②泥沙输送

根据《中国海环境手册》中数据知辽河年总输沙量为 0.35×10^8t，按辽河年总输沙量的 1/2 估算得新民段每年输沙量为 0.175×10^8t，北方人工清理河道的成本费用按 1.5 元/t，辽河干流新民段年泥沙输送价值为 2 625 万元。

③洪水调蓄

按百年一遇的防洪标准（即大堤内范围）计算，辽河干流新民段大堤内耕地的面积为 170.75km^2，按每年平均 200 万元/ km^2核算，辽河干流新民段每年洪水调蓄价值约为 34 150 万元。

4. 结果分析

依据河流生态产品价值评估指标体系，参考《沈阳统计年鉴 2011》、遥感影像统计以及野外调查对辽河干流新民段河流生态产品进行评估，评估结果见表 7－22。

表 7－22　辽河干流新民段生态产品价值评估结果统计

分类	评估指标	评估类型	价值量/（万元/a）
河道内自然资源	水资源量	定量	840 000
	生境优良性	定性	—
	鱼类	定性	—
	大型水生植物	定性	—
河岸带自然资源	林地	定量	1 544
	草地	定量	183
	湿地	定量	26 036
	耕地	定量	967
	两栖类	定性	—
	爬行类	定性	—
	河岸带植物	定性	—

续表

分类	评估指标	评估类型	价值量/（万元/a）
河流生态服务功能	水产品生产	定量	66 866
	泥沙输送	定量	2 625
	洪水调蓄	定量	34 150
合计	972 371		

注：“—”表示不需要定量计算。

（1）结果显示，辽河干流河道内生态产品价值较高，占干流生态产品价值的85%以上。辽河干流2010年生态产品价值评估总计约97.23亿元，河道内生态资源产品价值为84亿元，河岸带生态资源产品价值为2.87亿元，干流生态系统服务产品价值为10.36亿元，分别占总体生态产品价值的86.39%、2.95%、10.66%。

（2）水资源价值量是生态产品价值的重要组成部分。河道内自然生态资源产品主要以水资源为主，且水资源价值占总体生态产品价值的绝大部分比例，辽河干流新民段的水资源不仅具有较高的经济价值，同时也产生了较高的生态价值。

将河流生态系统及其自然资源、生态环境产生的价值进行定量评估，从生态经济学的角度来处理生态环境问题，对河流生态系统的保护、河流生态系统合理开发利用以及区域经济可持续发展具有重要意义。对河流生态产品进行单独的核算，不仅可以促进对河流生态系统服务功能重要性的认识，还可以有效管理河流自然资源类产品。本案例通过计算辽河干流生态产品的价值，了解辽河资源储量及生态系统服务的生态价值，为后续确定生态补偿的价值，进行生态补偿工作及恢复原来的河流环境提供可靠的参考依据。

专栏7-4 辽河流域加强保护生态环境发展现代化产业

辽河是中国七大河流之一，由于大量人为因素，辽河已成为中国江河中污染最重的河流之一，辽河全域都在为治理污染、恢复生态环境，实现集约、智能、绿色、低碳发展做最大努力。

辽河干流盘山闸至曙光大桥之间共有河滩耕地面积27 693亩，涉及农户2 263户，目前已全部实现停耕。辽河两岸生态环境已有显著恢复，一望无际的蓝天碧苇，隐藏在绿苇丛中的一汪汪碧水成了各种野生鸟类栖息的乐园。恢复辽河两岸生态环境是造福子孙的重大举措，辽河的保护造福了盘锦这座城市，这里不仅是一处自然景观，更是一个天然的生态水净化厂，通过绿色的经验和做法，辽河干流两侧被建设成生态带、旅游带。通过生态农业和休闲观光的有机结合，辽河干流盘锦段成为一个美丽的“后花园”。

辽河源镇是生态资源得以发挥巨大经济价值的真实写照。辽河源镇位于东辽河源头，依山傍水，森林丰茂，有不可多得的生态环境优势。全镇围绕特色产业形成五大景观风貌区，即生态文化景观风貌区、世界先进农业景观风貌区、山水湿地景观风貌区、中华农耕文化景观风貌区、东辽河源景观风貌区。辽河源镇依托湿地特色条件，发掘特色生态产品，城镇发展突出绿色精细加工、特色农贸交易、滨水景观休闲、生态宜居环境等特色，乡村发展强调无害化生产和有机农业，有效地扬长避短、发挥优势、统筹城乡，以特色促发展、以发展促和谐，营造了亲切宜人的人居环境。作为典型的山水型小城镇，辽河源镇立足于得天独厚的生态资源发展现代化农业，并进一步完善丰富产业链，建立一个更为鲜明的产业集群，打造特色生态小镇。目前，辽河源镇被列为中国首批特色小镇，在未来发展中，要处理好发展与保护的关系，合理确定产业内容和规模。在城镇功能完善和规划建设中，坚持镇街格局、建筑风貌、功能组织与山水环境的和谐统一，是面临的问题与重要任务。

7.4 小结与展望

森林资源较好的地区大多存在经济落后的现象。森林生态产品价值评估工作，是森林生态保护和建设的一项基础性技术支撑工作。通过对生态产品价值的估算，能够摸清了当地森林的家底，掌握了其森林生态系统服务的空间变化规律，了解生态工程建设对当地生态产品的影响，为下一步生态保护和建设提供了科学依据，也为争取更多的生态补偿政策、资金等提供了参考。因此，未来在生态保护与经济发展方面应注意以下几点：一是实施生态制度责任化，注重自然资源资产离任审计的结果运用，并建立生态产品价值年度考核目标。二是健全森林生态保护补偿制度，扩充补偿范围，提高补偿标准，丰富补偿方式，完善转移支付结构。三是发展林业产业动能生态化，首先调整林业产业结构，大力发展绿色产业，其次加快构建以经济林为主体的农林生态产业，另外着重增品种、提品质、创品牌，实现价值链升级。

研究发现，草地生态系统仅植被层就具有巨大的生态经济价值，它对于经济的可持续发展，稳定大气中的二氧化碳，释放氧气，促进生态环境的改善，提高生态系统的功能，增加生态系统的生物多样性有着重要的意义。尽管目前还难以找到非常精确和公认的估价方法体系，但目前的应用案例研究已经证明生态系统服务的价值是可以用经济方法测度的，并且评价生态系统服务功能的货币价值对于协调人与自然系统之间的联系具有重要意义，能够对环境政策的制定和评估起到积极作用。因此，必须以草地生态系统的理论为指导，处理好草地资源保护、利用和建设之间的关系，进而达到生态效益和经济效益的统一。以草原生态系统价值评估为基础，建议当地政府和相关部门从以下几方面加强草原生态系统的管理和发展：一是确立保护性开发为主题，丰富草原生态旅游产品。首先，加强草原特色产品组合力度，将人文景观价值融入自然生态系统中；其次，将草原旅游资源与湿地公园、牧场等结合，构建多方位旅游胜地。二是提高当地管理水平，建立政府与市场融合的管理体系。首先，将行政手段和市场机制相融合，以保护为前提开展市场化运作，加大生态补偿投入力度，激发补偿资金的流动性；其次，建立政府、企业、民间组织团体及社会公众四位一体的草原生态管理体系，引导公众积极参与草原生态系统保护和生态产品的宣传推广。三是尝试建立区域联动开发模式。结合相连区域的生态旅游资源，实现信息共享、优势互补，提高整体竞争力，实现保护与发展的双赢。

中国湖泊、河流生态产品价值的研究方法、生态参数及研究内容还处于摸索阶段，对一些生态参数进行修正，很难总体上反映我国生态系统的价值状况和价值存量。同时，简单地用 CVM（条件价值法）来评估生态产品的价值量有待商榷，特别是当样本不够大或处在相对偏远落后地区时，会由于信息不对称等原因，使研究结果大打折扣。鉴于此，应加强河流、湖泊生态产品的深入研究，并在技术手段上形成科学合理的体系以进行全面价值评估。另外，河流、湖泊的生态资源管理方面也亟待加强。一是尽快建立湖泊自然资源确权登记制度。二是建立湖泊、河流生态环境定期监测制度，尤其要加强生态指标的监测，确保生态资源评估的数据来源及可靠性。三是建立生态产品管理责任制度。四是做好典型河湖保护有关的规划衔接，对开发及保护进行统筹规划。建议地方政府本着“保护中开发、开发中保护”的原则，做好相关规划衔接，将湖泊、河流等看作一个完整的生态系统，实现资源开发与保护并重、整体与局部双赢、近期与长远兼顾为目标，明确湖泊河流治理、开发与保护的优先领域和顺序，充分发挥其多功能综合利用效益，持续为流域经济社会发展提供服务。

第 8 章
区域流域生态产品及价值评估

为了建立科学有效的生态产品价值评估体系，从区域、流域两个尺度选择了云南省西双版纳傣族自治州、湖北省十堰市、洱海流域3个试点开展生态产品价值评估。3个试点生态区位重要，生态系统水土保持、水源涵养、生物多样性保护等服务功能巨大，是我国重要的生态功能区及国家生态安全屏障，其中湖北十堰市为中国南北地理分界线区域的典型代表，云南西双版纳州为生物多样性丰富区域的典型代表，洱海流域为西南地区典型高原淡水湖泊的典型代表。

8.1 西双版纳傣族自治州生态产品价值评估

8.1.1 西双版纳傣族自治州概况

1. 自然概况

西双版纳傣族自治州位于云南省南部边缘，地处北纬21°09′~22°36′、东经99°56′~101°50′，国土面积为19 125 km^2。属横断山脉的南延部分，怒江、澜沧江、金沙江褶皱系的末端，地势北高南低，两侧高，中间低，海拔高差1 959 m（最高点在勐海东北部的滑竹梁子，海拔为2 429.5 m，最低点在勐腊县良各脚西南的澜沧江河谷，海拔470 m），地貌多为中低山和丘陵区，山地面积占95%。地处低纬度高原，海拔高差悬殊，地形地貌复杂（图8－1）。

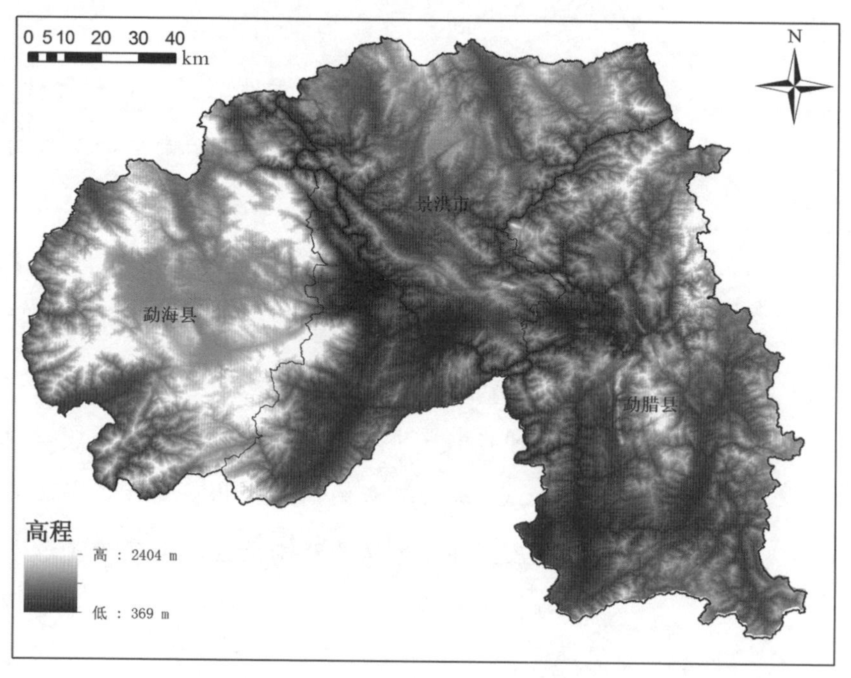

图8－1 西双版纳傣族自治州地形图

受印度洋西南季风的控制和太平洋东南季风的影响，西双版纳州常年湿润多雨，具有“常夏无冬，一雨成秋”的特点。全年分为雨季和旱季，其中5—10月为雨季，其余月份为干季，降雨量集中在7月、8月，雨季降水量占全年降水量的80%以上，全州年降雨量在1 138.6~2 431.5 mm。全州年平均气温在15.1~21.8℃，最热月为5—6月，最冷月为1月。极端最高温为41.1℃，极端低温5℃左右。年日照时数1 500~2 200 h，≥10℃的年积温为5 401~8 009℃。日温变化较大，一般在8~14℃，而在2—4月，差值可达22℃。

境内水资源充沛，西双版纳境内河流属于澜沧江水系，澜沧江自北而南纵贯西双版纳傣族自治州，州境内的流程为 187.5 km，境内有澜沧江水系大小河流 2 761 条，其中，较大河流有 30 余条，集水面积大于 1 000 km^2 的澜沧江一级支流有南果河、流沙河、补远江、南阿河、南腊河、南览河 6 条，集水面积大于 1 000 km^2 的二级支流有普文河，全州水资源丰富。2015 年西双版纳傣族自治州州地表水资源量 98.30 亿 m^3，比常年偏少 3.6%。其中，景洪市地表水资源量 32.69 亿 m^3，勐海县地表水资源量 25.99 亿 m^3，勐腊县地表水资源量 39.62 亿 m^3。

生物多样性资源丰富，全州有森林面积 151.66 万 km^2，有勐养、勐腊、勐仑、尚勇、曼稿、纳板河流域 6 块国家级自然保护区 402 万亩，其中 70 万亩为保护完好的原始森林，森林占全州总面积近 60%，全州有高等植物 5 000 多种，约占全国的 1/6。有脊椎动物 762 种（其中陆栖脊椎动物 539 种），占全国脊椎动物类 1/4；无脊椎动物 3 000 多种，鸟类 427 种，占全国鸟类种数 36%；哺乳动物 108 种，爬行动物 63 种，鱼类 100 种，被誉为“动物王国”“天然动物园”。

2. 社会与经济

西双版纳州辖一市二县（景洪市、勐海县、勐腊县），三区（西双版纳旅游度假区、磨憨经济开发区、景洪工业园区），31 个乡镇和 1 个街道办事处，12 个农场，21 个社区，222 个村委会，2 223 个自然村，驻有 6 个中央、省属科研单位，景洪市是西双版纳州政府所在地，为全州的政治、经济和文化中心。

2015 年年末，西双版纳州常住人口 116.4 万人，比上年末增加 0.7 万人，其中城镇常住人口 50.52 万人，占常住总人口比重为 43.4%。全年人口出生率为 11.98‰，死亡率为 5.64‰，自然增长率为 6.34‰。年末户籍人口 98.23 万人，其中，乡村人口 59.3 万人，占总户籍人口比重为 60.4%；少数民族人口 76.26 万人，占总户籍人口比重为 77.6%，是典型的少数民族聚居的区域。

2015 年西双版纳傣族自治州生产总值 3 359 111 万元，比上年增长 10%。其中，第一产业增加值 855 355 万元，增长 5.4%；第二产业增加值 946 298 万元，增长 13.8%；第三产业增加值 1 557 458 万元，增长 9.3%。第一产业增加值占生产总值的比重为 25.5%，第二产业增加值比重为 28.2%，第三产业增加值比重为 46.4%。人均生产总 28 945 元，增长 9.4%（图 8－2）。西双版纳是一个农业州，胶、粮、糖、茶等为传统支柱产业，茶叶、南药、香料和水果远近闻名，随着改革开放的不断深入，旅游业已成为西双

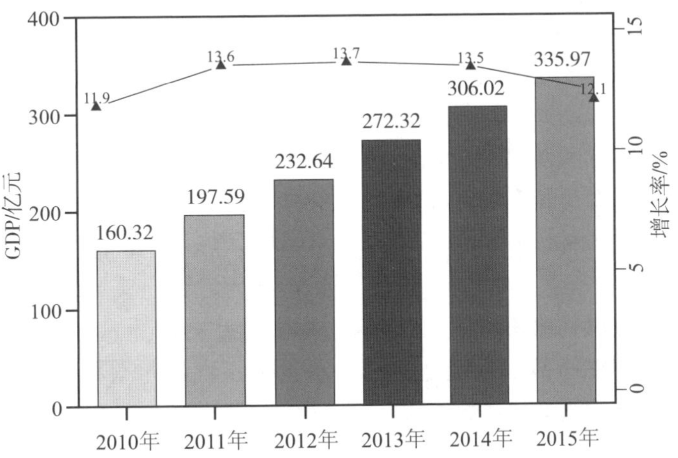

图 8－2　西双版纳 2010—2015 年生产总值与增长速度

版纳重要的支柱产业，并发挥着越来越大的作用。

8.1.2 西双版纳傣族自治州生态产品价值评估指标与方法

1. 指标体系

建立科学、合理的核算体系，是进行生态价值核算的基础，关系到整个生态价值评估的可行性和准确性。本案例立足于生态产品的概念范畴，基于西双版纳傣族自治州的生态系统现状特征，最终筛选出适用于案例区的指标体系与评估方法。本案例区所构建的生态产品价值评估指标，包括生态资源产品和生态系统服务产品 2 个一级指标，9 个二级指标。生态资源指标包括林木资源、淡水资源等。生态系统服务指标包含产品供给、水土保持、水源涵养、固碳释氧、净化水质、净化大气、气候调节等，综合反映了生态系统供给、支持、调节、文化服务（表 8－11）。

表 8－1 生态产品价值评估指标体系

	一级指标	二级指标
生态资产价值评估	生态资源产品	林木资源
		淡水资源
	生态系统服务产品	产品供给
		水土保持
		水源涵养
		固碳释氧
		净化水质
		净化大气
		气候调节

2. 评估方法

以 2010 年和 2015 年为基准年，据西双版纳傣族自治州 2010 年和 2016 年统计年鉴和相关部门、行业统计数据，进行统计汇总，计算林木资源和水资源等实物量。水资源价值包括不同质量等级的地表水和地下水资源量的统计。林木资源包括乔木林、竹林、疏林、散生木和四旁树等蓄积量的统计。利用市场价倒算法，以产品（原木、薪炭林、木炭等）在市场上交易的实际价格即市场价为倒算法的基础，间接地对林木资源进行估算。林木资源包括乔木林、竹林（百株）、疏林、散生木和四旁树等蓄积量统计，水资源包括不同质量等级地表水和地下水资源量以及土壤水的统计（表 8－2）。

表 8-2　生态资源评估方法

指标名称	物质量核算方法	价值转移方法
林木资源	根据森林资源连续清查数据计算活立木蓄积量	直接市场价格法，林木资源价值 = 林木资源蓄积量 × 林木资源价值参数
水资源	根据水资源统计数据得到地表水和地下水资源量，利用生态系统过程模型得到土壤水资源量	采用直接市场价格法计算水资源价值，即采用水资源费作为水的资源租金进行价值估算

生态系统服务选用第 5 章、第 6 章中适合的方法对生态产品实物量和价值量进行核算，具体如下：

①产品供给通过收集统计年鉴、水资源公报及森林资源二类调查等数据进行实物量计算，其价值量直接采用市场价值法。

②土壤保持价值包含减轻泥沙淤积价值及保肥价值，以水土保持量，即潜在土壤侵蚀量与现实土壤侵蚀量的差值，作为土壤保持功能的重要指标进行核算，水土保持量采用通用的水土流失模型（USLE）计算。减轻泥沙淤积价值采用代替工程法，保肥价值采用市场价值法。

③水源涵养价值以水源涵养量作为评估指标，采用水量平衡法计算，即把生态系统看为一个“黑箱”，只考虑生态系统的输入与输出，价值量的核算采用《森林生态系统服务功能评估规范》确定的水库工程费用法。

④固碳释氧价值包含生态系统固碳价值及释放氧气价值，其测算以净初级生产物质量为基础，计算出生态系统固定二氧化碳和释放氧气的物质量，分别采用碳税法和工业制氧法进行价值估算，继而计算固碳释氧价值。

⑤净化水质价值采用代替工程法，以污水处理费用来确定生态系统净化水质的价值。

⑥净化大气指生态系统维持大气化学组分平衡，吸收二氧化硫、二氧化氮等污染物，生产负离子，阻滞粉尘的功能。采用代替工程法计算净化大气的价值，其中吸收二氧化硫、二氧化氮及阻滞粉尘的价值分别采用发改委等四部委 2003 年第 31 号令《排污费征收标准及计算方法》中相应的排污收费标准；生产负离子价值根据浙江省台州科利达电子有限公司生产的使用范围 30 m^2（房间高 3 m）、功率 6 W、负离子浓度 1×10^6 个/m^3、使用寿命为 10 年、价格每个 65 元的 KLD-2000 型负离子发生器而推断（其中负离子寿命为 10min），产生负离子的费用为 5.818 5 元/10^{18}个。

⑦气候调节价值指生态系统温度调节和湿度调节价值。其中温度调节价值采用能量代替法，湿度调节价值采用成本代替法。

8.1.3　西双版纳傣族自治州生态产品价值评估结果

1. 生态资源产品

（1）林木资源

西双版纳傣族自治州 2010 年森林覆盖率为 78.3%，森林覆盖面积为 14 877 km^2；

2015 年森林覆盖率较 2010 年有所增长，为 80%。活立木蓄积量见表 8－3，从表中可以看出，西双版纳傣族自治州 2015 年林木资源蓄积量为 1.91 亿 m^3，较 2010 年增加了 0.46 亿 m^3。

表 8－3　西双版纳傣族自治州活立木蓄积量　　单位：亿 m^3

行政区	2010 年	2015 年
景洪市	0.50	0.66
勐海县	0.41	0.53
勐腊县	0.55	0.72
全州	1.45	1.91

根据统计数据计算，得到西双版纳傣族自治州 2010 年林木资源价值为 635.10 亿元。2015 年林木资源价值为 988.81 亿元，较 2010 年增加了 353.71 亿元（见表 8－4）。

在西双版纳傣族自治州的各市县中，2010 年勐腊县林木资源价值量最大，为 239.14 亿元，其他依次为景洪市和勐海县。与 2010 年相比，2015 年西双版纳傣族自治州各市县的林木资源价值量都出现了不同程度的增加，各市县林木资源价值量的大小排序没有发生变化。

表 8－4　西双版纳林木资源价值量

行政区	2010 年	2015 年
景洪市	218.15	339.63
勐海县	177.82	276.86
勐腊县	239.14	372.32
全州	635.10	988.81

（2）淡水资源

根据水资源公报，西双版纳傣族自治州 2010 年水资源总量为 71.84 亿 m^3，人均水资源量为 6385.8 m^3，产水模数为 37.8 万 m^3/km^2。2015 年全州水资源量 98.3 亿 m^3，产水模数为 51.48 万 m^3/km^2，全州人均水资源总量 8 445 m^3。水资源的空间分布为南部大于北部，东部大于西部，与降水量分布趋势基本一致。

西双版纳傣族自治州 2010 年地表水资源量和地下水资源量基本一致，分别占到水资源总量的 51% 和 49%。全州各（县）市水资源总量差别不大，其中勐腊县和景洪市较多，水资源量分别为 27.63 亿 m^3 和 26.22 亿 m^3，水资源量最小的为勐海县，其水资源总量为 17.99 亿 m^3。全州监测评价河流的水质大部分为Ⅱ类、Ⅲ类，占到评价总河长的 87.8%，全州Ⅳ类水质占 12.2%（表 8－5）。

表 8－5　西双版纳傣族自治州 2010 年水资源量　　单位：亿 km^2

行政区	地表水资源量	地下水资源量	地表与地下重复计算量	水资源总量	
				Ⅰ类、Ⅱ类、Ⅲ类水	Ⅳ类、Ⅴ类、劣Ⅴ类水
景洪市	26.22	12.84	12.84	23.02	3.20
勐海县	17.99	8.82	8.82	15.80	2.19
勐腊县	27.63	13.54	13.54	24.26	3.37
全州	71.84	35.20	35.20	63.08	8.76

西双版纳傣族自治州 2015 年水资源总量为 98.3 亿 m^3，相比 2010 年，2015 年水资源总量增加了近 36%。全州各县（市）水资源量较 2010 年都有增长，其中勐腊县水资源量最高，为 39.62 亿 m^3；勐海县水资源量最低，为 25.99 亿 m^3。全州水质以Ⅰ、Ⅱ、Ⅲ类水为主的态势不变，不存在Ⅳ类、Ⅴ类、劣Ⅴ类水（表 8－6）。

表 8－6　西双版纳傣族自治州 2015 年水资源量　　单位：亿 m^3

行政区	地表水资源量	地下水资源量	地表与地下重复计算量	水资源总量	
				Ⅰ类、Ⅱ类、Ⅲ类水	Ⅳ类、Ⅴ类、劣Ⅴ类水
景洪市	32.69	14.24	14.24	32.69	0.00
勐海县	25.99	11.82	11.82	25.99	0.00
勐腊县	39.62	14.84	14.84	39.62	0.00
全州	98.30	40.90	40.90	98.30	0.00

淡水资源资产价采用《中国森林资源核算研究》所用的持续供水价值。采用国家发展和改革委员会、财政部和水利部共同发布的“十二五”期间最低水资源费指导价，确定全国各地区地表水和浅层地下水资源费最低征收标准。同时，规定超出计划或定额不足 20% 的水量部分，在原标准基础上加 1 倍征收；超出计划或定额 20% 及以上、不足 40% 的水量部分，在原标准基础上加 2 倍征收；超出计划或定额 40% 及以上水量部分，在原标准基础上加 3 倍征收。同时，按照水利部公布结果：南方地表取水占 88%，北方占 50%，采用加权平均的方法，计算水资源价格约为 2.0 元/m^3。

在计算西双版纳傣族自治州水资源价值量时兼顾水量和水质，结合西双版纳傣族自治州 2010 年和 2015 年水资源量的水质分布情况，对Ⅰ、Ⅱ、Ⅲ类水和Ⅳ类、Ⅴ类、劣Ⅴ类水分别计算其价值量，其中Ⅰ、Ⅱ、Ⅲ类水价格为 2 元/m^3，Ⅳ类、Ⅴ类、劣Ⅴ类水价格为 1 元/m^3。

西双版纳傣族自治州 2010 年水资源价值为 134.92 亿元，2015 年水资源价值为 196.60 亿元，价值提升的原因一是因为水资源量的增加，二是水质有所提升。

其中勐腊县和景洪市水资源价值最较高，2015 年分别为 79. 24 亿元和 65. 38 亿元。相比 2010 年，2015 年全州各市县的水资源价值随水资源总量增加整体呈上升趋势（图 8 - 3）。

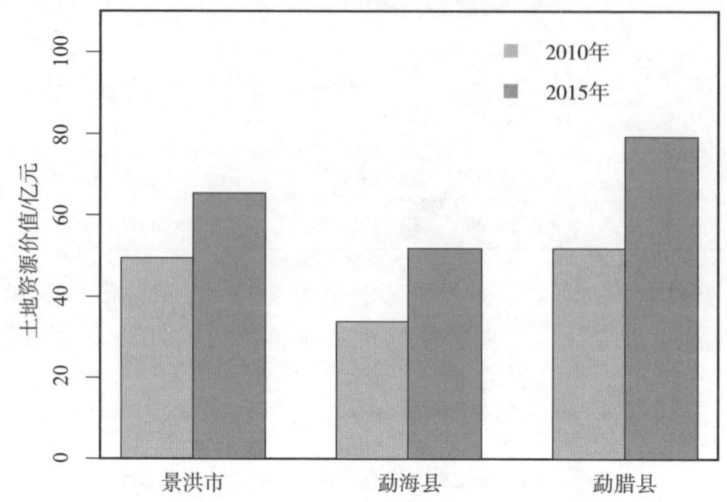

图 8 - 3 西双版纳傣族自治州水资源价值量

2. 生态系统服务产品

（1）产品供给

结合地方统计年鉴，本案例将林产品、畜牧产品、水产品等纳入生态产品价值评估中。

根据西双版纳傣族自治州 2010 年统计年鉴，并结合生态产品当年价值，计算得出全州生态产品价值为 45. 34 亿元，其中包含林产品价值 37. 78 亿元，牧产品价值，畜牧产品价值 5. 72 亿元，水产品价值 1. 85 亿元，占比分别为 52. 75%、37. 98%、2. 58%。从行政区划分布来看，景洪市、勐海县、勐腊县生态产品产值分别为 23. 00 亿元、4. 54 亿元及 17. 80 亿元，占比分别为 50. 71%、10. 02% 及 39. 27%。

根据西双版纳傣族自治州 2015 年统计年鉴，并结合生态产品当年价值，计算得出全州生态产品价值为 71. 79 亿元，其中包含林产品价值 53. 32 亿元，畜牧产品价值 12. 61 亿元，水产品价值 5. 86 亿元，占比分别为 17. 57%、74. 27%、8. 17%。从行政区划分布来看，景洪市、勐海县、勐腊县生态产品产值分别为 37. 97 亿元、9. 00 亿元、24. 83 亿元。

（2）水土保持

西双版纳傣族自治州 2010 年水土保持量为 34 312. 97 万 t，其中林地水土保持量最高，为 21 637. 35 t，占全州水土保持总量的 63. 06%；园地次之，为 9 048. 14 万 t，林地和园地水土保持量几乎占到了 2010 年全州水土保持总量的 90%；农田水土保持量为 2 107. 90 万 t，占比为 6. 14%；水域、建设用地及裸地由于植被覆盖较少，水土保持量较低，分别为 185. 49 万 t、332. 66 万 t 及 7. 40 万 t。

2015 年西双版纳傣族自治州水土保持总量为 43 041. 30 万 t，其中林地水土保持量最高，为 26 786. 41 t，占全州水土保持总量的 62. 23%；园地水土保持量为 11 619. 99 万 t，占全州水土保持总量的 26. 37%；农田水土保持量为 2 107. 90 万 t，占比为 6. 14%；水域、建设用地及裸地水土保持分别为 238. 94 万 t、394. 29 万 t 及 9. 87 万 t（图 8 －4 ~ 图 8 －7）。

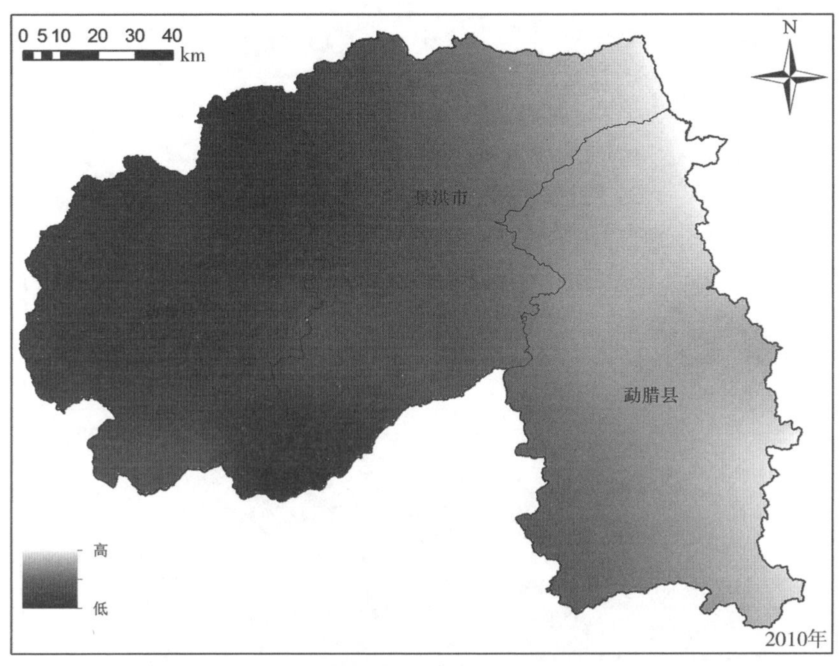

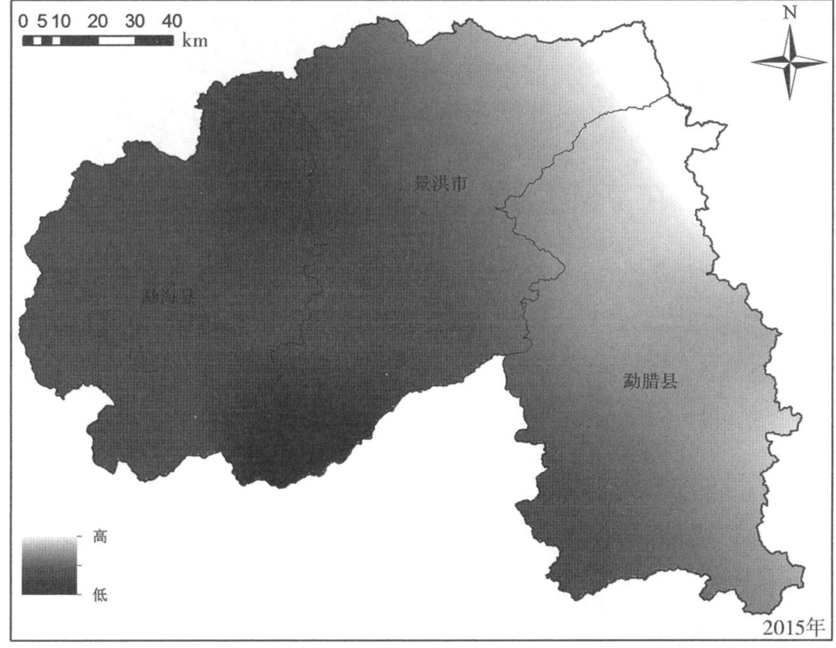

图 8 －4　西双版纳傣族自治州 2010 年、2015 年降雨侵蚀力

图8－5　西双版纳傣族自治州地形因子及土壤可蚀性因子

经测算，2010年西双版纳州减轻泥沙淤积总价值为24.64亿元。按不同生态系统类型看，林地减轻泥沙淤积价值量最大，为15.54亿元，占减轻泥沙淤积总价值的63.05%；园地减轻泥沙淤积价值为6.50亿元，占减轻泥沙淤积总价值的26.37%。由于西双版纳州坡度达到20°以上的不适宜开垦的坡耕地面积占比较大，削弱了其减轻泥沙淤积能力，减轻泥沙淤积价值为1.51亿元，占减轻泥沙淤积总价值的6.14%；草地的减轻泥沙淤积价值为0.71亿元，占减轻泥沙淤积总价值的2.90%；

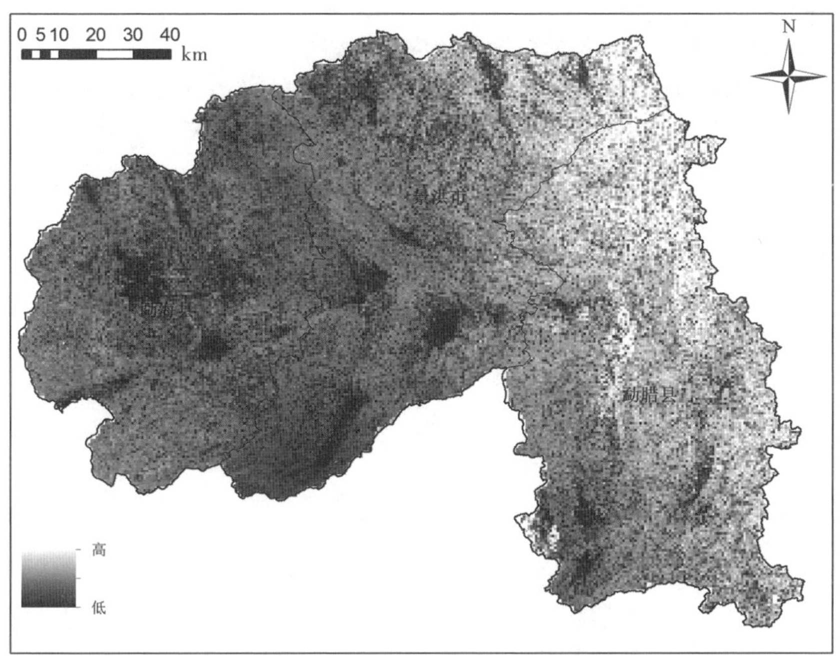

图 8－6　西双版纳傣族自治州 2010 年土壤保持量空间分布

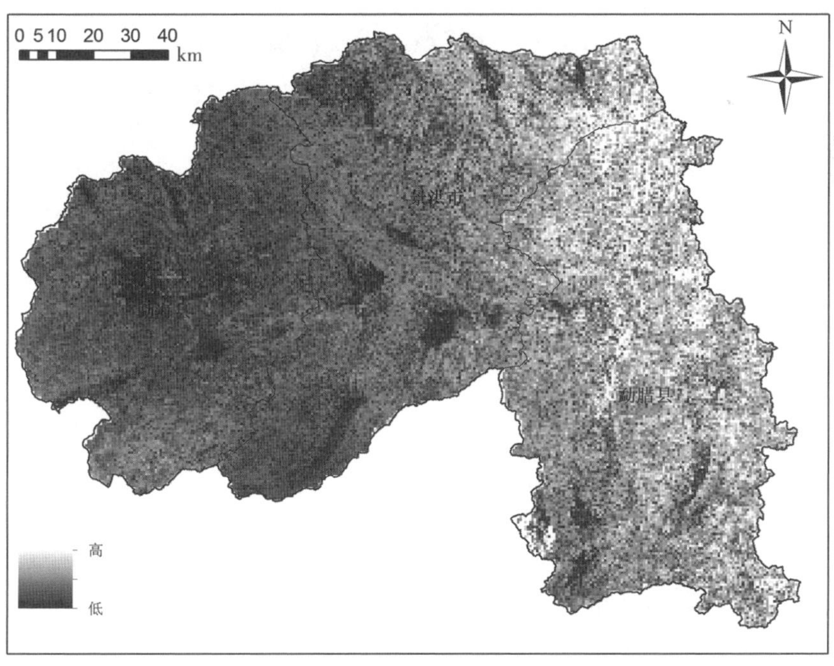

图 8－7　西双版纳傣族自治州 2015 年土壤保持量空间分布

水域可以被视为无水土流失区域，其减轻泥沙淤积价值为0.13亿元，占减轻泥沙淤积总价值的0.54%；建设用地虽然植被覆盖率相对较低，但由于其具有硬地表，改变了土地下垫面的性质，因而也有着较好的减轻泥沙淤积效果，其减轻泥沙淤积价值量为0.24亿元，占减轻泥沙淤积总价值的0.97%。从空间分布来看，2010年减轻泥沙淤积价值量最高的是勐腊县，为12.19亿元，其次是景洪市，为7.94亿元（表8－7）。

表8－7 2010年西双版纳州固土价值 单位：亿元

类型 地区	林地	草地	园地	农田	水域	建设用地	裸地	合计
景洪市	4.89	0.09	2.50	0.30	0.06	0.09	0.00	7.94
勐海县	2.56	0.50	0.61	0.77	0.02	0.06	0.00	4.51
勐腊县	8.09	0.12	3.39	0.44	0.05	0.09	0.00	12.19
合计	15.54	0.71	6.50	1.51	0.13	0.24	0.01	24.64

2015年西双版纳州减轻泥沙淤积总价值为36.52亿元。按照不同生态系统类型来分析，林地的减轻泥沙淤积价值量最大，为22.73亿元，占比62.24%；园地的减轻泥沙淤积价值为9.86亿元，占比27.00%；农田的减轻泥沙淤积价值为2.28亿元，占比6.26%；草地、建设用地、水域和裸地的减轻泥沙淤积价值分别为1.10亿元、0.33亿元、0.20亿元和0.008亿元，占比分别为3.02%、0.925、0.56%和0.02%。从空间分布来看，2015年减轻泥沙淤积价值量最高的是勐腊县，为17.13亿元，占西双版纳州减轻泥沙淤积价值的46.90%；以下依次为景洪市、勐海县，减轻泥沙淤积价值分别为12.02亿元和7.37亿元，分别占西双版纳州减轻泥沙淤积总价值的32.91%和20.19%（表8－8）。

表8－8 2015年西双版纳州固土价值 单位：亿元

类型 地区	林地	草地	园地	农田	水域	建设用地	裸地	合计
景洪市	7.40	0.14	3.79	0.46	0.09	0.13	0.003	12.02
勐海县	4.40	0.77	0.92	1.15	0.03	0.08	0.002	7.37
勐腊县	10.92	0.19	5.15	0.67	0.08	0.12	0.004	17.13
合计	22.73	1.10	9.86	2.28	0.20	0.33	0.008	36.52

根据西双版纳州行政和土地利用类型矢量图，并结合栅格化的土壤氮、磷、钾含量分布图，西双版纳州2010年保肥总价值为288.08亿元。按不同的生态系统类型分析，林地的保肥价值为181.66亿元，占全州保肥总价值的63.06%；园地的保肥价值为75.97亿元，占26.37%，两者合计占比约为90%；农田和草地的保肥价值分别为17.70亿元和8.35亿元，占比分别为6.14%和2.90%；建设用地、水域和

落地的保肥价值分别为 2.79 亿元、1.56 亿元、0.06 亿元，分别占 0.97%、0.54% 和 0.02%。从空间分布来看，2010 年保肥价值量最高的是勐腊县，为 142.54 亿元；其次是景洪市、勐海县，分别占西双版纳州保肥价值量的 32.21%、18.31%（表 8－9）。

表 8－9　2010 年西双版纳州保肥价值　　单位：亿元

类型 地区	林地	草地	园地	农田	水域	建设用地	裸地	合计
景洪市	57.17	1.09	29.19	3.51	0.71	1.11	0.02	92.80
勐海县	29.88	5.82	7.09	9.02	0.26	0.67	0.01	52.75
勐腊县	94.62	1.43	39.69	5.16	0.58	1.02	0.03	142.54
合计	181.66	8.35	75.97	17.70	1.56	2.79	0.06	288.08

西双版纳州 2015 年保肥总价值为 483.63 亿元。按不同的生态系统类型分析，林地生态系统的保肥价值为 300.99 亿元，占 62.23%；园地生态系统的保肥价值为 130.57 亿元，占 27.00%；农田、草地、建设用地、水域和裸地生态系统的保肥价值分别为 30.25 亿元、14.60 亿元、4.43 亿元、2.68 亿元和 0.11 亿元，分别占 6.26%、3.02%、0.92%、0.56% 和 0.02%。从空间分布来看，2015 年保肥价值量最高的依然是勐腊县，为 226.83 亿元；其次是景洪市、勐海县，分别占西双版纳州保肥价值量的 32.91%、20.17%（表 8－10）。

表 8－10　2015 年西双版纳州保肥价值　　单位：亿元

类型 地区	林地	草地	园地	农田	水域	建设用地	裸地	合计
景洪市	98.06	1.88	50.24	6.10	1.23	1.70	0.04	159.24
勐海县	58.28	10.26	12.19	15.28	0.45	1.09	0.02	97.57
勐腊县	144.65	2.47	68.14	8.87	1.00	1.65	0.05	226.83
合计	300.99	14.60	130.57	30.25	2.68	4.43	0.11	483.63

（3）水源涵养

根据西双版纳州行政和土地利用类型矢量图，并结合栅格化的降水及实际蒸散数据，得出西双版纳州 2010 年水源涵养量为 102.93 亿 m^3。其中林地水源涵养量最高，为 73.09 亿 m^3，占全州水源涵养总量的 71.01%；园地次之，为 26.75 亿 m^3，占全州水源涵养总量的 25.98%；由于水域周围的湿地、滩涂等具有较好的水源涵养功能，其水源涵养量也相对高于农田，为 2.68 亿 m^3；农田和草地水源涵养量分别为 0.71 亿 m^3 和 0.30 亿 m^3。建设用地和裸地表面植被覆盖较少，尤其是建设用地表面硬化，导致其径流系数较小，此处不研究建设用地和裸地的水源涵养功能。

2015 年西双版纳州涵养水源总量为 119.71 亿 m^3，其中林地水源涵养量最高，为 84.49 亿 m^3，占全州水源涵养总量的 70.57%；园地水土保持量为 31.21 亿 m^3，占全州水源涵养总量的26.07%；水域、农田和草地水源涵养量分别为2.08亿m^3、1.19亿m^3和0.47亿m^3（图8－8）。

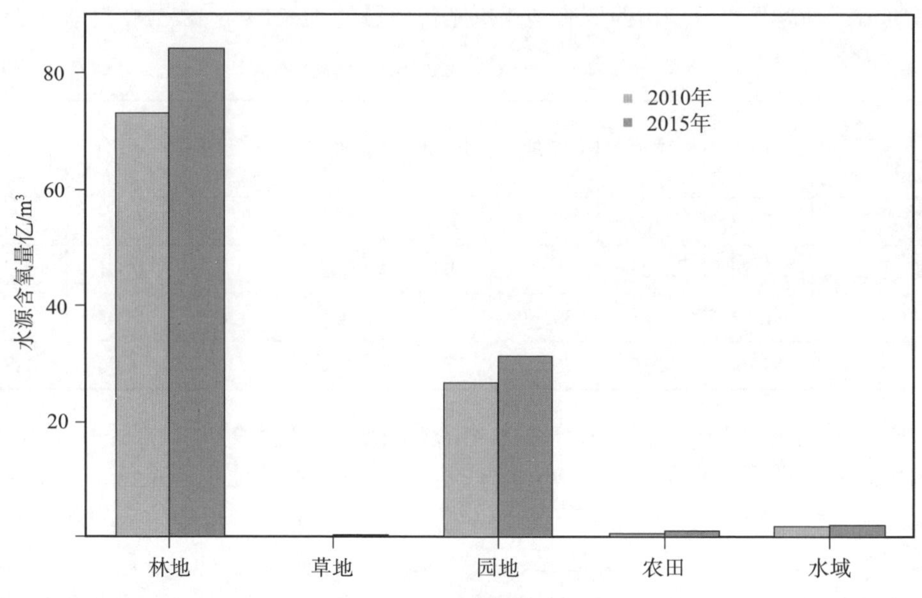

图8－8 2010—2015年西双版纳州水源涵养量

经计算得出西双版纳州2010年涵养水源总价值为778.17亿元。按不同生态系统类型来分析，在总价值中，林地的水源涵养价值最大，为552.59亿元，所占比重为71.01%，园地的水源涵养价值为202.20亿元，占25.98%，两者合计占96.99%，在整个生态系统的涵养水源价值中处于绝对主导地位；水域中包含有湿地、滩涂等均具有较好的水源涵养功能，其水源涵养价值也较高，为15.73亿元，占水源涵养总价值的2.20%；农田和草地水源涵养价值分别为0.95亿元和0.20亿元。从空间分布来看，2010年涵养水源价值量最高的是勐腊县，为302.87亿元，占当年总价值的19.06%，以下依次为景洪市、勐海县，价值分别为288.28亿元、187.03亿元（表8－11）。

表8－11 2010年西双版纳州水源涵养价值 单位：亿元

地区＼类型	林地	草地	园地	农田	水域	建设用地	裸地	合计
景洪市	187.40	0.11	92.33	0.87	7.57	—	—	288.28
勐海县	153.22	1.96	25.20	3.56	3.08	—	—	187.03
勐腊县	211.97	0.20	84.68	0.95	5.07	—	—	302.87
合计	552.59	2.27	202.20	5.38	15.73	—	—	778.17

西双版纳州2015年涵养水源总价值为1 069.04亿元。按不同生态系统类型来分析，在总价值中，林地的水源涵养价值最大，为754.47亿元，占70.57%；其次为园地，水源涵养价值为278.70亿元，占26.07%；水域涵养水源价值为21.04亿

元，占 1.97%；农田和草地生态系统的涵养水源价值分别为 10.61 亿元和 4.23 亿元，分别占 0.99% 和 0.40%。从空间分布来看，2015 年涵养水源价值量最高的是勐腊县，为 406.57 亿元，占西双版纳州水源涵养总价值量的 38.03%，其次是景洪市、勐海县，分别占总价值量的 37.18% 和 24.79%（表 8－12）。

表 8－12　2015 年西双版纳州水源涵养价值　单位：亿元

地区＼类型	林地	草地	园地	农田	水域	建设用地	裸地	合计
景洪市	256.52	0.28	128.51	2.09	10.10	—	—	397.50
勐海县	214.74	3.60	35.65	6.73	4.26	—	—	264.97
勐腊县	283.20	0.36	114.54	1.79	6.68	—	—	406.57
合计	754.47	4.23	278.70	10.61	21.04	—	—	1069.04

（4）固碳释氧

根据西双版纳州行政和土地利用类型矢量图，并结合栅格化的年度MODIS17A3－NPP 分布图（见图 8－9、图 8－10）得出西双版纳傣族自治州 2010 年固碳量为 3 717.74 万 t，2015 年固碳量为 3 858.76 万 t；2010 年释氧量为 2 714.18 万 t，2015 年释氧量为 2 817.13 万 t。

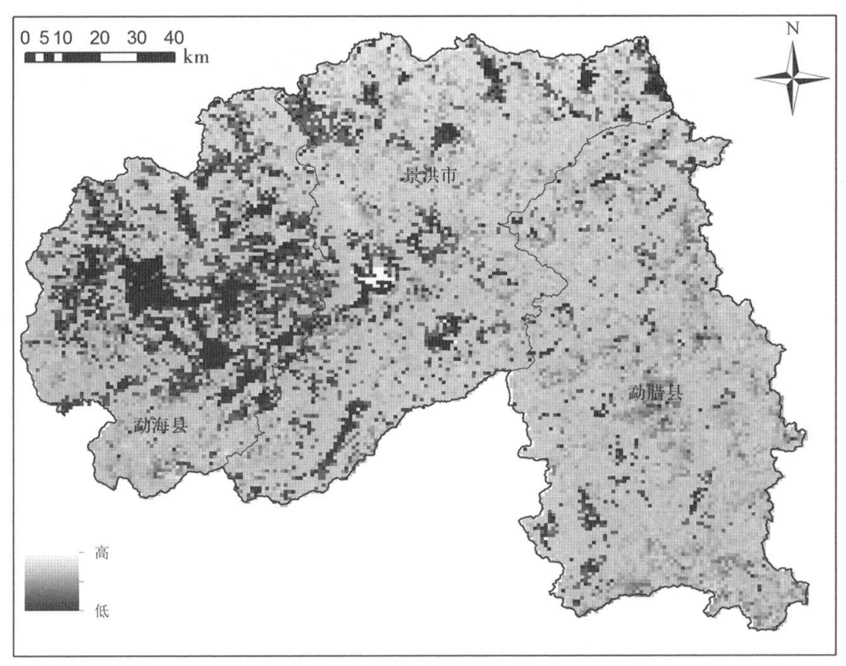

图 8－9　2010 年西双版纳傣族自治州 NPP 空间分布

西双版纳州 2010 年生态系统固碳释氧总价值为 414.17 亿元。按不同土地利用类型来分析，林地固碳释氧价值为 236.59 亿元，占 57.12%；园地固碳释氧价值为

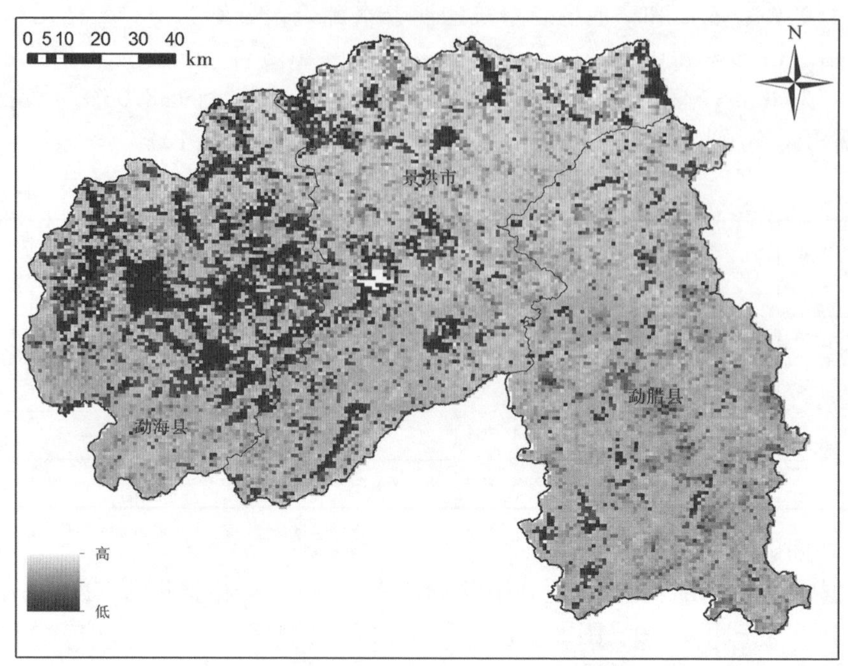

图 8－10 2015 年西双版纳傣族自治州 NPP 空间分布

123.67 亿元，占 29.86%，两者合计占 86.98%；农田的固碳释氧价值为 32.14 亿元，占 7.76%；其他的草地、建设用地、水域、裸地，因为植被覆盖度低或无植被覆盖，与 NPP 相关的服务价值都较低，且面积较小，因此其固碳释氧价值都较低，分别为 13.44 亿元、5.12 亿元、3.1 亿元和 0.11 亿元，分别占 3.25%、1.23%、0.75% 和 0.03%。从空间分布来看，景洪市与勐腊县生态系统固碳释氧价值基本持平，勐海县次之，为 108.63 亿元（表 8－13）。

表 8－13 2010 年西双版纳州固碳释氧价值 单位：亿元

地区＼类型	林地	草地	园地	农田	水域	建设用地	裸地	合计
景洪市	83.14	1.1	56.77	7.11	1.5	2.25	0.03	151.90
勐海县	63.99	10.99	13.94	17.82	0.54	1.32	0.03	108.63
勐腊县	89.46	1.35	52.96	7.21	1.06	1.55	0.05	153.64
合计	236.59	13.44	123.67	32.14	3.1	5.12	0.11	414.17

西双版纳州 2015 年生态系统固碳释氧总价值为 508.06 亿元。按不同土地利用类型来分析，林地的固碳释氧价值最高为 290.26 亿元，占 57.13%；园地的固碳释氧价值次之，为 151.39 亿元，占 29.79%；农田的固碳释氧价值为 39.57 亿元，占 7.79%；其他的草地、建设用地、水域和裸地，分别为 16.13 亿元、6.8 亿元、3.78 亿元和 0.13 亿元，分别占 3.17%、1.34%、0.75% 和 0.03%。从空间分布上

看，景洪市与勐腊县生态系统固碳释氧价值基本持平，勐海县次之，为 133.24 亿元（表 8－14）。

表 8－14　2015 年西双版纳州固碳释氧价值　　单位：亿元

类型 地区	林地	草地	园地	农田	水域	建设用地	裸地	合计
景洪市	101.99	1.34	69.4	8.61	1.83	3.08	0.03	186.28
勐海县	78.51	13.13	17.06	22.14	0.65	1.71	0.04	133.24
勐腊县	109.76	1.66	64.93	8.82	1.3	2.01	0.06	188.54
合计	290.26	16.13	151.39	39.57	3.78	6.8	0.13	508.06

（5）净化水质

根据西双版纳州行政和土地利用类型矢量图，并结合栅格化降水、实际蒸散数据，得出西双版纳州 2010 年净化水质总价值为 306.34 亿元。按不同生态系统类型来分析，在总价值中，林地净化水质价值最大，为 169.61 亿元，所占比重为 55.37%；园地净化水质价值为 91.46 亿元，占 29.86%；农田净化水质价值为 27.50 亿元，占 8.98%；草地、建设用地和水域净化水质价值分别为 10.98 亿元、4.31 亿元和 2.48 亿元。从空间分布来看，2010 年净水价值量最高的是勐腊县，为 110.18 亿元，其次是景洪市，为 109.50 亿元，勐腊县和景洪市净化水质价值相差不多（表 8－15）。

表 8－15　2010 年西双版纳州净化水质价值　　单位：亿元

类型 地区	林地	草地	园地	农田	水域	建设用地	裸地	合计
景洪市	57.57	0.80	42.12	5.91	1.19	1.91	—	109.50
勐海县	47.95	9.18	11.50	16.28	0.50	1.26	—	86.66
勐腊县	64.10	1.00	37.85	5.31	0.79	1.14	—	110.18
合计	169.61	10.98	91.46	27.50	2.48	4.31	—	306.34

2015 年西双版纳州生态系统净化水质总价值为 342.35 亿元，其中林地生态系统价值占总价值的 55.36%、园地生态系统占 29.78%，两者占到总价值的 85%。农田生态系统水质净化价值为 30.87 亿元，占 9.02%。建设用地由于植被覆盖较低，其净化水质价值也较低，为 5.22 亿元，占 1.53%。由于本研究核算没有考虑水体自净能力，导致水域生态系统的水质净化功能价值较低，仅占净化水质总价值的 2.85%。裸地由于植被覆盖较少，本研究不考虑裸地的净化水质价值。从空间分布来看，景洪市与勐腊县净化水质价值较高，分别为 123.15 亿元和 122.35 亿元（表 8－16）。

表 8－16　2015 西双版纳州净化水质价值　　单位：亿元

类型 地区	林地	草地	园地	农田	水域	建设用地	裸地	合计
景洪市	64.33	0.89	46.90	6.52	1.32	2.39	—	122.35
勐海县	53.58	9.98	12.81	18.43	0.56	1.48	—	96.84
勐腊县	71.63	1.12	42.26	5.92	0.88	1.35	—	123.15
合计	189.54	11.99	101.97	30.87	2.76	5.22	—	342.35

（6）净化大气

植物对颗粒污染物明显的阻挡、过滤和吸附作用，可以有效治理大气中的 $PM_{2.5}$、PM_{10}等颗粒污染。经测算西双版纳州 2010 年生态系统可吸收 $SO_2$14.97 万 t，吸收氟化物 0.87 万 t，吸收 NO_x71.04 万 t，滞尘量为 1651.26 万 t，累计净化大气的总量为 1738.14 万 t。西双版纳州 2015 年生态系统可吸收 $SO_2$14.95 万 t，吸收氟化物 0.87 万 t，吸收 NO_x70.93 万 t，滞尘量为 1649.14 万 t，累计净化大气的总量为 1 735.89 万t（表 8－17、表 8－18）。

表 8－17　2010 年西双版纳州净化大气量　　单位：万 t

类型 地区	吸收 SO_2	吸收氟化物	吸收 NO_x	滞尘	合计
景洪市	5.64	0.31	25.39	633.52	664.86
勐海县	3.61	0.24	20.00	374.43	398.28
勐腊县	5.72	0.31	25.65	643.31	674.99
合计	14.97	0.87	71.04	1 651.26	1 738.14

表 8－18　2015 年西双版纳州净化大气量　　单位：万 t

类型 地区	吸收 SO_2	吸收氟化物	吸收 NO_x	滞尘	合计
景洪市	5.63	0.31	25.33	632.23	663.5
勐海县	3.61	0.24	19.97	374.08	397.9
勐腊县	5.72	0.31	25.63	642.83	674.49
合计	14.95	0.87	70.93	1 649.14	1 735.89

西双版纳州 2010 年净化大气总价值达 49.73 亿元。污染物吸收价值是根据实测单位面积植被对有害气体的吸收量乘以生态系统面积乘以污染物治理费用来核算。其中，吸收 SO_2 的价值为 2.27 亿元；吸收氟化物的价值为 0.08 亿元；吸收 NO_x 的价值为 5.66 亿元。滞尘价值是根据单位面积植被年滞尘量乘以各类植被面积再乘以除尘清理费用进行计算，滞尘价值为 39.63 亿元。生产负氧离子的价值为 2.09 亿

元。对全州各县（市）2010 年单位面积净化大气价值进行核算，可以得出景洪市与勐腊县单位面积净化大气的价值相同，均大于勐海县（表 8－19）。

表 8－19　2010 年西双版纳州净化大气价值　　单位：亿元

地区＼类型	吸收 SO_2	吸收氟化物	吸收 NO_x	滞尘	负离子	合计
景洪市	0.86	0.03	2.02	15.20	0.75	18.86
勐海县	0.55	0.02	1.59	8.99	0.59	11.74
勐腊县	0.87	0.03	2.04	15.44	0.75	19.13
合计	2.27	0.08	5.66	39.63	2.09	49.73

西双版纳州 2015 年净化大气总价值达 51.75 亿元。其中，吸收 SO_2 的价值为 2.89 亿元，吸收氟化物的价值为 0.10 亿元，吸收 NO_x 的价值为 7.16 亿元，滞尘的价值为 39.58 亿元，生产负氧离子的价值为 2.02 亿元。西双版纳州 2015 年各区县净化大气的价值在 12.19 亿元～19.94 亿元，其中勐腊县最高，总价值达到 19.94 亿元，占西双版纳州生态系统净化空气总价值的 38.53%；其次为景洪市，占 37.91%；勐海县排在第三位，总价值为 12.19 亿元。因为各县（市）行政面积有较大差异，对全州各县（市）单位面积净化大气价值进行核算，可以得出从大到小依次为：勐腊县 > 景洪市 > 勐海县（表 8－20）。

表 8－20　2015 年西双版纳州净化大气价值　　单位：亿元

地区＼类型	吸收 SO_2	吸收氟化物	吸收 NO_x	滞尘	负离子	合计
景洪市	1.09	0.03	2.56	15.17	0.77	19.62
勐海县	0.70	0.03	2.02	8.98	0.46	12.19
勐腊县	1.10	0.03	2.59	15.43	0.79	19.94
合计	2.89	0.10	7.16	39.58	2.02	51.75

（7）气候调节

根据西双版纳州行政和土地利用类型矢量图，并结合栅格化的水汽蒸散分布图，西双版纳州 2010 年生态系统群气候调节的总价值为 1 328.7 亿元。按不同土地利用类型来分析，林地气候调节价值为 725.8 亿元，占总价值的 54.62%；园地气候调节价值为 415.29 亿元，占总价值的 31.25%，两者合计约为 85%；农田气候调节价值为 113.75 亿元，占总价值的 8.56%；水域、建设用地、裸地和草地生态系统的气候调节价值分别为 10.67 亿元、18.34 亿元、0.35 亿元和 44.5 亿元，分别占 0.80%、1.38%、0.03% 和 3.35%。从空间分布来看，2010 年生态系统气候调节价值量最高的是勐腊县，为 506.29 亿元；其次是景洪市，为 473.55 亿元（表 8－21）。

表 8－21　2010 年西双版纳州气候调节价值　　单位：亿元

地区＼类型	林地	草地	园地	农田	水域	建设用地	裸地	合计
景洪市	242.67	3.54	188.59	25.6	5.07	7.95	0.12	473.55
勐海县	193.69	36.6	47.25	64.25	1.99	4.98	0.09	348.86
勐腊县	289.43	4.36	179.45	23.88	3.61	5.41	0.14	506.29
合计	725.79	44.5	415.29	113.73	10.67	18.34	0.35	1328.7

西双版纳州 2015 年生态系统气候调节的总价值为 1 099.02 亿元。按不同土地利用类型来分析，林地气候调节价值最多，为 600.35 亿元，其次为园地、农田，气候调节价值分别为 342.71 亿元、94.46 亿元，草地、建设用地、水域及裸地气候调节价值相对较小，分别为 35.97 亿元、16.45 亿元、8.77 亿元及 0.28 亿元。从空间分布来看，2015 年生态系统气候调节价值量最高的是勐腊县，为 418.86 亿元，其次为景洪市和勐海县（表 8－22）。

表 8－22　2015 年西双版纳州气候调节价值　　单位：亿元

地区＼类型	林地	草地	园地	农田	水域	建设用地	裸地	合计
景洪市	200.72	2.92	155.41	20.93	4.16	7.36	0.09	391.6
勐海县	160.22	29.45	38.99	53.82	1.63	4.36	0.07	288.56
勐腊县	239.41	3.6	148.31	19.71	2.98	4.73	0.12	418.86
合计	600.35	35.97	342.71	94.46	8.77	16.45	0.28	1 099.02

3. 结论与讨论

西双版纳傣族自治州处我国西南地区，生态区位重要，生物多样性保护优先区，在国家生态安全中具有重要的战略地位。尽管自治州生态基础良好，但由于地处我国西南地区，经济发展水平落后，基础设施和监管能力薄弱，其生态产品尚未被完全认识到，给当地经济社会的可持续发展造成了一定的影响。本案例在生态产品各方面综合评估的基础上，对全州生态资产及其 5 年的变化进行汇总，以期通过直观的经济数字反映出自治州生态系统对人类突出的贡献，一方面提高政府机构、管理人员及公众对生态环境的保护意识，另一方面为政府政绩评估考核、离任环境审计、自然资源资产负债表、资源有偿使用、生态补偿等制度的建立和完善提供科学的支撑。

从评估结果来看，2010 年自治州生态产品价值为 4 005.22 亿元。从行政区域来看，勐腊县拥有最高的生态产品价值，为 1 555.67 亿元，占全州生态产品总价值的 38.84%，其次为景洪市、勐海县，生态产品价值分别为 1 433.22 亿元、1 016.33 亿元，占全州生态产品总价值的 35.78%、25.36%。从生态产品的组成来看，气候调节功能占生态产品的主导地位，其价值为 1 328.7 亿元，占生态产品价值的 33.17%，其次为水源涵养、林木资源及固碳释氧，价值分别为 778.18 亿元、635.11 亿元及 414.17 亿元，占比分别为 19.43%、15.86%、10.34%（图 8－11）。

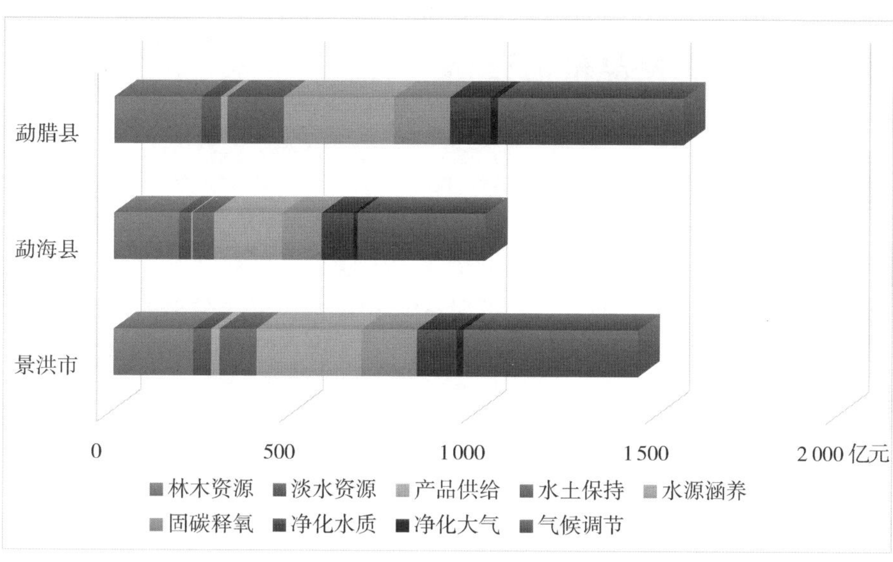

图 8－11　西双版纳傣族自治州 2010 年生态产品价值

2015 年西双版纳傣族自治州生态产品价值较 2010 年增加了 842. 36 亿元，占 2010 年生态产品价值的 21. 03%，充分说明了西双版纳傣族自治州生态持续向好。从行政区来看，景洪市、勐海县、勐腊县生态产品价值分别增加了 298. 37 亿元、222. 25 亿元、321. 74 亿元，2015 年勐海县生态产品价值最高，为 1 877. 41 亿元，其次为景洪市、勐海县，生态产品价值分别为 1 731. 59 亿元及 1 238. 58 亿元。从生态产品各组分来看，除气候调节较 2010 年有所降低外，其余各组分均较 2010 年有所提升，其中林木资源、淡水资源、产品供给、水土保持等服务提升均较多，增长率分别为 55. 69%、45. 72%、58. 36%、66. 33%，水源涵养、固碳释氧较 2010 年分别增加了 290. 86 亿元、93. 89 亿元（图 8－12）。

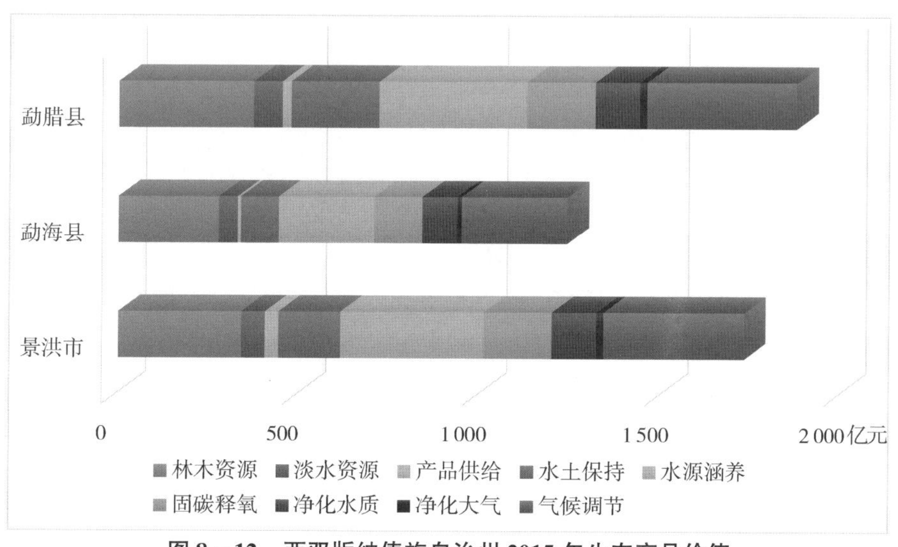

图 8－12　西双版纳傣族自治州 2015 年生态产品价值

8.2 十堰市生态产品价值评估

8.2.1 十堰市概况

1. 自然概况

十堰市位于湖北省西北部，地跨北纬31°30′~33°16′，东经109°29′~111°16′，东西长约200 km，南北长约195.5 km，国土面积23 680 km^2。地处秦巴山区东部、汉江中上游地区，与河南西部、陕西南部、重庆东部3省市边境交界，是三省连接的枢纽（图8－13）。

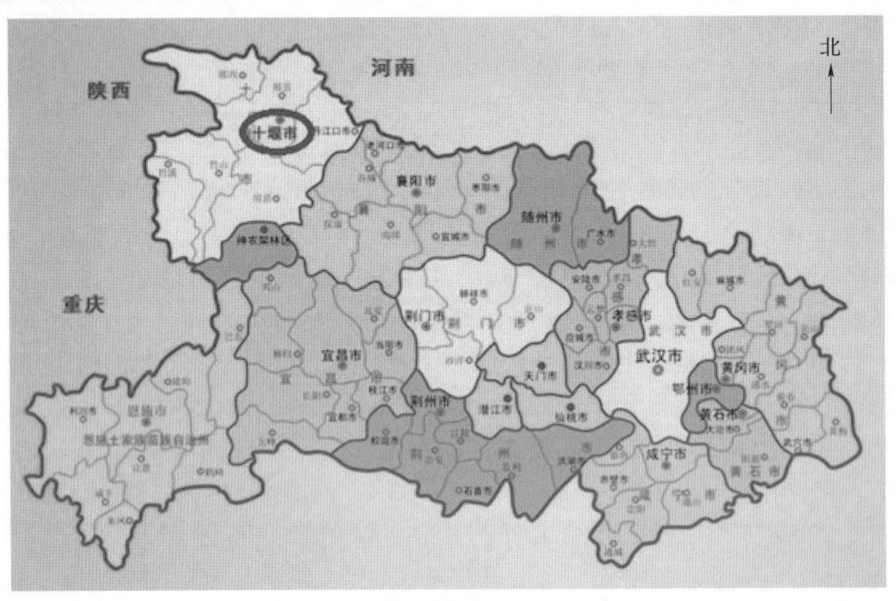

图8－13 十堰市地理位置

十堰市属于北亚热带大陆性季风气候，具有夏季高温多雨，冬季低温少雨，四季分明等特点。年均降水量834 mm，平均气温15.2℃，年日照总时数约1 958 h，无霜期250 d左右。降雨年内时空分配不平衡，呈现南多北少的现象，蒸发量与降雨量在地域上呈反向，北高南低，区域内水资源不平衡。

十堰市所处的秦巴山脉受燕山运动的影响，褶皱强烈，地质构造复杂，地形起伏多变。地貌以丘陵、低山、中山和高山为主，占总面积的85%以上，其次为河谷平原和山间盆地。境内山脉分三个系：秦岭山脉东段延伸到十堰北部，武当山位于十堰中部，大巴山的东段横列于十堰南部，地势总体上呈现南北高、中间低、自西南向东北倾斜、盆地峡谷相互交替的特点。山脉主要由变质岩和石灰岩构成，特点为山大谷狭、高差大、坡度大、切割深。

境内水资源丰富，是南水北调中线工程核心水源区和重要涵养水源地，被誉为

"中国水都"。全市流域面积 500 km^2 的河流 63 条，其中丹江、堵河、金钱河（夹河）流程均在 400 km 左右，年水能储量均在 60 亿 m^3 以上。汉江为过境河，纳上游诸水注入丹江口水库，入水量达 290.5 亿 m^3。

全市森林覆盖率 52%，动植物资源极为丰富。全市拥有木本植物 113 科 1 470 种，其中珙桐、银杏等国家一级保护植物 8 种，国家二级保护树种 28 种。境内有优质茶叶、农特植物、野生食用菌、中草药等储量丰富，其中中药材资源有 1 360 余种，有"华中药谷"之称。全市分布有国家和省重点保护野生动物 207 种，其中金丝猴、白鹳等国家一级保护动物 10 种，国家二级保护动物 40 种。

2. 社会与经济

十堰市辖张湾区、茅箭区、郧阳区及丹江口市、郧西县、竹山县、竹溪县、房县，下设 13 个街道办事处、72 个镇、34 个乡、1 842 个村委会、159 个居委会。截至 2014 年年底，十堰市户籍人口为 347 万人，其中少民族人口 2.25 万人，占全市总人口的 0.65%，有回族、满族、土家族、蒙古族等 44 个少数民族。

2014 年，全市实现生产总值（GDP）1 200.8 亿元，按可比价格计算，比上年增长 9.5%。其中，第一产业增加值 151.2 亿元，增长 5.1%；第二产业增加值 610.1 亿元，增长 10.2%；第三产业增加值 439.5 亿元，增长 9.6%。三次产业结构比为 12.6∶50.8∶36.6。人均 GDP 为 35 604 元。在第三产业增加值中，交通运输、仓储业同比增长 4.7%，批发和零售业增长 7.9%，金融保险业增长 17.1%，营利性服务业增长 13.5%，非营利性服务业增长 10.7%。

8.2.2 十堰市生态产品价值评估方法

1. 指标体系

为定量评估十堰市生态产品价值，从生态资源产品、生态系统服务产品两个方面，重点对林地、园地、农田、水域、草地等生态系统的生态产品价值进行了核算。其中，生态资源产品主要包括林木资源和淡水资源。生态系统服务产品包括产品供给、水土保持、水源涵养、固碳释气、净水水质、净化大气、气候调节、洪水调蓄等。

2. 评估方法

评估方法分为实物量和价值量两种。前者使用统计调查法、模型法、能值法等；后者使用市场价值法、替代价值法和模拟市场法等，具体如下。

（1）产品供给：产品供给通过收集统计年鉴、水资源公报及森林资源二类调查等数据进行实物量计算，林业产品包括竹木采伐、松脂、油茶籽等，畜牧业产品包括牛肉、羊肉、猪肉、家禽、禽蛋、兔肉及蜂蜜等，水产品包括鱼、虾蟹、贝类、蛙等淡水产品。采用市场价值法，利用各产业的经济数据评估产品供给服务所产生的直接市场价值。

（2）水土保持：本案例计算了水力侵蚀的固土、保肥价值。土壤保持量由土壤潜在侵蚀量和现实侵蚀量确定土壤潜在侵蚀量估算采用 USLE 模型。利用直接市场法计算生态系统土壤保肥功能价值，土壤保持减淤功能价值利用替代工程法计算。

（3）水源涵养：水源涵养价值以水源涵养量作为评估指标，采用水量平衡法计算，即把生态系统看作一个“黑箱”，只考虑生态系统的输入与输出，价值量的核算采用《森林生态系统服务功能评估规范》确定的水库工程费用法。

（4）固碳释氧：植物每生产 1 t 干物质可以吸收 1.63 t 二氧化碳，同时释放 1.19 t 氧气。固碳释氧价值测算首先通过 NPP 测算生态系统固定的二氧化碳和释放氧气的物质量，分别采用碳税法和工业制氧法进行经济价值估算。

（5）净化水质：净化水质价值采用代替工程法，以污水处理成本的减少作为水质净化服务的经济效益。

（6）净化大气：净化大气指生态系统维持大气化学组分平衡，吸收二氧化硫、二氧化氮等污染物，生产负离子，阻滞粉尘的功能。采用代替工程法计算净化大气的价值，其中吸收二氧化硫、二氧化氮及阻滞粉尘的价值分别采用发改委 2003 年第 31 号令《排污费征收标准及计算方法》中相应的排污收费标准；生产负离子价值根据浙江省台州科利达电子有限公司生产的使用范围 30 m^2（房间高 3 m）、功率 6 W、负离子浓度 1×10^6 个/m^3、使用寿命为 10 年、价格每个 65 元的 KLD－2000 型负离子发生器而推断（其中负离子寿命为 10 分钟），产生负离子的费用为 5.8185 元/10^{18}个。

（7）气候调节：主要体现为吸热降温，价值从植物蒸腾和水面蒸发两个方面计算。

（8）洪水调蓄：湖泊、水库具有洪水调蓄的能力，洪水调蓄量采用水库库容量进行估算，价值量采用《森林生态系统服务功能评估规范》推荐的水库工程费用核算。

8.2.3 十堰市生态产品价值评估结果

1. 生态资源产品

（1）林木资源

根据统计数据，得到十堰市 2010 年林木资源实物量表，以及分县区林木资源实物表。2010 年林木总蓄积量为 6 644.68 万 m^3，2014 年为 7 630.78 万 m^3，其中房县林木蓄积量最高，其次是竹溪县、竹山县、丹江口市、郧阳区、郧西县等（表 8－23）。

表 8－23 十堰市活立木蓄积量 单位：万 m^3

行政区	2010 年	2014 年
张湾区	207.24	325.16
茅箭区	285.13	274.98
郧阳区	522.12	566.15
十堰经济开发区	10.58	—
丹江口市	659.21	696.56
郧西县	412.54	444.63
竹山县	954.33	1 105.51
竹溪县	1 546.47	1 832.62
房县	1 993.17	2 385.16
合计	6 644.68	7 630.78

经计算得到2010年十堰市林木资源价值为928.14亿元，2014年为1 074.01亿元。十堰市的各县（市、区）中，房县最高，其次为竹溪县，其余依次为竹山县、丹江口市、郧阳区、郧西县、茅箭区和张湾区，十堰市经济开发区最低（表8－24）。

表8－24 十堰市林木资源价值 单位：亿元

行政区	2010年	2014年
张湾区	28.96	45.52
茅箭区	39.86	38.47
郧阳区	72.47	77.83
十堰经济开发区	1.50	—
丹江口市	89.87	95.03
郧西县	57.77	62.00
竹山县	135.80	157.19
竹溪县	219.20	259.74
房县	282.71	338.23
合计	928.14	1 074.01

（2）淡水资源

根据水资源公报，水资源总量是指当地降水形成的地表、地下产水量，不包括过境水量，由地表水资源量和地下水资源量相加，扣除两者之间相互转化的重复计算量而得。十堰市2010年、2014年水资源总量分别为110.05亿m^3、76.29亿m^3，全市各县（市、区）水资源总量差别不大，其中房县和竹溪县较多，2010年的水资源量分别为22.22亿m^3和20.21亿m^3，水资源量最小为丹江口市，水资源量为12.26亿m^3，其余各县的水资源总量在16亿m^3左右。全市水质几乎全部为Ⅰ、Ⅱ和Ⅲ类水，2010年其水资源量占到水资源总量的92.4%，2010年全市有8.34亿m^3Ⅳ类、Ⅴ类、劣Ⅴ类水，基本都位于郧阳区。2014年全市Ⅳ类、Ⅴ类、劣Ⅴ类水增加到10.38亿m^3。

经计算十堰市2010年、2014年水资源价值分别为812.61亿元及600.23亿元，2014年水资源价值相较于2010年减少了212.37亿元，主要由于当年干旱导致水资源量大幅减少。十堰市多年平均水资源价值为471.80亿元。2014年竹溪县和房县水资源价值较高，分别为307.99亿元和121.53亿元，其次为竹山县和丹江口市。相比于2010年，2014年全市各县（市、区）的水资源价值都有所下降（表8－25、表8－26）。

表8－25 2010年十堰市水资源实物量及价值量

行政区	Ⅰ、Ⅱ、Ⅲ类水	Ⅳ类、Ⅴ类、劣Ⅴ类水	水资源总量/m^3	水资源价值/亿元
张湾区	2.31	0.02	2.33	13.91
茅箭区	2.59	0.00	2.59	15.56

续表

行政区	Ⅰ、Ⅱ、Ⅲ类水	Ⅳ类、Ⅴ类、劣Ⅴ类水	水资源总量/m^3	水资源价值/亿元
郧阳区	8.51	8.32	16.83	60.90
丹江口市	12.26	0.00	12.26	73.53
郧西县	16.20	0.00	16.20	97.19
竹山县	17.41	0.00	17.41	104.48
竹溪县	20.21	0.00	20.21	313.73
房县	22.22	0.00	22.22	133.31
全市	101.71	8.34	110.05	812.61

表 8－26　2014 年十堰市水资源实物量及价值量

行政区	Ⅰ、Ⅱ、Ⅲ类水	Ⅳ类、Ⅴ类、劣Ⅴ类水	水资源总量/亿 m^3	水资源价值/亿元
张湾区	1.01	0.00	1.01	6.05
茅箭区	1.06	0.00	1.06	6.35
郧阳区	0.74	6.49	7.22	12.09
丹江口市	7.52	0.00	7.52	45.09
郧西县	2.52	3.89	6.41	19.68
竹山县	13.58	0.00	13.58	81.45
竹溪县	19.25	0.00	19.25	307.99
房县	20.26	0.00	20.26	121.53
全市	65.92	10.38	76.29	600.23

2. 生态系统服务产品

（1）产品供给

根据十堰市 2010 年统计年鉴，结合生态产品当年价值，计算得出 2010 年十堰市生态产品供给价值为 51.16 亿元，其中包含林产品、畜牧产品、水产品价值分别为 4.98 亿元、37.99 亿元及 8.19 亿元。2010 年十堰市产品供给主要分布在丹江口市、房县，分别为 14.04 亿元、10.81 亿元，分别占 2010 年产品供给价值的 27.4%、21.13%（表 8－27）。

表 8－27　2010 年十堰市产品供给价值　　单位：亿元

行政区	林产品	畜牧产品	水产品	合计
张湾区	0.09	0.45	0.09	0.63
茅箭区	0.02	0.31	—	0.33

续表

行政区	林产品	畜牧产品	水产品	合计
郧阳区	1.15	7.30	0.13	8.58
丹江口市	0.46	8.57	5.01	14.04
郧西县	0.89	5.85	0.04	6.78
竹山县	0.54	3.84	0.03	4.41
竹溪县	0.40	5.16	0.02	5.58
房 县	1.43	6.51	2.87	10.81
全 市	4.98	37.99	8.19	51.16

2014 年十堰市产品供给价值有明显提升，为 115.66 亿元，实现了产品价值的翻番。其中，林产品、畜牧产品及水产品价值分别为 11.80 亿元、87.97 亿元、15.89 亿元，相较于 2010 年分别增加了 136.95%、131.56%、94.02%。2014 年产品供给价值主要分布在丹江口、房县及郧阳区，其价值分别为 30.82 亿元、21.27 亿元及 22.29 亿元，郧阳区涨幅较多（表 8－28）。

表 8－28　2014 年十堰市产品供给价值　　单位：亿元

行政区	林产品	畜牧产品	水产品	合计
张湾区	0.38	0.89	0.18	1.45
茅箭区	0.38	1.77	0.00	2.15
郧阳区	2.33	19.49	0.47	22.29
丹江口市	1.37	19.86	9.59	30.82
郧西县	2.30	11.70	0.09	14.09
竹山县	1.22	9.43	0.66	11.31
竹溪县	0.87	11.31	0.10	12.28
房县	2.95	13.52	4.80	21.27
全市	11.80	87.97	15.89	115.66

（2）水土保持

根据十堰行政和土地利用类型矢量图并结合栅格化的植被覆盖区域土壤侵蚀深度分布图及其裸露条件下的潜在土壤侵蚀深度分布图和土壤容重分布图，得出 2010 年十堰生态系统固土总价值为 102.52 亿元。按不同生态系统类型看，林地的固土价值量最大，为 79.69 亿元，占固土总价值的 77.73%；由于十堰坡度达到 20°以上的不适宜开垦的坡耕地面积占比较大，削弱了农田的固土能力，固土价值为 6.26 亿元，占固土总价值的 6.11%；水域可以被视为无水土流失区域，其固土价值为 3.79 亿元，占固土总价值的 3.70%；建设用地虽然植被覆盖率相对较低，但由于其具有硬地表，改变了土地下垫面的性质，因而具有较好的固土效果，其固土价值量为

3.11 亿元，占固土总价值的 3.03%；草地的固土价值为 1.49 亿元，占固土总价值的 1.45%。

从空间分布来看，2010 年固土价值量最高的是郧阳区，为 26.90 亿元，其次是房县，为 23.45 亿元，以下依次为丹江口市、郧西县、竹溪县、竹山县、张湾区和茅箭区，固土的价值分别为 15.16 亿元、13.40 亿元、11.47 亿元、5.70 亿元、3.51 亿元和 2.93 亿元（表 8－29）。

表 8－29　2010 年十堰市固土价值　　单位：亿元

地区＼类型	林地	草地	园地	农田	水域	建设用地	裸地	合计
张湾区	2.37	0.00	0.28	0.14	0.07	0.39	0.26	3.51
茅箭区	1.93	0.00	0.07	0.05	0.03	0.55	0.3	2.93
郧阳区	20.2	0.28	1.6	2.86	1.08	0.55	0.33	26.90
丹江口市	9.61	0.31	0.76	1.47	1.76	0.78	0.47	15.16
郧西县	11.23	0.87	0.9	0.01	0.17	0.14	0.08	13.40
竹山县	4.33	0.00	0.34	0.8	0.14	0.06	0.03	5.70
竹溪县	9.7	0.01	0.77	0.41	0.23	0.22	0.13	11.47
房县	20.32	0.02	1.61	0.52	0.31	0.42	0.25	23.45
合计	79.69	6.33	6.26	3.79	1.49	3.11	1.85	102.52

2014 年十堰固土总价值为 113.13 亿元。按照不同生态系统类型来分析，林地的固土价值量最大，为 87.62 亿元，占比 77.45%；园地的固土价值为 6.84 亿元，占比 6.05%；农田的固土价值为 6.77 亿元，占比 5.98%；水域、建设用地、裸地和草地的固土价值分别为 4.51 亿元、3.67 亿元、2.0 亿元和 1.72 亿元，占比分别为 3.99%、3.24%、1.77% 和 1.52%。

2014 年固土价值量最高的是郧阳区，为 29.62 亿元，以下依次是房县、丹江口市、郧西县、竹溪县、竹山县、张湾区和茅箭区，固土价值分别为 25.95 亿元、16.74 亿元、13.40 亿元、11.47 亿元、6.28 亿元、3.88 亿元和 3.23 亿元（表 8－30）。

表 8－30　2014 年十堰市固土价值　　单位：亿元

地区＼类型	林地	草地	园地	农田	水域	建设用地	裸地	合计
张湾区	2.59	0.00	0.31	0.14	0.08	0.50	0.26	3.88
茅箭区	2.13	0.00	0.08	0.05	0.04	0.61	0.32	3.23
郧阳区	22.21	0.33	1.73	3.09	1.28	0.65	0.33	29.62
丹江口市	10.52	0.37	0.82	1.60	2.08	0.82	0.53	16.74
郧西县	12.35	0.97	0.97	0.01	0.20	0.16	0.10	14.76

续表

类型 地区	林地	草地	园地	农田	水域	建设用地	裸地	合计
竹山县	4.77	0.00	0.37	0.87	0.17	0.07	0.03	6.28
竹溪县	10.68	0.02	0.83	0.45	0.29	0.25	0.15	12.67
房县	22.37	0.03	1.73	0.56	0.37	0.61	0.28	25.95
合计	87.62	1.72	6.84	6.77	4.51	3.11	1.85	102.52

根据十堰行政和土地利用类型矢量图并结合栅格化的土壤氮、磷、钾含量分布图，得出 2010 年十堰保肥总价值为 49.31 亿元。按不同生态系统类型看，林地的保肥价值最大，为 39.08 亿元，占保肥总价值的 79.25%；其次是农田，保肥价值为 4.87 亿元，占保肥总价值的 9.88%；水域的保肥价值为 1.67 亿元，占保肥总价值的 3.39%；园地的保肥价值是 1.18 亿元；建设用地和草地保肥价值分别为 1.29 亿元和 1.02 亿元，分别占保肥总价值的 2.62% 和 2.07%；裸地由于面积比较小，保肥总价值最低，为 0.2 亿元。

从空间分布来看，2010 年保肥价值量最高的是房县，为 10.74 亿元，其次是郧西县，为 7.72 亿元，以下依次为郧阳区、竹山县、竹溪县、丹江口市、张湾区和茅箭区，保肥价值分别为 7.49 亿元、7.25 亿元、6.83 亿元、6.57 亿元、1.5 亿元和 1.21 亿元（表 8－31）。

表 8－31　2010 年十堰市保肥价值　　单位：亿元

类型 地区	林地	草地	园地	农田	水域	建设用地	裸地	合计
张湾区	1.15	0.00	0.05	0.1	0.03	0.15	0.02	1.5
茅箭区	0.92	0.00	0.01	0.03	0.02	0.2	0.03	1.21
郧阳区	5.84	0.00	0.18	1.02	0.31	0.12	0.02	7.49
丹江口市	4.43	0.13	0.12	0.75	0.78	0.31	0.05	6.57
郧西县	5.91	0.86	0.19	0.59	0.1	0.06	0.01	7.72
竹山县	5.88	0.01	0.17	0.89	0.15	0.13	0.02	7.25
竹溪县	5.68	0.01	0.16	0.72	0.12	0.12	0.02	6.83
房县	9.27	0.01	0.3	0.77	0.16	0.2	0.03	10.74
合计	39.08	1.02	1.18	4.87	1.67	1.29	0.2	49.31

2014 年十堰保肥总价值为 60.31 亿元。林地保肥价值为 44.77 亿元，占保肥总价值的 74.23%；其次是农田，保肥价值为 5.28 亿元；园地、水域、人居、草地分别占保肥总价值的 7.69%、3.50%、2.70% 和 1.91%；保肥价值最低的是裸地，保肥价值为 0.73 亿元，占比为 1.21%。

2014 年保肥价值量最高的是房县，为 13. 15 亿元，以下依次是郧西县、郧阳区、竹山县、竹溪县、丹江口市、张湾区和茅箭区，保肥价值分别为 9. 35 亿元、9. 11 亿元、8. 59 亿元、8. 42 亿元、8. 26 亿元 1. 9 亿元和 1. 53 亿元（表 8 – 32）。

表 8 – 32　2014 年十堰市保肥价值　　单位：亿元

类型 地区	林地	草地	园地	农田	水域	建设用地	裸地	合计
张湾区	1. 31	0. 00	0. 11	0. 06	0. 00	0. 18	0. 06	1. 90
茅箭区	1. 06	0. 00	0. 03	0. 03	0. 00	0. 27	0. 09	1. 53
郧阳区	6. 69	0. 00	1. 1	0. 39	0. 00	0. 15	0. 08	9. 11
丹江口市	5. 07	0. 15	0. 81	0. 98	0. 15	0. 39	0. 18	8. 26
郧西县	6. 76	0. 97	0. 64	0. 12	0. 97	0. 07	0. 04	9. 35
竹山县	6. 73	0. 01	0. 96	0. 18	0. 01	0. 16	0. 08	8. 59
竹溪县	6. 53	0. 01	0. 86	0. 15	0. 01	0. 16	0. 08	8. 42
房县	10. 62	0. 01	0. 77	0. 2	0. 01	0. 25	0. 12	13. 15
合计	44. 77	1. 15	5. 28	2. 11	1. 15	1. 63	0. 73	60. 31

（3）水源涵养

根据十堰市行政和土地利用类型矢量图并结合栅格化的每年 12 个时间序列的降水、水汽蒸散数据，得出 2010 年十堰市水源涵养总价值为 236. 61 亿元。其中，林地水源涵养价值最高，为 179. 39 亿元，占全市水源涵养总价值的 75. 82%；农田的水源涵养价值为 23. 40 亿元，占水源涵养总价值的 9. 89%，两者合计占比超过 85%。园地和水域具有一定的水源涵养功能，其水源涵养价值分别为 11. 39 亿元和 7. 93 亿元，分别占水源涵养总价值的 4. 81% 和 3. 35%；建设用地的水源涵养功能较弱，其水源涵养价值为 6. 22 亿元，占总价值的 2. 63%。由于草地和裸地的面积较少，因此其水源涵养的价值较小，分别占全市总价值的 2. 49% 和 1. 01%。

从空间分布来看，2010 年涵养水源价值量最高的是郧西县，为 47. 57 亿元，其次是郧阳区，为 43. 24 亿元，以下依次为竹山县、竹溪县、丹江口市、房县、张湾区和茅箭区，涵养水源的价值分别为 35. 92 亿元、34. 16 亿元、33. 25 亿元、26. 50 亿元、8. 79 亿元和 7. 18 亿元（表 8 – 33）。

表 8 – 33　2010 年十堰市水源涵养价值　　单位：亿元

类型 地区	林地	草地	园地	农田	水域	建设用地	裸地	合计
张湾区	6. 37	0. 00	0. 58	0. 52	0. 17	0. 85	0. 30	8. 79
茅箭区	5. 21	0. 00	0. 15	0. 18	0. 09	1. 10	0. 45	7. 18
郧阳区	32. 64	0. 10	2. 07	5. 72	1. 76	0. 69	0. 26	43. 24

续表

类型 地区	林地	草地	园地	农田	水域	建设用地	裸地	合计
丹江口市	21.73	0.66	1.38	3.71	3.66	1.53	0.58	33.25
郧西县	35.52	5.13	2.26	3.58	0.55	0.38	0.15	47.57
竹山县	28.22	0.00	1.80	4.30	0.73	0.62	0.25	35.92
竹溪县	27.51	0.00	1.75	3.53	0.58	0.57	0.22	34.16
房县	22.19	0.00	1.40	1.86	0.39	0.48	0.18	26.50
合计	179.39	5.89	11.39	23.40	7.93	6.22	2.39	236.61

2014 年十堰涵养水源总价值为 271.02 亿元。按不同生态系统类型来分析，在总价值中，林地生态系统的涵养水源价值量最大，为 205.53 亿元，占总价值的 75.84%；农田生态系统的涵养水源价值为 27.66 亿元，占 10.21%；园地和水域生态系统的涵养水源价值分别为 11.98 亿元和 9.58 亿元，分别占 4.42% 和 3.53%；建设用地的涵养水源功能较弱，其涵养水源价值为 7.82 亿元，占总价值的 2.89%。草地和裸地由于面积较少，涵养水源的价值较小，涵养水源价值分别为 5.65 亿元和 2.80 亿元。

从空间分布来看，2010 年涵养水源价值量最高的是郧西县，为 53.76 亿元，其次是郧阳区，为 49.66 亿元，以下依次为竹山县、竹溪县、丹江口市、房县、张湾区和茅箭区，涵养水源的价值分别为 41.27 亿元、39.24 亿元、38.22 亿元、30.40 亿元、10.22 亿元和 8.25 亿元（表 8－34）。

表 8－34 2014 年十堰市水源涵养价值 单位：亿元

类型 地区	林地	草地	园地	农田	水域	建设用地	裸地	合计
张湾区	7.29	0.00	0.61	0.62	0.20	1.10	0.40	10.22
茅箭区	5.97	0.00	0.16	0.21	0.11	1.35	0.45	8.25
郧阳区	37.39	0.10	2.17	6.76	2.12	0.87	0.25	49.66
丹江口市	24.89	0.46	1.45	4.39	4.43	1.92	0.68	38.22
郧西县	40.69	5.09	2.37	4.23	0.66	0.47	0.25	53.76
竹山县	32.33	0.00	1.89	5.08	0.88	0.78	0.31	41.27
竹溪县	31.55	0.00	1.86	4.17	0.71	0.72	0.23	39.24
房县	25.42	0.00	1.47	2.20	0.47	0.61	0.23	30.40
合计	205.53	5.65	11.98	27.66	9.58	7.82	2.80	271.02

（4）固碳释氧

根据西双版纳州行政和土地利用类型矢量图，并结合栅格化的年度 MODIS17A3－

NPP分布图得出2010年十堰生态系统固碳释氧总价值为483.29亿元，其中林地固碳释氧价值最高，为381.37亿元，占2010年全市固碳释氧总价值的78.91%；农田次之，为53.8亿元，占固碳释氧总价值的11.13%。草地、园地、水域和建设用地固碳释氧价值基本持平，分别为9.91亿元、12.15亿元、12.96亿元及11.4亿元；裸地内绿色植被较少，因此其净初级生产力较低，固碳释氧价值也相对较少，为1.7亿元。

从各行政区的2010年固碳释氧价值来看，房县的价值最高，为106.09亿元，占总价值的21.95%；其次为郧阳区及郧西县，固碳释氧价值分别为74.98亿元及77.24亿元，分别占总价值的15.51%及15.98%；以下依次为竹山县、竹溪县、丹江口市、张湾区、茅箭区，价值分别为69.64亿元、68.29亿元、58.03亿元、16.70亿元、12.32亿元（表8－35）。

表8－35　2010年十堰市固碳释氧价值　单位：亿元

类型 地区	林地	草地	园地	农田	水域	建设用地	裸地	合计
张湾区	11.23	0.00	0.52	3.34	0.25	1.19	0.17	16.70
茅箭区	9.19	0.00	0.13	1.12	0.13	1.52	0.23	12.32
郧阳区	55.78	0.65	1.75	12.97	2.50	1.16	0.17	74.98
丹江口市	40.38	1.21	1.28	6.59	5.70	2.49	0.38	58.03
郧西县	55.35	7.79	1.80	10.91	0.65	0.64	0.10	77.24
竹山县	58.28	0.08	1.85	6.69	1.29	1.26	0.19	69.64
竹溪县	58.07	0.10	1.96	5.81	1.04	1.14	0.17	68.29
房县	93.09	0.08	2.86	6.37	1.40	2.00	0.29	106.09
合计	381.37	9.91	12.15	53.80	12.96	11.40	1.70	483.29

十堰市2014年生态系统固碳释氧总价值为546.11亿元。其中，林地固碳释氧占总价值的比例最高，为79.19%；农田、水域固碳释氧价值分别为58.74亿元、15.13亿元，占比分别为10.76%、2.77%；固碳释氧量最少的为裸地，为1.88亿元，占固碳释氧总价值的0.34%。

2014年固碳释氧价值量最高的是房县，为120.21亿元，以下依次是郧西县、郧阳区、竹山县、竹溪县、丹江口市、张湾区和茅箭区，固碳释氧价值分别为87.15亿元、84.31亿元、79.11亿元、77.18亿元、65.68亿元、18.58亿元和13.89亿元（表8－36）。

表 8－36　2014 年十堰市固碳释氧价值　单位：亿元

地区＼类型	林地	草地	园地	农田	水域	建设用地	裸地	合计
张湾区	12.71	0.00	0.50	3.50	0.31	1.38	0.18	18.58
茅箭区	10.42	0.00	0.12	1.17	0.15	1.79	0.24	13.89
郧阳区	63.14	0.69	2.02	14.00	2.91	1.36	0.19	84.31
丹江口市	45.76	1.28	1.37	7.33	6.62	2.91	0.41	65.68
郧西县	62.93	8.30	2.57	11.71	0.76	0.76	0.12	87.15
竹山县	66.17	0.08	2.24	7.44	1.53	1.44	0.21	79.11
竹溪县	65.82	0.12	1.99	6.52	1.20	1.33	0.20	77.18
房县	105.50	0.09	3.31	7.07	1.65	2.26	0.33	120.21
合计	432.45	10.56	14.12	58.74	15.13	13.23	1.88	546.11

（5）净化水质

2010 年十堰生态系统净化水质总价值为 433.61 亿元，其中林地净化水质价值占总价值的 72.96%、草地净化水质价值占 11.27%，两者占到总价值的 84%。由于本书研究核算没有考虑水体自净能力，导致水域生态系统的净化水质功能价值较低，仅占水域生态系统的 2.85%。建设用地由于涵养能力较弱，植被覆盖较低，占 1.05%。由于裸地面积较少，同时净化能力也弱，占 0.14%。2014 年十堰生态系统净化水质价值量为 407.30 亿元。

从空间分布来看，2010 年净化水质价值量最高的是郧西县，为 114.31 亿元，其次是郧阳区，为 73.11 亿元，以下依次为竹山县、丹江口市、竹溪县、房县、张湾区和茅箭区，价值分别为 60.83 亿元、58.63 亿元、57.63 亿元、44.73 亿元、13.64 亿元和 10.73 亿元。

2014 年净水价值量最高的是郧西县，为 106.11 亿元，以下依次是郧阳区、竹山县、竹溪县、丹江口市、房县、张湾区和茅箭区，净水价值分别为 68.68 亿元、57.88 亿元、56.92 亿元、52.66 亿元、41.87 亿元、13.08 亿元和 10.10 亿元（表 8－37、表 8－38）。

表 8－37　2010 年十堰市净化水质价值　单位：亿元

地区＼类型	林地	草地	园地	农田	水域	建设用地	裸地	合计
张湾区	11.21	—	0.47	0.97	0.32	0.61	0.06	13.64
茅箭区	9.17	0.01	0.13	0.33	0.18	0.82	0.09	10.73
郧阳区	57.58	0.30	1.75	10.11	2.75	0.52	0.10	73.11
丹江口市	38.35	5.51	1.35	6.56	5.66	1.10	0.10	58.63
郧西县	62.59	42.56	1.75	6.31	0.80	0.25	0.05	114.31

续表

类型 地区	林地	草地	园地	农田	水域	建设用地	裸地	合计
竹山县	49.87	0.25	1.40	7.61	1.15	0.50	0.05	60.83
竹溪县	48.46	0.15	1.51	6.16	0.90	0.40	0.05	57.63
房县	39.12	0.10	1.15	3.31	0.60	0.35	0.10	44.73
合计	316.35	48.88	9.51	41.36	12.36	4.55	0.60	433.61

表 8－38　2014 年十堰市净化水质价值　单位：亿元

类型 地区	林地	草地	园地	农田	水域	建设用地	裸地	合计
张湾区	10.52	—	0.52	0.96	0.39	0.64	0.05	13.08
茅箭区	8.53	0.01	0.13	0.30	0.22	0.83	0.08	10.10
郧阳区	54.03	0.28	1.59	9.48	2.73	0.49	0.08	68.68
丹江口市	33.61	5.08	1.06	6.11	5.57	1.15	0.08	52.66
郧西县	58.49	39.47	1.59	5.43	0.81	0.28	0.04	106.11
竹山县	47.50	0.29	1.34	7.12	1.06	0.49	0.08	57.88
竹溪县	47.53	0.12	1.50	6.43	0.90	0.40	0.04	56.92
房县	36.55	0.12	1.06	3.05	0.61	0.40	0.08	41.87
合计	296.76	45.37	8.79	38.88	12.29	4.68	0.53	407.30

（6）净化大气

经测算十堰市 2010 年生态系统净化大气总价值达 64.58 亿元。污染物吸收价值是根据实测单位面积植被对有害气体的吸收量乘以生态系统面积再乘以污染物治理费用来核算。其中，吸收 SO_2 的价值为 12.58 亿元，占 19.5%；吸收氟化物的价值为 0.17 亿元，占 0.3%；吸收 NO_x 的价值为 1.29 亿元，占 2.0%。滞尘价值是根据单位面积植被年滞尘量乘以各类植被面积再乘以除尘清理费用进行计算，滞尘的价值为 49.55 亿元，占 76.7%。负氧离子的价值为 0.99 亿元，占 1.5%（表 8－39）。

表 8－39　2010 年十堰市净化大气价值　单位：亿元

类型 地区	吸收 SO_2	吸收氟化物	吸收 NO_x	滞尘	负离子	合计
张湾区	0.39	0.01	0.03	1.48	0.03	1.94
茅箭区	0.32	0.01	0.03	1.22	0.02	1.6
郧阳区	1.81	0.02	0.21	7.31	0.16	9.51
丹江口市	1.53	0.02	0.16	5.73	0.13	7.57

续表

类型 地区	吸收 SO_2	吸收氟化物	吸收 NO_x	滞尘	负离子	合计
郧西县	1.8	0.02	0.21	7.33	0.15	9.51
竹山县	1.85	0.02	0.2	7.44	0.15	9.66
竹溪县	1.89	0.03	0.18	7.25	0.14	9.49
房县	2.99	0.04	0.27	11.79	0.21	15.30
全市	12.58	0.17	1.29	49.55	0.99	64.58

十堰市 2014 年生态系统净化大气总价值达 68.05 亿元。其中，吸收 SO_2 的价值 14.89 亿元，吸收氟化物的价值为 0.28 亿元，吸收 NO_x 的价值为 0.98 亿元。滞尘的价值为 50.91 亿元，负氧离子价值为 0.99 亿元。

十堰市 2014 年各县（市、区）净化大气的价值在 1.76 亿 ~ 17.01 亿元。其中，房县最高，总价值达到 17.01 亿元，占全市的 25.0%；竹溪县次之，总价值为 10.59 亿元，占 15.6%；竹山县、郧西县、郧阳区、丹江口市、张湾区、茅箭区总价值分别为 10.19 亿元、9.44 亿元、9.35 亿元、7.65 亿元、2.06 亿元、1.76 亿元，分别占比 15.0%、13.9%、13.7%、11.2%、3.0% 和 2.6%。各县（市、区）单位行政面积净化大气服务价值从大到小依次为：房县 > 茅箭区 > 竹溪县 > 张湾区 > 竹山县 > 郧西县 > 丹江口市 > 郧阳区。

2014 年比 2010 年增加了 3.43 亿元，主要体现在吸收二氧化硫和滞尘方面，十堰市 2014 年区域生态系统净化大气的服务价值相比 2010 年稳中有升（表 8 – 40）。

表 8 – 40　2014 年十堰市净化大气价值　　单位：亿元

类型 地区	吸收 SO_2	吸收氟化物	吸收 NO_x	滞尘	负离子	合计
张湾区	0.46	0.01	0.02	1.54	0.03	2.06
茅箭区	0.39	0.01	0.02	1.31	0.02	1.76
郧阳区	1.91	0.03	0.18	7.08	0.16	9.35
丹江口市	1.69	0.03	0.13	5.67	0.13	7.65
郧西县	2.05	0.03	0.16	7.06	0.15	9.44
竹山县	2.18	0.04	0.16	7.66	0.15	10.19
竹溪县	2.40	0.05	0.12	7.88	0.14	10.59
房县	3.81	0.08	0.20	12.71	0.21	17.01
全市	14.89	0.28	0.98	50.91	0.99	68.05

（7）气候调节

根据十堰市行政和土地利用类型矢量图，并结合栅格化的水汽蒸散分布图，2010 年十堰生态系统的气候调节总价值为 126.16 亿元。按不同生态系统类型看，林地气候调节价值为 100.96 亿元，占总价值的 80.03%，农田气候调节价值为 14.71 亿元，占总价值的 11.66%，两者之和占比超过 91%，水域和园地的气候调节价值分别为 4.41 亿元和 3.26 亿元，分别占总价值的 3.5% 和 2.58%。

从空间分布来看，2010 年气候调节价值量最高的是房县，为 27.78 亿元，其次是郧西县，为 20.38 亿元，以下依次为郧阳区、竹山县、竹溪县、丹江口市、张湾区和茅箭区，价值分别为 19.81 亿元、18.71 亿元、17.84 亿元、15.35 亿元、3.57 亿元和 2.72 亿元（表 8－41）。

表 8－41　2010 年十堰市气候调节价值　　单位：亿元

类型 地区	林地	草地	园地	农田	水域	合计
张湾区	2.87	0.00	0.29	0.3	0.11	3.57
茅箭区	2.5	0.00	0.08	0.09	0.05	2.72
郧阳区	15.21	0.18	0.6	3.14	0.68	19.81
丹江口市	11.53	0.36	0.17	2.36	0.93	15.35
郧西县	15.38	2.23	0.52	1.93	0.32	20.38
竹山县	15.06	0.02	0.36	2.56	0.71	18.71
竹溪县	14.56	0.01	0.57	2.07	0.63	17.84
房县	23.85	0.02	0.67	2.26	0.98	27.78
合计	100.96	2.82	3.26	14.71	4.41	126.16

2014 年十堰市生态系统的气候调节总价值为 143.97 亿元。按照不同生态类型分析，林地气候调节价值为 116.25 亿元，比 2010 年有所提高；其次是农田气候调节价值量为 15.65 亿元，占比 10.87%；以下依次是水域、草地和园地，价值分别为 4.67 亿元、3.84 亿元和 3.56 亿元。

2014 年调节气候价值量最高的是房县，为 32.18 亿元，以下依次是郧西县、郧阳区、竹山县、竹溪县、丹江口市、张湾区和茅箭区，气候调节价值分别为 22.96 亿元、22.43 亿元、21.28 亿元、20.44 亿元、17.43 亿元、4.02 亿元和 3.23 亿元（表 8－42）。

表 8－42 2014 年十堰市气候调节价值 单位：亿元

地区\类型	林地	草地	园地	农田	水域	合计
张湾区	3. 39	0. 00	0. 26	0. 25	0. 12	4. 02
茅箭区	2. 78	0. 00	0. 09	0. 3	0. 06	3. 23
郧阳区	17. 51	0. 28	0. 65	3. 26	0. 73	22. 43
丹江口市	13. 27	0. 56	0. 27	2. 37	0. 96	17. 43
郧西县	17. 71	2. 37	0. 55	1. 96	0. 37	22. 96
竹山县	17. 33	0. 26	0. 36	2. 58	0. 75	21. 28
竹溪县	16. 71	0. 06	0. 65	2. 37	0. 65	20. 44
房县	27. 55	0. 31	0. 73	2. 56	1. 03	32. 18
合计	116. 25	3. 84	3. 56	15. 65	4. 67	143. 97

（8）洪水调蓄

根据水库库容量、水库死库容量和水库建设单位库容造价进行核算，十堰市 2010 年洪水调蓄总价值为 816. 20 亿元。其中，丹江口市最高，为 668. 82 亿元，占到全市洪水调蓄价值的近 81. 94%。郧西县、竹溪县、张湾区、茅箭区、郧阳区、竹山县、房县占比分别为 3. 70%、2. 75%、8. 86%、0. 25%、0. 88%、1. 28%、0. 34%。

十堰市 2014 年洪水调蓄总价值为 1 049. 26 亿元。其中，丹江口市最高，为 668. 82 亿元，占到全市洪水调蓄价值的 63. 74%。郧西县、竹溪县、张湾区、茅箭区、郧阳区、竹山县、房县分别为 2. 88%、3. 77%、6. 89%、0. 19%、0. 68%、18. 78%、3. 06%（表 8－43）。

表 8－43 2010—2014 年十堰市洪水调蓄价值 单位：亿元

行政区	2010 年	2014 年
张湾区	72. 32	72. 32
茅箭区	2. 02	2. 02
郧阳区	7. 18	7. 18
丹江口市	668. 82	668. 82
郧西县	30. 24	30. 24
竹山县	10. 43	197. 01
竹溪县	22. 45	39. 54
房县	2. 74	32. 13
合计	816. 20	1 049. 26

长期以来，长江中下游地区饱受洪涝灾害的影响。因此，增强地区洪水调蓄的功能非常重要。十堰市2014年洪水调蓄服务价值与2010年相比有小幅增加，主要是因为近年来新建投产了一些水库，使十堰市整体有效库容增加，从而使洪水调蓄服务价值相应增加。未来仍需继续增加有效库容，提升洪水调蓄功能。

3. 结论与讨论

从评估结果来看，2010年十堰市生态产品价值为4 104.19亿元。从行政区域来看，丹江口拥有最高的生态产品价值，为1 040.82亿元，占全市生态产品总价值的25.36%，其次为竹溪县、房县，生态产品价值分别为766.67亿元、684.16亿元，占全市生态产品总价值的18.68%、16.67%；郧西县、竹山县、郧阳区生态产品价值分别为482.11亿元、462.83亿元、404.17亿元，占全市生态资产总价值的11.75%、11.28%、9.85%；张湾区、茅箭区生态产品价值则相对较低，分别为165.47亿元、96.46亿元。从生态产品的组成来看，生态资源产品占生态产品的主导地位，其价值为1740.75亿元，占生态产品价值的42.41%。在生态系统服务产品中，洪水调蓄功能占比较多，为19.89%，其次为固碳释氧和净化水质，价值分别为433.61亿元、483.29亿元（图8－14）。

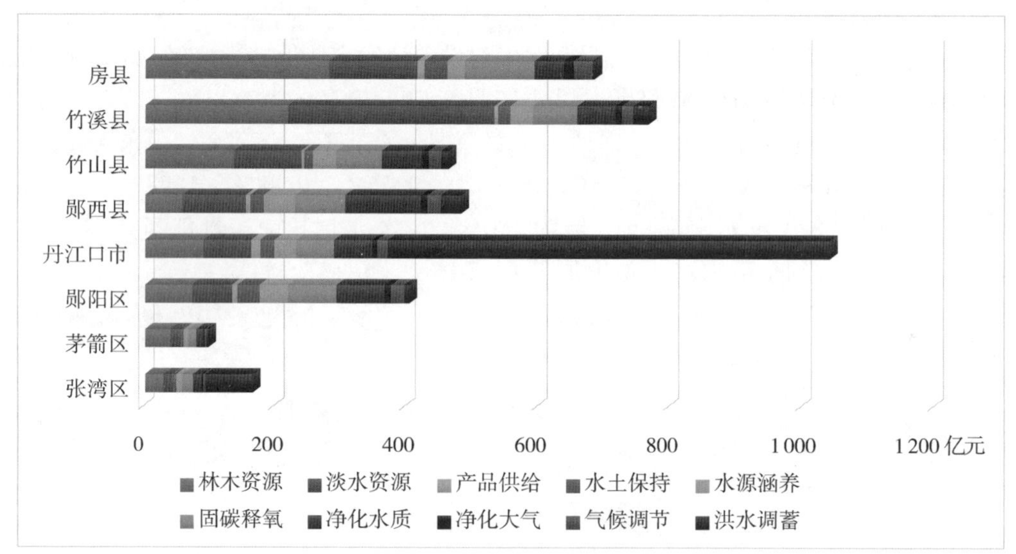

图8－14　2010年十堰市生态产品价值

2014年十堰市生态产品价值为4 449.6亿元，较2010年增加了344.86亿元，占2010年生态产品价值的8.40%。从生态产品价值的组成来看，生态资源产品价值占比依然较高，为1 674.24亿元，占生态产品价值的37.3%，其中林木资源增加了145.87亿元，淡水资源减少了212.38亿元。2014年十堰市生态系统服务产品与2010年有共同的趋势，均表现为洪水调蓄、固碳释氧、净化水质占比较多，其价值分别为1 049.26亿元、546.11亿元、407.3亿元。除净化水质价值略有降低外，

2014 年生态系统服务产品价值各组分价值较 2010 年均有明显提升（图 8－15）。

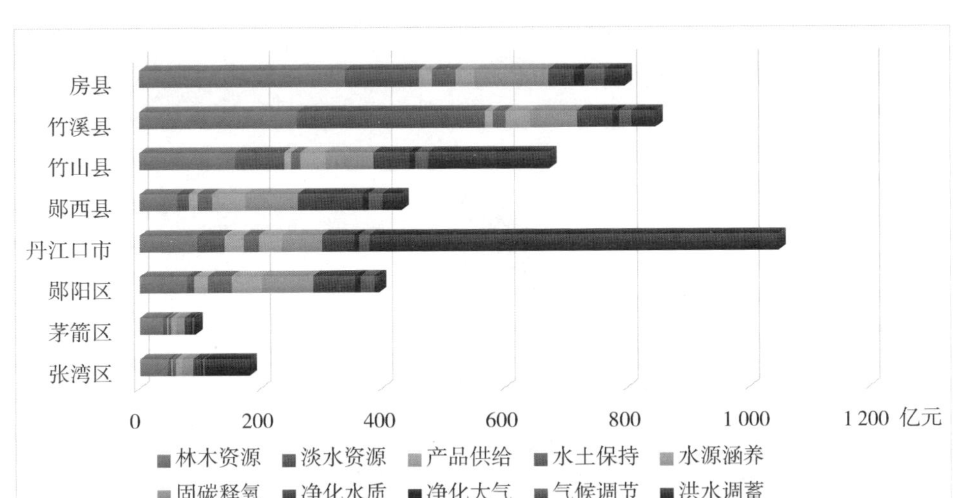

图 8－15　2014 年十堰市生态产品价值

8.3　洱海流域生态产品价值评估

8.3.1　洱海流域概况

1. 自然概况

洱海流域（25°36～26°36′N，99°50′～100°26′E）位于云南省大理白族自治州境内，地处澜沧江、金沙江和元江三大水系分水岭地带，流域面积 2 565km^2，湖面高程 1 966 m，湖面面积 252. 1 km^2，蓄水量为 29. 59 $\times 10^8$m，湖岸线长 129. 14 km，湖泊最大水深为 21. 3 m，平均水深 10. 8 m。属澜沧江—湄公河水系，洱海上游有茈碧湖、海西海、西湖等高原断陷湖泊，区内河流河网较多，入湖河流大小共计 117 条。区域内海拔差异较大，地势西北高、东南低。最高海拔为 4 122 m 的苍山马峰，最低海拔为 1 974 m 的洱海水面（图 8－16）。

洱海流域气候属低纬高原亚热带季风气候，干湿分明，气候温和，日照充足，干湿季分明，雨量季节分配不均。每年 11 月至翌年 4 月、5 月为干季，5 月下旬至 10 月为雨季。多年平均降水量 1 048 mm，雨季占全年降雨量 85% 以上，湖面蒸发量多年平均 1 208. 6 mm。年平均气温 15. 1℃，最高月平均气温 20. 1℃，最低月平均气温 8. 8℃；全年日照时数 2 250～2 480 h，日照百分率 52%～56%。湖区常年主导风向为西南风，年平均风速 4. 1 m/s，最大风速 40 m/s。

洱海流域水平地带性植被主要为半湿润常绿阔叶林和云南松林，目前分布较广的是在森林植被演替过程中，与半湿润常绿阔叶林紧密联系的云南松林，成为该地带植被的重要标志。同样，洱海流域植被类型和分布，直接受地形和气候的影响，形成典型而明显的植物垂直分布带谱，独具特色。从洱海湖区往上，随海拔高度的变化，植被和植物种类的分布极为明显，层次清晰，保存着从南亚热带过渡到高山寒漠带的各种植被类型。

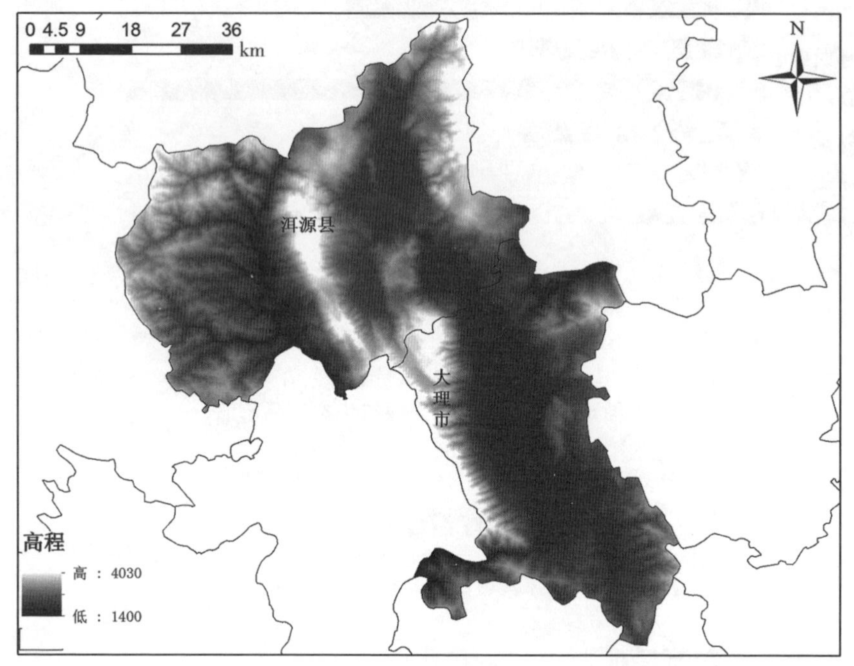

图 8－16　洱海流域

2. 社会与经济

洱海流域地跨大理市和洱源县两个市县，共有 16 个乡镇，167 个行政村。其中大理市 10 个镇，包括下关镇、大理镇、凤仪镇、喜洲镇、海东镇、挖色镇、湾桥镇、银桥镇、双廊镇、上关镇；洱源县辖 6 个乡镇，包括茈碧湖镇、邓川镇、右所镇、三营镇、凤羽镇和牛街乡。2015 年年末，洱海流域常住人口为 94.2 万人，有白族、汉族、彝族、回族等 26 个民族。其中农村人口 42.09 万人，约占总人口的 44.68%。

2015 年年末，大理市地区生产总值 333.98 亿元，其中，第一产业 22.56 亿元，第二产业 156.16 亿元，第三产业 155.26 亿元，三次产业结构为 25∶173∶172；人均 GDP 为 5.02 万元。洱源县地区生产总值 54.08 亿元，其中，第一产业为 17.50 亿元，第二产业为 18.29 亿元，第三产业为 18.29 亿元，三次产业结构为 20∶31∶21；人均 GDP 为 1.97 万元（图 8－17）。

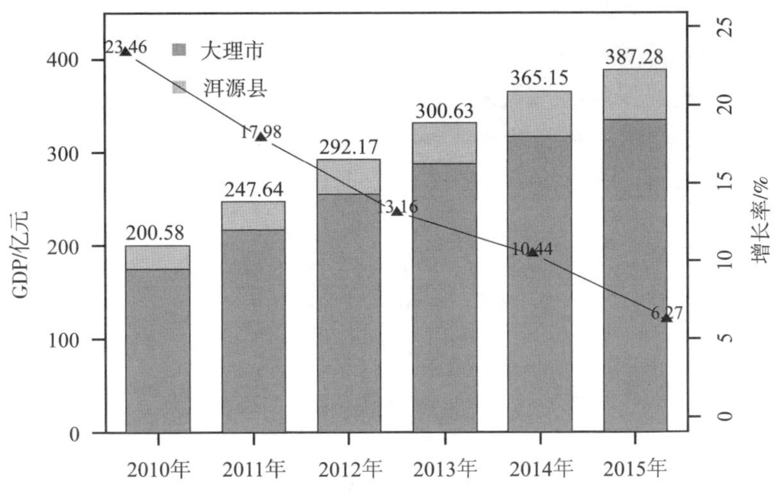

图 8－17　洱海流域 2010—2015 年生产总值与增长率

8.3.2　洱海流域生态产品价值评估方法

1. 指标体系

本案例在上述研究的基础上，结合目前国内外生态系统服务价值评估的最新发展以及洱海流域生态系统的特殊地位和情况，构建云南省洱海流域生态产品价值评估指标体系。该指标体系包括生态资源产品及生态系统服务产品 2 个一级类型，在一级类型之下进一步划分出 10 种二级类型。其中生态资源产品包括林木资源和淡水资源，生态系统服务产品等包含水土保持、水源涵养、固碳释氧、空气净化等 8 种生态系统服务（表 8－44）。

表 8－44　生态产品价值评估指标体系

	一级指标	二级指标
生态资产价值评估	生态资源产品	林木资源
		淡水资源
	生态系统服务产品	产品供给
		水土保持
		水源涵养
		固碳释氧
		净化水质
		净化大气
		气候调节
		洪水调蓄

2. 评估方法

评估方法分为实物量和价值量两种。前者使用统计调查法、模型法、能值法等；

后者使用市场价值法、替代价值法和模拟市场法等，具体如下。

（1）产品供给通过收集统计年鉴、水资源公报及森林资源二类调查等数据进行实物量计算，林业产品包括竹木采伐、松脂、油茶籽等，畜牧业产品包括牛肉、羊肉、猪肉、家禽、禽蛋、兔肉及蜂蜜等，水产品包括鱼、虾蟹、贝类、蛙等淡水产品。采用市场价值法，利用各产业的经济数据评估产品供给服务所产生的直接市场价值。

（2）土壤保持量由土壤潜在侵蚀量和现实侵蚀量确定，土壤潜在侵蚀量估算采用 USLE 模型。生态系统固定土壤的价值采用影子工程法，假定挖取和运输同样体积的土方所需的费用进行估算。由于土壤中含有 N、P、K 以及有机质等营养物质，生态系统保持土壤的作用减少了大量土壤营养物质的流失，因此保肥价值根据营养物质的市场价值确定。

（3）根据产水量模型计算洱海流域水源涵养量，水源涵养量为潜在产水量（潜在产水量假设为该植被生态系统转换为裸地时候的产水量）和实际产水量差值，基于水库工程费用法计算得出水源涵养价值。

（4）以 NPP 为基础，根据光合作用和呼吸作用的反应方程式推算，每形成 1 g 干物质，需要 1.63 g 二氧化碳，可以释放 1.19 g 氧气，由此推算生态系统植物吸收二氧化碳释放氧气的实物量，采用碳税法和工业制氧法核算其价值。

（5）净化水质价值采用代替工程法，以污水处理成本的减少作为水质净化服务的经济效益。

（6）净化大气指生态系统维持大气化学组分平衡，吸收二氧化硫、二氧化氮等污染物，生产负离子，阻滞粉尘的功能。采用代替工程法计算净化大气的价值，其中吸收二氧化硫、二氧化氮及阻滞粉尘的价值分别采用发改委等四部委 2003 年第 31 号令《排污费征收标准及计算方法》中相应的排污收费标准；生产负离子价值根据浙江省台州科利达电子有限公司生产的使用范围 30 m^2（房间高 3 m）、功率 6 W、负离子浓度 1×10^6 个/m^3、使用寿命为 10 年、价格每个 65 元的 KLD－2000 型负离子发生器而推断（其中负离子寿命为 10 min），产生负离子的费用为 5.8185 元/10^{18}个。

（7）气候调节价值指生态系统温度调节和湿度调节价值。其中温度调节价值采用能量代替法，湿度调节价值采用成本代替法。

（8）湖泊、水库具有洪水调蓄的能力，洪水调蓄量采用水库库容量进行估算，价值量采用《森林生态系统服务功能评估规范》推荐的水库工程费用核算。

8.3.3 洱海流域生态产品价值评估结果

1. 生态资源产品

（1）林木资源

根据统计数据得到洱海流域 2010 年及 2015 年林木资源实物量表，以及分县区林木资源实物量表，详见表 8－45。

表8－45　洱海流域活立木蓄积量　　单位：万 m^3

行政区	2010年	2015年
大理市	244.43	488.88
洱源县	635.92	706.85
合计	880.35	1 195.73

根据统计数据计算，得到洱海流域2010年林木资源价值为122.83亿元。2015年林木资源价值为167.75亿元，较2010年增加了44.92亿元，增长率为36.57%（表8－46）。

表8－46　洱海流域林木资源价值量　　单位：亿元

行政区	2010年	2015年
大理市	34.29	68.58
洱源县	88.54	99.17
合计	122.83	167.75

（2）淡水资源

根据水资源公报，洱海流域2010年水资源总量为8.757亿 m^3，2015年水资源量10.953亿 m^3，平均每 km^2 产水量为42.70万 m^3，人均水资源总量1 162.74 m^3。计算得出，洱海流域2010年水资源价值为17.00亿元，2015年水资源价值为20.60亿元，增加了3.60亿元（表8－47）。

表8－47　洱海流域水资源价值量　　单位：亿元

行政区	2010年	2015年
大理市	10.04	11.17
洱源县	6.96	9.43
合计	17.00	20.60

2. 生态系统服务产品

（1）产品供给

根据大理市和洱源县2010年及2015年统计年鉴，结合生态产品当年价值，计算得出2010年洱海流域生态产品供给价值为23.65亿元，其中包含林产品、畜牧产品、水产品价值分别为0.55亿元、21.76亿元及1.34亿元，大理市、洱源县产品供给价值分别为14.53亿元及9.11亿元。

2015年洱海流域生态产品供给价值为42.40亿元，其中林产品、畜牧产品、水产品价值分别为0.74亿元、38.68亿元及2.97亿元，大理市、洱源县产品供给价值分别为24.94亿元及17.46亿元。

（2）水土保持

洱海流域2010年水土保持量为2 464.99万t，其中林地水土保持量最高，为1 407.84吨，占流域水土保持总量的57.16%；农田次之，为721.88万t；草地水土保持量为196.09万t，占流域水土保持总量的7.96%；水域、建设用地及裸地由于植被覆盖较少，水土保持量较低，分别为6.76万t、43.77万t及88.66万t。从空间分布来看，大理市2010年水土保持量最高，为1 238.40万t（图8－18～图8－21）。

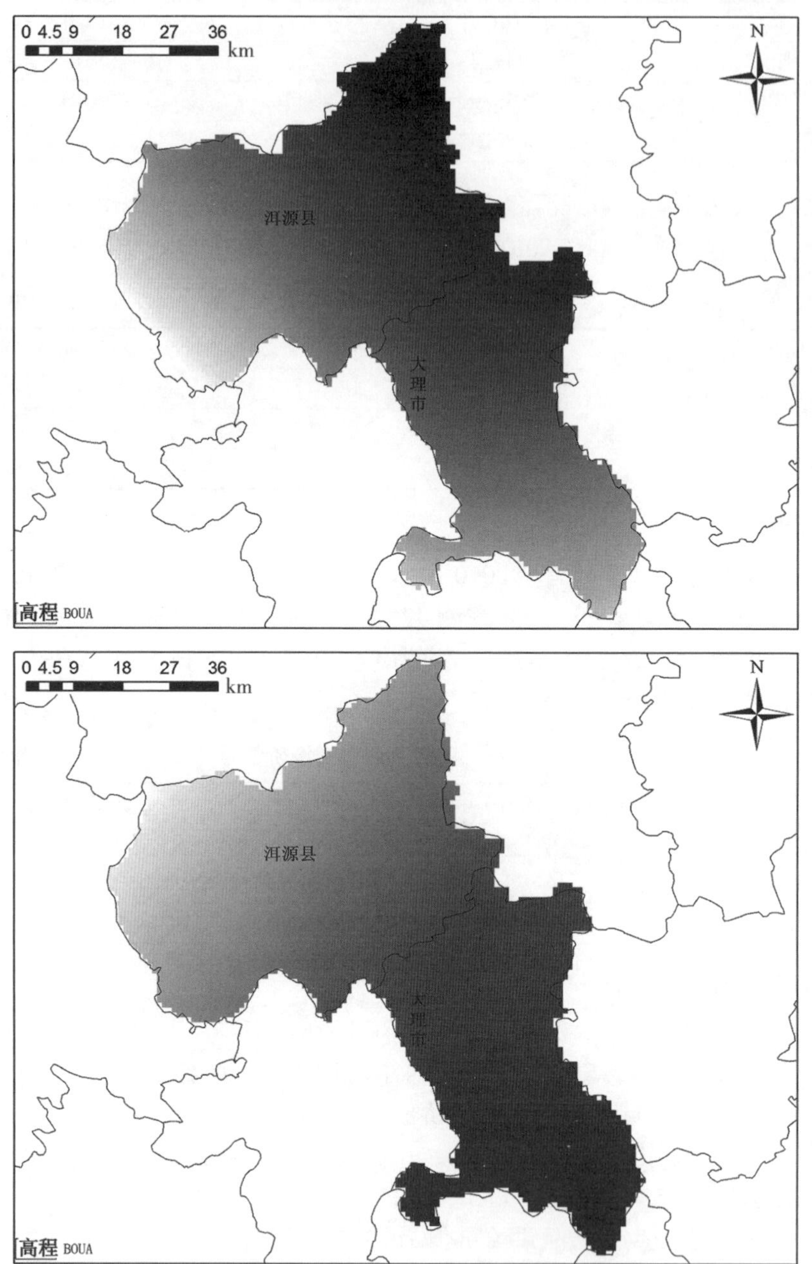

图8－18　洱海流域2010年、2015年降雨侵蚀力

2015年洱海流域水土保持总量为43 041.30万t，其中林地水土保持量最高，为1 321.48t，占全州水土保持总量的56.82%；农田水土保持量为684.95万t，占全州水土保持总量的29.45%；草地水土保持量为180.93万t，占比为7.78%；水域、建设用地及裸地水土保持分别为7.47万t、42.84万t及87.99万t。从空间分布来看，大理市2010年水土保持量最高，为1 226.75万t。

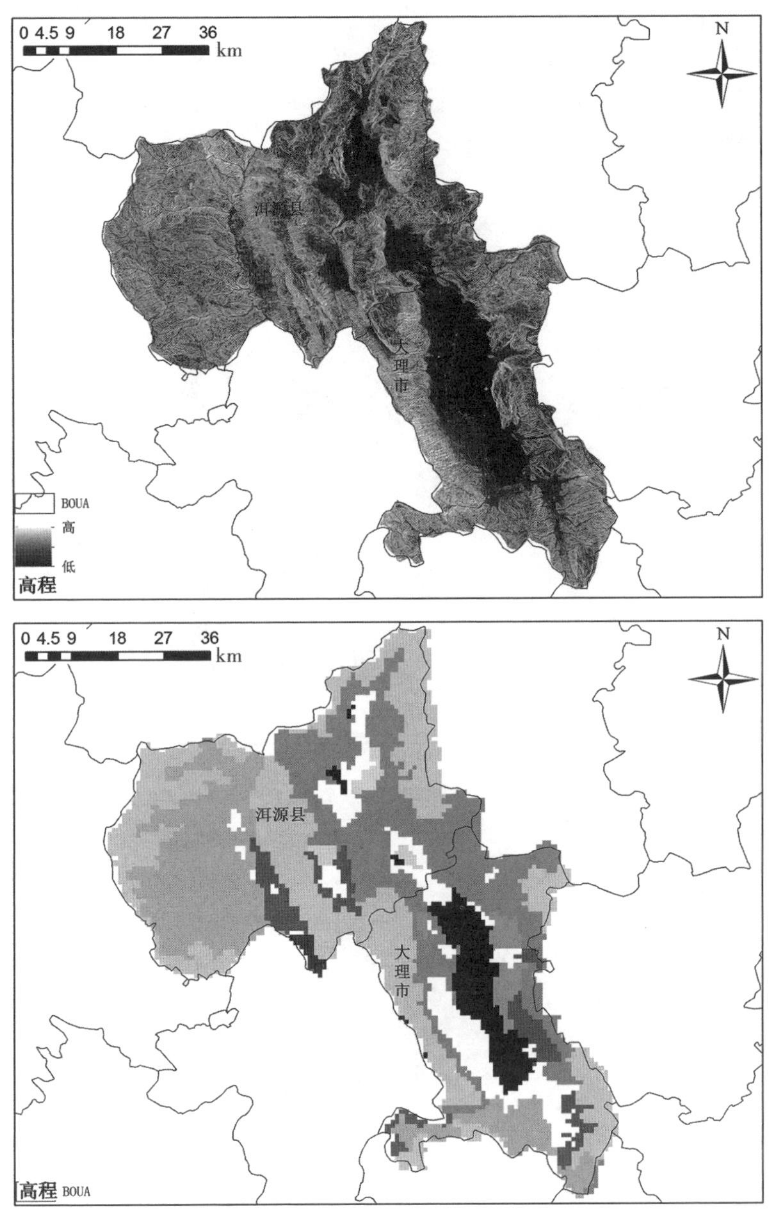

图 8－19　洱海流域地形因子及土壤可蚀性因子

根据洱海流域行政和土地利用类型矢量图并结合栅格化的植被覆盖区域土壤侵蚀深度分布图及其裸露条件下的潜在土壤侵蚀深度分布图和土壤容重分布图，得出 2010 年洱海流域生态系统固土总价值为 1.77 亿元。按不同生态系统类型看，林地的固土价值量最大，为 1.01 亿元，占固土总价值的 57.11%；农田固土价值为 0.52 亿元，占固土总价值的 29.28%；水域可以被视为无水土流失区域，其固土价值为 0.005 亿元；建设用地虽然植被覆盖率相对较低，但由于其具有硬地表，改变了土地下垫面的性质，因而也有着较好的固土效果，其固土价值量为 0.03 亿元；草地生态系统的固土价值为 0.14 亿元，占固土总价值的 7.95%。从空间分布来看，2010 年洱海流域内两个行政区域固土价值几乎持平（表 8－48）。

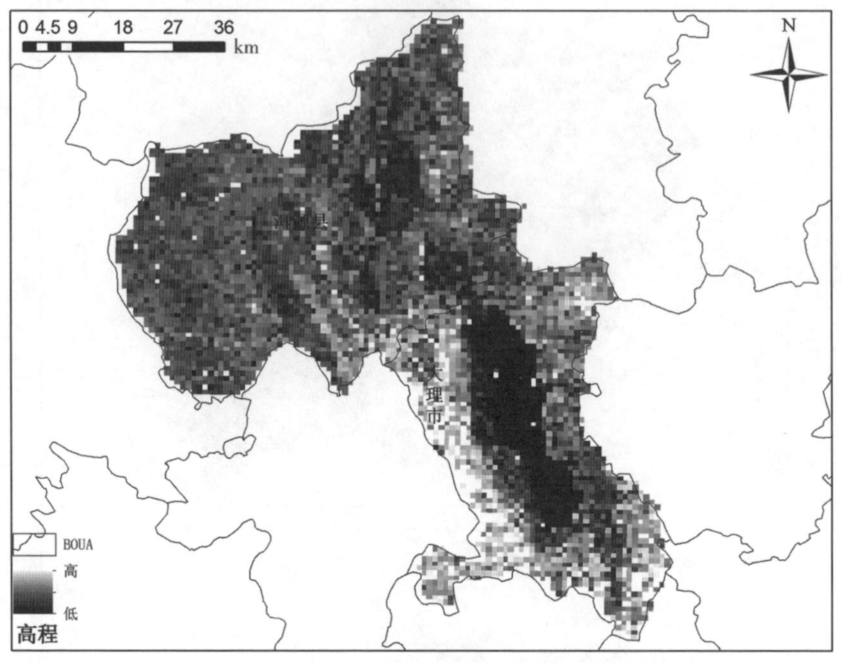

图 8－20　洱海流域 2010 年土壤保持量空间分布

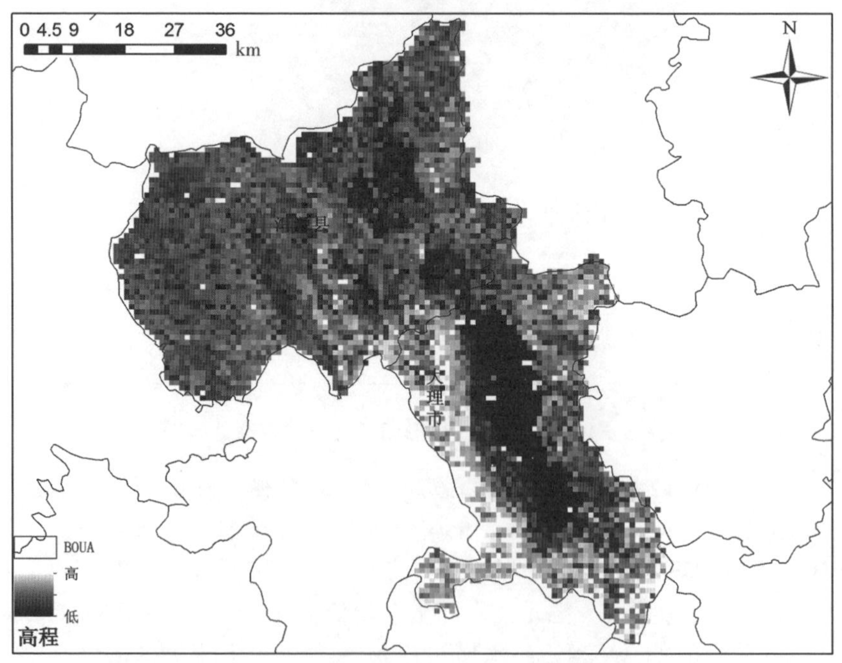

图 8－21　洱海流域 2015 年土壤保持量空间分布

表 8－48　2010 年洱海流域固土价值　单位：亿元

地区＼类型	林地	草地	农田	水域	建设用地	裸地	合计
大理市	0. 37	0. 04	0. 39	0. 002	0. 02	0. 063	0. 89
洱源县	0. 64	0. 10	0. 13	0. 003	0. 01	0. 001	0. 88
合计	1. 01	0. 14	0. 52	0. 005	0. 03	0. 06	1. 77

2015 年洱海流域固土总价值为 1. 97 亿元。按照不同生态系统类型来分析，林地的固土价值量最大，为 1. 12 亿元，占比 56. 92%；农田生态系统的固土价值为 0. 58 亿元，占比 29. 50%；草地、裸地、建设用地和水域的固土价值分别为 0. 15 亿元、0. 07 亿元、0. 04 亿元和 0. 01 亿元。2015 年固土价值量最高的是大理市，为 1. 04 亿元，占洱海流域固土价值的 52. 79%（表 8－49）。

表 8－49　2015 年洱海流域固土价值　单位：亿元

地区＼类型	林地	草地	农田	水域	建设用地	裸地	合计
大理市	0. 45	0. 05	0. 45	0. 003	0. 03	0. 07	1. 04
洱源县	0. 67	0. 11	0. 13	0. 003	0. 01	0. 001	0. 93
合计	1. 12	0. 15	0. 58	0. 01	0. 04	0. 07	1. 97

经测算，洱海流域 2010 年保肥总价值为 18. 16 亿元。按不同的生态系统类型分析，林地的保肥价值为 10. 37 亿元，占 57. 11%；农田的保肥价值为 5. 32 亿元，占 29. 28%，两者合计占比超过 86. 39%；草地、裸地、建设用地和水域的保肥价值分别为 1. 44 亿元、0. 65 亿元、0. 32 亿元、0. 05 亿元，分别占比 7. 95%、3. 60%、1. 78% 和 0. 27%。从空间分布来看，2010 年洱海流域内两个行政区域保肥价值持平（表 8－50）。

表 8－50　2010 年洱海流域保肥价值　单位：亿元

地区＼类型	林地	草地	农田	水域	建设用地	裸地	合计
大理市	3. 84	0. 40	4. 00	0. 02	0. 22	0. 64	9. 12
洱源县	6. 53	1. 04	1. 32	0. 03	0. 10	0. 01	9. 04
合计	10. 37	1. 44	5. 32	0. 05	0. 32	0. 65	18. 16

洱海流域 2015 年保肥总价值为 22. 94 亿元。按不同的生态系统类型分析，林地的保肥价值为 13. 04 亿元，占 56. 82%；农田、草地、裸地、建设用地和水域的保肥价值分别为 6. 76 亿元、1. 78 亿元、0. 87 亿元、0. 42 亿元和 0. 07 亿元，分别占比 29. 45%、7. 78%、3. 78%、1. 84% 和 0. 32%。2015 年保肥价值量最高的依然是大

理市，为12.10亿元（表8－51）。

表8－51　2015年洱海流域保肥价值　　单位：亿元

地区＼类型	林地	草地	农田	水域	建设用地	裸地	合计
大理市	5.19	0.54	5.19	0.04	0.30	0.85	12.10
洱源县	7.85	1.25	1.57	0.03	0.12	0.02	10.84
合计	13.04	1.78	6.76	0.07	0.42	0.87	22.94

（3）水源涵养

洱海流域2010年水源涵养量为17.42亿m^3。其中林地水源涵养量最高，为12.58亿m^3，占全州水源涵养总量的72.19%；由于水域周围的湿地、滩涂等具有较好的水源涵养功能，其水源涵养量也相对高于农田，为3.69亿m^3；农田和草地水源涵养量为0.65亿m^3和0.24亿m^3。建设用地和裸地表面植被覆盖较少，尤其是建设用地表面硬化，导致其径流系数较小，此处不研究建设用地和裸地的水源涵养功能。从空间分布来看，洱源县2010年水源涵养量最高，为10.05亿m^3，大理市次之，为7.37亿m^3。

2015年洱海流域涵养水源总量为17.23亿m^3，其中林地水源涵养量最高，为11.69亿m^3，占全州水源涵养总量的67.85%；水域、农田和草地水源涵养量分别为4.75亿m^3、0.57亿m^3和0.21亿m^3。从空间分布来看，洱源县依然保持了最高的水源涵养量，为8.99亿m^3（图8－22）。

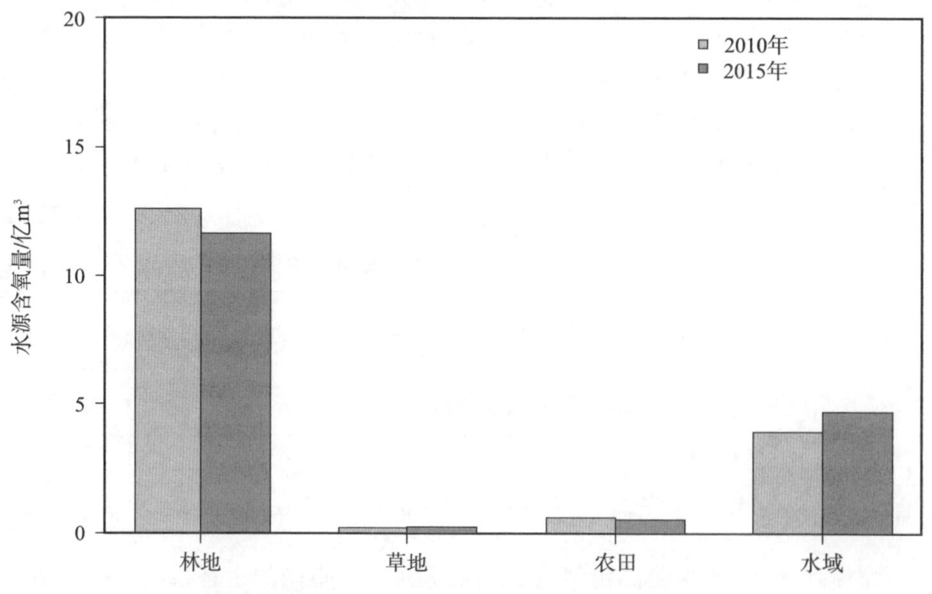

图8－22　2010—2015年洱海流域水源涵养量

经计算得出2010年洱海流域涵养水源总价值为131.70亿元。按不同生态系统类型来分析，在总价值中，林地生态系统的涵养水源价值量最大，为95.08亿元，占涵养水源总价值的 72. 19%，水域生态系统中的河塘水库、湖泊具有一定的水源涵养能力，水域的涵养水源价值为 29. 95 亿元，占涵养水源总价值的 22. 74%，林地和水域的水源涵养价值合计占比超过 94%。农田和草地生态系统水源涵养价值分别为 4. 88 亿元和 1. 80 亿元，分别占水源涵养总量的 3. 71% 和 1. 36%。从空间分布来看，洱源县水源涵养价值高于大理市水源涵养价值，主要原因为洱源县林地面积较大，对水源涵养价值的贡献远超过大理市（表 8 －52）。

表 8 －52　2010 年洱海流域水源涵养价值　　单位：亿元

地区＼类型	林地	草地	农田	水域	建设用地	裸地	合计
大理市	28. 91	0. 50	0. 75	25. 55	—	—	55. 71
洱源县	66. 17	1. 30	4. 13	4. 40	—	—	76. 00
合计	95. 08	1. 80	4. 88	29. 95	—	—	131. 70

2015 年洱海流域涵养水源总价值为 153. 89 亿元。按不同生态系统类型来分析，在总价值中，林地的涵养水源价值量最大，为 104. 40 亿元，占总价值的 67. 84%，农田生态系统的涵养水源价值为 5. 13 亿元，占 3. 34%；水域生态系统的涵养水源价值为 42. 44 亿元，占 27. 58%；由于草地面积较少，其涵养水源的价值较小，涵养水源价值为 1. 91 亿元。从空间分布来看，2015 年涵养水源价值量最高的是洱源县，为 80. 31 亿元，占洱海流域涵养水源价值总量的 52. 17%（表 8 －53）。

表 8 －53　2015 年洱海流域水源涵养价值　　单位：亿元

地区＼类型	林地	草地	农田	水域	建设用地	裸地	合计
大理市	34. 71	0. 63	0. 92	37. 31	—	—	73. 57
洱源县	69. 69	1. 29	4. 21	5. 12	—	—	80. 31
合计	104. 40	1. 91	5. 13	42. 44	—	—	153. 89

（4）固碳释氧

根据洱海流域行政和土地利用类型矢量图，并结合栅格化的年度 MODIS17A3 - NPP 分布图（见图 8 －23、图 8 －24）得出洱海流域 2010 年固碳量为 537. 22 万吨，2015 年固碳量为 533. 55 万吨；2010 年释氧量为 392. 2 万吨万吨，2015 年释氧量为 389. 52 万吨。

根据洱海流域行政和土地利用类型矢量图并结合栅格化的年度 MODIS - NPP 分布图，得出 2010 年洱海流域生态系统固碳释氧总价值为 59. 97 亿元。按不同土地利用类型来分析，林地的固碳释氧价值最高为 43. 04 亿元，占比 71. 77%；农田的固碳释氧价值为 9. 07 亿元，占比 15. 12%；其他的草地、建设用地、水域和裸地，分别为 6. 13 亿元、1. 42 亿元、0. 27 亿元和 0. 04 亿元，分别占 10. 22%、2. 37%、0. 45% 和 0. 07%（表 8 －54）。

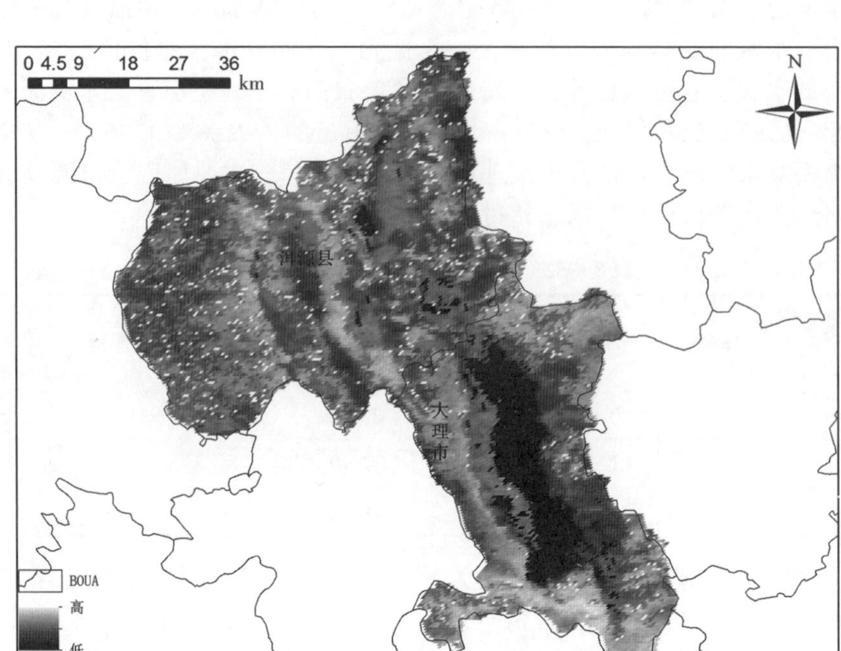

图 8-23 洱海流域 2010 年 NPP 空间分布

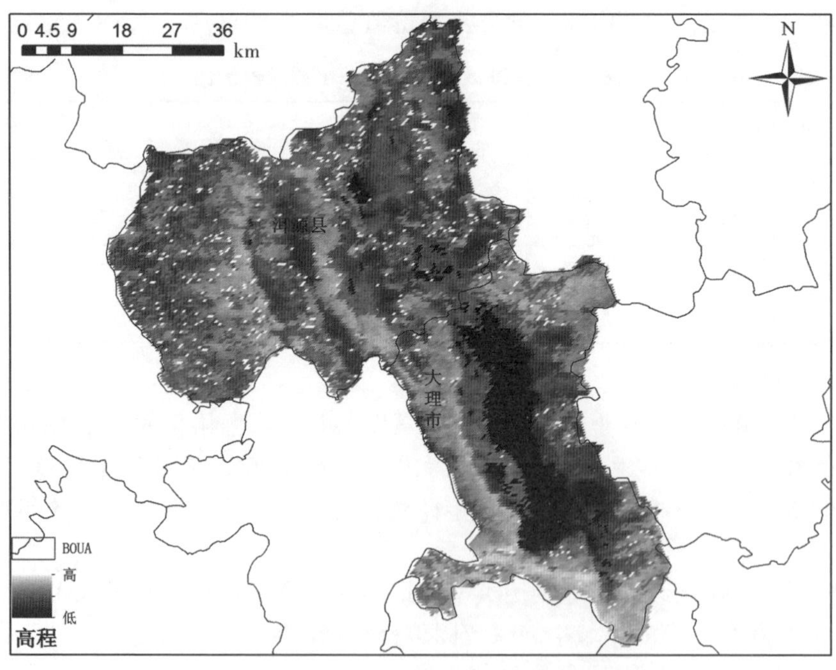

图 8-24 洱海流域 2015 年 NPP 空间分布

表 8－54　2010 年洱海流域固碳释氧价值　单位：亿元

地区＼类型	林地	草地	农田	水域	建设用地	裸地	合计
大理市	13.53	1.44	2.49	0.12	0.77	0.004	18.36
洱源县	29.51	4.69	6.58	0.15	0.65	0.036	41.61
合计	43.04	6.13	9.07	0.27	1.42	0.04	59.97

2015 年洱海流域生态系统固碳释氧总价值为 70.27 亿元。按不同土地利用类型来分析，林地的固碳释氧价值最高为 50.55 亿元，占比 84.29%；农田的固碳释氧价值为 10.45 亿元，占比 17.43%；其他的草地、建设用地、水域和裸地，分别为 7.16 亿元、1.67 亿元、0.39 亿元和 0.056 亿元，分别占 11.94%、2.78%、0.65% 和 0.09%（表 8－55）。

表 8－55　2015 年洱海流域固碳释氧价值　单位：亿元

地区＼类型	林地	草地	农田	水域	建设用地	裸地	合计
大理市	15.79	1.66	2.79	0.18	0.91	0.002	21.33
洱源县	34.76	5.50	7.66	0.21	0.76	0.054	48.94
合计	50.55	7.16	10.45	0.39	1.67	0.056	70.27

（5）净化水质

2010 年洱海流域生态系统净化水质总价值为 50.21 亿元。其中林地生态系统占总价值的 55.43%；农田生态系统占 21.95%；草地和水域生态系统占总价值的 10.59% 和 8.93%。其余建设用地和裸地分别占 3.07% 和 0.04%。从空间分布来看，洱源县生态系统净化水质价值最高，为 33.22 亿元，占洱海流域净化水质总价值的 66.16%，大理市其次，为 17.00 亿元（表 8－56）。

表 8－56　2010 年洱海流域净化水质价值　单位：亿元

地区＼类型	林地	草地	农田	水域	建设用地	裸地	合计
大理市	8.49	1.45	2.27	3.81	0.99	0.01	17.00
洱源县	19.35	3.87	8.75	0.67	0.55	0.02	33.22
合计	27.83	5.32	11.02	4.49	1.54	0.02	50.21

2015 年洱海流域生态系统净化水质总价值为 51.71 亿元。其中林地净化水质价值占总价值的 54.68%；农田净化水质价值占总价值的 21.30%；草地和水域净化水质价值占总价值的 10.39% 和 10.65%。其余建设用地和裸地分别占 3.03% 和 0.04%。从空间分布来看，洱源县生态系统净化水质价值最高，为 33.80 亿元，占

洱海流域净化水质总价值的65.36%，大理市其次，为17.92亿元（表8－57）。

表8－57　2015年洱海流域净化水质价值　单位：亿元

地区＼类型	林地	草地	农田	水域	建设用地	裸地	合计
大理市	8.56	1.44	2.20	4.71	1.01	0.01	17.92
洱源县	19.71	3.93	8.81	0.76	0.56	0.03	33.80
合计	28.27	5.37	11.01	5.46	1.57	0.02	51.71

（6）净化大气

洱海流域2010年生态系统可吸收SO_2 2.61万t，吸收氟化物0.18万t，吸收NO_x 14.60万t，滞尘量为269.37万t，累计净化大气的总量为286.76万t。洱海流域2015年生态系统可吸收SO_2 2.59万t，吸收氟化物0.18万t，吸收NO_x 14.48万t，滞尘量为266.81万t，累计净化大气的总量为284.06万t。

洱海流域2010年净化大气总价值达7.12亿元。污染物吸收价值是根据实测单位面积植被对有害气体的吸收量乘以生态系统面积再乘以污染物治理费用来核算的。其中，吸收SO_2的价值0.4亿元；吸收氟化物的价值为0.02亿元；吸收NO_x的价值为1.16亿元；滞尘的价值为5.11亿元。生产负氧离子的价值为0.43亿元。总体上，洱源县生态系统净化大气的总价值要高于大理市（表8－58）。

表8－58　2010年洱海流域净化大气价值　单位：亿元

地区＼类型	吸收SO_2	吸收氟化物	吸收NO_x	滞尘	负离子	合计
大理市	0.11	0.01	0.33	1.48	0.12	2.05
洱源县	0.28	0.02	0.83	3.62	0.31	5.06
合计	0.40	0.02	1.16	5.11	0.43	7.12

洱海流域2015年净化大气总价值达8.34亿元。其中，吸收SO_2的价值0.46亿元，吸收氟化物的价值为0.02亿元，吸收NO_x的价值为1.36亿元，滞尘的价值为6.01亿元，生产负氧离子的价值为0.49亿元。总体上，洱源县净化大气价值最高，为5.93亿元，占净化大气总价值的71.10%，主要是因为洱海流域的森林覆盖率相对较低，森林主要分布在洱源县境内，而大理市为州政府所在地，其水域和建设用地占地面积相对较多（表8－59）。

表8－59　2015年洱海流域净化大气价值　单位：亿元

地区＼类型	吸收SO_2	吸收氟化物	吸收NO_x	滞尘	负离子	合计
大理市	0.13	0.01	0.39	1.73	0.14	2.4
洱源县	0.33	0.01	0.97	4.27	0.35	5.93
合计	0.46	0.02	1.36	6.01	0.49	8.34

（7）气候调节

洱海流域 2010 年生态系统气候调节服务价值为 141.98 亿元。从不同土地类型气候调节价值来看，林地气候调节价值为 89.05 亿元，占总价值的 62.72%；农田、草地生态系统气候调节价值分别为 23.67 亿元、16.33 亿元；水域、建设用地、裸地气候调节价值分别为 7.75 亿元、5.08 亿元及 0.1 亿元（表 8－60）。

表 8－60　2010 年洱海流域气候调节价值　　单位：亿元

地区＼类型	林地	草地	农田	水域	建设用地	裸地	合计
大理市	27.87	4.35	7.12	5.78	3.23	0.01	48.36
洱源县	61.19	11.99	16.55	1.98	1.85	0.09	93.65
合计	89.05	16.33	23.67	7.75	5.08	0.10	141.98

洱海流域 2010 年生态系统气候调节服务价值为 95.44 亿元。从不同土地类型气候调节价值来看，林地气候调节价值为 58.92 亿元，占总价值的 41.50%；农田、草地生态系统气候调节价值分别为 15.26 亿元、10.6 亿元；水域、建设用地、裸地气候调节价值分别为 6.88 亿元、3.68 亿元及 0.1 亿元（表 8－61）。

表 8－61　2015 年洱海流域气候调节价值　　单位：亿元

地区＼类型	林地	草地	农田	水域	建设用地	裸地	合计
大理市	21.92	3.38	5.37	5.56	2.57	0.01	38.81
洱源县	37.00	7.23	9.89	1.32	1.11	0.08	56.63
合计	58.92	10.6	15.26	6.88	3.68	0.10	95.44

（8）洪水调蓄

洱海流域 2010 年洪水调蓄总价值为 14.84 亿元。根据水库库容量、水库死库容量和水库建设单位库容造价进行核算。其中，大理市为 13.18 亿元，占比 88.82%，洱源县为 1.66 亿元，占比 11.18%。洱海流域 2015 年洪水调蓄总价值为 22.16 亿元。其中，大理市为 19.71 亿元，占比 88.93%，洱源县为 2.45 亿元，占比 11.07%（表 8－62）。

表 8－62　2010—2015 年洱海流域洪水调蓄价值　　单位：亿元

地区＼类型	2010 年	2015 年
大理市	13.18	19.71
洱源县	1.66	2.45
合计	14.84	22.16

3. 结论与讨论

从评估结果来看，2010 年自治州生态产品价值为 557.49 亿元。从行政区域来看，洱源县拥有最高的生态产品价值，为 351.97 亿元，占洱海流域生态产品总价值的 63.13%，其次为大理市，其生态产品总价值为 205.52 亿元。从流域生态产品价值的组成来看，林木资源价值、气候调节价值、水源涵养价值占生态产品价值的主导地位，分别为 122.83 亿元、142.01 亿元、131.71 亿元，占流域当年生态产品价值的 22.03%、25.47%、23.63%，其次为净化水质价值、固碳释氧价值，价值分别为 50.22 亿元、43.04 亿元（图 8－25）。

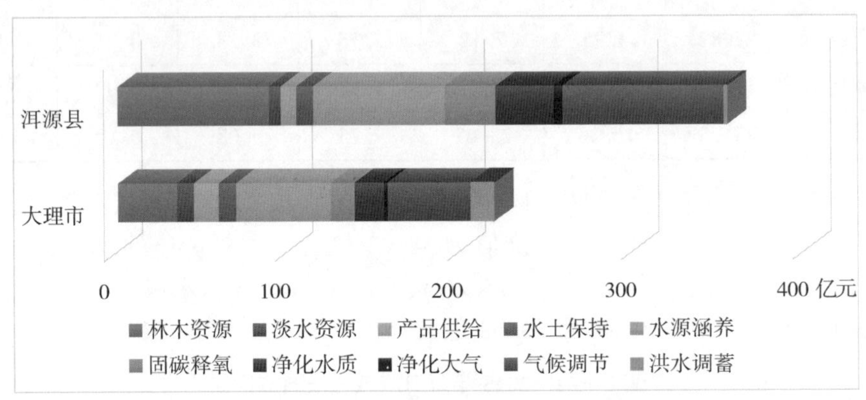

图 8－25　2010 年洱海流域生态产品价值

2015 年洱海流域生态产品价值较 2010 年增加了 58.09 亿元，占 2010 年生态产品价值的 10.42%，充分说明了流域生态环境修复成效显著。从行政区域来看，大理市生态产品价值增加了 60.8 亿元，洱源县生态产品价值则有所降低，但降低幅度不大，为 2.71 亿元。从生态产品各组分来看，除气候调节较 2010 年有所降低外，其余各组分均较 2010 年有所提升，林木资源、水源涵养及产品供给价值提高幅度相对较高，分别提高了 44.92 亿元、22.17 亿元及 18.76 亿元（图 8－26）。

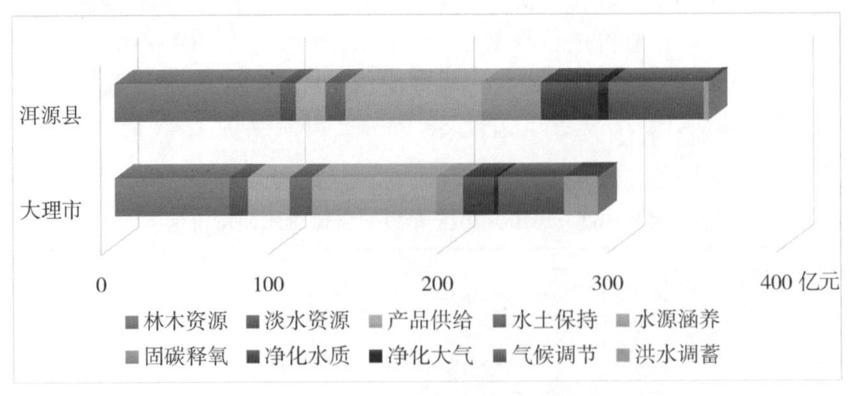

图 8－26　2015 年洱海流域生态产品价值

8.4　小结与展望

本章通过对区域以及流域生态价值评估进行实践案例研究，综合运用上文中指标体系、实物量评估方法及价值量评估方法，通过对西双版纳傣族自治州、十堰市、洱海流域生态环境状况的实地调研和相关基础资料的收集，根据区域及流域上的实际，构建了从区域及流域上不同的生态产品价值评估指标体系。总体来说，生态产品价值评估共分为生态资源评估及生态系统服务价值的评估，其中生态资产包含了林木资源及水资源等，生态系统服务价值评估从总体上分为产品供给、调节服务等。通过以上研究分析，得出以下两点认识。

（1）提出了基于区域和流域的生态产品价值评估体系，针对各个评估指标给出了价值估算的方法及其对应的参数，其中生态资源、产品供给价值多采用市场价值法，即物质产品的产出量乘以各产品当年的市场价值，生态系统服务多采用了代替市场法及能值法，市场法用代替市场的价格来衡量没有市场的价格的环境物品价值，间接推算出人们对环境的偏好，能值法则主要适用于气候调节服务价值的评估。针对各评价指标给出了具体的评估公式。

（2）在借鉴国际国内外学者相关参数的选取结论并结合区域、流域水体、大气、土壤等多方面资料的基础上，进而估算区域和流域的生态产品价值。其中，西双版纳傣族自治州 2010 年、2015 年生态产品价值分别为 4 005. 22 亿元、4 847. 58 亿元；十堰市 2010 年、2014 年生态产品价值分别为 4 104. 19 亿元、4 449. 05 亿元；洱海流域 2010 年、2015 年生态产品价值分别为 557. 49 亿元、615. 58 亿元。

进入 21 世纪以来，我国在不同地区、不同尺度和不同类型生态系统的生态产品价值评估方面开展了大量的案例研究工作，积累了丰富的资料，取得了一些卓有成效的研究成果，为正确认识生态资产及积极实施对应的生态保护措施起到了极大的推动作用。然而，也需清晰地认识到生态产品价值评估还缺乏一套完备的评价理论、指标体系与实施原则，需要开展针对性的研究，可以从以下 3 个方面展开。

（1）生态系统研究不全面。案例研究一般按照生态类型开展生态产品价值评估，已有的案例研究对森林、草地、水域等生态系统的生态产品价值进行了深入的探讨，却极少关注农田生态系统、荒漠生态系统、冰川生态服务的生态产品价值。虽然国内学者已建立了农田和荒漠生态系统单位面积价值表，但表中的参数可能不适用于小尺度的生态产品价值评估，由于不同地区的自然条件和社会经济条件通常存在差异，且生态系统本身存在复杂的演变过程，因此，对不同的生态类型的各种生态产品价值需进行深入的研究。

（2）价格参数的选取过于粗糙，缺少必要的调整。生态产品价值包括物质量核算和价值量核算两个部分，无论是物质量参数选取还是价格参数的选取，都同等至关重要。当前对物质量的核算较为成熟、精细，但是对价格参数的选择则过于粗糙，造成了估算出的价值量存在较大的误差，无法真实反映地区生态产品价值的水平。

且不同区域的社会经济水平也导致价值评估的计量参数只能对一定的区域统一，对完全相同的生态系统开展生态产品价值评估结论可能相差甚远。基于此，认为生态产品价值核算应进一步加强价格参数的理论研究与实践探索，在考虑生态系统动态和生态产品间相关关系的条件下，构建把生态与社会经济联系在一起的区域模型，通过区域生态集成建立一个适用于多数地区的生态产品价值评估标准模型，做到指标、方法和数据的标准化，通过参数的改变计算相应地区的生态产品价值，将有利于地方社会经济更好地发展，真正做到将“绿水青山”转化为“金山银山”。

（3）生态产品质量的价值体现不够。生态系统作为生态产品的生产者，其质量直接影响生态产品的质量。生态系统质量指的是生态系统的健康状态，表现为生态系统自我维持与抗干扰能力的大小，健康的生态系统具有良好的结构即生产者、消费者与分解者，有较高的生产力，能够发挥生态系统的多种功能，产生质量高的生态产品。过去的案例研究将生态产品同质化的现象较多，在确定价格参数时，通常同类生态产品的价格取值单一，不能真实反映生态系统质量好坏，不能准确评估区域生态产品的价值，因此不能采取合适的生态保护措施，导致生态补偿参与者积极性不高。因此，针对生态产品的定价应将生态系统质量考虑在内，充分体现生态系统质量对生态产品价值的直接影响。

第9章
生态产品价值实现路径及典型案例

保护和提升自然界提供生态产品能力的过程是发展和创造价值的过程。但是目前，主要以中央和各级地方政府通过转移支付和财政投入购买为主的生态产品价值实现路径，不足以使生态产品提供者获得相对应的回报，生态产品价值没有在市场中得以充分实现。总体来看，我国提供生态产品的能力在减弱，而随着人民生活水平的提高，人们对生态产品的需求在不断增强。建立生态产品价值实现机制，充分运用现代科技和管理手段，将生态优势转化为发展生态经济的优势，是完善主体功能区战略和制度的重要途径，对于科学有效挖掘生态价值、建立保护生态环境就是生产力的利益导向机制、推进经济社会发展与生态环境保护相协调具有重大意义。本章将对生态产品的价值实现路径及其机制作分类介绍，并提供各类生态产品价值实现路径的典型案例概况。依据生态产品价值实现的不同方式，本章将按生态产品付费机制、生态价值市场交易机制、生态产品认证机制、生态产业化机制和生态金融机制五个小节展开。

9.1 生态产品付费机制

本节主要围绕生态产品付费机制进行介绍，生态产品的付费机制主要由生态产品的受益者根据使用或受益于生态产品的具体情况，向生态产品的提供者进行付费。依据付费主体和付费机制的差异，本节主要按政府付费、单位或个人付费、一对一协议付费三种形式展开。

9.1.1 政府转移支付及财政投入

中央或各级地方政府安排的生态转移支付和生态保护修复资金，其实质是政府代表辖区全民购买辖区内的生态产品。中央和各级地方政府通过转移支付与财政投入的途径购买辖区内的生态产品是我国目前最普遍的生态产品价值实现途径，通常按照“政府承担、定向委托、合同管理、评估兑现”的原则，是基于自愿性和合同制的生态产品购买机制，重点生态功能区转移支付、退耕还林（草）工程等是其较为典型的案例。但目前，此类生态产品价值实现途径存在定向性、行政化、强制性等不足，政府向生态产品提供者支付的资金未能充分基于市场原则、通过交易各方协议确定，生态产品价值实现程度普遍偏低，生态产品提供者没有得到合理付费（黎元生，2016）。

1. 中央政府重点生态功能区转移支付

从2008年起，中央政府建立国家重点生态功能区转移支付制度，向重点生态功能区通过保护生态环境提供的水源涵养、水土保持、防风固沙、生物多样性维护等生态产品付费，财政部先后于2009年、2011年和2012年出台了《国家重点生态功能区转移支付（试点）办法》《国家重点生态功能区转移支付办法》和《2012年中央对地方国家重点生态功能区转移支付办法》，明确了以县为单位的测算和考核办法，包括资金分配原则、资金分配范围和分配办法、监测评估与奖惩机制等。中央财政对国家重点生态功能区的补助范围和金额逐年增加：2008年收到补助的县（市）数为230个，总金额为60亿元（财政部预算司等，2011），2017年，接受转移支付的县市已达819个，总金额达627亿元（财政部，2017），截至2017年中央财政累计安排资金3 699亿元（见图9－1）。根据财政部网站公开的监测考核结果显示，国家重点生态功能区生态环境质量总体上呈现出“总体稳定、稳中趋好”的态势。

2. 广东省政府渔民休（禁）渔补助

2013年起，广东省出台了伏季渔民休（禁）补助政策，向所辖海域内渔民通过禁渔休渔提供的渔业资源养护生态产品付费，广东省财政厅和广东省海洋与渔业局联合印发了《广东省省级休（禁）渔渔民生产生活补助专项资金管理办法》（粤财农〔2014〕147号），说明了专项补助资金的来源即生态产品的购买方由省、市、县共同组成，其中广州、深圳、珠海、佛山、东莞、中山、江门（台山、开平、恩平

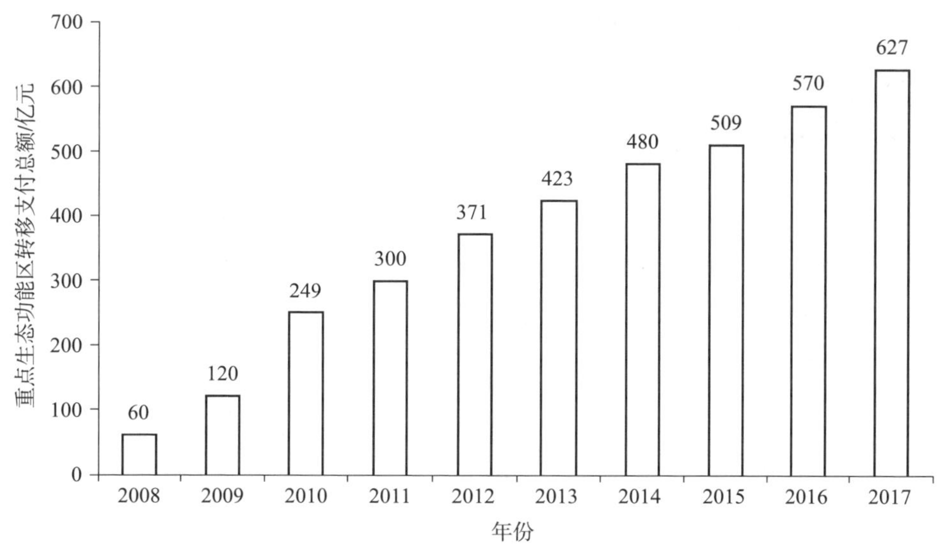

图 9－1　中央财政对国家重点生态功能区转移支付总额（2008—2017 年）

除外）等经济发达地区所需补助资金全部由市、县财政负担，其他地区由省财政负担 50%，市、县财政负担 50%。专项资金补助直接发放到渔民的存折或银行卡上，南海伏季休渔渔业船员每人每年不低于 1 500 元，珠江流域禁渔渔业船员每人每年不低于 1 100 元（广东省财政厅办公室，2014）。2016 年度，仅广东中山市就有 1 139 艘渔船的 2 206 名渔业船员获得了 296. 7 万元的财政补助资金（新快报・ZAKER 广州，2016）。部分市、县的财政补助资金逐步提高，2017 年度，东莞市的休（禁）渔补助标准较省级最低标准分别提高了 68%、162%（东莞时间网，2017），中山市休（禁）渔补助标准分别提高至 3 136 元/人和 3 584 元/人（中山市财政局，2017）。根据广东省南海伏季休渔成效调研课题组调研报告（广东省南海伏季休渔成效调研课题组，2014），伏季休渔制度实施以来，渔民群众的渔业资源和环境的保护意识得到强化，海洋渔业资源得到有效改善，保障了广东省海洋生态产品的供给和渔业可持续发展。

9. 1. 2　损害生态环境的单位或个人缴纳税费

损害生态环境的单位或个人在政府的法律法规或政策规定下，向所在的行政区政府缴纳税费，其实质是对生态产品造成损害的单位或个人支付相应的赔偿费。企业事业单位和其他生产经营者对其因污染环境、破坏生态造成大气、地表水、地下水、土壤、森林等环境要素和植物、动物、微生物等生物要素的不利改变以及上述要素构成的生态系统功能退化，通过向政府缴纳税费的方式向生态产品所有者进行赔偿是我国目前较为常见的生态产品价值实现途径之一，通常按照“法律规定、监测管理、政府代收”的方式进行，是基于法律或政策强制性、行政化、定向性的生态产品赔偿机制，环境保护税、生态环境损害赔偿等是其较为典型的案例。但目前，此类生态产品价值实现途径存在覆盖的损害行为、领域类别、行业范围、责任主体局限等不足，企业事业单位和其他生产经营者向生态产品所有者支付的赔偿资金未能全面、充分补偿其所有的损失，生态产品价值实现程度偏低，生态产品所有者没有得到合理赔偿。

1. 中华人民共和国环境保护税

2018年1月1日，第一部《中华人民共和国环境保护税法》正式实施（中国人大网，2018)。《环境保护税法》将直接向环境排放应税污染物的企业事业单位和其他生产经营者列为环境保护税的纳税人，并将大气污染物、水污染物、固体废物和噪声4类污染物列入征税对象，环境保护税按月计算，纳税人按季申报缴纳。同步实施的《中华人民共和国环境保护税法实施条例》进一步细化了征税对象、计税依据、税收减免、征收管理的有关规定，进一步明确界限、增强了税法的可操作性。《中华人民共和国环境保护税法》由第十二届全国人民代表大会常务委员会第二十五次会议于2016年12月25日通过，2017年12月22日，国务院发布《国务院关于环境保护税收入归属问题的通知》（国发〔2017〕56号），决定环境保护税全部作为地方收入。至此，需对生态产品支付赔偿费的企业事业单位和其他生产经营者进一步明确，生态产品的权利人或代理权利人确定为地方政府。

2. 哥斯达黎加燃油税

哥斯达黎加是全世界20个最富有生物多样性的国家之一，素有“中美洲花园”的美誉，一直以来重视生态环境保护，其政府宣布计划到2021年成为全世界第一个“碳中和”国家。为此，哥政府在1998年建立了一套创新的税费制度体系，用于支持国家对森林和生物多样性等生态产品的需求。哥斯达黎加将在全国范围内征收燃油税的3.5%，用于向森林管理和保护项目提供资金支持，每年资金量可达1.2亿～1.5亿美元。向环境排放温室气体的燃油使用者，通过缴纳燃油税的方式，对生态产品造成的损害进行赔偿，赔偿费则被相应地使用到生态产品的生产过程中，采取对农民和土地所有者的再造林行为进行激励的办法，提高森林覆盖率。保护流域生态环境，保障自然供水，从而保证了国家生态产品的可持续供给。

9.1.3 一对一付费

地方政府、国际机构、公益组织、企业等向生态产品提供地区付费，其实质是地方政府代表地区人民、国际机构代表出资方、公益组织代表捐赠者、企业和社会团体出于自身需求购买这类地区提供的生态产品。各类机构和组织通过直接付费的形式购买所需的生态产品，通常是指生态产品供求主体之间开展的直接交易，是基于自愿性的生态产品购买机制，流域上下游地方政府间横向生态保护补偿、贵州茅台酒股份有限公司出资保护赤水河生态环境等是其较为典型的案例。但目前，此类生态产品价值实现途径也存在行政化、强制性等不足，未能充分基于市场原则、通过交易双方协议达成交易价格，生态产品价值实现程度较低，生态产品提供者没有得到合理的费用。

1. 地方政府付费——向新安江流域上游保护地购买净化水质等生态产品

新安江流经皖浙两省，是安徽省境内仅次于长江、淮河的第三大水系，总长

359 km，干流的 2/3 在安徽境内，占流域下游主要湖泊千岛湖的多年平均入湖总量的 68% 以上。2011 年，新安江流域开展了首个跨省流域横向生态补偿试点，设置每年 5 亿元的补偿基金（中央财政补助 3 亿元、两省各出资 1 亿元），皖浙两省以水质“对赌”，以两省跨界断面高锰酸盐指数、氨氮、总氮、总磷 4 项指标为考核依据，年度水质达到考核标准，浙江拨付给安徽 1 亿元；反之，安徽拨付给浙江 1 亿元。2012—2014 年的首轮试点期间，安徽累计实施流域的保护和治理项目 192 个，完工项目 134 个，完成投资 85. 9 亿元。试点实施以来，新安江跨省断面水质保持地表水Ⅱ类，连年达到试点目标要求，下游千岛湖富营养化状态逐步得到改善。试点到期后，两省主动沟通协调，确定 2015—2017 年实施新一轮试点，两省补偿资金分别增加至 2 亿元。中央财政仍维持上一轮 9 亿元补助水平，并按照逐步退坡原则分年拨付（每年分别安排 4 亿、3 亿、2 亿元），推动建立常态化的生态产品一对一交易机制（图 9 – 2）。

图 9 – 2　新安江皖浙跨省生态产品付费示意图

资料来源：都市快报，2011。

2. 企业购买——向赤水河上游保护地购买涵养水源等生态产品

赤水河发源于云南，流经云南、贵州、四川的 13 个县市，流域面积 18 932 km²，是长江目前唯一没有筑坝并且污染较轻的一级干流，因其独特的地理环境和水文气候特性，酝酿了茅台、董酒、习酒、郎酒、潭酒、怀酒等数十种蜚声中外的美酒，占中国名酒的 60%，被称作“美酒河”。2014 年，贵州茅台股份有限公司举行赤水河流域生态环境保护资金捐赠仪式，并计划从该年起连续 10 年每年捐赠 5 000 万元，累计捐赠 5 亿元，用于赤水河流域生态环境的保护和治理。此前，茅台集团还投资 1 亿多元，修建长约 4km 的多功能河堤，规范茅台镇工业和居民排污系统；提供 1 800万元，协助仁怀市政府关闭赤水河上游五马河流域两家造纸企业及 200 多家手工造纸小作坊；连续 14 年在赤水河沿岸开展种植“共青林”植树活动，对赤水河岸进行绿化；出资 100 万元鱼苗资金，开展赤水河流域珍稀鱼类保护（胡倩生，2015）。茅台集团对赤水河生态产品的资金投入，为赤水河生态产品价值的实现提供了范例和经验。

9.2 生态价值市场交易机制

生态价值交易市场是指企业事业单位和其他生产经营者在政府设定的环境总体目标下，依托市场中介组织进行的环境权或环境信用交易，保护者采取有效措施产生生态价值，通过交易平台出售与生态价值相对应的环境权或环境信用，因开发、建设等行为对生态价值造成一定损害的开发者通过交易平台购买相应的生态产品价值，实现生态环境整体的动态平衡。本节将围绕生态产品涉及的不同领域分类展开，主要包括依托新建或修复湿地、温室气体减排、水量控制、水质改善、减量排污、能源节约等所提供的生态产品，具体典型案例涉及国内外较为成熟的几个实际案例。

9.2.1 美国湿地缓解银行

美国湿地缓解银行（Wetland Mitigation Banking）并非传统意义上的“银行”，而是湿地生态价值的交易平台。其“生态产品”是湿地保护和建设产生的生态价值储备，其“交易”是把所储备的湿地生态系统服务价值（“湿地信用”）出售给对湿地生态系统造成一定损害的开发者。湿地缓解“银行”是在美国《清洁水法案》404 条款[①]规定下设立的，要求湿地保护的“零净损失”（No Net Loss）。政府机构、公司、非营利组织或其他实体通过湿地缓解银行交易湿地生态价值，保护者修复、新建、改善或保留一定量的湿地、河流或其他水生态区域产生生态价值，开发者在启动可能对生态造成损害的工程前须事先获得政府监管部门的许可，并须在交易市场中购得其发展项目造成环境损害的相应生态价值。自 1991 年美国诞生第一家商业湿地缓解银行以来，全美湿地缓解银行数量不断增加，截至 2017 年 12 月，全美曾先后设立各类湿地缓解银行超过 3 200 家（RIBITS，2018）。湿地缓解银行以及相关的法律法规和政策，促使具有专业技术和能力的湿地保护和修复者以更高效率将湿地生态价值供给市场，开发者通过参与市场交易实现一定区域内生态产品的动态平衡。

9.2.2 联合国清洁发展机制

清洁发展机制（Clean Development Mechanism，CDM），是《联合国气候变化框架公约的京都议定书》框架下三种灵活减排机制中唯一连接发达国家和发展中国家

① 美国湿地缓解银行的法律基础是《清洁水法案》（*Clean Water Act*）的 404 条款。《清洁水法案》前身是 1948 年通过的《联邦水污染控制法案》（*Federal Water Pollution Control Act*）。1972 年，《联邦水污染控制法案》经过修订和扩展，形成了当前的《清洁水法案》。其中其 404 条款建立了对美国水体（包括湿地）疏浚和填充料排放行为的监管制度，要求企业进行排污活动前需要事先获得批准（许可）。

的温室气体减排机制。清洁发展机制允许附件一缔约方（即发达国家）在非附件一缔约方（即发展中国家）的领土上实施能够减少温室气体排放或者通过碳封存或碳汇作用从大气中消除温室气体的项目，并据此获得“经核证的减排量”。附件一国家可以利用项目产生的减排数额及其生态价值履行本国所承诺的温室气体限排或减排义务（图 9－3）。

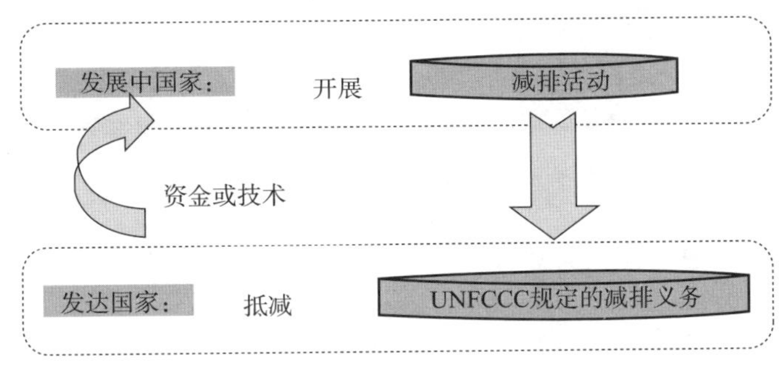

图 9－3　清洁发展机制概念图

CDM 包括如下方面的潜在项目：①改善终端能源利用效率；②改善供应方能源效率；③可再生能源；④替代燃料；⑤农业（甲烷和氧化亚氮减排项目）；⑥工业过程（水泥生产等减排二氧化碳项目，减排氢氟碳化物、全氧化碳或六氟化硫的项目）；⑦碳汇项目（仅适用于造林和再造林项目）。从全球第一个 CDM 获准注册开始至 2018 年 4 月，国际 CDM 执行理事会批准注册的全球 CDM 项目达到 7 801 个，预期年减排量为 19 亿吨 CO_2e，全球 CDM 市场飞速发展。从 CDM 市场形成至今，中国、印度、巴西和韩国一直是 CDM 市场的主要供应国。

9.2.3　欧盟碳排放权交易市场

欧盟排放交易体系（European Union Emission Trading Scheme，EU ETS），是世界上第一个多国参与的温室气体排放交易体系，也是全球最大的碳排放总量控制与交易体系。欧盟碳排放交易体系采用“总量管制和交易”（cap and trade）规则，在限制温室气体排放总量的基础上，各成员国将排放配额分配给相关企业，企业进行基于碳排放权的市场交易。企业可以通过技术升级、改造等手段，达到减少温室气体排放、产生生态价值的目的。如果企业能够使其实际排放量小于分配到的排放许可量，它就可以将剩余的排放权出售到交易市场中获取利润，反之企业就必须到市场上购买排放权，提供了一种以最低经济成本实现生态产品供给和减排的方式。EU ETS 所覆盖范围包括 12 000 多座电站、工厂及其他工业设施，几乎占欧盟温室气体排放总量的一半。2005 年 1 月 1 日至 2007 年 12 月 31 日是其试验阶段，通过设置参与企业的门槛，开展二氧化碳排放权交易，积累市场交易的管理经验。第二阶段是 2008 年 1 月 1 日至 2012 年 12 月 31 日，其他几类温室气体加入交易体系，企业覆盖范围扩大。第三阶段是 2013 年至 2020 年，在此阶段内，排放总量每年以 1.74% 的速度下降，环境总体要求逐步提高，生态产品供给量逐渐增加（图 9－4）。

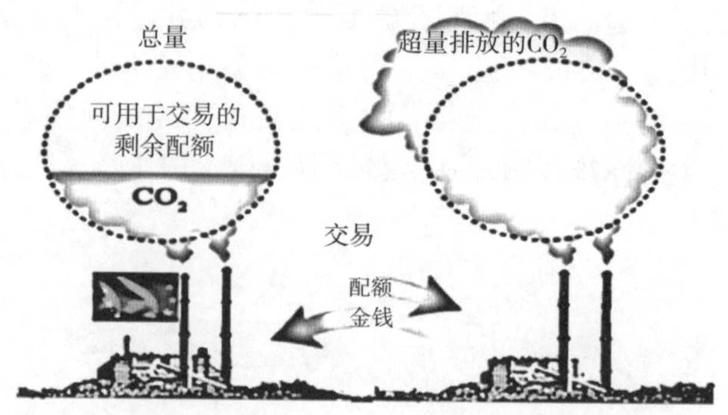

图9-4 欧盟碳排放权交易概念图

9.2.4 中国水权交易所

2016年，国家级水权交易平台——中国水权交易所在北京正式挂牌运营。中国水权交易所是经国务院同意，由水利部和北京市政府联合发起设立的国家级水权交易平台，组织引导符合条件的用水户开展经水行政主管部门认可的水权交易，以及开展交易咨询、技术评价、信息发布、中介服务、公共服务等配套服务。中国水权交易所旨在充分发挥市场在水资源配置中的决定性作用和更好地发挥政府作用，推动水权交易规范有序开展，提升水资源利用效率和效益，为水资源可持续利用和有效保护提供支撑，是水资源管理和资源要素市场建设领域的一项重大变革。目前，水权交易主要包括三种形式。一是区域水权交易，就是以县级以上地方人民政府或其授权的部门、单位为主体，饮用水总量控制指标和江河水量分配指标范围内结余水量为标的，在位于同一流域，或者位于不同流域、但具备调水条件的行政区之间开展的水权交易；二是取水权交易，也就是获得取水权的单位或个人通过调整产品和产业结构，改革工艺、节水等措施节约水资源，在取水许可有效期和取水限额内，向符合条件的其他单位或个人有偿转让相应取水权的水权交易；三是灌溉用水户水权交易，明确用水权益的灌溉用水户或用水组织之间的水权交易。

9.2.5 华盛顿特区雨洪信用交易市场

据美国环保部（U. S. Environmental Protection Agency，EPA）估算，全美城市每年产生38万亿L的雨洪径流，是目前仅次于农业面源的水体污染成因，在一定的降雨强度下，雨洪流量超过水管承载量，产生洪溢，未经处理的雨水或雨污混合水直接排放到自然水体中。为了从源头控制和减少雨洪径流，华盛顿特区建立了全美国目前唯一的雨洪信用交易市场。华盛顿特区要求所有开发商（无论是修建新建筑还是改造旧建筑）都必须控制来自其建筑物及其地块的雨洪径流，并允许开发商可以通过购买雨洪抵消信用额度（留存雨水的容积单位）来满足相关规定，雨洪信用交易体系正是在这一基础上建立的。为了减少雨洪径流，开发商可以就地采取措施，也可以从雨洪信用交易市场购买相应的抵消信用额度。雨洪信用额度主要来自两个方面，一是新建或改建项目实地截流超过特区要求的部分雨洪体积；二是自愿安装绿色雨洪设施的已有建筑，其截流的所有雨水体积全部能用于产生雨洪信用，特区环保局负责雨洪信用的认证和许可。华盛顿特区雨洪交易系统正式宣布成立后不久，多家公司和投资集团进入该地区，开始设计、实施多个雨洪截留项目，以期产生可供出售的生态价值及其相应的雨洪信用。截至 2015 年 11 月，特区雨洪数据库显示，共有 6 个开发商产生并出售雨洪信用额，每分（一年 3.8 L 雨水为 1 分）售价 2.00 ~ 2.55 美元，总计有 163 496 分待售。

9.2.6　江苏省排污权交易市场

排污权交易，是指在污染物排放总量控制的前提下，排污单位与环保部门（一级市场）或排污单位之间（二级市场）进行排污指标购买或出售。早在 2001 年 9 月，在美国环保协会专家指导下，经江苏省南通环保局积极促动，南通天生港发电有限公司与南通醋酸纤维有限公司进行中国首笔排污权交易，双方在 2001—2007 年交易 SO_2 排污权 1 800 t；2003 年，经江苏省环保厅牵线，江苏太仓港环保发电有限公司和南京下关发电厂达成排污权交易，这是全国首例跨越行政区域的二氧化硫排污权交易。自 2007 年起，财政部会同环保部、国家发改委，先后批复江苏、浙江等 11 个省（市）作为国家级试点单位，探索实行排污权有偿使用和交易制度。江苏省作为试点省份，在更广范围、更大领域推进排污权有偿使用及交易。2008 年 9 月，江苏省太湖流域 200 多家重点排污企业首先告别“免费午餐”时代，有偿获得 COD 的排放权。“十一五”期间，太湖流域各设区市主要行业基本完成主要水污染物排污权有偿使用，并开展多笔排污权交易。2013 年 10 月，江苏电力行业 6 家企业参与全省首场排污指标竞拍，从排污权的无偿分配到有偿使用，不仅给政府带来一笔基于生态价值的收入，也倒逼企业树立节约使用排污指标的意识。2015 年，江苏出台《关于进一步完善排污权有偿使用与交易收费问题的通知》，把试点范围从太湖流域向全省延伸，试点因子从水污染物向大气污染物延伸，试点重心从排污权有偿使用向交易延伸，在全省范围内开展多笔排污权交易。排污权在二级市场的交易，既有利于污染总量控制，也有利于企业减排的生态价值市场化。经过 10 年的试点探索，江苏省大部分设区市都陆续开展了排污权有偿使用和交易工作，累计征收排污权有偿使用费 2.55 亿元，实现排污权交易总金额 4.23 亿元（王逸男等，2017）。

9.2.7　海宁市用能权交易

2016 年，国家发改委公布了《用能权有偿使用和交易制度试点方案》，明确提出将在浙江、福建、河南、四川省开展用能权有偿使用和交易试点，试点地区根据当地能源消费总量控制目标“天花板”，设定用能单位初始用能权，配额内用能权免费为主，促使能源要素向优质项目、企业、产业流动和集聚。此举标志着海宁用能权改革获国家发改委推广。3 年前，海宁在浙江试点开展要素市场化配置综合配套改革，用能权改革是其中一项重要内容。海宁制定了“总量指标分类核定，新增用能有偿申购，超额用能差别收费，节约用能上市交易”的用能权核定、购买、交易机制，改变无节制用能现状，倒逼企业节能降耗。改革中，海宁重点锁定全市年综合能耗3 000t 标煤以上的企业，这些企业用能量占全市规上企业用能量的70%。到2015年年底，海宁3 000 t标煤以上企业单位能耗产出5.04万元，同比增加9.5%，比规上工业企业单位能耗产出高8个百分点；改革前，前者增速仅比后者高1个百分点。截至2016年年底，海宁共有112个企业项目申购用能，项目单耗、新增用能总量双双下降，“精打细算”成为企业用能常态。由于利用新能源可不算入新增用能，2017年以来，浙江海利得新材料股份有限公司为给新项目留空间，陆续在厂区屋顶新建8.15 MW光伏发电项目。用能权交易，充分挖掘了企业的节能潜力，最终实现节能降耗，提高能源资源利用效率，降低对生态环境的压力，不断提高生态产品的供给能力。

9.3 生态产品认证机制

生态产品认证机制是指政府部门或独立机构依据一定的生态环境标准，对自愿申请的生产者进行严格的检查、检测和综合评定等认证环节，并向其颁发特定生态标志的过程。获得者可将生态标志印制在商品包装上，向消费者表明该产品与同类产品相比，在生产、使用、处理等整个过程或其中某个过程，符合特定的生态环境要求，具有一定的生态价值，通过市场因素中的消费者驱动，促使生产者采用较高的环境标准，引导企业自觉调整产品结构，最终实现生态产品和物质性产品的“捆绑式”供给和经营。本节将主要围绕经过认证的生态产品和森林产品、海洋产品、农产品的捆绑式供给介绍国内外相关的典型案例。

9.3.1 FSC森林产品认证

森林管理委员会（Forest Steward Council，FSC）是一家独立的、非营利性的组织，旨在将环境与社会责任纳入森林的开采与管理过程中，采取认证的方式在森林和最终消费者之间建立纽带，激励森林所有者和管理者遵循社会和环境的最佳实践方式，确保经营者在获取利润的同时，不以牺牲森林资源、生态系统或影响社区福利为代价，促进对环境和社会有益的森林经营方式，从而改善全球的森林经营状况，增强森林生态系统供给生态产品的功能。

该组织成立于1993年，总部位于德国波恩，在全球46个国家设有分支机构，是一个开放的、会员主导的组织，来自社会、经济和环境领域的世界自然基金会、绿色和平等800多名会员组成了FSC的民主决策机构。该组织的核心工作是制定森林认证标准和颁发认证商标，本身并不具体实施认证审核，而是由FSC批准授权的第三方审核机构开展认证，目的是保证标准制定的公平和认证工作的独立。FSC制定了一套包括10项原则和56项标准在内的森林认证标准体系，是ISEAL联盟（全球可持续发展标准协会）成员中唯一的森林认证体系，在过去的20年里，FSC赢得了“最严格的”“可信任的森林认证体系”的声誉，在100多个国家和地区颁发了证书，是拥有证书数量最多的森林认证体系，同时也是财富500强企业成员最广泛采用的认证体系。

遵循 FSC 原则与标准的产品经认证之后就能够贴上 FSC 商标，该商标向消费者传达了产品来自经营良好并能够保证对森林利用具有可持续性的生产过程，证明了物质性产品蕴含的生态价值。随着消费者环境意识的加强，FSC 的市场认可程度不断提高，FSC 认证产品需求的不断增加，使森林所有者意识到商家和消费者喜爱来自经营良好的森林的产品。截至 2018 年 3 月，分布于全球 85 个国家总面积达 2 亿 hm^2 的森林获得了 FSC 认证（FSC，2018）。

9.3.2 MSC 海洋产品认证

海洋管理委员会（Marine Steward Council，MSC），是一个独立的、全球化的非营利性组织，成立于 1996 年，他们的愿景是通过对全世界的海产品市场进行革新，通过促进可持续性捕捞行为，保证海洋生态产品的持续供给，使全世界的海洋充满生机，从而保障这一代和未来几代人的海产品供应，其使命是运用 MSC 环保生态标签和渔场认证项目，通过倡导和鼓励可持续性渔业，积极影响人们在购买产品时的选择，与合作伙伴们共同努力促进海产品市场向可持续模式发展，为世界海洋的健康作出贡献。

海洋管理委员会制定了 MSC 可持续渔业环保标准和 MSC 海产品可追溯性产销监管链标准。MSC 可持续渔业环保标准，是在 1997—1999 年和利益相关者一起进行国际磋商后制定的。这个商讨会包含了 8 个区域研讨会和两个专家草拟会议，超过 300 个世界范围内的组织和个人参与，是基于联合国粮农组织关于渔场行为准则和其他国际环保条令制定的。MSC 标准有三个核心原则，每个渔场必须证明自己符合这些原则：①可持续的鱼群资源，捕捞活动应该维持在一个允许鱼群可持续繁衍的水平，任何获得认证的渔场必须这样运营，以确保捕捞的永久可持续，且资源不会被过度开采；②对环境的影响最小化，捕捞作业应该受到良好管理以维持生态环境的结构、生产率、功能以及生态多样化，这些都是渔场赖以生存的基础；③有效的管理，渔场必须遵守所有当地、国家以及国际法律，并且必须有一个恰当的管理系统以应对不断变化的情况，维持其可持续性。这三大原则由 31 个更具体的规范支持。

MSC 海产品可追溯性产销监管链标准，于 1999 年 12 月制定，是基于当时的最佳实践可追溯性标准。2005 年 8 月，产销监管链标准的第二版开始使用。2011 年 8 月，发布了第三版。海洋管理委员会根据 MSC 标准制定流程对它进行了修订。这个流程符合可持续性标准联盟（ISEAL）设定的社会和环境标准的良好行为准则，并确保每次修订都经过至少两轮的公众探讨。为了获得产销监管链认证，企业必须接受审计来表明他们具有有效的可追溯性、存储和数据保存系统，证明只有源自认证渔场的海产品才标有 MSC 环保生态标签。每家拥有有效产销监管认证证书的公司都将有一个唯一的认证代码。这个代码必须显示在消费者即食的海产品上，从而能够告诉购买者和消费者，他们所购买的东西源自一个被认可的供应商。具有有效的 MSC 产销监管认证证书的企业只可以在来自 MSC 认证渔场的海产品上标有 MSC 环保生态标签。

MSC 仅负责标准的制定，具体评估工作则由独立、经认可的认证机构依据两个MSC 标准进行。MSC 的“第三方”认证方法确保的认证和环保生态标签项目是健全的、可信的，且符合最佳实践准则。迄今为止，MSC 在同行业中，对维持鱼类种群健康和减少渔场对生态环境的影响表现最为突出。目前，MSC 项目中共有 205 个获得认证的渔场，有 107 家渔场正在接受 MSC 项目的审核。

9.3.3 Fair Trade 农产品认证

国际公平贸易标签组织（Fairtrade Labelling Organizations International，FLO）是一个由多方参与式的非营利性组织，拥有 20 个团体会员、生产者组织、贸易商和外部专家，是世界上唯一一个专门从事公平贸易标准制定的组织。它用以协助生产者在市场上获得利益与维护公平贸易商标的权利，促进跨国贸易及简化生产者及进口者之间的程序。

世界上第一个“公平贸易”标识 1989 年在荷兰诞生。此后，许多欧洲国家也先后引入了自己的公平贸易标识，但名称和标识各不相同。1997 年，包括英国、法国、德国在内的 13 个欧洲国家和美国、加拿大、日本等国的公平贸易组织联合成立了“国际公平贸易标签组织”，总部设在德国波恩，作为公平贸易标准制定和认证的主要机构。各国的公平贸易组织被 FLO 其他成员认可后成为 FLO 正式成员，有权给产品加贴公平贸易标识，在其国内推行。为了便于消费者辨识和进行跨国交易，该组织 2002 年决定推出全球统一的“公平贸易”标识，带有这一标识的产品意味着它符合全球认可的公平贸易的社会、环境和经济标准。

生产者获得公平贸易的认证需要符合一些原则，这些原则包括必须严守国际劳工组织的规范，严守联合国人权宪章，禁止使用童工或奴工，保障安全健康的工作条件以及组成工会的权利。公平贸易认证还要求采取环境友好的生产方式，减少化学品的使用，保持土壤肥力，保护水源，不使用转基因作物，鼓励有机生产，这一原则保障了农产品在生产过程中须保障生产地生态产品的持续供给。

公平贸易的认证保障生产者获得公平的交易价格，确保他们收回生产成本，能够维持生计和进行持续生产。在给予生产者合理的收购价格之外，还要额外支付生产者社区发展金（social premium），用于改善社区的医疗、教育、卫生等设施。公平贸易认证系统还鼓励买家与卖家之间建立长期稳定的商业关系，以及更透明的供应链。

公平贸易的标准制定与授权程序均由 FLO 的标准委员会执行，具体是由 FLO 所有利益相关者（标签倡议者、生产者和贸易商）以及外聘专家组成的外部委员会。公平贸易制定的标准和程序，严格符合 ISEAL 中“良好行为规范”的要求，经由广泛的协商，并兼顾各种不同成员的意见。公平贸易标签的具体审核和认证工作则是由独立的认证机构 FLO - CERT 进行。农作物必须依照 FLO 所设定的公平贸易标准来种植及收成，供应链也需受 FLO - CERT 的监督，以确保公平交易产品的一致性。

这个标签行动同时也让消费者及经销商能够追踪产品的来源，确保产品的品质。FLO 除了对生产者、经销商及交易过程制定了特定的标准，还对不同类别的产品制定了产品标准，如咖啡、香蕉、可可豆就各有不同的生产标准。选择公平贸易认证标签的产品，代表消费者认可公平贸易的价值观和产品品质，同时也为弱势生产者提供改善生计的机会，维护生态环境的可持续发展与生态产品的可持续供给。现今，全球有数十个农产品使用了国际公平贸易认证标签，包括咖啡、茶、米、香蕉、芒果、可可、棉花、糖、蜂蜜、果汁、坚果、新鲜水果、奎宁、药草、香料、红酒等产品。

9.3.4　中国地理标志产品

中国地域辽阔，独特的地理环境和气候条件孕育了众多具有不同文化烙印的富饶物产，可称之为地理标志资源。地理标志本身赋予生产者一种无形资产，具有潜在的获利能力，可为相关产品带来更高的地域文化附加值。作为知识产权保护的重要对象之一，地理标志对于地方特色产品实现优质优价具有积极的正效应。尤其是在优化农业产业结构、农业供给侧结构性改革的背景下，地理标志保护已经成为实现优质农产品供给、提高农业经济收入的新动能，加快地理标志产品发展意义重大（孙葆春，2017）。

2007 年 12 月 6 日，农业部以部长令形式颁布实施《农产品地理标志管理办法》，标志着我国政府首次以农产品字样的部门规定对我国境内的地域农产品实施保护。2008 年 10 月 12 日，中国共产党第十七届中央委员会第三次全体会议通过《中共中央关于推进农村改革发展若干重大问题的决定》中指出加强农业标准化和农产品质量安全工作，严格产地环境、投入品使用、生产过程、产品质量全程监控，切实落实农产品生产、收购、储运、加工、销售各环节的质量安全监管责任，杜绝不合格产品进入市场。支持发展绿色食品和有机食品，加大农产品注册商标和地理标志保护力度（尚旭东等，2013）。

截至 2015 年 12 月底，我国累计有 2 984 件地理标志产品经由工商总局获准注册，其中在法国、意大利、美国等国外地区注册 83 件。2001—2015 年，国家质量监督检验检疫总局批准保护的地理标志产品共 1 575 件。我国农业部自 2008 年开始注册认证地理标志农产品，截至 2015 年年底，有 1 714 件产品获得农业部地理标志的批准注册。

地理标志产品中多是初级农产品，且以分散的小规模生产经营为主，既缺乏创立品牌的意识和动力，又不具有创立农产品品牌的实力。而地理标志可以有效解决这一问题。一旦获得地理标志的保护，分散生产的农民就可以增加产品的附加值，获得比同类农产品更高的市场价格，分享品牌效益。

9.3.5　有机产品认证

有机农业之所以能够在众多的可持续农业形态中脱颖而出，因其倡导的健康生产和健康消费观念、食品安全意识、人类健康、质量标准等被广大消费者所认可，在国际上产生了广泛而深刻的影响。联合国最近调查报告显示，世界上任何一个国家都有商业有机农业在运作。在消费领域，有机食品已经成为优质安全食品的代名词，市场覆盖面日益扩大，市场占有率越来越高。

有机产品标准就是对有机产品生产、加工、销售、跟踪和追溯等各个环节进行规范约束的一整套的管理系统和文件规定，我国的有机产品标准也不例外，是维护消费者对有机产品的信任的桥梁，是一种相对独立和公正的质量保证。标准抓取了生产、加工、销售、跟踪和追溯等关键要素确保“从田间到餐桌”的有机完整性。

中国对有机农业的规范和管理制度最初是从国家环境保护总局（SEPA）（今生态环境部）中发展起来的。2001 年 6 月 19 日，国家环境保护总局以总局第 10 号令的形式发布了《有机产品认证管理办法》（部门规章），我国有了首个由国家政府部门颁布的有机产品认证制度。随后，国家环境保护总局成立了“国家环境保护总局有机（食品）认可委员会”，开展对有机认证机构实施认可和准入管理。

国务院为了规范认证服务行业，于 2004 年 3 月 25 日将有机产业的监督管理工作交由国家认证认可监督管理委员会（CNCA）管理。国家认证认可监督管理委员会于 2005 年颁发了有机产品认证国家标准 GB/T 19630. 1 ~4—2005 和有机产品认证实施规则，标志着我国有机认证标准和管理制度的正式确立，对规范有机产业的发展和有机农产品认证起到了非常重要的作用。经过五年的实施，国家认证认可监督管理委员会不断与社会各行业进行沟通交流，了解认证标准和实施规则实施过程中所存在的问题，随后对标准和实施规则进行了修订，发布了中国有机产品标准GB/T 19630. 1 ~4—2011 和新的有机产品认证。

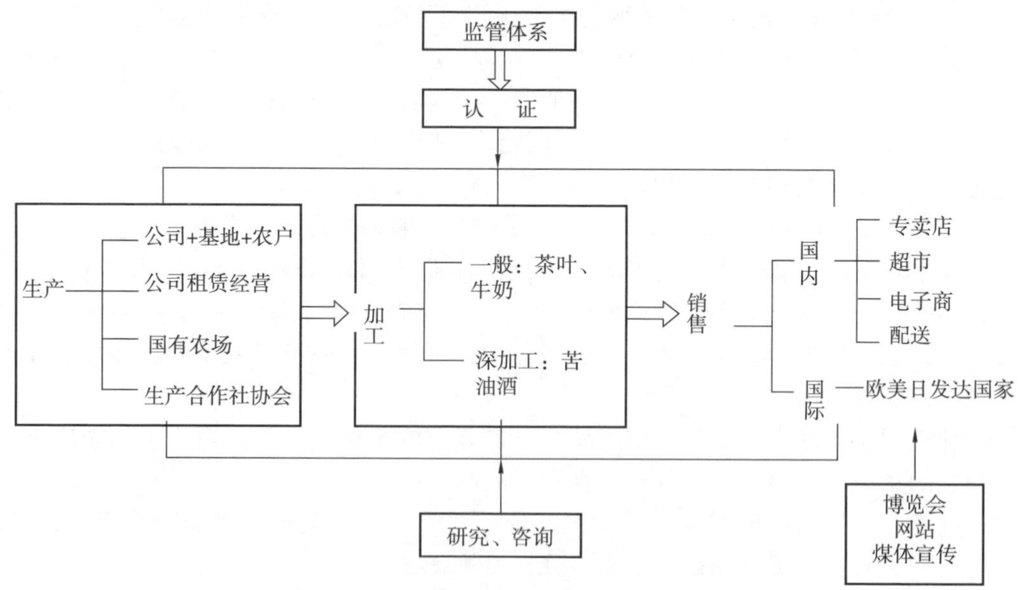

图 9－5　中国有机产品发展现状产业链构架（徐航，2014）

目前，我国有机产品植物类产品为主，养殖类产品相对缺乏。植物类产品中，果蔬及其加工食品相对庞大的需求来说供给较少，叶、豆类和粮食作物比重很大；

野生采集的中药材产品出口量连年攀升，供需两旺。截至 2012 年年底，我国从事有机产品认证的认证机构共有 25 家，其中认证数量和规模较大的有 7 家。发放有机产品认证证书 8 000 多张，获得有机产品认证的企业 7 000 多家，有机产品认证面积达到 500 多万 hm^2（徐航，2014）。

9.4 生态产业化机制

生态产业化机制是按照产业化规律推动生态建设，按照社会化生产、市场化经营的方式提供生态产品和服务，充分发挥和利用好良好的生态环境，推动生态要素向生产要素、生态财富向物质财富转变，探索生态资源产业化的新模式，把生态环境优势转化为产业发展优势，让绿水青山变成金山银山。其实质是针对独特的资源禀赋和生态环境条件，通过建立生态建设与经济发展之间良性循环的机制，实现生态资源的保值增值。本节将主要围绕几类较为成熟的生态产品产业化价值实现机制展开介绍，主要包括生态旅游、生态文化、生态资源、生态农林和生态制造产业。

9.4.1 生态旅游产业

1. 伦敦湿地中心

英国伦敦湿地中心所体现的人与自然和谐共生开发理念，堪称国内外城市湿地公园游憩价值开发的典范。伦敦湿地中心是世界上第一个建在大都市中心的湿地公园，位于伦敦市西南部、距离伦敦市中心 5 km 的地方，是泰晤士河围绕着的一个半岛状区域，占地 42.5 km^2。这里曾是 4 个废弃的混凝土水库，经填埋土壤 40 万 m^3 土石方之后，形成了湖泊、池塘、水塘以及沼泽等水体，成为现今欧洲最大的城市人工湿地系统，几乎是全球唯一建造在繁华现代化大都市中心的湿地项目，是废墟上崛起的奇迹。

1989 年，泰晤士水务公司完成了整个伦敦的供水改造项目，环伦敦的供水蓄水工程投入使用以后，位于巴恩斯的四个维多利亚水库失去了存在的经济意义和社会意义，面临废弃的结局。但这 4 个水库一旦废弃，将会带来一系列社会问题和环境问题。如果单纯从商业角度考虑，泰晤士水务公司完全可以选择将水库填平卖地造房。但在英国，这种做法难以在国会获得通过。后来，这个项目被水禽和湿地信托基金的国际慈善机构看中，提出了一个湿地改造的设计方案。改造所需要的资金，一方面靠该机构募集和捐赠，另一方面，找到一家合作开发机构——伯克利房地产。国会允许出售少量土地给这家房地产商，由伯克利家族在该地块北边建造 9 hm^2 房产，然后从卖房所得中拨出 1 100 万款项，作为在剩下的 42 hm^2 土地上建造湿地公园的启动资金。

从 1995 年开始，合作三方（泰晤士水务公司、水禽和湿地信托基金和伯克利房地产公司）启动了改造项目，共种植水生植物 30 万棵，种植树木 27 000 棵，铺设步行道 3.4 km^2，动用土方 50 万 m^3，建设浮桥 600 m。同时，伦敦市政要求在建设过程中不能有新的建筑垃圾产生，对项目的生态环境影响提出了严格标准。于是，拆解水库所产生的混凝土块全部被用于铺设道路和停车场。

伦敦湿地中心的规划设计有两个主要目的：一是为多种湿地生物提供最大限度的栖息和繁殖机会；二是让参观者在不破坏保护地价值的情况下，近距离观察野生生物，并在游憩之余学习更多有关湿地的知识。在实现参观者旅游价值的同时，保障湿地生态价值的实现。湿地公园在设计上针对水体和人流两方面做出精心处理，设计者按人流活动的密集程度将整个公园分成若干区域和节点。规划设计结构按照物种栖息特点和水文特点，将湿地公园划分为 6 个清晰的栖息地和水文区域，其中包括 3 个开放水域：蓄水潟湖、主湖、保护性潟湖，以及 1 个芦苇沼泽地、1 个季节性浸水牧草区域和 1 个泥地区域——这 6 个水域之间相互独立又彼此联系，在总体布局上以主湖水域为中心，其余水域和陆地围绕其错落分布，构成公园的多种湿地地貌。

项目于 2000 年 5 月竣工正式对公共开放时，已经俨然成为“都市绿洲”，成为全球城区湿地典范：即通过绿化和植被引来了大批生物，使公园成了湿地环境野生生物的天堂，每年有超过 170 种鸟类、300 种飞蛾及蝴蝶类前来此处，成为物种保护的胜地。同时，公园也作为业余乃至职业观鸟者的课堂，累计吸引全世界参观者接近千万人次，成为伦敦市区居民的一个远离城市喧嚣的游憩场所，改善了周围都市的景观环境。伦敦湿地中心带来的不仅仅是生态效益，泰晤士水务公司、水禽和湿地信托基金也因该项目在社会各界获得良好声誉，参与此项目的伯克利房地产公司也因此获利不菲，周边房产价格达到每栋 200 万英镑以上，成为伦敦房产的标杆。

2. 美国国家公园

在美国，人们致力于保护自然资源，保护历史遗迹，并为现代人提供游憩机会。为了促进地方经济发展，许多机构组织还不断寻求把保护资源与吸引游客结合起来的途径。

美国保护自然与人文遗产的典范案例就是国家公园。国家公园与自然保护区的内涵不完全相同，既不同于严格的自然保护区，也不同于一般的旅游景区。它强调统筹保护、教育、游憩和富民多种功能，在保护的前提下，满足人们探索自然、观赏美景、认知历史文化、体验生态环境的需求，促进当地社会经济发展，使社区受益，实现环境保护与资源开发的协调互补与良性互动。

从 1963 年起，美国便意识到了资源和环境的生态价值，随着美国环境意识的觉醒，国家公园在资源环境的管理方面，对保护生态系统做出了重大调整。例如，对于公园内的树木和野生动物，不得砍伐和狩猎，不再随意引进外来物种，不再对景区动物数量进行人为选择，不再对观赏型野生动物进行人工喂养。对于森林火灾后的现场，不去做人为的改动，而是保持其原状，以达到自然景观的效果。让大自然自我控制，从而达到新的生态平衡。游人不得喂食野生动物。公园里没有任何的工业、农业建筑，也没有厂房、仓库、餐厅、宾馆，更没有豪华商店和游乐场所。公园内目光所及，见不到随地丢弃的废纸、烟头、塑料瓶、塑料袋和白色垃圾。旅游公路的修建也十分慎重，往往以不能破坏自然景观和自然旅游资源为标准。

作为美国最宝贵的历史遗产之一，国家公园成为美国人的公共财产，并得到有效的管理和永续利用。国家公园管理局的责任是通过管理这些区域，为公众提供欣赏机会，并且保证以"不损害下一代人欣赏"的方式对资源进行利用。国家公园创建的最高原则就是：把资源留给下一代，永续利用。

国家公园管理体制已被证明是行之有效的实现生态价值与开发双赢的国际通行管理模式。这种生态保护和可持续发展的典型模式，受到世界各国的推崇，得到国际社会的普遍认同。黄石、科罗拉多大峡谷等美国国家公园早已成为世界性品牌，在全球范围内名声鼎沸。目前，已有近 200 个国家建立了近万个国家公园，在自然生态系统保护中发挥着重要作用，且已成为一个极为高端的旅游品牌，影响力非同寻常。

9.4.2　生态文化产业

1. 美国《国家地理》杂志

创建于 1888 年的美国国家地理学会是闻名全球的非营利性科学与教育机构。它致力于拓展探索的疆界，促进人们对地球的了解，创造更健康与可持续的未来。美国《国家地理》杂志是美国国家地理学会旗舰刊物，在国家地理学会 1888 年创办的 9 个月后即开始发行，最初只是一本学术性很强的不定期刊物，其定位是"适合在已具有地理知识的人士中间传播地理知识"。它的读者仅限于美国国家地理学会的 165 位会员。后来，杂志的创始人贝尔决定，将办刊宗旨确定为向所有人普及地理知识，成为一本以普及地理知识为宗旨的科技类期刊，从最初的小众市场逐渐走向大众市场，满足了广大地理爱好者及普通读者的需要，拓展了杂志的生存和发展空间，每期杂志由 5 ~7 个专题组成，涉及领域包括地质地貌、考古、天文、野生动物等，从雪地冰川的阿拉斯加到湿热多雨的亚马孙河、从埃及的古文物到中国的藏羚羊，关注点呈现出一种全球性视角。刊登的文章不仅视野广阔，而且内容深厚，既有细腻的描写，也有深度的分析，信息量十分丰富。

第一人称的叙事方式将细腻的个人感受融合在旅途见闻中，既让读者有一种身临其境的感觉，又在无形中拉近了作者与读者的心理距离。文章平和朴实，没有太多专业词汇，读者可以像看小说一样，轻松读完整本杂志，而没有任何艰涩生硬之感。此外，杂志还设立了供读者发表意见的讨论专栏，增强杂志与读者的互动，让读者感到，他们和杂志之间是一种平等交流的朋友关系。

除了精美充分、内涵深刻的文字以外，美国《国家地理》杂志的另一个特色是图片的运用。杂志在创办之初没有图片，面目十分暗淡。1899 年，23 岁的中学教师格罗夫纳就任总编辑之后，对杂志的风格进行了大胆革新，将摄影图片大量地引入到杂志的页面设计中，从而形成了杂志唯美华丽的风格。色彩斑斓、视觉冲击力极强的照片带给读者一种酣畅淋漓的阅读享受，同时也有助于读者更好地理解文章内容，加深对知识的印象。

美国《国家地理》杂志在全美 300 强期刊排行榜上始终位居前列，在全球以英文及其他 40 余种语言版本在 80 多个国家和地区发行，每月有 6000 万读者阅读，现在已经成为世界上最广为人知的一本杂志。美国《国家地理》杂志通过结合生物多样性维护等生态产品的价值，拓展基于生态产品的文化产业，实现了生态产品和文化产品价值的结合式可持续发展。

2. 地球脉动纪录片

《地球脉动》是由英国广播电视中心公司制作的电视剧纪录片，作为第一个全部以高清技术拍摄的自然历史系列节目，《地球脉动》以一种前所未有的视角向观众展示了整个地球令人惊叹的美丽风景，从南极到北极，从赤道到寒带，从非洲草原到热带雨林，再从荒凉峰顶到深邃大海，去捕捉人类极少能看到的自然风光，对地球的生物多样性做了一次权威性观察，将难以数计的生物以极其绝美的身姿呈现在世人面前。

该片由大卫·艾登堡执导并解说，耗资 800 万英镑，制作历时 5 年，用 2 000 多天进行实地调查，由 130 人摄制队走遍 62 个国家，共动用 40 位摄影师分别前往 200 个地点拍摄，采用高画质摄影、革命性的超高速摄影机以及细腻的空中卫星定位，使镜头能够捕捉到地球上最瑰丽神奇的画面，片中展现了奥卡万戈洪水的涨落及其周边赖以生存的动物们的生存状态，罕见的雪豹在漫天大雪中猎食的珍贵画面，冰原上企鹅、北极熊、海豹等生物相互依存的情境，生活在大洋深处火山口高温环境下的奇诡生物，以及深海中不可名状的诡异精灵，以及地球各地的壮观美景与奇特地貌，该剧于 2006 年 2 月 27 日在英国首播。

英国销量最高的报纸之一《每日电讯报》对该片的评价："巅峰之作……是目前为止最壮观、最包罗万象的自然历史系列节目，堪称 BBC 自然历史部门的集大成之作。即使在非高清屏幕上，这些画面也很震撼人心……"该片共荣获过 34 项大奖，其中包括 4 次黄金档艾美奖创作艺术奖、11 次密苏拉奖、11 次皮博迪奖、4 次梅尼古特奖、1 次柯达奖，以及 1 次杰克逊霍尔电影艺术奖和 1 次上海电视节白玉兰奖，是文化影视行业与生态产品价值实现的经典结合。

9. 4. 3 生态资源（医药）产业

近年来，西双版纳州依托民族医药资源优势，研发生物制剂和天然保健品，建设成为集科研开发、中试孵化、药材种植、生产销售"四位一体"的天然生物药原料基地和傣药南药产业化基地，傣药南药产业发展取得较大突破。

根据普查结果，西双版纳药用植物资源共有 1715 种，占云南省 4758 种的 36%，其中全国重要资源普查的 395 个重点品种仅西双版纳就有 208 个，占全国的 52. 66%。西双版纳州建立了 688 份傣药标准图文数据库，编制《西双版纳州中药材种植产业化发展规划》，确定砂仁、石斛、薏苡仁、墨西哥薯蓣、珠子草、肾茶、龙血树、沉香、红豆杉 9 个产业化建设品种。目前，西双版纳州种植阳春砂仁、石斛、沉香等达 18 万亩。研究制定 113 种傣药材标准并颁布实施，填补了傣药无标准的历史，为傣医用药规范提供了法律依据。翻译整理出版《嘎比迪沙迪巴尼》《傣医药学史》《傣医基础理论》等 30 多部傣医药专著，并在发掘整理傣医药古籍文献的基础上，收集 7 000 多个傣医传统药方，开发出的 43 种傣药制剂，获云南省食品药品监督管理局医院制剂批文。5 个剂型傣药院内制剂获准在云南省中医医疗集团内调剂使用，22 个剂型傣药院内制剂在西双版纳州 58 家医疗机构调剂使用，傣药制剂至今共获国家知识产权局授权发明专利 8 项。傣医传统疗法睡药疗法被列入国家非物质文化遗产目录。

西双版纳职业技术学院创设傣医大专班，进一步夯实人才基础，成为全国首个培养高等学历傣医人才的院校，90% 首期毕业学生顺利进入傣药岗位；滇西应用技术大学傣医药学院已获教育部批准招生，拟开设中药学（傣药方向）本科专业，培育能胜任傣药引种栽培、加工炮制、生产研发、营销管理、质量控制和药学服务等方面工作岗位的高素质应用型人才。当前，傣医医师资格考试已被纳入国家医师资格考试，已有 101 人获得注册。截至 2015 年年底，西双版纳全州生物医药（药材种植采集）产量 3 930 t，实现产值 9. 61 亿元。

9. 4. 4　生态农林产业

中国是茶产业生产和消费的世界第一大国，由于茶树生长环境地理海拔和气候条件对茶树本身和茶叶品质有较大的决定性作用，茶产地的生态环境是茶叶生产的重要生产要素。中国十大名茶西湖龙井、碧螺春、信阳毛尖等都分别产于特定的茶产区。中国茶叶市场的不断拓宽是生态价值实现的有效途径。

中国茶叶流通协会数据显示，2015 年我国茶叶消费者群体增长至 4. 71 亿人，其中城市消费者 2. 99 亿人，农村为 1. 72 亿人；2016 年我国茶叶消费者为 4. 78 亿人。中国茶叶消费群体仍在不断增长，且存在巨大的潜在人群。

茶叶价格持续增长。2017 年，第一至第四季度茶叶生产者价格指数分别为 105. 02、101. 60、102. 63 与 100. 78。春茶期间干毛茶平均价格同比上升 8. 73%，其中绿毛茶均价同比上升 10. 26%；乌龙茶和红毛茶均价分别同比上升 13. 86%、7. 2%。2017 年全年干毛茶均价约为 71 元/kg。国内市场稳中略升，格局相对稳定。

2017 年，国内茶叶年消费量达到 190 万 t，较上年增长 8 万 t，增幅为 4. 40%；市场销售额达到 2 353 亿元，增幅 9. 54%；销售均价为 123. 84 元/kg，同比增长 4. 93%。外贸回暖，出口量额持续攀升。2017 年我国茶叶出口总量达 35. 5 万 t，同比增长 8. 1%；出口额达 16. 1 亿美元，同比增长 8. 7%；出口均价 4. 54 美元/kg，与上年基本持平（安化黑茶，2018）。茶叶消费群体、价格、产量、消费量的持续增长，是生态产品价值实现的重要途径。

9. 4. 5　生态制造产业

1. 挪威大数据中心

挪威最新规划的一个数据中心开设在一个废弃矿山当中，名为“Lefdal 矿山数据中心”，它将成为全球最大的数据中心之一。该矿山被挖掘成六层空间，有数个山间厅堂，顶部高度达到 52 英尺（约合 16 m）。当巴朗恩的数据中心完工时，它的面积将会覆盖 60 万 m^2，高达 4 层。该矿山数据中心位于北极圈内，负责这个项目的 Kolos 公司表示，当地寒冷的空气和丰富的水电资源可帮助大幅降低能源成本，作为地球上非常寒冷的地方，当地空气湿度也十分理想，数据中心无须人工降温就可以降低服务器的温度。此外，这个数据中心的计算机服务器运行时，将需要大量的能源支持，而当地有取之不尽用之不竭的清洁的、冰凉的淡水资源，数据中心可以依靠超过350 MW的水力发电来运行，从而实现100%的可再生能源电力，且处于世界上最稳定的电网之中，可能成为欧洲发电成本最低的数据中心（网易科技报道，2017）。寒冷气候、适宜湿度、水资源等生态产品为数据中心的运行和发展提供了稳定、低成本的良好环境。

2. 顺昌高端电子产品生产基地

地处闽北偏远山区的顺昌县郑坊镇，靠着山清水秀引来了金凤凰——欧浦登（顺昌）光学有限公司。顺昌成为欧浦登继日本茨城、福州、深圳、昆山之后创办的第5个生产基地，生产高端电子产品。得益于空气清新没有粉尘、水质好电导率低，同样的电视面板、手机屏生产项目，顺昌基地的产品良率比昆山、深圳基地提高5%～8%。因此，欧浦登不断加大在顺昌的投资。2017年7月26日，全球首条固态全贴合智能平板生产线在顺昌投产，生产线采用了固态胶全贴合、高透防眩玻璃等4项发明专利技术（黄雪梅，2017）。

9.5 生态金融机制

生态金融机制是金融部门促进生态产品供给的一系列政策、制度安排及实践，在投融资决策中考虑潜在的生态环境影响，把与环境条件相关的潜在回报、风险和成本都融合进日常业务中，在金融经营活动中注重对生态环境的保护及治理，加强对社会经济资源的引导和配置，引导资金从高污染、高能耗的产业流向有利于生态保护及环境污染治理的产业，促进生态产品的可持续供给以及社会的可持续发展。本节将主要围绕促进生态产品供给的金融工具或金融机构展开介绍，主要包括生态信贷、生态债券、生态信托、生态保险、生态投资基金以及生态银行。

9.5.1 生态信贷

1. 政策性信贷

政策性信贷是由各个国家或地区设立的政策性信贷机构，通过金融补贴和担保贴息等方式促进生态保护产业发展，利用低成本的公共资金消除金融或结构性障碍的一种方式。

人均土地资源稀少、自然条件恶劣的日本却有着高度发达的现代化农业，其生态农业也在稳步推进，这得益于第二次世界大战后日本在恢复国民经济过程中，十分注重从政策和制度角度重建和巩固生态农业的投融资体系。《农业合作法》《农林渔业金融公库法》和《农业协同组合法》的颁布都从法律框架上对生态农业进而对整个现代农业的投融资体制奠定了政府主导的基调。

当时，日本农业面临以资金不足为核心的农业良种推广、农业新技术使用和农业基础设施更新与维护等一系列瓶颈问题，恢复农业生产成为日本政府的首要任务。1953年4月，日本政府依据《农林渔业金融公库法》全额出资设立了农林渔业金融公库（关谷俊作，2004），面向农业生产者提供大数额、中长期、低息类农业支持性贷款，其中针对生态农业提供的政策性贷款在利率上优于其他贷款30%以上，为农业生产者获取信贷支持提供了合作金融以外的另一个重要渠道。资金来源方面，2001年以前，公库资金主要来自日本邮政储蓄资金（惠献波，2013），随着日本邮政储蓄银行推行管理体制改革，公库资金来源逐渐走向多元化，政府财政投资资金和公民养老金等均成为其主要来源（张艺晟，2015）。此外，公库建立了基于市场原则的资金筹措体制（如发行债券等方式）。

公库成立以来，根据所处阶段以及农业发展目标的不同对自身业务范围进行动态调整，由最初的为农地改造等农业基础设施及农业技术基础项目提供信贷资金逐步发展到涵盖农业结构调整、农业基础设施建设和农产品加工流通等各个领域的信贷资金投放，满足了不同时期农业生产者对资金的差异化需求，为日本农业的恢复、发展及向生态农业不断转型作出了重要贡献（侯鹏等，2016）。

2. 商业信贷

商业信贷，是商业银行通过优惠贷款政策向生态产品供给项目或公司提供资金支持的一种方式。结合洱源县被列为全国第二批、云南唯一生态文明建设试点县的实际，人民银行大理白族自治州中心支行创新推出了“生态信贷”产品，2014—2016年，不仅拓宽了生态农业、环境保护的融资渠道，还惠了农户，美了环境。

截至2017年6月末，人民银行大理白族自治州中心支行在洱源县共发放“生态信贷”贷款9.1亿元，惠及13 449户农户和10户企业。在贷款的支持下，洱源县全县种植了绿色生态菜用型蚕豆10万亩，绿色水稻3.15万亩，推广农作物病虫害绿色防控技术40万亩，10万亩粮油高产创建和1.4万亩农业湿地可持续利用示范工程顺利实施。目前，万亩绿色水稻标准化生产基地建设产品已获国家农业部认证。大理洱海生物肥业有限公司获得了当地农信社1 000万元生态信贷，每年将从老百姓中收集的畜禽粪便生产为近3万t的有机肥料及微生物肥料，变废为宝，既控制污染排放保护了环境，又获得经济效益。

“生态信贷”有效激活了洱源县“百村两污治理、万亩湿地建设、亿方清水入湖”重点项目的推进，促进了“源头净，洱海清，大理兴”的发展与保护工作，助推了洱源湿地建设的步伐。截至2017年6月末，洱源全县已累计投入资金1.71亿元用于湿地建设，共建成湿地1万余亩，构筑了洱海源头坚固的湿地生态系统堡垒（赵艳娟，2017）。

3. 生态权质押贷款

生态权质押贷款，是以生态产品及其价值的抵押为前提，为生态产品所有者发放贷款的一种形式，能够为生态产品所有者扩大生产经营规模提供资金支持。

广东首笔生态公益林补偿收益权质押贷款在肇庆市高要区成功发放，该区小湘镇上围村村民吴汉兴成为全省第一个受益人。吴汉兴2016年承包了1 300多亩生态公益林，每年能得到公益林补偿款30 000多元。2018年4月2日，他成功用自家的公益林补偿收益权质押贷款到73 000元，吴汉兴说，现在手中有更多的资金，他打算准备用这笔贷款用于生态公益林抚育和发展林下经济，预计年收益可以增加1倍。

依据现行法律，公益林砍伐受限，不能流转、不能抵押融资，公益林资源成为“沉睡的资产”。生态公益林补偿收益权质押贷款创新了补偿收益权益证明和质押方式，由高要区林业局出具记载受益人、公益林面积、经营方式、年度补偿金额等信息生态公益林补偿收益权证明，并通过人民银行“中征应收账款统一登记平台”办理质押登记，有效破解了公益林补偿收益权核实难、登记难的问题。同时，合理放大贷款额度、创新补偿资金账户监管方式、实行优惠贷款利率等，标志着高要区走出了一条运用绿色金融手段进行市场化林业生态补偿的新路子。

目前，高要区生态公益林面积45万亩，生态公益林年度补偿资金超过1 000万元，按照贷款额度放大倍数进行初步测算，公益林补偿收益权质押贷款规模最大可达到7 000多万元。该区将继续完善区域生态补偿机制，把生态公益林收益权质押贷款业务扩展到精准扶贫等领域。肇庆市高要区林业局生态公益林管理负责人冯秀玲说：“生态公益林补偿收益权质押贷款不仅有效提高林农建设生态林的积极性，增加他们的收入，也有助于推动高要提高生态林比例。”

9.5.2 生态债券

生态债券是指债券发行所筹集的资金用于环保相关项目的债券，与传统债券相比，生态债券最大不同点在于“生态”二字，生态债券要求所筹集的资金一般投向可再生能源开发与利用、水处理、低碳交通、节能建筑、土地利用以及气候变化适应性基础设施建设等生态产品供给领域。就债券评级而言，除了发行体信用评级和债券信用评级外，发行体还须证明自己是“生态”的，即项目主体要具有生态效益。

1. 国际机构生态债券

为了支持清洁能源领域的投资和基础设施建设而发行的债券。2007年，世界银行（World Bank）和欧洲投资银行（European Investment Bank）首次提出了绿色债券（Green Bond）的概念。2007年欧洲投资银行率先发行了气候意识债券（Climate Awareness Bond）为其可再生能源和能效改进项目融资，被认为开创了绿色债券发行的先例——即明确募集资金将被用于绿色项目，并设立严格的专款专用标准。2008年，世界银行发行了世界上第一只“绿色债券”，募集资金专门应用于减缓和适应气候变化的项目。

2007年，世界银行和欧洲投资银行发行的AAA投资级别绿色债券，开启了绿色债券市场。2013年，绿色债券的发行速度加快，当年就发行了110亿美元的绿色债券，其中包括首次发行的企业绿色债券。自此，绿色债券的发行速度逐年激增，2017年已发行1 170亿美元的绿色债券，高于2016年的820亿美元，迄今绿色债券的发行总额接近3 000亿美元。

2. 市政生态债券

在全球绿色市政债券方面，美国是全球十大国家的领头羊，发行量几乎是中国和法国的 2 倍，而中法分别位居第二和第三位。2013 年 6 月，美国马萨诸塞州发行了第一批市政绿色债券，同年，瑞典哥德堡发行了第一批绿色城市债券。美国的加利福尼亚州、纽约州、华盛顿特区、加拿大的安大略省和南非的约翰内斯堡市也发行了绿色债券。

华盛顿特区是少数几个发行了非能源行业绿色债券的城市之一，这些债券筹集的资金是为了支持生态环境保护。2014 年，该华盛顿特区市政工程局发行了第一笔经认证的“绿色债券”，为华盛顿的“清洁河流项目”筹集到了部分资金。这 3.5 亿美元的债券是美国债务资本市场上发行的第一笔绿色债券，也是美国由市政水务公司发行的第一个世纪债券（债券期限 100 年）。该债券的绿色认证是建立在实现特定生态效益的基础上的，包括通过有效的洪水疏导来增强城市抗御气候变化影响的能力，以及通过限制和控制“混合型城市污水溢流”来改善水质，这种溢流是许多老城市的污水处理和雨洪管理系统的主要污染源。

3. 企业生态债券

2014 年 5 月 8 日，由浦发银行和国家开发银行主承的 10 亿元中广核风电有限公司附加碳收益中期票据发行，在银行间市场成功发行，利率 5.65%。这标志着国内首单与节能减排紧密相关的绿色债券顺利推出，填补了国内与碳市场相关的直接融资产品的空白，充分体现了金融市场对发展国内低碳金融的支持，实现了推进国内碳交易市场发展以及跨要素市场债券品种创新的双赢。

此笔碳债券的发行主体为中广核风电有限公司，发行期限为 5 年，债券利率由固定利率与浮动利率两部分组成，其中浮动利率部分与发行人下属 5 家风电项目公司在债券存续期内实现的碳（CCER）交易收益正向关联，浮动利率的区间设定为 5 BP 到 20 BP。通过在产品定价中特别加入与企业碳交易收益相关的浮动利息收入，使债券投资者可以通过投资本期碳债券间接参与到蓬勃发展的国内碳交易市场。债券投资者除了需判断发行人自身的经营、盈利及偿付能力之外，还需关注及分析国内碳市场的发展前景，企业在债券存续期内远期碳交易收益的可持续性等因素，以期获得超额收益。因此，从产品属性看，碳债券的成功发行不仅是首次在银行间市场引入跨市场要素产品的债券组合创新，更是对未来国内碳衍生工具发展的一次大胆试水，而企业也通过发行碳债券将其碳交易的经济收益与社会引领示范效应相结合，降低了综合融资成本，加快投资于其他新能源项目的建设。

本次碳债券的发行利率为 5.65%，较同期限 AAA 信用债估值低 46 BP，充分体现了投资人对附加碳收益的信心。这样的产品设计未来可以进一步在国内可再生能源领域批量复制，以市场化手段进一步吸引资金关注并投向绿色产业。同时，债券定价模式的创新也可以在其他贵金属交易、权利交易、大宗商品交易等领域拓展尝试。

本次碳债券的成功发行是浦发银行结合两个领域长期研究实践的成果，充分体现了浦发银行以发展“低碳银行”为己任，以新能源市场需求为导向的持续创新；也体现了与创新资本市场、新能源市场携手开拓、共筑美丽中国的积极态度与创新精神。

4. 大学生态债券

美国麻省理工学院是首个公开发行绿色债券的大学，2008—2009 年，发行 5.9 亿美元普通债券用于学校五栋建筑建设，获得了较高资质认可。2014 年利用该五栋建筑为标的，发行价值为 3.7 亿美元期限 24 年，到期收益率约 3.96% 的绿色债券用于学校环保项目建设，并用实物资质代替了第三方债券机构评价。此后，其他大学纷纷采取大学债券筹资的方式，翻新建筑提高能效，改善学生住宿条件，实现了社会资金与校园生态建设的共赢。

9.5.3 生态信托

信托是指委托人基于对受托人（信托投资公司）的信任，将其合法拥有的财产委托给受托人，由受托人按委托人的意愿以自己的名义，为受益人的利益或者特定的目的，进行管理或者处罚的行为。生态信托就是以生态产品项目为标的、为生态产品行业融资的信托计划，是信托投资与生态产业融资的结合，对解决生态产业融资难问题具有积极作用。

1. 中国首个自然保护公益信托

2014 年 6 月，全国首个自然保护公益信托项目——“万向信托——中国自然保护公益信托”正式设立，开启金融机构参与到保护环境事业的一种全新模式，在行业内具有里程碑式的意义。

该公益信托成功地将信托模式引入了环境公益事业，其由万向信托担任受托人，以“发展中国的自然环境保护事业，保护生态环境”为目的，以公益信托的方式为公共利益目的进行管理运作，该公益信托的财产及其收益全部用于信托文件规定的公益项目，信托财产不可赎回，委托人不能要求从该公益信托财产中分配收益或兑付本金。该公益信托终止时，委托人不能获得信托财产分配，募集资金用于无偿捐助受托人根据信托文件的规定筛选确定的、执行中国境内自然环境和生态保护公益项目的个人、组织或法人机构，信托财产及其收益将全部用于信托目的的实现。

大自然保护协会（TNC）担任该公益信托的咨询顾问，由中国万向控股有限公司副董事长兼执行董事肖风等 7 位人士组成公益信托咨询委员会，提供公益项目筛选、项目规划和设计、项目执行技术指导、项目执行进展跟踪、项目执行质量监测、项目产出评估等服务，“万向信托——中国自然保护公益信托”将参考该协会以往的成功案例作为项目标准，根据资金大小投向相关的公益项目；德勤华永会计师事务所北京分所担任信托监察人；上海锦天城律师事务所担任法律顾问。

通过各专业机构的共同管理，该项目能够充分发挥信托专款专用、封闭管理、信息披露严格的优势，汇聚各方力量维护中国生态环境。自 2015 年开始，持续资助水源地保护项目，已运营近 3 年。

2. 全国首个水基金信托

万向信托与 TNC 和阿里巴巴一起共建了“浙江龙坞小水源地保护项目”，并成立全国首个水基金信托——万向信托 - 善水基金 1 号，为江浙地区乃至全国范围内的小水源地保护事业探索和提供了一套以科学为基础、以金融工具为手段的创新运作模式。

善水基金信托计划邀请全球最大的自然保护公益组织——大自然保护协会（TNC）担任公益顾问，其定向资助的首个水源地保护与治理公益项目——龙坞小水源地保护项目正式落地。这也标志着万向信托通过善水基金信托对水源地竹林进行科学管理和环境友好型产业开发，借助现代金融工具有效推动环保公益事业的长期、可持续发展。善水基金龙坞项目模式成功打造了一个集公益环保、政府资源、生态产业和金融服务于一体的综合性跨界平台，参与水源地保护的各方都能从生态保护中获得收益。

善水基金信托的创新性的一个重要体现在于通过专业的金融机构搭建以生态环保公益为目的的跨界平台，实现对社会资源的高效整合，其将农户、金融机构、公益组织、当地社会团体、农业相关产业链下游企业以及消费者等多种角色共同纳入了其日常运营中，形成了互动、协作、共享的良好局面。善水基金信托协助当地政府和社区居民发展特色地方产业，形成可持续的资金流转机制，达成资金增值的良性循环，在实现生态环保的同时，资金增值部分可反哺社区居民，一方面解决了水库人为污染问题，使周边社区居民受益；另一方面创造了可持续的资金机制，同时实现环保公益目的与投资者获取合理收益的协同发展，最终达到公益环保和自然资源的价值变现。

经过近两年的治理，目前龙坞水库中水的总磷和溶解氧两项指标已经由国家四类水质标准提升到国家一类水质标准。善水基金信托及其龙坞小水源地保护项目是用商业模式盘活土地、用环境友好型产业代替落后产业的创新之举，这种探索经验对浙江省其他几千个小水源地保护也有着积极的意义。

3. 哥斯达黎加生态保护信托基金

“永远的哥斯达黎加”是由一个生态保护信托基金建立并支持的金额达 5 000 万美元的倡议，该基金筹集到来自政府的资金（通过美国和哥斯达黎加之间以自然保护换取债务减免的交易）和来自私人和基金会的混合资金。

“永远的哥斯达黎加”信托基金的拨款以哥斯达黎加政府的匹配资金为前提，且资金的使用必须针对关键海洋和陆地保护区的保护目标，这一目标旨在帮助哥斯达黎加实现《全球生物多样性公约》（CBD）设定的生物多样性目标。

4. 巴西自然保护地信托基金

巴西自然保护地信托基金（ARPA）项目的规模达 2.2 亿美元。巴西国家自然保护地体系覆盖了位于巴西境内约 15% 的亚马逊区域，但由于政府的不作为、腐败和干预，全面、有效地保护和管理亚马逊区域的各类自然保护地还存在巨大的资金缺口。

ARPA 被设计为一个“降本基金”，即基金每年将包括本金在内的一部分资金拨付给巴西政府，分担其在管理亚马逊自然保护地方面的支出，减轻巴西国家公园管理局的财务压力。ARPA 信托基金每年资金拨付都以巴西政府不断改进对自然保护地的管理和增加相应的投入为前提，即将 ARPA 资金的拨付与巴西政府相应的行动挂钩。如果某年巴西政府未能履行承诺，ARPA 就会暂停拨款。通过这种方式，在过去的 20 多年里，ARPA 资金池逐年减少并最终减少到零，而巴西政府承诺承担全面保护亚马逊自然保护地所需资金的比例则逐年增加并达到了 100%。

9.5.4 生态保险

生态保险，是通过保险的金融手段，为生态产品的生产或对生态产品造成损害的情况进行金融保障，降低生态产品供给者或对生态产品的潜在损害者的金融风险。

环境污染责任保险，是生态保险的一种，它是以企业发生污染事故对第三者造成的损害依法应承担的赔偿责任为标的的保险。环境污染责任保险是一种特殊的责任保险，是在“二战”以后经济迅速发展、环境问题日益突出的背景下诞生的。在环境污染责任保险关系中，保险人承担了被保险人因意外造成环境污染的经济赔偿和治理成本，使污染受害者在被保险人无力赔偿的情况下也能及时得到给付。

2008 年 9 月 28 日，湖南省株洲市昊华公司发生氯化氢气体泄漏事件，导致周边村民的农田受到污染。这家企业于 2008 年 7 月投保了由中国平安集团旗下平安产险承保的环境污染责任险。接到报案后，平安产险立即派出勘察人员赶赴现场，确定了企业对污染事件负有责任以及保险公司应当承担的相应保险责任。依据《环境污染责任险》条款，平安产险与村民们达成赔偿协议，在不到 10 天的时间内就将 1.1 万元赔款给付到村民手中。这起牵涉 120 多户村民投诉的环境污染事故得以快速、妥善解决。

目前，已有中国人民财产保险股份有限公司、中国平安保险（集团）股份有限公司和华泰财产保险股份有限公司等 10 余家保险企业推出环境污染责任保险产品。2014 年，全国有 22 个省（自治区、直辖市）近 5 000 家企业投保环境污染责任保险，涉及重金属、石化、危险化学品、危险废物处置、医药、印染等行业。

9.5.5 生态投资基金

生态投资基金是以生态项目投资为主要业务形式，为生态项目提供资金支持，要求生态项目和产业已具备较为成熟或潜在的盈利模式。

英国绿色投资银行（UK Green Investment Bank，GIB）是生态投资基金的典型代表。GIB 由英国政府于 2012 年 10 月提供启动资金发起设立，初始投资 38 亿英镑，英国政府当时是其唯一股东。其资金投向五大领域，分别为离岸风电、能效产业、废弃物处理和生物质能、在岸可再生能源以及储能电力采购协议（battery - enabled power purchase agreement）。2015 年 6 月，GIB 宣布推进私有化进程，2017 年 8 月，澳大利亚麦格理银行集团以 23 亿英镑获得了对 GIB 的控股权。私有化结束后 GIB 更名为“绿色投资集团”，其业务和资金募集方式不再受严格限制，可通过更广泛的渠道获取资金来源。

GIB 不仅通过自有资金进行绿色项目投资，而且还积极吸引和撬动社会资本参与投资，每投资 1 英镑，平均能够吸引 3 英镑社会资本。根据 GIB 年报显示，截至 2017 年 3 月，GIB 共投资 34.09 亿英镑，同时撬动了 118.84 亿英镑社会资本。总体而言，GIB 实现了较好的财务经营水平。GIB 设立前两年分别亏损 620 万英镑和 570 万英镑，从第三财年开始扭亏为盈。截至 2017 年，累计实现盈利 2 500 万英镑，其中 2017 财年营收 96.8 亿英镑，项目投资利润率为 10%。自 2012 年成立至正式私有化，GIB 净收益约为 1.86 亿英镑。

9.5.6　生态银行

生态银行是以促进生态产品和生态事业发展为目的而经营生态信贷业务或承销生态债券业务的银行。

1. 兴业银行：全国首家承诺采纳国际“赤道原则”的大型股份制商业银行

作为全国首家承诺采纳国际“赤道原则”的大型国有股份制商业银行，经过多年探索，兴业银行形成了涵盖绿色融资、绿色租赁、绿色信托、绿色债券、绿色基金、绿色投资、绿色消费等在内的绿色金融全产品链，并在特许经营权质押、碳资产抵质押融资、排污权抵质押融资、合同能源管理融资等权益类产品融资业务形成独有特色，其中，在以碳排放交易为代表的环境资产交易市场，兴业银行已与全部 7 个碳交易国家级试点地区达成合作，并与国内 11 个排污权交易试点省市中的 9 个签署全面合作协议，提供包括交易架构及制度设计、资金存管、清算、抵质押融资等在内的一揽子金融服务。赤道原则声明见表 9－1。

经过多年深耕，绿色金融业务已成为整个兴业银行集团的品牌业务、优势业务，业务覆盖低碳经济、循环经济、生态经济三大领域，涵盖提高能效、新能源和可再生能源开发利用、碳减排、污水处理和水域治理、二氧化硫减排、固体废物循环利用等众多项目类型及涵盖能源、建筑、交通、工业等各个主流行业，通过认真履行社会责任与银行产品服务相结合，取得了经济效益和社会效益“双丰收”。

表 9－1　赤道原则声明

序号	原则声明
原则 1	审查和分类
原则 2	环境和社会评估
原则 3	适用的环境和社会标准
原则 4	环境和社会管理系统以及赤道原则行动计划
原则 5	利益相关者的参与
原则 6	投诉机制
原则 7	独立审查
原则 8	承诺性条款
原则 9	独立监测和报告
原则 10	报告和透明度

为全面支持绿色信贷，兴业银行总分行还安排了一系列的配套激励措施：安排专项绿色行动风险资产确保绿色信贷的投放；发行绿色金融债，专项投放于绿色信

贷项目，有效降低客户融资成本；安排专项财务资源用于支持激励各分支机构在绿色金融客户建设、重点项目投放、创新产品落地、排放权平台建设等。在信贷审批上，实现绿色信贷专业审批，绿色信贷项目优先审批。在融资方式上，除了传统信贷，积极鼓励通过租赁、信托、投行、理财等多种方式在绿色金融领域的创新运用。在队伍建设上，成立绿色业务专营机构，配备专营人员、提供营销、审批、放款、风控等一站式专业化服务。

2. 纽约绿色银行

2014 年年初，纽约政府启动了美国纽约绿色银行项目，为暂时无法获得私人投资的可再生能源项目提供融资。纽约绿色银行的总体目标是“通过与私人部门的合作来推动本地区清洁能源的发展，从而改变其融资市场”。绿色银行的能源政策注重于激活私人市场，从而降低清洁能源项目对能源补贴的依赖程度。纽约绿色银行的目标客户是目前技术已相对成熟但受资本约束无法大规模推广的清洁能源项目，绿色银行计划投资的技术包括高效冷水机、电压控制设备、太阳能电池板、热电联产系统等。纽约绿色银行概况见表 9 - 2。

表 9 - 2 纽约绿色银行概况

纽约绿色银行（NYGB）	
组织结构	州立机构，由纽约能源研究和发展管理局（NYSERDA）进行管理
资金来源	政府财政拨款、系统效益收费、区域温室气体减排行动收益等
成立年份	2013 年
金融产品和服务	合作贷款、信贷措施、高级债务、贷款担保

数据来源：根据 Maryland Clean Energy Center, December 1, 2014,“Blueprint for Building the Energy Economy in Maryland: Green Bank Preliminary Finding Report”资料整理。

纽约绿色银行（NYGB）由州政府资助成立的专业金融机构，专注于对纽约清洁能源市场的投资，从而确保建立起一个更有效、可靠和可持续的能源供应系统。该绿色银行由纽约州能源研究开发局持有并管理。纽约绿色银行启动资金达 2.1 亿美元，包括纽约公共服务委员会（PSC）批准的 1.65 亿美元及“区域性温室气体倡议”下拨的 4 500 万美元。纽约绿色银行旨在利用有限的公共资金，撬动数倍于公共资金的私人资本投入清洁能源项目。

与大多数贷款期限 5 ~ 10 年的银行商业贷款不同，纽约绿色银行将贷款期限延长至 20 年，从而承担了投资后期的风险。通过这种方式，公共绿色银行与私营贷款机构携手合作，共同解决可再生能源企业面临的融资障碍。

3. 宾夕法尼亚公共银行

绿色银行中不以为能源行业提供金融服务为主业、并支持生态系统和环境服务供给的为数不多的例子之一是宾夕法尼亚政府出资成立的名为 PENNVEST 的公共银行。该银行为城市、企业和土地所有者提供贷款，并主要为水利基础设施的建设和改造提供资金，如城市污水、雨洪处理和饮用水项目，并利用包括依据《联邦清洁水法》设立的清洁水循环基金在内的州和联邦政府的资金来源。

尽管大多数 PENNVEST 的低息贷款和赠款主要用于基础设施项目，该机构已经启动了两个为水质改善提供补贴和支持的项目。其中一个项目是宾夕法尼亚州新设的养分交易平台，该平台旨在减少进入切萨皮克湾流域水道的氮、磷污染。第二个项目刚刚启动，将向农户和土地所有者提供低息贷款，以改进河岸带的土地利用和管理（例如，在河岸边的农田上植树）。

9.6　小结与展望

本章的 1 ~5 节主要对生态产品价值的不同实现路径以及相应的典型案例进行了介绍，根据笔者的分类，生态产品价值实现路径主要分为生态产品付费机制、生态价值市场交易机制、生态产品认证机制、生态产业化机制和生态金融机制。

生态产品付费机制的实现路径主要依托政府转移支付及财政投入、损害生态环境的单位或个人缴纳税费、一对一付费三种形式。以政府转移支付及财政投入为主的生态产品价值实现路径其主要特征是政府代表辖区全民购买辖区内的生态产品，适用于多种不同的生态产品。以损害生态环境的单位或个人缴纳税费为主的生态产品价值实现路径其主要特征是对生态产品造成损害的单位或个人支付相应的赔偿费，适用于减少噪音、清洁空气、净化水质等生态产品。而以一对一付费为形式的实现机制主要适用于净化水质、涵养水源等生态产品，主要特征是地方政府、国际机构、公益组织、企业等购买生态产品。

生态价值市场交易价值主要是通过环境权或环境信用交易生态产品，从而在传统市场经济中更为充分地反映生态产品的价值，是目前国际上实现生态产品价值的创新形式，已经得到了广泛的认可和应用，包括美国湿地缓解银行、联合国清洁发展机制、欧盟碳排放权交易市场等针对于湿地生态产品、温室气体减排等生态产品交易。

生态产品认证机制，主要是通过生态认证体系和具体标识显示生态产品的价值，主要适用于与其他物质产品如农产品、海产品、森林产品等进行捆绑经营的生态产品，从而能够引导消费者、供应链采购商对具有生态产品价值的物质性产品进行有选择性采购，是实现生态产品价值的有效途径，国际上的 FSC、MSC 生态产品认证和标签体系，以及国内的有机产品认证体系都是发展较为成熟的生态产品认证机制。

本书中介绍的生态旅游、生态文化、生态医药、生态农林和生态制造等生态产业化机制，也是生态产品和其他产品进行捆绑式经营的典型路径。通过生态产品与旅游产品的捆绑式经营，可以促进调节气候、清洁空气等生态产品的供给。通过生态产品和文化产品的捆绑经营，可以促进保护生物多样性的生态产品等供应，生态产品和医药产品的捆绑经营也有助于提高保护生物多样性等生态产品的供给。生态产品和农林产品的捆绑式经营，则能够促进保持水土、调节气候等主要依托于水土和植物提供的生态产品供应量。

生态金融机制能够为生态产品的价值实现提供资金的支持和保障，是极为重要的一类生态产品价值实现路径。通过信贷、债券等金融工具，能够为生态产品增加供给和生产的过程提供融资的保障和支持。生态信托和投资基金则能够为生态产品或生态产品相关的产业提供直接的资金支持。生态保险则是为生态产品生产提供金融保障的重要方式。生态银行，作为具有多种生态金融工具的综合性机构，则能够为生态产品的供给提供多层次、多方面的支持和保障（表9－3）。

表9－3　生态产品价值实现路径一览表

实现路径		具体特征	适用产品	具体案例
生态产品付费机制	政府转移支付及财政投入	政府代表辖区全民购买辖区内的生态产品	多种	中央政府重点生态功能区转移支付、广东省政府渔民休（禁）渔补助
	损害生态环境的单位或个人缴纳税费	对生态产品造成损害的单位或个人支付相应的赔偿费	减少噪音、清洁空气、净化水质等	中华人民共和国环境保护税、哥斯达黎加燃油税
	一对一付费	地方政府、国际机构、公益组织、企业等购买生态产品	净化水质、涵养水源等	地方政府付费、企业购买
生态价值市场交易机制		通过环境权或环境信用交易生态产品	吸收 CO_2 等	美国湿地缓解银行、联合国清洁发展机制、欧盟碳排放权交易市场
生态产品认证机制		通过生态认证显示生态产品价值	保护生物多样性、吸收 CO_2 等	FSC、MSC、Fair Trade、Energy Star、有机产品
生态产业化机制	生态旅游产业	生态产品与旅游产品的捆绑式经营	调节气候、清洁空气等	伦敦湿地中心、美国国家公园
	生态文化产业	生态产品与文化产品的捆绑式经营	保护生物多样性等	美国《国家地理》杂志、《地球脉动》纪录片
	生态医药产业	生态产品与医药产品的捆绑式经营	保护生物多样性等	西双版纳州傣药
	生态农林产业	生态产品与农林产品的捆绑式经营	保持水土、调节气候等	茶叶
	生态制造产业	生态产品与制造产品的捆绑式经营	清洁空气、净化水质等	欧浦登（顺昌）光学有限公司依托空气、水质生产高端电子产品

续表

实现路径		具体特征	适用产品	具体案例
生态金融机制	生态信贷	通过信贷为生态产品提供融资支持	保护生物多样性、防风固沙、净化水质等	日本农林渔业政策性信贷、人民银行大理州中心支行生态信贷
	生态债券	通过债券发放为生态产品提供融资支持	吸收 CO_2 等	气候意识债券、中广核风电有限公司附加碳收益中期票据
	生态信托	通过信托为生态产品提供资金支持	涵养水源、防风固沙等	万向信托——中国自然保护公益信托、万向信托－善水基金 1 号
	生态保险	通过保险为生态产品提供金融保障	净化水质等	环境污染责任保险
	生态投资基金	通过投资为生态产品提供资金支持	吸收 CO_2 等	英国绿色投资银行
	生态银行	综合性生态金融机构	多种	兴业银行、纽约绿色银行

目前，主要以中央和各级地方政府通过转移支付和财政投入购买为主的生态产品价值实现路径，不足以使生态产品提供者获得相对应的回报，生态产品价值没有在市场中得以充分实现，生态产品提供者的生产积极性不高，致使我国提供生态产品的能力在逐步减弱。但与此同时，随着人民生活水平的提高，消费者或生态产品的受益者对生态产品的需求正在与日俱增。

总体来看，生态产品的价值实现路径已较为丰富，目前已有的生态产品价值实现方式能够涉及保持水土、调节气候、涵养水源、防风固沙、净化水质等多种不同的生态产品的供给和交易，涉及具体生态产品的典型实现案例如联合国清洁发展机制、FSC 森林产品认证等的规模、体量也在不断扩大，涉及的生态产品供给和交易也逐渐向全世界各个国家不断延伸、拓展。

但是，生态产品价值的充分实现仍处于起步阶段，目前生态价值实现尚未能全方位覆盖所有种类的生态产品，生态产品的交易主要以政府、企业等大型组织参与为主，很多生态产品的受益者特别是个人消费者尚未参与到生态产品的交易中，大多数参与生态产品交易付费的受益者支付意识不强、支付意愿不高，实际生态产品交易的付费额度往往不能充分反映生态产品的价值。

生态产品价值实现已在全球范围进行了初步的探索，积累了一定的模式类型和经验，也取得了相当的成效。生态产品价值在经济市场中的进一步实现，可以充分基于已有的经验和模式基础上，一方面依据不同的生态产品类型差别化地选择相适应的生态产品实现机制，另一方面统筹协调不同类型的生态产品价值实现机制，相互配合、共同保护和扩大自然界提供生态产品的能力。

第 10 章
生态产品可持续管理

生态产品是人类经济社会延续和发展不可或缺的物质基础，随着经济社会的不断发展，人类对美好生活的需要已变得广泛而多元，对优质生态产品的需求进一步增加。党的十九大报告明确提出中国特色社会主义进入新时代，我国社会主要矛盾已经转化为人民日益增长的美好生活需要和不平衡不充分的发展之间的矛盾，要创造更多物质财富和精神财富以满足人民日益增长的美好生活需要，也要提供更多优质生态产品以满足人民日益增长的优美生态环境需要。然而目前生态产品的可持续管理仍然面临着诸多问题与挑战，如何促进并提升生态产品的可持续供给？如何实现生态产品价值，促进绿水青山向金山银山转换，形成人与自然和谐共生的现代化格局？需要建立生态产品可持续管理框架，探索增加优质生态产品供给并实现其价值的途径，综合运用政府、市场、法律、科技等多种手段，全面提升生态产品供给能力和管理水平。

10.1 生态产品可持续管理框架

生态产品可持续管理需要针对不同类型的生态产品特点，制定管理目标，确定主要的管理措施和保障机制。生态产品是用于保障国家生态安全、维护生态系统功能、满足人类对美好环境需求的各类自然要素和生态系统服务。最基本的生态产品就是生态系统中的各类生态资源，如森林资源、草地资源、湿地资源、水资源、海洋资源等。同时，生态产品也包括生态系统所提供的服务，如吸收二氧化碳、制造氧气、涵养水源、保持水土、净化水质、防风固沙、调节气候、清洁空气、减少噪音、吸附粉尘、保护生物多样性、减轻自然灾害等。因此，生态产品可分为有形的可以直接消费的生态资源产品和无形的以间接消费为主的生态服务产品两大类，这是生态产品管理的具体对象（图10－1）。

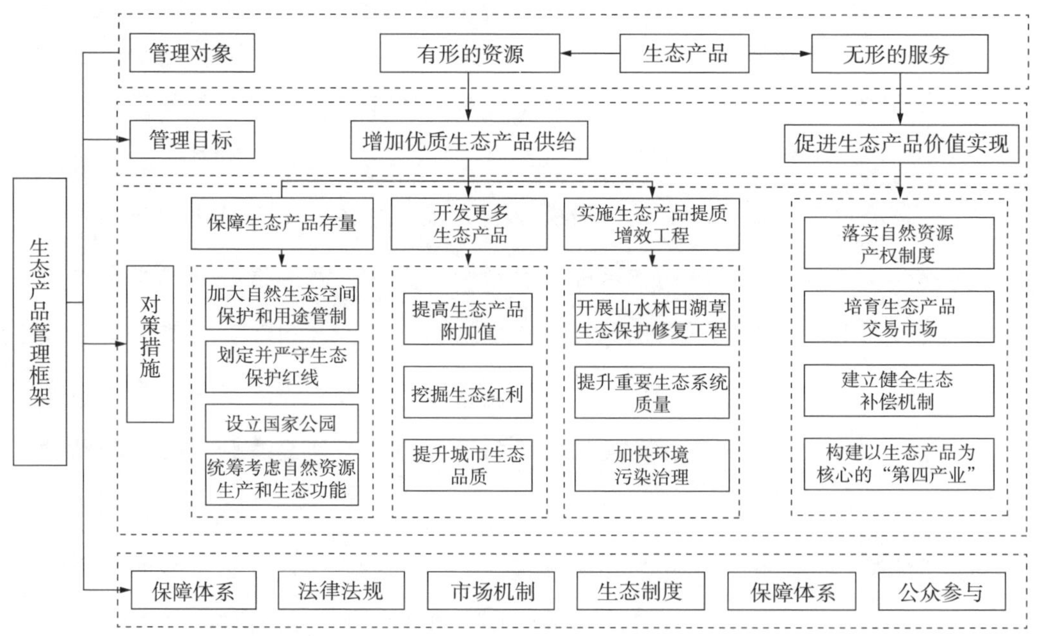

图10－1 生态产品可持续管理框架

有形的可以直接消费的生态产品主要是各种生态系统要素资源，是提供生态系统服务的基础，一般具备交易市场，与经济社会活动存在直接联系，比较容易量化。因而其管理目标主要在于增加产品的数量以及提高产品的质量。从国家尺度而言，为保障生态产品存量，应尽快完善生态系统保护的规章制度政策和工程措施，确保生态空间不减少、功能不降低。对于生态产品质量的提升，应遵循“山水林田湖草生命共同体”的理念，着手实施生态保护修复工程。

无形的以间接消费为主的生态产品主要是生态系统所提供的各类服务，包括防风固沙、水土保持、生物多样性维护等，这些服务一般是无形的，难以确定其所有权、生产量、消费量以及价值量，导致难以建立市场，是当前生态产品管理的难点。管理的目标不止要持续维护这些生态系统服务，还需要实现这些无形的服务对应的价值。实现无形的服务价值需要明晰生态产品的产权制度、培育生态产品的交易制度并且探索生态产品的价格制度，最终建立一个完善的生态产品交易市场。由于生态系统服务功能这类生态产品的市场还未真正建立，从目前具体的实现模式来看，无形的服务价值多是通过增加其他三产的附加值实现的，根据“绿水青山就是金山银山”实践创新基地的经验，实现生态产品价值的途径主要是生态农业、生态工业以及生态旅游业，未来应当将生态产品生产、流通和供给作为国民经济“第四产业”进行核算。

为实现生态产品的可持续管理，一系列保障体系还有待完善。法律法规方面，需要进一步加强生态保护和自然资源保护相关法律法规的统一性和执行力，针对新的生态环境问题，也应出台对应的法律法规。市场机制方面，目前生态产品服务的价值实现主要是通过中央对地方的生态保护补偿纵向转移支付及地方对地方的横向转移支付两种形式实现，未来需要拓展更多的实现途径，并逐步完善生态补偿机制。生态制度方面，需落实生态产品生产与消费的责任制度，即领导干部自然资源资产离任审计制度以及党政领导干部生态环境损害责任追究制度等。技术支撑方面，需要完善生态产品监测评估体系，摸清生态产品基本情况，配套监测体系硬件设施，对有形生态资源的数量、质量及无形生态服务的功能进行动态监测预警；需要加强生态产品管理的科技创新，建立规范化科技成果转化和支撑平台，实施重大生态保护科技专项并积极培育环保科技型企业。公众参与方面，需要普及“生态有价”的科学认知，动员公民维护生态环境的积极性，形成全社会共建共享优质生态产品的良好氛围。

10.2 增加优质生态产品供给

我国地域广阔，自然资源丰富，但是人均资源量较少，生态系统的质量较低。加之生态系统具有多种功能属性，经济开发和保护修复的矛盾仍然十分突出。为实现生态产品的长效生产和供给，需要在保障现有存量不减少、质量不降低的基础上，逐步扩大增量，提高质量。

10.2.1 保障生态产品存量

一是加大对自然生态空间的保护和用途管制。生态空间是指具有自然属性、以提供生态服务或生态产品为主体功能的国土空间，包括森林、草原、湿地、河流、湖泊、滩涂、岸线、海洋、荒地、荒漠、戈壁、冰川、高山冻原、无居民海岛等。生态空间是生态产品的“主产地”“富集区”，应加大保护力度，维护生态系统平衡稳定，保障生态产品基本供给（英剑波，2016）。随着城镇化的进程推进、人口的快速增长以及食物消费结构的改变，城镇空间和农业空间在一些地区不断扩张，生态空间不断减少，生态系统质量总体呈下降趋势，粮食安全、城镇化发展与生态保护之间的矛盾与冲突将长期存在。确保存量、避免现有的优质生态系统被破坏和占用，是保障生态产品生产和供给能力的首要任务。

二是划定并严守生态保护红线，加大对重要生态空间保护力度。我国于2010年年底印发了《全国主体功能区规划》，第一次提出了“重点生态功能区是以提供生态产品为主体功能的地区”，全面阐释了生态产品的内涵。生态保护红线是指在生态空间范围内具有特殊重要生态功能、必须强制性严格保护的区域，是保障和维护国家生态安全的底线和生命线，通常包括具有重要水源涵养、生物多样性维护、水土保持、防风固沙、海岸生态稳定等功能的生态功能重要区域，以及水土流失、土地沙化、石漠化、盐渍化等生态环境敏感脆弱区域。划定和严守生态保护红线是将具有特殊重要生态功能的区域明确出来进行强制性严格保护，这无疑对落实主体功能区制度、实施生态空间用途管制、提高生态产品供给能力具有重要作用。我国大江大河的主要源头区、生态安全屏障区、河湖湿地、各类自然保护区、森林公园、风景名胜区等，是生态保护红线划定的主体部分，也是支撑国家生态安全格局的重要组成和最需要保留的绿水青山。把这些区域纳入生态保护红线，实施严格保护，正是顺应了人民群众对良好生态环境的期待。给人民群众留下公园、绿地、自然山川河流，留下美好的生态空间，让人民群众在全面建成小康社会过程中享有更多的“获得感”，享受更多的绿色福利和生态福祉。

三是设立一批国家公园，促进人与自然和谐共生。国家公园是指由国家批准设立并主导管理，边界清晰，以保护具有国家代表性的大面积自然生态系统为主要目的，实现自然资源科学保护和合理利用的特定陆地或海洋区域。建立国家公园体制是党的十八届三中全会提出的重点改革任务，是我国生态文明制度建设的重要内容，对于推进自然资源科学保护和合理利用，促进人与自然和谐共生，推进美丽中国建设，具有极其重要的意义。2017年，中共中央办公厅、国务院办公厅印发了《建立国家公园体制总体方案》，其中明确：“到2020年，建立国家公园体制试点基本完成，整合设立一批国家公园，分级统一的管理体制基本建立，国家公园总体布局初步形成。到2030年，国家公园体制更加健全，分级统一的管理体制更加完善，保护管理效能明显提高。”目前，我国正在建设青海三江源国家公园、湖北神农架国家公园、浙江钱江源国家公园、福建武夷山国家公园，以及吉林、黑龙江的东北虎豹国家公园，四川、陕西、甘肃大熊猫国家公园，甘肃和青海的祁连山国家公园等。今后，需要进一步整合自然保护区、风景名胜区、自然文化遗产、森林公园、地质公园等多种类型保护地，依据自然生态系统和自然遗产的代表性和典型性，科学设置一批国家公园，建立以国家公园为主体的保护地体系，坚持全民共享，着眼于提升生态系统服务功能，开展自然环境教育，为公众提供亲近自然、体验自然、了解自然的机会。

四是统筹考虑自然资源生产功能和生态功能，实现自然资源生态效益和经济效益相统一。从生态问题产生的过程和原因来看，主要是工业化、城镇化发展方式和资源利用方式造成生态空间被挤占，自然生态系统向人工化生态系统转变，生态系统服务功能退化（欧阳志云，2017）。因此，在保护自然生态空间的同时，需要处理好生态保护与国土空间开发的关系，形成国土空间开发与保护的整体性安排。《全国主体功能区规划》中提出，城市化地区是以提供工业品和服务产品为主体功能的地区，也提供农产品和生态产品；农产品主产区是以提供农产品为主体功能的地区，也提供生态产品、服务产品和部分工业品；重点生态功能区是以提供生态产品为主体功能的地区，也提供一定的农产品、服务产品和工业品。自然资源资产开发、利用和管理的目标应当由注重生产功能向实现生产功能和生态功能双赢转变。各级政府应尽快按照区域主体功能定位和空间开发保护规划，根据区域生态环境状况，设定自然资源开发强度、利用效率，科学合理开展自然资源资产的开发、利用和保护工作。在生态脆弱区和资源超载区域实行资源开发限制性措施，加大资源开发的生态环境修复力度。在重要生态功能区，应当避免所有者和使用者擅自改变自然资源的用途，实施用途管制制度，首先确保区域主要生态功能。对于自然资源资产丰裕但经济社会发展相对落后的区域，需打破“资源诅咒困境”，大力推进自然资源资产科学经营和可持续管理，实现自然资源资产生态价值、经济价值和社会价值。

10.2.2 开发更多生态产品

一是进一步提高生态产品附加值。随着人们生活水平的提升，对于生态产品的数量和质量需求都在增加，这意味着不仅需要保证生态空间数量不减少、生态功能质量不退化，还需要在此基础上借助生态技术进一步拓展生态产品供给途径。比如在城镇空间中增添生态组分，推广屋顶、墙体、桥体等场所的立体绿化，将现有的农业、工业、服务业产品改造为生态产品等。通过不断挖掘其新的生态生产要素，并与其他生产要素相结合生产出满足人们绿色消费的新型生态产品，将其使用价值直接开发转为交换价值，进入生态市场实现资产增值（高吉喜等，2016）。根据生态资源的供给功能、调节功能和文化服务功能，采取不同生态产品价值的实现路径，有效挖掘生态产品价值，发展生态产品产业链。如我国浙江省安吉县，利用本地丰富的竹林资源，在传统竹材利用基础上，开发了远销我国港澳台地区和日本、韩国、东南亚及欧美等地区的第二代到第六代竹产品，创造了巨大的经济、社会效益，并推动生态资源保护和生态环境改善，形成了经济社会良性发展。

二是进一步挖掘生态红利。我国生态功能区面积较大，但与一流的生态环境极不相称的是，生态产品的开发还有很大的改善和提升空间。开发优质生态产品，要坚持以人民为中心的发展思想，不断满足人民日益增长的优美生态环境需要。既要将风景优美的生态保护区域打造成可供休闲旅游的产品，也要建设好城市绿地等百姓身边的公园，不断提升城乡环保基础设施建设水平，从百姓身边的公共绿地做起，让优质生态产品更广泛、更公平地惠及全体人民。加大自然保护地、生态体验地的公共服务设施建设力度，开发和提供优质的生态教育、游憩休闲、健康养生养老等生态服务产品。开展国土绿化行动，推进荒漠化、石漠化、水土流失综合治理，强化湿地保护和恢复，加强地质灾害防治。依托大江大河上游地区、森林草原覆盖率较高地区的环境禀赋，把生态产品作为核心竞争力，大力发展绿色产业。挖掘生态资源优势不明显地区的生态财富，刺激旅游、房地产、养老、生态农业等产业发展，创造更多优质生态产品。加强生态原产地的产品保护，抓紧认定和发布符合保护评定标准的生态原产地产品。发展生态农业和有机农业，加快有机食品基地建设和产业发展，增加有机产品供给。

三是不断提升城市生态品质。城市是人口集中分布的地区，在保障城市基本生态产品的同时，不断提升城市生态品质，满足城市居民对良好生态环境的需要。在城市群、城市、乡镇等多层次推进绿色空间保护构建，防范城镇建设对周边生态空间的无序侵占。将生态保护的理念贯穿城市开发和城市管理的始终，在城市群、城市之间和城市内部均预留足够的绿色空间，维护城市自然山水格局。加强城市河道、湖泊和滨海地带的管理和保护，防止建设用地对自然湿地的侵占，建设绿道绿廊，使城市森林、绿地、水系、河湖、耕地形成完整的生态网络，保持原有水面控制率、水网密度和水体的自然连通。加强城市河流、湖泊、湿地、滨海滩涂生态修复，改造硬化河道，恢复水体自然形态，加强滨水绿化建设，恢复沿岸滩涂和湿地。严禁特色小镇和小城镇挖山造绿，严禁缺水地区圈水造湖。京津冀和东南沿海地区，应进一步挖掘城市生态用地，依托河流、道路建设城市生态廊道，增强生态系统的连通性。对长江沿线中上游地区和我国中西部地区，在城镇化发展的同时，引进先进城市生态建设经验，打造生态城市。

10.2.3 实施生态产品提质增效工程

一是开展山水林田湖草生态保护修复工程。提升生态产品质量的途径主要是进行生态修复，在这个过程中要按照“山水林田湖草是生命共同体”的理念，统筹考虑自然生态各要素、山上山下、地上地下、陆地海洋、流域上下游，加大生态系统保护力度，统筹实施生态保护修复重大工程，增强生态系统维持自我平衡和良性循环的能力，奠定生态产品生产和供给的基础。在生态环境脆弱但维系国家生态安全的区域，进一步加大生态修复力度，遏制生态系统退化趋势。对于条件成熟的地区，实施生态移民工程，减少农牧业生产对生态系统的进一步破坏，促进地表植被和生态功能逐渐恢复。针对区域主导的生态功能和突出的生态问题设计工程项目，在青藏高原、黄土高原、云贵高原、秦巴山脉、祁连山脉、大小兴安岭和长白山、南岭山地、京津冀水源涵养区、内蒙古高原、河西走廊、塔里木河流域、滇桂黔喀斯特地区等关系国家生态安全的区域，加快推进山水林田湖草一体化生态保护修复。

二是提升重要生态系统质量。依托山体、流域等自然单元，以东北虎、华南虎、金丝猴、大熊猫等标志性物种生态廊道建设为重点，优先在秦岭南北坡、长白山区、大别山区、南岭片区以及浙闽山地片区，以及中国、俄罗斯、朝鲜边境建设国家生态廊道，加强生态系统连通性。强化天然林保护和抚育，因地制宜开展封山育林和人工造林，强化森林经营，推进退化林修复，优化森林组成、结构和功能。加大内蒙古中部、青藏高原西南部、天山南部等地对干旱半干旱过渡地带和大江大河源头及上游地区草地的保护力度，加大推进草原禁牧休牧轮牧力度，依据区域生态承载能力，合理确定畜牧业发展规模，实现“以草定畜”。继续加强“三化”草原治理，有序开展实施退牧还草、京津风沙源治理、新一轮退耕还林还草、农牧交错带已垦草原治理、草业良种和草原防灾减灾等工程。在国际和国家重要湿地、湿地自然保护区、国家湿地公园实施湿地保护与修复工程，逐步恢复湿地生态功能，扩大湿地面积。

三是加快环境污染治理，着力解决突出环境问题。在具体实践中，生态和环境通常指两方面的具体工作，生态侧重于自然生态系统的保护和修复，环境则着重于处理各类环境污染问题。污染防治是维护生态环境平衡和稳定的保障，生态保护是提高资源环境承载能力的基础，生态保护和环境治理需在实践中紧密结合，才能源源不断地提供优良的生态产品。针对当前危害人居环境安全和人体健康的突出环境问题，需要在大气、水和土壤等环境要素上集中发力，不断提升环境质量。以饮用水、黑臭水体等防治为重点，实施净水行动，推动流域环境和近岸海域综合治理。加快推进土壤污染防治行动计划，坚决守住影响农产品质量和人居环境安全的土壤环境质量底线。

10.3 促进生态产品价值实现

生态产品具有公共物品属性和价值多维性两大特征，其生产和消费数量难以计量。为实现生态产品价值，首先需要使其外部经济性内部化，便于计量，这需要运用政府与市场“两只手”。政府路径，在于生态建设资金安排、转移支付和生态补偿；市场路径，在于充分发挥市场在环境资源配置中的决定性作用，活跃生态产品市场交易和生态资源的产业化经营。在这些过程中，生态产品产权归属、价值度量、交易规则、补偿机制等都需要理清和完善。

10.3.1 落实自然资源资产产权制度

生态产品的来源是各类生态系统和自然资源，而我国的自然资源在全民所有的框架下还存在国家所有（矿藏、水流、森林、山岭、草原、荒地、滩涂和城市土地等资源）、集体所有（集体所有的森林和山岭、草原、荒地、滩涂、农村宅基地和自留地、自留山等资源）两种形式。在这个框架下，生态产品的产权制度主要为基于单一形式的公有产权，混合产权制度发育不完全。对于生态产品的所有权、使用权、监管权的划定不够清晰，并且对于使用权的出让、转让、出租、担保、入股等权能限制过多，不利于参与市场流动。另外，有些国有生态资源甚至产权虚置，仍沿用传统的“谁开发、谁所有、谁受益”的管理模式，形成了低价或无偿、无序、无度的开发利用。因此，如果生态产品的管理权、使用权、所有权没有厘清，就容易导致资源的掠夺性开发与使用，影响资源配置效率，造成生态产品直接或间接流失和浪费。

西方发达国家自然资源资产管理一直以私有制为核心，对资源资产所有者的资源使用、经营和管理行为并不干预。但随着资源紧缺和环境保护的需求，政府逐渐强化对自然资源资产的管理，或者为公共目的保留一部分自然资源为政府所有，或者对自然资源的利用方式实行一定的行政限制和管制措施，附加了资源、环保等方面的公共权利。资源管理与生态环境管理相结合，在资源开发、利用和管理中强调环境保护和生态平衡。如美国的《国家环境政策法》，对自然资源开发方面提出了生态保护的相关规定；美国内政部、农业部和商业部制定的2000—2005年战略目标规划，也专门提出了保护环境的资源生态管理问题。

产权明晰是自然资源和生态产品实现资产化管理和市场交易的重要前提，是生态产品权利归属秩序得以建立的基础，也是生态产品权利流转秩序得以实现的必要条件。我国全面开展生态文明建设以来，将健全自然资源资产产权制度作为加快推进生态文明建设和生态文明体制改革的重要内容。但是目前，国有生态产品权利主体及其权利边界的界定仍然不够清晰，中央与地方之间生态产品管理权责界限与资源收益分配不够明确。按照国家顶层设计，要尽快完成自然资源确权登记，明确资源的所有者和使用者，为自然资源监督管理明确责任主体。明确中央各部门间、中央与地方间资源管理的责、权、利关系，防止因资源产权管理不严或产权纠纷造成的自然资源资产流失。

一是建立统一的确权登记系统，推进确权登记法治化。坚持资源公有、物权法定，清晰界定全部国土空间各类自然资源资产的产权主体。对水流、森林、山岭、草原、荒地、滩涂等所有自然生态空间统一进行确权登记，逐步划清全民所有和集体所有之间的边界，划清全民所有、不同层级政府行使所有权的边界，划清不同集体所有者的边界（黄海燕，2014）。

二是建立权责明确的生态产品产权体系。制定权利清单，明确各生态产品的主体权利，处理好所有权与使用权的关系。创新生态产品全民所有权和集体所有权的实现形式，除具有重要生态功能的生态产品外，可推动其他生态产品所有权和使用权相分离，明确占有、使用、收益、处分等权利归属关系和权责，适度扩大使用权的出让、转让、出租、抵押、担保、入股等权能，优化生态产品的配置，减少过分开发开采、闲置浪费与短缺不足并存的现象。明确国有农场、林场和牧场土地所有者与使用者权能，对土地、林业等周期长的资源，适当延长使用权期限，使之与资源开发利用的经济周期相适应，尽量避免使用权频繁调整（谢花林，2017）。全面建立覆盖各类全民所有生态产品的有偿出让制度，严禁无偿或低价出让。

三是探索建立分级行使生态产品所有权的体制。对全民所有的生态产品，按照不同种类和在生态、经济、国防等方面的重要程度，研究实行中央和地方政府分级代理行使所有权职责的体制，实现效率和公平相统一。分清全民所有中央政府直接行使所有权、全民所有地方政府行使所有权的资源清单和空间范围。中央政府主要对重点国有林区、大江大河大湖和跨境河流、生态功能重要的湿地草原、海域滩涂、珍稀野生动植物种和部分国家公园等直接行使所有权。对于水资源、清洁空气资源、污染物排放权、碳配额等生态产品产权比较难以清晰界定的，主要从占有权、使用权角度去确定相关权益，如把水资源、排污权按照配额方式有偿分配给需求者，然后实现配额之间的市场交易。

10.3.2 培育生态产品交易市场

单纯政府公共资产管理已经无法实现生态产品保护的目的，为了减少公共资源管理中的政府失灵，可利用经济手段采取创建市场方式，建立健全生态产品生产、供给、流通、消费的市场化机制。对生态产品进行产业化、市场化管理已成为一种国际趋势，在行政管理中，结合运用市场手段，将政府规划和市场力量有机结合，可以取得比单一使用行政手段直接管理更好的效果。尽管我国生态产品的产权市场已经逐步建立并发展起来，但交易市场发育程度较低。目前，我国国有生态产品通过市场配置的比例不高，透明度低，行政干预生态产品配置的现象较为普遍，因而资源配置仍然主要依靠行政手段实现。另一方面，受到产权制度的影响，目前生态产品的产权交易主体不够丰富，并且准入规则、竞争规则、交易规则等还很不完善，致使生态产品交易还处于“政府部门为主体、市场参与较少”的局面。

加快健全生态产品产权制度体系之后，应发挥市场在生态产品有效合理配置中的积极作用，最大限度地调动市场主体的积极性。在开展试点的基础上，逐步建立国家和重点区域范围内的生态产品交易市场，推进与社会主义市场经济相适应的生态产品有形市场建设，建立涵盖大部分生态产品产权种类的交易市场，通过统一市场进一步规范生态产品产权的占有、使用、收益、处置等行为，从而发挥市场在资源配置中的决定性作用，推进生态产品资产管理的规范化，确保市场交易公开、公平、公正。另一方面，生态产品大多源于自然资源，而现有的对于自然资源的定价主要是其供给功能的价值量体现，不能反映出生态产品本身的稀缺程度和市场价值，也没有反映环境污染的治理成本和资源枯竭后的退出成本。目前对生态产品实物量的评估方法还不统一，对其价值量的衡量大多只停留在科学研究层面，还缺乏统一的转化实现方法。在具体操作中缺乏统一的生态产品和生态系统服务界定与价值评估核定技术，难以支撑付费、交易等市场化机制运用。生态产品和生态系统服务的供求信息不畅通，更未形成市场竞争环境，导致消费方市场参与和投资付费的积极性不高，市场化运作效率低。生态系统服务交易平台发展缓慢，市场缺乏透明性和公开性，影响交易市场产品的流通性和规模化。

此外，应加快生态产品价格改革，扩大资源税范围，逐步健全生态产品有偿使用制度，使生态产品开发利用能够反映资源稀缺程度、生态环境损害赔偿和修复成本。拓展流域上下游补偿、绿色债券融资、绿色标志产品认证等较为成熟的几类市场化生态补偿试点规模，完善生态产品和生态系统服务付费机制，加大对生态旅游、生态农业等扶持力度。以税收形式实现生态产品的有偿使用，如木材采伐税、野生生物制品贸易税等。有条件地出售森林渔业的开发特许权，或是从生物资源开发利润中提取一部分生态资源建设费返还给资源管理机构。强制规定重大开发项目的工程投资中有一定比例用于生态产品保护，将开发项目与自然保护相结合。鼓励社会资本参与建立自然保护基金，鼓励从事生态资源开发的企业或私营部门资助生态产品保护，如印尼野生动物基金会是由木材行业捐资。收取排污费和排污税，根据排放污染物的浓度和数量收取费用和税款，实现环境有偿使用。

10.3.3 建立健全生态补偿机制

在生态产品供给的过程中，需要充分发挥市场机制的作用，引入市场主体和竞争关系来提高生态产品的供给效率。政府生态补偿、生态购买等市场化生态付费模式是推动生态产品高效供给的有力工具。以生态购买为例，以生态建设的成果（生态产品）为着力点，利用市场竞争机制，让个人、企业和外资竞相介入，成为生态产品的供给主体。生态购买不仅使生态产品商品化和货币化，实现生态致富，更重要的是培育市场意识，加速建设生态市场，充分发挥市场机制的作用，整合社会资源和力量，增强生态产品的生产和供给能力，确保生态产品的形成效率和转化利用速度，促使生态效益转化为经济效益。

一是加大财政投入力度。完善重点生态区转移支付制度，建立省级生态保护补偿资金投入机制，进一步考虑不同区域生态功能因素和保护修复成本差异，逐步增加对国家“三屏两带”维护国家和区域生态安全的重点生态功能区的转移支付额度。建立生态保护红线、国家公园、自然保护区、世界文化自然遗产、国家级风景名胜区、国家森林公园和国家地质公园等各类禁止开发区域的生态保护补偿政策。继续推进生态保护补偿试点示范，统筹各类补偿资金，探索综合性补偿办法。在地下水漏斗区、重金属污染区、生态严重退化地区实施耕地轮作休耕的农民给予资金补助。扩大新一轮退耕还林还草规模，逐步将25°以上陡坡地退出基本农田，纳入退耕还林还草补助范围。研究制定农民施用有机肥料和低毒生物农药的补助政策。

二是健全国家和地方公益林补偿标准动态调整机制。完善以政府购买服务为主的公益林管护机制，合理安排停止天然林商业性采伐补助奖励资金，在江河源头区、集中式饮用水水源地、重要河流敏感河段和水生态修复治理区、水产种质资源保护区、水土流失重点预防区和重点治理区、大江大河重要蓄滞洪区以及具有重要饮用水源或重要生态功能的湖泊，全面开展生态保护补偿，适当提高公益林补偿标准。

三是加快建立生态保护横向补偿机制。继续扩大跨区域的横向生态补偿试点，制定以地方补偿为主、中央财政给予支持的横向生态保护补偿机制办法。鼓励受益地区与保护生态地区、流域下游与上游通过资金补偿、对口协作、产业转移、人才培训、共建园区等方式建立横向补偿关系。鼓励在具有重要生态功能、水资源供需矛盾突出、受各种污染危害或威胁严重的典型流域开展横向生态保护补偿试点。目前，已在长江、黄河等重要河流探索开展横向生态保护补偿试点，下一步将继续推进南水北调中线工程水源区对口支援、新安江水环境生态补偿试点，推动在京津冀水源涵养区、广西广东九洲江、福建广东汀江—韩江、江西广东东江、云南贵州广西广东西江等区域开展跨地区生态保护补偿试点。

10.3.4 构建以生态产品为核心的“第四产业”

通常的三大产业是联合国使用的分类方法，第一产业包括农、林、牧、渔等农业活动，对应的产出为农业产品；第二产业包括制造业、采掘业、建筑业和公共工程、水电油气、医药制造等工业活动，对应的产出为工业产品；第三产业包括商业、金融、交通运输、通信、教育、服务业及其他非物质活动，对应的产出为服务业产品。生态产品是用于满足人类对美好环境需求的各类自然要素和生态系统服务，未来应作为农业产品、工业产品、服务产品之外的“第四产业”产品，其产业价值也应加入国民经济体系中。传统的国民经济核算过程中，对于国内生产总值（GDP）的计算方法包括生产法、收入法以及支出法。其中，生产法的基本原理是分别计算国民经济各部门的总产出和中间消耗，再从总产出中对应地扣除各部门中间消耗，得到各部门增加值，最后汇总所有部门增加值；收入法的基本原理是从初次分配的收入来源角度计算各个部门的增加值，然后汇总所有部门的增加值；支出法的基本原理是从全社会（而非各个部门）的角度入手，直接将国内产出中各类货物和服务的最终使用额汇总。在考虑到“第四产业”的情况下，计算国内生产总值时则应“有加有减”，具体核算时，减少的部分需要考虑一二三产业中生态产品污染治理成本费用和生态产品破坏成本费用，增加的部分则包括生态产品本身的调节、文化、支撑服务价值以及生态产品在其他行业中的潜在增加值。

对于以生态产品生产为主的“第四产业”，其生产总值的核算是难点问题。国际上从20世纪70年代开始研究建立绿色国民经济核算体系，在传统的GDP核算体系中扣除自然资源耗减成本和污染损失成本，更真实地衡量经济发展成果和国民经济福利。截至2012年，联合国统计署（UNSD）先后发布并修订了《综合环境与经济核算体系（SEEA）》，为建立绿色国民经济核算提供了基本框架。此后，学者以此为依据，计算了中国多年的绿色GDP（GGDP），GGDP核算扣除了经济系统增长的资源环境代价，但并没有把生态系统为经济系统提供的全部生态福祉都进行核算，只做了“减法”，没有做“加法”，不能体现“绿水青山”就是“金山银山”的绿色理念（王金南等，2018）。欧阳志云等（2013）提出了生态系统生产总值（GEP）概念，对生态系统每年提供给人类的产品供给服务、调节服务、文化服务和支撑服务等生态福祉进行全部核算。GEP从生态系统的角度考虑，单独把生态系统给经济系统提供的福祉全部进行核算，但并没有把生态系统和经济系统完全纳入同一核算体系，比如供给服务与农业生产总值有重合的部分。此外，“绿水青山”不只本身就是“金山银山”，还会带来“金山银山”，这就是生态产品给其他产业带来的附加值。比如富硒环境下的农产品价格通常会高于其他同类产品，负氧离子高的地区旅游吸引力更高一些。

10.4 生态产品可持续管理的保障体系

生态产品可持续管理最终需要依靠各类制度来保障。通过完善自然资源产权制度和生态价值核算制度、培育生态产品市场机制、规范生态产业税收制度等，建立增强生态产品生产能力和促进生态产品价值实现的长效体制机制。

10.4.1 法律法规保障

我国现行的30余部与生态环境有关的法律，主要分散在《环境保护法》《国土资源法》《森林法》《草原法》《湿地法》等各种自然资源与环境保护法律，以及《自然保护区条例》《风景名胜区条例》等相关保护地的法规中，存在内容碎片化、相互矛盾冲突等问题，给法律的执行带来很多困难。相关要求也过于宽泛，主要是鼓励性、倡导性的规定，指导性不强。一些法律法规执行的具体细则尚未出台，生态系统保护和管理的具体规则不够明确，难以推动保护与管理生态系统的具体实施，也不能形成有效的约束。生态保护领域的相关制度、政策、工程等体制机制的建立、运行和监管还不能实现法制化。此外，有的法律受地方和部门利益的影响，导致制度与制度间存在矛盾冲突，执法效率可能会降低。

应尽快梳理现行生态环境保护及土地、水、森林等资源管理法规中的相关条款，形成以现行法规为支撑的生态保护法律法规基础框架。补充出台相关政策性文件，针对现行法规条款具体运用存在的问题，制定相关管理细则，满足市场化生态保护和生态产品生产的实践需求。推动出台生态保护专项法律，进一步明确生态保护的空间范围、生态产品的内容、生态产品保护和价值实现的原则、方式、标准和实施措施等，为全面建立生态产品生产和价值实现提供专项的法规支撑。

10.4.2 制度政策保障

党的十八大以来，我国大力推进生态文明建设，并把制度建设和体制机制改革放在重要位置。中央和国务院发布《关于加快推进生态文明建设的意见》《生态文明体制改革总体方案》《关于划定并严守生态保护红线的若干意见》《建立国家公园体制总体方案》等生态环境领域一系列重大改革举措，对今后生态环境保护和生态文明建设做出部署安排。其中，党中央、国务院印发的《生态文明体制改革总体方案》，明确了生态文明体制的“四梁八柱”，设计了“八项制度”，即自然资源资产产权制度、国土空间开发保护制度、空间规划体系、资源总量管理和全面节约制度、资源有偿使用和生态补偿制度、环境治理体系改革、环境治理和生态保护市场体系、生态文明绩效评价考核和责任追究制度。这些制度是全面推进生态文明体制改革的根本遵循，是生态环境保护和生态产品可持续管理的保障。今后应当根据国家的总体设计，抓紧推进各项制度改革，创立生态产品生产、供给、流通、交易、消费等各方面的体制机制，确保满足人民群众日益增长的优质生态产品的需要。

按照生态文明建设和体制改革的总体部署，加快建立生态保护、资源管理及绿色发展等方面的政策和制度体系，形成生态产品保护的统一监管体制。进一步厘清生态产品生产和供给相关管理职能，形成以生态环境部和自然资源部为主体，其他相关部门相互配合的生态产品保护体制。加强生态补偿特别是市场化补偿机制的总体设计和组织实施，组织开展市场化生态补偿机制的平台建设、信息共享、成效评估和实施监管等。同时，建立中央和地方的多级联动和跨区域协调机制，统筹推进区域、流域生态补偿。加快自然资源确权登记、构建权责明确的自然资源产权制度，建立体现资源稀缺和生态系统服务价值的资源有偿制度，强化国土空间用途管制，全面推行规范、严格的资源总量管理和节约制度，探索建立生态产品价格认证体系。

生态环境问题产生的根源是发展方式不正确，其关键在于领导干部的发展理念和意识尚未发生转变，在经济决策中没有综合考虑生态承载力。自然资源核算和资产负债表是将生态产品价值纳入决策的重要工具。自然资源核算是指对一定时间和空间内的自然资源，在合理估价的基础上，从实物、价值和质量等方面，统计、核实和测算其总量和结构变化并反映其平衡状况的工作。自然资源资产负债表是衡量自然资源资产存量、消耗、结余（正或负）、增值和当期自然资源资产实物量和价值量变化评估的主要方式（封志明等，2014）。目前，国内外自然资源资产价值评估、资产负债表编制存在不同的方法和体系，在单一资源的价值评估、资产负债表编制中取得了较大进展，但是综合性的价值核算资产负债表编制仍在探索过程中。同时，自然资源资产价值评估、资产负债表编制方法和体系的差异使得评估同种资源会出现价值规模存在显著差异的情况。因此，当前需要建立一个符合我国实际，并具有良好操作性的自然资源资产负债指标体系，规范数据来源和技术方法，完成自然资源资产负债存量和增量核算，进而落实领导干部生态资源资产离任审计工作要求。

10.4.3 技术支撑保障

一方面，需要持续推进生态产品质量数量、生态系统服务功能的基础调查和评估，逐步建立国家及重点区域生态产品的周期性调查评估制度，及时掌握生态产品的状态及其变化。不断完善国家生态产品调查与监测试验台站体系，针对不同地域、不同类别、不同经济社会条件下的生态产品开展长期深入而细致的研究，全面掌握各地区不同类别生态产品性质、功能及其遭受损毁的风险、动因，为区域生态产品开发利用、科学保护、经营监管提供科学思路和详细具体的操作程序与方法，为科学合理的生态产品监管决策提供有效的技术支撑。在生态产品数量和质量调查的同时，还需对国土空间实行全方位生态系统服务功能动态监测评价，尤其以生态保护红线和重要生态空间内的情况为监测重点。此外，城镇空间和农业空间内也存在一定的生态系统和生态组分，并对人民群众的生产生活而言极为重要，因此，也需要对城镇空间和农业空间中的生态组分变化和自然资源开发的生态影响进行监测预警。

另一方面，需要加强生态产品管理的科技创新。一是研究制定生态系统产品和服务价值核算规范，形成统一的国家生态系统服务计量方法和定价标准，为生态产品价值实现提供必需的科学依据和技术支撑。二是建立市场化议价平台，将生态产品和生态系统服务的价值、保护成效作为议价的基本依据，规范交易规则，促进生态系统服务市场议价的透明、公开。三是围绕重点环保领域的重大科技需求，加大对生态保护修复关键技术、环境污染治理及生态环境监测与应急保障等重大科技攻关活动的支持力度，加快攻克一批关键共性技术，有效解决生态环境监测、治理和修复等方面的技术瓶颈。四是引导生态环境领域企业开展科技创新，鼓励企业建立高新技术研发中心和研究院，不断增强企业自主创新能力。

10.4.4 公众参与保障

当前，全社会还未树立“生态有价”的意识。尽管近年来生态环境保护日益受到重视，政府也强调了释放生态红利，但短时期内大多数人还是没有充分建立起“生态产品”的意识。生态产品的生产是全社会共同的责任，需要政府、行政监管部门、企业、公众的共同参与。一方面，公众参与作为一种信息交流过程有利于管理信息的搜集与共享，有助于提高生态产品管理决策制定的科学性和公平性；另一方面，公众参与生态产品管理过程可以强化其保护的意识，有助于培养公众可持续利用的价值观。由于发达国家的生态产品产权明确，公众对其利用方式和相关的管理政策十分关心，参与生态产品公共管理的意识和积极性普遍较高。公众往往自发成立社会团体、管委会、协会、社区组织等，或者加入相关的非政府组织，积极介入政府生态产品管理。

应在宣传中不断强化公民参与环保的责任意识，同时强调“生态有价”的科学认知，从而让生态保护成为每个人思考问题、采取决策、日常行为的基本思维。通过组织编写环保读本，有效运用报纸、网络、科普基地、科技活动周等各种载体，加大对环保知识、环保先进经验与成功典型的宣传力度。利用微博、微信等平台的影响力和吸引力，广泛宣讲环保领域科技新知识、新成果、新成效和新典型，营造环境建设的良好舆论氛围。在全国城乡广泛开展生态环境科技知识教育，提高环境治理的群众参与度，倡导形成良好的环保习惯，营造全民共推共建美好环境、美好生活的氛围。坚持节约资源保护生态环境的消费方式，将绿色生活方式贯穿到每个公民的具体行动中。发挥媒体、公益组织和志愿者在生态系统管理中的作用，设置生态保护公益岗位，提高各方面参与生态保护的积极性。另一方面，通过“生态有价”的宣传，鼓励社会公众集中智慧与资金，挖掘生态产品的价值，提升现有生态产业的规模和质量，探索更多的“第四产业”实践形式，寻找新的绿色发展模式，做到在保护“绿水青山”的同时得到“金山银山”。

参考文献

[1] Aarssen L W. High Productivity in Grassland Ecosystems: Effected by Species Diversity or Productive Species? [J]. Oikos, 1997, 80 (1): 183 -184.

[2] Agrawal A. Studying the commons, governing common - pool resource outcomes: Some concluding thoughts [J]. Environmental Science & Policy, 2014, 36 (3): 86 -91.

[3] Alamgir M, Pert P L, Turton S M. A review of ecosystem services research in Australia reveals a gap in integrating climate change and impacts on ecosystem services [J]. International Journal of Biodiversity Science, Ecosystem Services & Management, 2014, 10 (2): 112 -127.

[4] Bagstad K J, Johnson G W, Voigt B, et al. Spatial dynamics of ecosystem service flows: A comprehensive approach to quantifying actual services [J]. Ecosystem Services, 2013, 4: 117 -125.

[5] Bagstad K J, Villa F, Batker D, et al. From theoretical to actual ecosystem services: Mapping beneficiaries and spatial flows in ecosystem service assessments [J]. Ecology and Society, 2014, 19 (2): 64.

[6] Bagstad K J, Semmens D, Winthrop R, et al. Ecosystem services valuation to support decisionmaking on public lands: A case study of the San Pedro River watershed, Arizona [R]. USA: U. S. Geological Survey, 2012.

[7] Bálint Czúcz, Ildikó Arany, et al. Where concepts meet the real world: A systematic review of ecosystem service indicators and their classification using CICES [J]. Ecosystem Services, 2018, 29: 145 -157.

[8] Barbier E B. Valuing environmental functions: tropical wetlands [J]. Land Economics, 1994, 70: 155 -173.

[9] Barbier E B. Valuing the environment as input: review of application to mangrove - fishery linkages [J]. Ecological economics, 2000, 35: 47 -61.

[10] Bateman I, Mace G, Fezzi C, et al. Economic analysis for ecosystem service assessments [J]. Environmental and Resource Economics, 2011, 48 (2): 177 -218.

[11] Bennett E M, Peterson G D, Gordon L J. Understanding relationships among multiple ecosystem services [J]. Ecology Letters, 2009, 12 (12): 1394 -1404.

[12] Bhattarai U. Impacts of climate change on biodiversity and ecosystem services: direction for future research [J]. Journal of Water, Energy and Environment, 2017, 20: 41 -48. DOI: 10. 3126/hn. v20i0. 16488.

[13] Boumans R, Costanza R, Farley J, et al. Modeling the dynamics of the integrated earth system and the value of global ecosystem services using the GUMBO model [J]. Ecological Economics, 2002, 41: 529 -560.

[14] Boyd J, Banzhaf S. What are ecosystem services? The need for standardized environmental accountingunits [J]. Ecological Economics, 2007, 63: 616 -626.

[15] Brown G, Brabyn L. The extrapolation of social landscape values to a national level in New Zealand using landscape character classification [J]. Applied geography, 2012, 35: 84 -94.

[16] Brown W G, Nawas F. Impact of aggregation on the estimation of outdoor recreation demand functions [J]. American Journal of Agricultural Economics, 1973, 55: 246 -249.

[17] Burkhard B, Kroll F, Müller F, et al. Land scapes' capacities to provide ecosystem services: A concept for land - cover based assessments [J]. Landscape online, 2009, 15 (1) : 1 -22.

[18] Burkhard B, Kroll F, Nedkov S, et al. Mapping ecosystem service supply, demand and budgets [J]. Ecological Indicators, 2012, 21 (3): 17 -29.

[19] Cardinale B J, Duffy J E, Gonzalez A, et al. Biodiversity loss and its impact on humanity [J]. Nature, 2012, 9 -67.

[20] Carreño L, Frank F C, Viglizzo E F. Tradeoffs between economic and ecosystem services in Argentina during 50 years of land - use change [J]. Agriculture, Ecosystems & Environment, 2012, 154: 68 -77.

[21] Chee Y E. An ecological perspective on the valuation of ecosystem services [J]. Biological conservation, 2004, 120 (4): 549 -565.

[22] CICES for Integrated Environmental and Economic Accounting. 2010. http: // www. nottingham. ac. uk/cem/pdf/

[23] Costanza R, d'Arge R, de Groot R, et al. The value of the world's ecosystem services and natural capital [J]. Nature, 1997, 387 (6630) : 253 -260.

[24] Costanza R, De Groot R, PaulSutton, et al. Changes in the global value of ecosystem services [J]. Global Environmental Change. 2014, 26: 152 - 158

[25] Costanza R, Fisher B, Ali S, et al. Quality of life: An approach integrating opportunities, human needs, and subjective well - being [J]. Ecological Economics, 2007, 61 (2 -3): 267 -276.

[26] Costanza R, H Daly, J Bartholomew. Goals, agenda and policy recommendations for ecological economics. in R Costanza, editor. Ecological Economics: the Science and Management of Sustainability [M]. Columbia University, New York, 1991.

[27] Costanza R. Ecosystem services: Multiple classification systems are needed [J]. Biological Conservation, 2008, 141 (2): 350 -352.

[28] Daily C. Nature's Services: Societal Dependence on Natural Ecosystems [M].

Washington DC: Island Press, 1997.

[29] Daily G C, Polasky S, Goldstein J, et al. Ecosystem services in decision making: time to deliver [J]. Frontiers in Ecology and the Environment, 2009, 7 (1): 21 –28.

[30] Daily G C, T Söderqvist, et al. The Value of Nature and the Nature of Value [J]. Science, 2000, 289: 395 –396.

[31] Danyang Feng, Long Liang, Wenliang Wu, et al. Factors influencing willingness to accept in the paddy land – to – dry land program based on contingent value method [J]. Journal of Cleaner Production, 2018a, 183: 392 –402.

[32] Danyang Feng, Wenliang Wu, Long Liang, et al. Payments for Watershed Ecosystem Services: Mechanism, Progress and Challenges, Ecosystem Health and Sustainability, 2018b, 4 (1): 13 –28.

[33] David Tilman, Forest Isbell, Jane M Cowles. Biodiversity and Ecosystem Functioning [J]. Annual Review of Ecology, Evolution, and Systematics, 2014, 45: 471 –93

[34] De Groot R S, Alkemade R, Braat L, et al. Challenges in integrating the concept of ecosystem services and values in landscape planning, management and decision making [J]. Ecological Complexity, 2010, 7 (3): 260 –272.

[35] De Groot R S, Wilson M A, Boumans R M J. A typology for the classification, description and valuation of ecosystem functions, goods and services [J]. Ecological Economics, 2002, 41 (3): 393 –408.

[36] Dietz Thomas, Elinor Ostrom, PC Stern. The Struggle to Govern the Commons [J]. Science, 2003, 302 (5662): 1907 –12.

[37] Doak D F, Bigger D, Harding E K, et al. The statistical inevitability of stability – diversity relationships in community ecology [J]. The American Naturalist, 1998, 151, 264 –276.

[38] Duraiappah A K. Ecosystem services and human well – being: Do global findings make any sense [J]. BioScience, 2011, 61 (1): 7 –8.

[39] Ehrlich A. How good is your answering service? [J]. Dental economics – oral hygiene, 1980, 70 (5): 63.

[40] Eigenbrod F, Armsworth P R, Anderson B J, et al. The impact of proxy – based methods on mapping the distribution of ecosystem services [J]. Journal of Applied Ecology, 2010, 47 (2) : 377 –385.

[41] Elinor Ostrom, et al. A General Framework for Analyzing Sustainability of Social – Ecological Systems [J]. Science, 2009, 325, 419

[42] Elton C S. The Ecology of Invasions by Animals and Plants [M]. London: Chapman and Hall, 1958: 143 –153.

[43] Engel S, Pagiola S, Wunder S. Designing payments for environmental services in theory and practice: An overview of the issues [J]. Ecological Economics, 2008,

65: 663 - 674.

[44] Engelbrecht H J. Natural capital, subjective well - being, and the new welfare economics of sustainability: Some evidence from cross - country regressions [J]. Ecological Economics, 2009, 69 (2): 380 - 388.

[45] Fang X N, Zhao W W, Fu B J, et al. Landscape service capability, landscape service flow and landscape service demand: A new framework for landscape services and its use for landscape sustainability assessment [J]. Progress in Physical Geography, 2015, 39 (6): 817 - 836.

[46] Firbank L, Bradbury R B, McCracken D I, et al. Delivering multiple ecosystem services from Enclosed Farmland in the UK [J]. Agriculture, ecosystems & environment, 2013, 166: 65 - 75.

[47] Fisher B, Turner K, Zylstra M, et al. Ecosystem services and economic theory: Integration for policy - relevant research [J]. Ecological Applications, 2008, 18 (8): 2050 - 2067.

[48] Fisher B, Turner R K. Ecosystem services: Classification for valuation [J]. Biological Conservation, 2008, 141 (5): 1167 - 1169.

[49] Fisher B, Turnera R, Morling P. Defining and classifying ecosystem services for decision making [J]. Ecological Economics, 2009, 68 (3): 643 - 653.

[50] Forman RTT. Land mosaics: The ecology of landscape and region [M]. Cambridge: Cambridge University Press, 1995.

[51] Freeman A M III. The measurement of environmental and resources values: theory and methods [M]. Washing D C: Resource for the Future, 1993: 12 - 18

[52] Fu B J, Su C H, Wei Y P, et al. Double counting in ecosystem services valuation: Causes and countermeasures [J]. Ecological Research, 2011, 26 (1): 1 - 14.

[53] Geijzendorffer I R, Martín - López B, Roche P K. Improving the identification of mismatches in ecosystem services assessments [J]. Ecological Indicators, 2015, 52: 320 - 331.

[54] Georgescu - Roegen. The entropy law and the economicprocess [M]. Harvard University Press, MA, 1972.

[55] Gerlagh R, Zwaan B. Long term substitutability between environmental and man - made goods [J]. Journal of Environmental Economics and Management, 2002, 44 (2): 329 - 345.

[56] Goodman. The theory of diversity - stability relationships in ecology [J]. The Quarterly Review of Biology, 50 (3): 237 - 266

[57] Goulder L, Stavins R. Discounting: an eye on future [J]. Nature, 2002 (419): 673 - 674.

[58] Grime J P. Benefits of plant diversity to ecosystems: immediate, filter and founder effects [J]. Journal of Ecology, 1998, 86, 902 - 910.

[59] Grime J P. Vegetation classification by reference to strategies [J]. Nature, 1974, 250, 26 -31.

[60] Groom B, et al. Relaxing rural constraints: a 'win - win' policy for poverty and environment in China? Oxford Economic Papers. 2010, 62: 132 -156.

[61] Haines - Young R, Potschin M. Proposal for a Common International Classification of Ecosystem Goods and Services (CICES) for Integrated Environmental and Economic Accounting (V1). European Environment Agency, Nottingham, UK, 2010, 30.

[62] Hains - Young R, Potschin M. The links between biodiversity, ecosystem services and human well - being. In Raffaelli D, Frid C. eds. Ecosystem Ecology: A New Systhsis. Cambridge, UK: Cambridge University Press, 2010.

[63] Hardin G. The tragedy of the commons [J]. Science, 1968 (163): 1243 -1248.

[64] Hein Lvan Koppen K, de Groot R S, van Ierland E C. Spatial scales stakeholders and the valuation of ecosystem services [J]. Ecological economics, 2006, 57 (2) : 209 -228.

[65] Hicks J. Capital controversies: ancient and modern [J]. The American Economist, 1974.

[66] Huston MA. Hidden treatments in ecological experiments: re - evaluating the ecosystem function of biodiversity [J]. Oecologia, 1997, 110, 449 -460.

[67] Jax K. Function and "functioning" in ecology: What does it mean? [J]. Oikos, 2005, 111 (3): 641 -648.

[68] Johansson P O. Altruism in cost - benefit analysis [J]. Environmental and Resource Economics, 1992, 2: 605 -613.

[69] Johnston R J, Russell M. An operational structure for clarity in ecosystem service values [J]. Ecological Economics, 2011, 70 (12): 2243 -2249.

[70] Kanaan G, Day H. Recreational demand at lakes and reservoirs [J]. Journal of the Urban Planning and Development Division, 1973, 99 (2): 265 -269.

[71] Koch E , E Barbier, B Silliman, et al. Non - linearity in ecosystem services: Temporal and spatial variability in coastal protection [J]. Frontiers in Ecology and the Environment. 2009, 7: 29 -37.

[72] Kremen C. Managing ecosystem services: what do we need to know about their ecology? [J]. Ecology Letters, 2005, 8 (5): 468 -479.

[73] Kroll F, Müller F, Haase D, et al. Rural - urban gradient analysis of ecosystem services supply and demand dynamics [J]. Land Use Policy, 2012, 29 (3): 521 -535.

[74] Krutilla J V. Conservation reconsidered [J]. The American Economic Review, 1967, 57 (4): 777 -789.

[75] Larocque G R, Bhatti J S, Ascough li J C, et al. An analytical framework to assist

decision makers in the use of forest ecosystem model predictions [J]. Environmental Modelling & Software, 2011, 26: 280 - 288.

[76] Lautenbach S, Volk M, Strauch M, et al. Optimization - based trade - off analysis of biodiesel crop production for managing an agricultural catchment [J]. Environmental Modelling&Software, 2013, 48 (10): 98 - 112.

[77] Lawton. What do species do ecosystem [J]. Oikos, 1994, 71: 367 - 374.

[78] Lester S E, Costello C, Halpern B S, et al. Evaluating trade offs among ecosystem services to inform marine spatial planning [J]. Marine Policy, 2013, 38: 80 - 89.

[79] Letson D, Milon J. Florida Coastal Environmental Resources: A guide to economic valuation and impact analysis [M]. Florida: Sea Grant, 2002.

[80] Li C, Zheng H, Li S, et al. Impacts of conservation and human development policy across stakeholders and scales [J]. PNAS, 2015, 112 (24): 7396 - 7401.

[81] Li J, Liu Z, He C, et al. Water shortages raised a legitimate concern over the sustainable development of the drylands of northern China: Evidence from the water stress index [J]. Sci Total Environ, 2017, 590 - 591, 739 - 750.

[82] Li Y, Xiong W, Zhang W, et al. Life cycle assessment of water supply alternatives in water - receiving areas of the South - to - North Water Diversion Project in China [J]. Water Research, 2016, 89: 9 - 19.

[83] MacArthur R. Flucuations of aniamal populaions, and a measure of community stability [J]. Ecology, 1955, 36: 533 - 537

[84] Mäler K G, Aniyar S, Jansson A. Accounting for ecosystem services as a way to understand the requirements for sustainable development [J]. Proceedings of the National Academy of Sciences of the United States of America, 2008, 105 (28): 9501 - 9506.

[85] Maslow A H. Motivation and Personality [M]. New York: Harper, 1954.

[86] May R M. Stability and Complexity in Model Systems [M]. Princeton University Press, Princeton, 1973: 447.

[87] McConnell K. Double counting in hedonic and travel cost models [J]. Land Economics. 1990, 66: 121 - 127.

[88] Millennium Ecosystem Assessment. Ecosystems and Human Well - being: Volume 2 Scenarios: Findings of the Scenarios Working Group [M]. Washington DC: Island Press, 2005.

[89] Müller F, De Groot R, Willemen L. Ecosystem services at the landscape scale: The need for integrative approaches [J]. Landscape Online, 2010, 23.

[90] Müller F. Indicating ecosystem and landscape organisation [J]. Ecological Indicators, 2005, 5 (4): 280 - 294.

[91] Naeem S, Thompson L J, Lawler S P, et al. Biodiversity and ecosystem functioning: Empirical evidence from experimental microcosms [J]. Philos. T. Roy. Soc. B

1995, 347, 249 -262.

[92] Naeem S, Thompson L J, Lawler S P, et al. Declining biodiversity can alter the performance of ecosystems [J]. Nature, 1994, 368: 734 -737.

[93] Nelson E, Polasky S, Lewis D J, et al. Efficiency of incentives to jointly increase carbon sequestration and species conservation on a landscape. Proceedings of the National Academy of Sciences of the United States of America, 2008, 105: 9471 - 9476.

[94] Nelson E, Sander H, Hawthorne P, et al. Projecting global land - use change and its effect on ecosystem service provision. PLos ONE, 2010, 5: e14327.

[95] Odum H T. Emergy in ecosystems, 1986.

[96] Odum H T. Principle of environmental energy matching for estimating potential value: a rebuttal [J]. Coastal zone manage, 1979, 5: 239 -241.

[97] Ostrom E. A diagnostic approach for going beyond panaceas [J]. Proceedings of the National Academy of Sciences of the United States of America, 2007, 104 (39), 15181 -15187.

[98] Ostrom, Elinor, Marco A Janssen, et al. Going beyond Panaceas [J]. Proceedings of the NationalAcademy of Sciences of the United States of America, 2007, 104 (39): 15176 -15178.

[99] OudenhovenVan Oudenhoven A P E, Petz K, Alkemade R, et al. Framework for systematic indicator selection to assess effects of land management on ecosystem services [J]. Ecological Indicators, 2012, 21: 110 -112.

[100] Ouyang Z, Zheng H, Xiao Y, et al. Improvements in ecosystem services from investments in natural capital [J]. Science, 2016, 352 (6292): 1455 -1459.

[101] Padilla E. Intergenerational inequality and sustainability [J]. Ecological Economics, 2002 (41): 69 -83.

[102] Pagiola S, Platais G G. Payments for Environmental Services: FromTheory to Practice [R]. World Bank, Washinton, 2007.

[103] Pagiola S. Assessing the Efficiency of Payments for Environmental Services Programs: a Framework for Analysis [R]. World Bank, Washington. 2005.

[104] Pearce D W, A M arkandye, E B Barbier. Blueprint for aG reen Economy [M]. London: Earthscan, 1989.

[105] Pearce D W, D Moran. The Econom icValue of Biodiversity [M]. Cambridge, 1994.

[106] Pearce D W. Blueprint 4: Capturing Global Environmental Value [M]. London: Earthscan, 1995.

[107] Peh K S H, Balmford A, Bradbury R B, et al. TESSA: A toolkit for rapid assessment of ecosystem services at sites of biodiversity conservation importance [J]. Ecosystem Services, 2013, 5: 51 -57.

[108] Radford K G, P James. Changes in the value of ecosystem services along a rural – urban gradient: A case study of Greater Manchester, UK [J]. Landscapeand urban planning , 2013, 109 (1): 117 – 127.

[109] Raudsepp – Hearne C, Peterson G D, Tengö M, et al. Untangling the environmentalist's paradox: Why is human well – being increasing as ecosystem services degrade? [J]. Bioscience, 2010, 60 (8): 576 – 589.

[110] Roces – Diaz J V, Díaz – Varela R A, Álvarez – Álvarez P, et al. A multiscale analysis of ecosystem services supply in the NW Iberian Peninsula from a functional perspective [J]. Ecological Indicators, 2015, 50: 24 – 34.

[111] Ruckelshaus M, Daily G, Kareiva P. Natural Capital Project. http: //www. naturalcapitalproject. org/invest/, 2016 – 06 – 07.

[112] Sarageldin I. Sustainability and the Wealth of Nations: First Steps in an Ongoing Journey [R]. World Bank, Washington DC, 1995.

[113] Schirpke U, Scolozzi R, Marco C D, et al. Mapping beneficiaries of ecosystem services flows from natural 2000 sites [J]. Ecosystem Services, 2014, 9: 170 – 179.

[114] Schmolke A, Thorbek P, DeAngelis D L, et al. Ecological models supporting environmental decision making: a strategy for the future [J]. Trends in ecology & evolution, 2010, 25 (8): 479 – 486.

[115] Scholes R J. Climate change and ecosystem services [J]. Climate Change, 2016, 7 (4) : 537 – 550.

[116] Schröter M, Barton D N, Remme R P, et al. Accounting for capacity and flow of ecosystem services: A conceptual model and a case study for Telemark, Norway [J]. Ecological Indicators, 2014 , 36 (1) : 539 – 551

[117] Scolozzi R, E Morri, R Santolini. Delphi – based change assessment in ecosystem service values to support strategic spatial planning in Italian landscapes [J]. Ecological Indicators, 2012, 21: 134 – 144.

[118] Serna – Chavez M, Schulp C J E, van Bodegom P M, et al. A quantitative framework for assessing spatial flows of ecosystem services [J]. Ecological Indicators, 2014, 39: 24 – 33.

[119] Shaw W D. Searching for the opportunity cost of an individual' s time [J]. Land Economics, 1992, 68: 107 – 115.

[120] Sherrouse B C, Clement J M, Semmens D J. A GIS application for assessing, mapping, and quantifying the social values of ecosystem services [J]. Applied Geography, 2011, 31: 748 – 760.

[121] Sherrouse B C, Semmens D J. Social Values for Ecosystem Services, Version 2. 0 (SolVES 2. 0): Documentation and User Manual. USA: U. S. Geological Survey, 2012.

[122] Sterner T, Persson U. An even sterner review: introducing relative prices into the discounting debate [J]. Review of Environmental Economics and Policy, 2008, 2 (1): 61 –76.

[123] Stürck J, Poortinga A, Verburg P H. Mapping ecosystem services: The supply and demand of flood regulation services in Europe [J]. Ecological Indicators, 2014, 38: 198 –211.

[124] Su C H, Fu B J, He C S, et al. Variation of ecosystem services and human activities: A case study in the Yanhe Watershed of China [J]. Acta Oecologica – International Journal of Ecology, 2012, 44 (2): 46 –57.

[125] Sun G, Zhou G Y, Zhang Z Q, et al. Potential water yield reduction due to forestation across China [J]. Journal of Hydrology, 2006, 328 (3/4): 548 –558.

[126] Tallis H, Ricketts T, Guerry A, et al. InVEST 2. 2. 4 Use's Guide. The Natural Capital Project, Stanford, 2011.

[127] The Millennium Ecosystem Assessment Council. Millennium Ecosystem Assessment Ecosystems and Human Well – being: Synthesis [M]. Washing DC: Island Press, 2005.

[128] Tilman D, Downing J A. Biodiversity and stability in grasslands [J]. Nature, 1994, 367, 363 –365.

[129] Tilman D, Lehman C L, Thomson K T. Plant diversity and ecosystem productivity: theoretical considerations [J]. Proceedings of the National Academy of Sciences, USA, 1997, 94, 1857.

[130] Turner R K, Daily G C. The ecosystem services framework and natural capital conservation [J]. Environmental and Resource Economics, 2008, 39 (1): 25 –35.

[131] UK. The UK National Ecosystem Assessment Technical Report [J]. UNEP – WCMC, Cambridge, 2011.

[132] UN. Integrated environmental and economic accounting 2003. 2003

[133] UN. System of Environmental Economic Accounting 2012—Central Framework. 2014a.

[134] UN. System of Environmental Economic Accounting 2012—Experimental Ecosystem Accounting. 2014b.

[135] UNEP TEEB Office TEEB Publications . http: //www. teebweb. org/our – publications/all – publications/. 2010. UNCEEA –5 –7 – Bk1. pdf.

[136] UNEP. Guidelines for Country Study on Biological Diversity [M]. Oxford University Press, Oxford. 1993.

[137] Villa F, Bagstad K J, Voigt B, et al. A methodology for adaptable and robust ecosystem services assessment [J]. PloS One, 2014, 9 (3) : e91001.

[138] Villamagna A M, Angermeier P L, Bennett E M. Capacity, pressure, demand, and flow: A conceptual framework for analyzing ecosystem service provision and delivery [J]. Ecological Complexity , 2013 , 15 (5) : 114 –121

[139] Wade W, McCollister G, McCann R, et al. Recreation benefits for California reservoirs: A multisite facilities – augmented gravity travel cost model [R]. Submitted to Jones & Stokes Associates under contract to the U. S. Bureau of Reclamation, 1988.

[140] Wallace K J. Classification of ecosystem services: Problems and solutions [J]. Biological Conservation, 2007, 139 (3/4): 235 –246.

[141] Wang J T, Peng J, Zhao M Y, et al. Significant trade – off for the impact of grain – for – green programme on ecosystem services in North – western Yunnan, China [J]. Science of the Total Environment, 2017, 574: 57 –64.

[142] Ward F, Roach B, Loomis J, et al. Regional recreation demand models for large reservoirs: Database development, model estimation, and management applications [R]. Final Report (March) to U. S. Army Corps of Engineers Waterways Experiment Station, Technical Report R –96 –2, Vicksburg, MS, 1996.

[143] Wei Y, Tang D, Ding Y, et al. Incorporating water consumption into crop water footprint: A case study of China's South – North Water Diversion Project [J]. Science of the Total Environment, 2016, 545 –546: 601 –608.

[144] Weihua Xu, Yi Xiao, Jingjing Zhang, et al. Strengthening protected areas for biodiversity and ecosystem services in China [J]. PNAS, 2017, 114 (7): 1601 – 1606.

[145] Willemen L, Veldkamp A, Verburg P H, et al. A multi – scale modelling approach for analysing landscape service dynamics [J]. Journal of environmental management, 2012, 100 (10): 86 –95.

[146] Wong C P, Jiang B, Kinzig A P, et al. Linking ecosystem characteristics to final ecosystem services for public policy [J]. Ecology letters, 2015, 18 (1): 108 –118.

[147] Wunder S, Engel S, Pagiola S. Taking stock: A comparative analysis of payments for environmental services programs in developed and developing countries [J]. Ecological Economics, 2008, 65: 834 –852.

[148] Xu J Y, Chen L D, Lu Y H, et al. Sustainability evaluation of the grain for green project: from local people's responses to ecological effectiveness in Wolong Nature Reserve [J]. Environmental Management, 2007, 40 (1): 113 –122.

[149] Zhang Changshun, Liu Chunlan, Li Na. Mechanisms for Realizing the Economic Values of Ecosystem Services [J]. Journal of Resources and Ecology, 2015, 6 (6): 412 –419.

[150] Zheng H, et al. Benefits, costs, and livelihood implications of a regional payment

for ecosystem service program [J]. PNAS, 2013, 110 (41): 16681 - 16686.

[151] Zheng H, Li Y, Robinson B E, et al. Using ecosystem service trade - offs to inform water conservation policies and management practices [J]. Front Ecol Environ, 2016, 14 (10): 527 - 532.

[152] OECD. 环境项目和政策的经济评价指南 [M]. 施涵, 陈松, 译. 北京: 中国环境科学出版社, 1996: 49 - 121.

[153] S. E. 约恩森 (Sven Erik Jørgensen). 生态系统生态学 [M]. 曹建军等, 译. 北京: 科学出版社, 2017.

[154] 白杨, 王敏, 李晖, 等. 生态系统服务供给与需求的理论与管理方法 [J]. 生态学报, 2017, 37 (17): 5846 - 5852.

[155] 北京大学中国持续发展研究中心. 可持续发展之路 [M]. 北京: 北京大学出版社, 1994.

[156] 蔡宇凌, 姜涛. 生态设计产品评价指标体系构建 [J]. 质量与认证, 2016 (11): 64 - 66.

[157] 曹明德, 王凤远. 跨流域调水生态补偿法律问题分析——以南水北调中线库区水源区 (河南部分) 为例 [J]. 中国社会科学院研究生院学报, 2009, 2: 5 - 12.

[158] 曹祺文, 卫晓梅, 吴健生. 生态系统服务权衡与协同研究进展 [J]. 生态学杂志, 2016, 35 (11): 3102 - 3111.

[159] 曹文, 李德荃, 曹原. 关于生态产品条件价值评估方法的探讨 [J]. 山东财经大学学报, 2015, 27 (2): 58 - 63, 115.

[160] 陈辞. 生态产品的供给机制与制度创新研究 [J]. 生态经济, 2014, 30 (8): 76 - 79.

[161] 陈尉, 刘玉龙, 杨丽. 我国生态补偿分类及实施案例分析 [J]. 中国水利水电科学研究院学报, 2010, 8 (1): 52 - 58.

[162] 陈又清. 功能多样性——生物多样性与生态系统功能关系研究的新视角 [J]. 云南大学学报 (自然科学版), 2017, 39 (6): 1082 - 1088.

[163] 陈仲新, 张新时. 中国生态系统效益的价值 [J]. 科学通报, 2000, 45: 17 - 22.

[164] 戴尔阜, 王晓莉, 朱建佳, 等. 生态系统服务权衡/协同研究进展与趋势展望 [J]. 地球科学进展, 2015, 30 (11): 1250 - 1259.

[165] 戴尔阜, 王晓莉, 朱建佳, 等. 生态系统服务权衡: 方法, 模型与研究框架 [J]. 地理研究, 2016, 35 (6): 1005 - 1016.

[166] 丁小明. 环境资源价值及其评估研究 [D]. 哈尔滨: 哈尔滨理工大学, 2007.

[167] 董恒宇. 生态产品的哲学审视 [N]. 中国国门时报, 2015 - 02 - 04 (007).

[168] 董雪旺, 张捷, 章锦河. 旅行费用法在旅游资源价值评估中的若干问题述评 [J]. 自然资源学报, 2001, 26 (11): 1983 - 1997

[169] 董妍，苍璠. 澳大利亚关于生态标签对我国环境保护的启示［J］. 现代农业科技，2013（23）：231－232.

[170] 董照辉，毛永. 舒适性资源内涵的发展及其与自然资源和旅游资源关系的辨析［J］. 兰州学刊，2007（5）：90－91.

[171] 段靖，严岩，王丹寅，等. 流域生态补偿标准中成本核算的原理分析与方法改进［J］. 生态学报，2010，30（1）：221－227.

[172] 范小杉，高吉喜，温文. 生态资产空间流转及价值评估模型初探［J］. 环境科学研究，2007，20（5）：160－164.

[173] 范玉龙，胡楠，丁圣彦，等. 陆地生态系统服务与生物多样性研究进展［J］. 生态学报，2016，36（15）：4583－4593.

[174] 方精云，柯金虎，唐志尧，等. 生物生产力的"4P"概念、估算及其相互关系［J］. 植物生态学报，2001（4）：414－419.

[175] 方巍. 环境价值论［D］. 上海：复旦大学，2004.

[176] 封志明，杨艳昭，李鹏. 从自然资源核算到自然资源资产负债表编制［J］. 中国科学院院刊，2014，29（4）：449－456.

[177] 封志明，杨艳昭，闫慧敏，等. 百年来的资源环境承载力研究：从理论到实践［J］. 资源科学，2017，39（3）：379－395.

[178] 冯剑丰，李宇，朱琳. 生态系统功能与生态系统服务的概念辨析［J］. 生态环境学报，2009，18（4）：1599－1603.

[179] 傅伯杰，田汉勤，陶福禄，等. 全球变化对生态系统服务的影响［J］. 中国基础科学，2017，19（6）：14－18.

[180] 傅伯杰，于丹丹，吕楠. 中国生物多样性与生态系统服务评估指标体系［J］. 生态学报，2017，37（2）：341－348.

[181] 傅伯杰，于丹丹. 生态系统服务权衡与集成方法［J］. 资源科学，2016，38（1）：1－9.

[182] 傅伯杰，张立伟. 土地利用变化与生态系统服务：概念、方法与进展［J］. 地理科学进展，2014，33（4）：441－446.

[183] 傅伯杰. 我国生态系统研究的发展趋势与优先领域［J］. 地理研究，2010，29（3）：383－396.

[184] 傅伯杰. 新时代自然地理学发展的思考［J］. 地理科学进展，2018，37（1）：1－7.

[185] 高吉喜，范小杉，李慧敏，等. 生态资产资本化：要素构成·运营模式·政策需求［J］. 环境科学研究，2016，29：315－322.

[186] 高吉喜，范小杉. 生态资产概念、特点与研究趋向［J］. 环境科学研究. 2007，20：137－143.

[187] 高吉喜. 区域生态资产评估—理论、方法与应用［M］. 北京：科学出版社，2013.

[188] 高建中. 论森林生态产品——基于产品概念的森林生态环境作用［J］. 中国

林业经济，2007（1）：17－19，37.

［189］谷树忠，曹小奇，张亮，等. 中国自然资源政策演进历程与发展方向［J］. 中国人口·资源与环境，2011，21（10）：96－97.

［190］郭晶. 海洋生态系统服务非市场价值评估框架：内涵、技术与准则［J］. 海洋通报，2017，36（5）：490－496.

［191］韩德梁. 丹江口库区生态系统服务价值化研究［D］. 北京：北京林业大学，2010.

［192］韩会庆，张娇艳，马庚，等. 气候变化对生态系统服务影响的研究进展［J］. 南京林业大学学报（自然科学版），2018，42（02）：184－190.

［193］郝海广，勾蒙蒙，张惠远，等. 基于生态系统服务和农户福祉的生态补偿效果评估研究进展［J］. 生态学报，2018，38（19）.

［194］洪丽君. 自然资源定价理论与方法综述［D］. 武汉：华中科技大学，2007.

［195］胡聃. 从生产资产到生态资产：资产—资本完备性［J］. 地球科学进展. 2004，19：289－295.

［196］胡旭珺，周翟尤佳，等. 国际生态补偿实践经验及对我国的启示［J］. 环境保护，2018，46（2）：76－79.

［197］胡仪元. 汉水流域生态补偿研究［M］. 北京：人民出版社，2014.

［198］胡振通，柳荻，靳乐山. 草原生态补偿：生态绩效、收入影响和政策满意度［J］. 中国人口·资源与环境，2016，26（1）：165－176.

［199］桓曼曼. 生态系统服务功能及其价值综述［J］. 生态经济，2001，12：41－43.

［200］黄从红，杨军，张文娟. 生态系统服务功能评估模型研究进展［J］. 生态学杂志，2013，32（12）：3360－3367.

［201］黄海燕. 完善自然资源产权制度和管理体制［J］. 宏观经济管理，2014（8）：75－76.

［202］黄如良. 生态产品价值评估问题探讨［J］. 中国人口·资源与环境，2015，25（3）：26－33.

［203］霍尔姆斯·罗尔斯顿. 环境伦理学［M］. 杨通进，译. 北京：中国社会科学出版社，2000.

［204］江波，Christina P Wong，欧阳志云. 湖泊生态服务受益者分析及生态生产函数构建［J］. 生态学报，2016，36（8）：2422－2430.

［205］劼茂华，干胜道，吴倩. 草原资产核算探究［J］. 中国草地学报，2012，34（5）：1－4.

［206］金京淑. 中国农业生态补偿研究［M］. 北京：人民出版社，2015.

［207］靳乐山，甄鸣涛. 流域生态补偿的国际比较［J］. 农业现代化研究，2008（2）：185－188.

［208］靳利飞. 关于新形势下我国自然资源资产管理制度建设的思考［J］. 国土资源情报，2017（2）：12－18.

[209] 孔含笑，沈镭，钟帅，等. 关于自然资源核算的研究进展与争议问题 [J]. 自然资源学报，2016，31 (3)：363－376.
[210] 李博洋，王娜，郭士伊. 工业产品生态设计的基础与思路 [J]. 中国包装工业，2013 (24)：23－24.
[211] 李迪强. 以人为本，发展自然保护区的生态产品 [A] //中国自然科学博物馆协会. 以人为本促进科普场馆协调和持续发展——2004 年中国自然博物馆协会海南研讨会论文集 [C]. 中国自然科学博物馆协会，2004：9.
[212] 李繁荣，戎爱萍. 生态产品供给的 PPP 模式研究 [J]. 经济问题，2016 (12)：11－16.
[213] 李芬，张林波，舒俭民，等. 三江源区生态产品价值核算 [J]. 科技导报，2017，35 (6)：120－124.
[214] 李锋，王如松，赵丹. 基于生态系统服务的城市生态基础设施：现状、问题与展望 [J]. 生态学报，2014，4 (1)：190－200.
[215] 李焕承. 基于 GIS 的区域生态系统服务价值评估方法研究与应用 [D]. 杭州：浙江大学，2010.
[216] 李金昌，等. 生态价值论 [M]. 重庆：重庆大学出版社，1999.
[217] 李金昌. 要重视森林资源价值的计量和应用 [J]. 林业资源管理，1999，5.
[218] 李凯，崔丽娟，李伟，等. 双台河口湿地生态系统物质生产服务价值评价去重复性计算研究 [J]. 生态环境学报，2016，25：241－247.
[219] 李双成，刘金龙，张才玉，等. 生态系统服务研究动态及地理学研究范式 [J]. 地理学报，2011，66 (12)：1618－1630.
[220] 李双成，王珏，朱文博，等. 基于空间与区域视角的生态系统服务地理学框架 [J]. 地理学报，2014，69 (11)：1628－1639.
[221] 李双成，张才玉，等. 生态系统服务权衡与协同研究进展及地理学研究议题 [J]. 地理研究，2013，32 (8)：1379－1390.
[222] 李双成. 生态系统服务地理学 [M]. 北京：科学出版社，2014.
[223] 李巍，李文军. 用改进的旅行费用法评估九寨沟的游憩价值 [J]. 北京大学学报 (自然科学版)，2003，39 (4)：548－555.
[224] 李伟，崔丽娟，庞丙亮，等. 湿地生态系统服务价值评价去重复性研究的思考 [J]. 生态环境学报，2014，23：1716－1724.
[225] 李文华，张彪，谢高地. 中国生态系统服务研究的回顾与展望 [J]. 自然资源学报，2009，24：1－10.
[226] 李文华. 生态系统管理卷 [M]. 北京：科学出版社，2013.
[227] 李文楷，李天宏，钱征寒. 深圳市土地利用变化对生态服务功能的影响 [J]. 自然资源学报，2008，23 (3)：440－446.
[228] 李小云，等. 生态补偿机制：市场与政府的作用 [M]. 北京：社会科学文献出版社，2007.
[229] 李雪松，李婷婷. 南水北调中线工程水源地市场化生态补偿机制研究 [J].

长江流域资源与环境, 2014 (S1): 66 - 72.

[230] 李琰, 李双成, 高阳, 等. 连接多层次人类福祉的生态系统服务分类框架 [J]. 地理学报, 2013, 68 (8): 24 - 33.

[231] 李亦秋. 基于3S技术的丹江口库区及上游生态系统服务价值评价 [D]. 北京: 北京林业大学, 2009.

[232] 廖福霖. 生态产品价值实现 [J]. 绿色中国, 2017, 13: 50 - 53.

[233] 刘春腊, 刘卫东, 陆大道. 1987—2012年中国生态补偿研究进展及趋势 [J]. 地理科学进展, 2013, 32 (12): 1780 - 1792.

[234] 刘峰, 贺金生, 陈伟烈. 生物多样性的生态系统功能 [J]. 植物学通报, 1999 (6): 671 - 676.

[235] 刘桂环, 文一惠, 张惠远. 流域生态补偿标准核算方法比较 [J]. 水利水电科技进展, 2011, 31 (6): 1 - 6.

[236] 刘浩, 刘璨. 生态系统恢复可持续土地管理措施的成本效益分析——基于中国西部干旱地区数据 [J]. 林业经济, 2015, 11 (37): 94 - 105.

[237] 刘慧敏, 范玉龙, 丁圣彦. 生态系统服务流研究进展 [J]. 应用生态学报, 2016, 27 (7): 2161 - 2171.

[238] 刘慧敏, 刘绿怡, 丁圣彦. 人类活动对生态系统服务流的影响 [J]. 生态学报, 2017, 37 (10): 3232 - 3242.

[239] 刘慧敏, 刘绿怡, 任嘉衍, 等. 生态系统服务流定量化研究进展 [J]. 应用生态学报, 2017, 28 (8): 2723 - 2730.

[240] 刘敏超, 李迪强, 温琰茂, 等. 三江源地区生态系统水源涵养功能分析及其价值评估 [J]. 长江流域资源与环境, 2006: 405 - 408.

[241] 柳荻, 胡振通, 靳乐山. 生态保护补偿的分析框架研究综述 [J]. 生态学报, 2018, 38 (2): 380 - 392.

[242] 龙花楼, 刘永强, 李婷婷, 等. 生态用地分类初步研究 [J]. 生态环境学报, 2015, 24 (1): 1 - 7.

[243] 卢小丽, 赵奥, 王晓岭. 公众参与自然资源管理的实践模式——基于国内外典型案例的对比研究 [J]. 中国人口·资源与环境, 2012, 22 (7): 172 - 176.

[244] 吕一河, 马志敏, 傅伯杰, 等. 生态系统服务多样性与景观多功能性——从科学理念到综合评估 [J]. 生态学报, 2013, 33 (4): 1153 - 1159.

[245] 马国勇, 陈红. 基于利益相关者理论的生态补偿机制研究 [J]. 生态经济, 2014, 30 (4): 33 - 36.

[246] 马克平. 试论生物多样性的概念 [J]. 生物多样性, 1993 (1): 20 - 22.

[247] 马琳, 刘浩, 彭建, 等. 生态系统服务供给和需求研究进展 [J]. 地理学报, 2017, 72 (7): 1277 - 1289.

[248] 马永欢, 陈丽萍, 沈镭, 等. 自然资源资产管理的国际进展及主要建议 [J]. 国土资源情报, 2014, 22 (12): 2 - 8.

[249] 马中. 环境与资源经济学概论 [M]. 北京: 高等教育出版社, 1999:

130 - 131.
[250] 牛振国，张海英，王显威，等. 1978—2008 年中国湿地类型变化 [J]. 科学通报，2012，57 (16)：1400 - 1411
[251] 欧阳志云，王效科. 中国陆地生态系统服务功能及其生态经济价值的初步研究 [J]. 生态学报，1999，19 (5)：607 - 613.
[252] 欧阳志云，赵同谦，王效科，等. 水生态服务功能分析及其间接价值评价 [J]. 生态学报，2004，24 (10)：2091 - 2099.
[253] 欧阳志云，朱春全，杨广斌，等. 生态系统生产总值核算：概念、核算方法与案例研究 [J]. 生态学报，2013，33 (21)：6747 - 6761.
[254] 欧阳志云，王如松，赵景柱. 生态系统服务功能及其生态经济价值评价 [J]. 应用生态学报，1999 (5)：635 - 640.
[255] 欧阳志云. 我国生态系统面临的问题与对策 [J]. 中国国情国力，2017 (3)：6 - 10.
[256] 潘家华，提供生态产品　增值生态红利 [N]. 经济参考报，2017 - 10 - 23，http：//www. jjckb. cn/ 2017 - 10/23/c_ 136698923. htm.
[257] 潘家华，陈孜. 2030 年可持续发展的转型议程：全球视野与中国经验 [M]. 北京：社会科学文献出版社，2016.
[258] 潘理虎，闫慧敏，黄河清，等. 北方农牧交错带生态系统服务合理消耗多主体模型构建 [J]. 资源科学，2012，34 (6)：1007 - 1016.
[259] 潘耀忠，史培军，朱文泉，等. 中国陆地生态系统生态资产遥感定量测量 [J]. 中国科学 D 辑，2004，34：375 - 384.
[260] 潘跃. 更多优质生态产品如何供给 [N]. 人民日报，2018 - 01 - 31 (020).
[261] 庞丙亮. 湿地生态系统服务价值评价的去重复性计算研究 [D]. 北京：中国林业科学研究院，2014.
[262] 庞丽花，陈艳梅，冯朝阳. 自然保护区生态产品供给能力评估——以呼伦贝尔辉河保护区为例 [J]. 干旱区资源与环境，2014，28 (10)：110 - 116.
[263] 彭建，党威雄，刘焱序，等. 景观生态风险评价研究进展与展望 [J]. 地理学报，2015，70 (4)：664 - 677.
[264] 彭建，胡晓旭，赵明月，等. 生态系统服务权衡研究进展：从认知到决策 [J]. 地理学报，2017，72 (6)：960 - 973.
[265] 彭建，吕慧玲，刘焱序，等. 国内外多功能景观研究进展与展望 [J]. 地球科学进展，2015，30 (4)：465 - 476.
[266] 彭书时，朴世龙，于家烁，等. 地理系统模型研究进展 [J]. 地理科学进展，2018，37 (1)：109 - 120.
[267] 钱阔，陈绍志，张卫民，等. 自然资源资产化管理——可持续发展的理想选择 [M]. 北京：经济管理出版社，1996.
[268] 乔旭宁，杨永菊，杨德刚. 流域生态补偿研究现状及关键问题剖析 [J]. 地理科学进展，2012 (4)：395 - 402.

[269] 任耀武，袁国宝．初论“生态产品”［J］．生态学杂志，1992，(6)：50－52．

[270] 尚旭东，李秉龙．我国农产品地理标志发展运行特征、趋势与问题——基于农业部、质检总局、工商总局的分析［J］．生态经济，2013（4）：92－97．

[271] 邵毅．南水北调工程水资源生态补偿理论分析——基于博弈论和前景理论的视角［J］．节水灌溉，2015（1）：72－75，81．

[272] 沈海花，朱言坤，赵霞，等．中国草地资源的现状分析［J］．科学通报，2016，61（2）：139－154．

[273] 沈茂英，许金华．生态产品概念、内涵与生态扶贫理论探究［J］．四川林勘设计，2017（1）：1－8．

[274] 石吉金，王燕东，谭文兵．对完善我国自然资源资产管理制度的初步思考［J］．中国矿业，2014（S1）：61－63．

[275] 苏世燕，杨俊孝．基于利益相关者视角的耕地保护生态补偿机制探析［J］．福建农林大学学报（哲学社会科学版），2016，(19) 06，29－34．

[276] 苏杨，王宇飞，蒋海航．生态文明试验区中绿水青山转化为金山银山的技术路线研究——以贵州独山为例［R］．调查研究报告，2017，第95号（总5170号）．

[277] 孙葆春．中国地理标志产品发展运行机制与完善［J］．社会科学战线，2017(2)：262－266．

[278] 孙志．生态价值的实现路径与机制构建［J］．中国科学院院刊，2017，32(1)：78－84．

[279] 谭秋成．丹江口库区化肥施用控制与农田生态补偿标准［J］．中国人口·资源与环境，2012（3）：124－129．

[280] 唐立杰，李良县，卢亚卓，等．水资源价值及其模型浅析［J］．中国水利水电科学研究院学报，2009，7：67－70．

[281] 唐文倩．构建国有自然资源资产化管理新模式［J］．中国财政，2017（16）：32－34．

[282] 王大尚，郑华，欧阳志云．生态系统服务供给、消费与人类福祉的关系［J］．应用生态学报，2013，24：1747－1753．

[283] 王方．祁连山自然保护区生态资产价值评估研究［D］．兰州：兰州大学，2012，1－139．

[284] 王飞，高建恩，邵辉，等．基于GIS的黄土高原生态系统服务价值对土地利用变化的响应及生态补偿［J］．中国水土保持科学，2013，11（1）：25－31．

[285] 王健民，王如松．中国生态资产概论［M］．南京：江苏科学技术出版社，2001．

[286] 王金南，刘桂环，文一惠，等．构建中国生态保护补偿制度创新路线图——《关于健全生态保护补偿机制的意见》解读［J］．环境保护，2016，44(10)：14－18．

[287] 王金南，马国霞，於方，等．2015年中国经济－生态生产总值核算研究［J］．

中国人口·资源与环境，2018（2）：1－7.
［288］王金南，万军，张惠远．关于我国生态补偿机制与政策的几点认识［J］．环境保护，2006（19）：24－28.
［289］王军，顿耀龙．土地利用变化对生态系统服务的影响研究综述［J］．长江流域资源与环境，2015，24（5）：798－808.
［290］王琳琳．你了解"生态产品"吗［N］．中国环境报，2012－11－20（008）.
［291］王庆日．城市绿地的价值及其评估研究［D］．杭州：浙江大学，2003.
［292］王寿兵，杨建新，胡聃．生态标志和产品的生命周期评价［J］．上海环境科学，1999（1）：10－12.
［293］王天义，周聪，孙志岩．草原资源资产化管理研究工作的思考［J］．吉林畜牧兽医，2008，244（29）：3－5.
［294］王玮．自然资源资产产权制度十问［N］．中国环境报，2013－11－29.
［295］王文瑞，田璐，唐琼，等．生态恢复中生态系统反服务与居民生存的博弈——以甘肃"猪进人退"现象为例［J］．地理研究，2018，37（4）：772－782.
［296］王晓学，沈会涛，李叙勇，等．森林水源涵养功能的多尺度内涵、过程及计量方法［J］．生态学报，2013，33（4）：1019－1030.
［297］王兴华．西部民族地区生态产品生产能力研究——以云南为例［J］．广西师范学院学报（哲学社会科学版），2014，35（1）：37－42.
［298］王永海．生态产品的基本内涵和特性探析——基于林业视角［J］．行政管理改革，2014（2）：65－69.
［299］魏后凯，张燕．全面推进中国城镇化绿色转型的思路与举措［J］．经济纵横，2011（9）：15－19.
［300］魏强．三江平原湿地生态系统服务与社会福祉关系研究［D］．北京：中国科学院大学，2015，1－200
［301］魏同洋．生态系统服务价值评估技术比较研究——以修水流域为例［D］．北京：中国农业大学，2015，1－139.
［302］邬建国，郭晓川，杨稢，等．什么是可持续性科学［J］．应用生态学报，2014，25（1）：1－11.
［303］邬建国．景观生态学——格局、过程、尺度与等级（第二版）［M］．北京：高等教育出版社，2007.
［304］吴飞．生态服务功能分类及价值研究［D］．武汉：湖北大学，2015.
［305］吴薇群，许立杰，许铨昂，等．国内外生态设计最新政策和标准化进展［J］．标准科学，2016（S1）：90－94.
［306］吴璇，王文美，李洪远，等．生态系统服务功能供需研究与应用［J］．生态经济（学术版），2013（2）：390－393.
［307］夏光．中国生态环境风险及应对策略［J］．中国经济报告，2015（1）：46－50.
［308］肖生美，翁伯琦，钟珍梅．生态系统服务功能的价值评估与研究进展［J］．福

建农业学报, 2012, 27 (4) : 443 - 451.

[309] 肖玉, 谢高地, 鲁春霞, 等. 基于供需关系的生态系统服务空间流动研究进展 [J]. 生态学报, 2016, 36 (10): 3096 - 3102.

[310] 谢高地, 鲁春霞, 成升魁. 全球生态系统服务价值评估研究进展 [J]. 资源科学, 2001, 23 (6): 5 - 9.

[311] 谢高地, 鲁春霞, 冷允法, 等. 青藏高原生态资产的价值评估 [J]. 自然资源学报, 2003, 18: 189 - 196.

[312] 谢高地, 张彩霞, 张昌顺, 等. 中国生态系统服务的价值 [J]. 资源科学, 2015, 37 (9): 1740 - 1746.

[313] 谢高地, 张彩霞, 张雷明, 等. 基于单位面积价值当量因子的生态系统服务价值化方法改进 [J]. 自然资源学报, 2015, 30 (8): 1243 - 1254.

[314] 谢高地, 甄霖, 鲁春霞, 等. 生态系统服务的供给, 消费和价值化 [J]. 资源科学, 2008, 30 (1): 93 - 99.

[315] 谢高地, 甄霖, 鲁春霞, 等. 一个基于专家知识的生态系统服务价值化方法 [J]. 自然资源学报, 2008, 23 (5): 911 - 919.

[316] 谢花林, 舒成. 自然资源资产管理体制研究现状与展望 [J]. 环境保护, 2017 (17): 11 - 17.

[317] 谢双玉, 訾瑞昭, 许英杰, 等. 旅行费用区间分析法与分区旅行费用法的比较及应用 [J]. 旅游学刊, 2008, 23 (2) : 41 - 45.

[318] 辛琨. 生态系统服务功能价值估算——以辽宁省盘锦地区为例 [D]. 北京: 中国科学院沈阳应用生态研究所, 2001, 1 - 148.

[319] 徐大伟, 常亮, 侯铁珊, 等. 基于 WTP 和 WTA 的流域生态补偿标准测算——以辽河为例 [J]. 资源科学, 2012, 34 (7): 1354 - 1361.

[320] 徐大伟, 郑海霞, 刘民权. 基于跨区域水质水量指标的流域生态补偿量测算方法研究 [J]. 中国人口·资源与环境, 2008, (4): 189 - 194.

[321] 徐航. 中美有机产品认证标准及制度比较研究 [D]. 南京: 南京农业大学, 2014.

[322] 徐建英, 刘新新, 冯琳, 等. 生态补偿权衡关系研究进展 [J]. 生态学报, 2015, 35 (20): 6901 - 6907.

[323] 徐嵩龄. 生物多样性价值的经济学处理: 一些理论障碍及其克服 [J]. 生物多样性, 2001 (9): 310 - 318.

[324] 徐炜, 马志远, 井新, 等. 生物多样性与生态系统多功能性: 进展与展望 [J]. 生物多样性, 2016, 24 (1): 55 - 71.

[325] 薛达元. 生物多样性的经济价值评估: 长白山自然保护区案例研究 [M]. 北京: 中国环境科学出版社, 1997.

[326] 严立冬, 陈光炬, 刘加林, 等. 生态资本构成要素解析——基于生态经济学文献的综述 [J]. 中南财经政法大学学报, 2010 : 3 - 9.

[327] 严岩, 朱捷缘, 吴钢, 等. 生态系统服务需求、供给和消费研究进展 [J]. 生

态学报，2017，37（8）：2489－2496.

[328] 杨莉，甄霖，潘影，等. 生态系统服务供给－消费研究：黄河流域案例［J］. 干旱区资源与环境，2012，26（3）：131－138.

[329] 杨庆育. 论生态产品［J］. 探索，2014（3）：54－60.

[330] 杨伟民. 我们现在最缺的是生态产品［EB/OL］. 2015. http：//news. cnfol. com/ huiyihuodong/ 20151201/ 21875402. shtml.

[331] 杨子生，韩华丽，朱玉碧，等. 退耕还林工程驱动下的土地利用变化合理性研究［J］. 自然资源学报，2011，26（5）：733－745.

[332] 姚婧，何兴元，陈玮. 生态系统服务流研究方法最新进展［J］. 应用生态学报，2018，29（1）：335－342.

[333] 姚元和. 生态产品开发：条件、困境与出路——基于渝东南生态保护发展区的视域［J］. 长江师范学院学报，2015，31（4）：42－48，142.

[334] 佚名. 绿色食品的由来［N］. 山西经济日报，2000－10－12（002）.

[335] 佚名. 生态产品的概念以及生态标签认证的标准［J］. 中国纺织，2005（11）：17.

[336] 尹飞，毛任钊，傅伯杰，等. 农田生态系统服务功能及其形成机制［J］. 应用生态学报，2006（5）：929－934.

[337] 尹伟伦. 提高生态产品供给能力［J］. 瞭望，2007（11）：104.

[338] 英剑波. 深化生态产品供给侧改革［J］. 群众，2016（03）：39－41.

[339] 于丹丹，吕楠，傅伯杰. 生物多样性与生态系统服务评估指标与方法［J］. 生态学报，2017，37（2）：349－357.

[340] 于连生，孙达，王菊. 自然资源价值论及其应用［M］. 北京：化学工业出版社，2004.

[341] 俞海，马赟，冯东方，等. 南水北调中线水源涵养区生态补偿［J］. 环境经济，2006（10）：41－45.

[342] 俞海，任勇. 流域生态补偿机制的关键问题分析——以南水北调中线水源涵养区为例［J］. 资源科学，2007（2）：28－33.

[343] 俞可平. 环境污染引发的群体事件增速远超 GDP 增速［EB/OL］. 2015. http：//news. 163. com/15/ 1013/ 20/ B5R7INN600014AED. html.

[344] 袁伟彦，周小柯. 生态补偿问题国外研究进展综述［J］. 中国人口·资源与环境，2014，24（11）：76－82.

[345] 曾贤刚，虞慧怡，谢芳. 生态产品的概念、分类及其市场化供给机制［J］. 中国人口·资源与环境，2014，24（7）：12－17.

[346] 翟国梁，张世秋，Kontoleon Andreas，等. 选择实验的理论和应用——以中国退耕还林为例［J］. 北京大学学报（自然科学版），2006（3）：88－92.

[347] 翟瑞雪，戴尔阜. 基于主体模型的人地系统复杂性研究［J］. 地理研究，2017，36（10）：1925－1935.

[348] 张彪，谢高地，肖玉，等. 基于人类需求的生态系统服务分类［J］. 中国人

口·资源与环境, 2010, 20 (6): 64 -67.

[349] 张昌顺, 刘春兰, 李娜. 生态服务价值实现机制 [J]. Journal of Resources and Ecology, 2015, 6 (6): 412 -419.

[350] 张飞亭. 绿色食品的由来 [J]. 山东农业, 1994 (9): 38.

[351] 张涵泊. 生态系统生产总值研究现状 [J]. 林业经济, 2014, 36: 119 -122.

[352] 张华. 加强生态产品生产能力研究 [J]. 生态经济, 2014, 456 (4): 45 -47.

[353] 张惠远, 刘桂环. 我国流域生态补偿机制设计 [J]. 环境保护, 2006, 34 (10A): 49 -54.

[354] 张惠远, 张强, 刘煜杰, 等. 关于深化我国生态保护监管体制改革的思考 [J]. 环境保护, 2015, 43 (18): 51 -54.

[355] 张军连, 李宪文. 生态资产估价方法研究进展 [J]. 中国土地科学, 2003, 17 (3): 52 -55.

[356] 张立伟, 傅伯杰. 生态系统服务制图研究进展 [J]. 生态学报, 2014, 34 (2): 316 -325.

[357] 张翎, 刘金福, 兰思仁, 等. GEP 核算实践探讨及研究展望 [J]. 武夷科学, 2014, 30: 141 -145.

[358] 张强, 刘煜杰, 张惠远, 等. 生态文明治理能力建设路径分析 [J]. 环境与可持续发展, 2015, 40 (4): 10 -14.

[359] 张强. 区域生态资源资产评估理论、方法与实证研究 [D]. 北京: 中国科学院地理科学与资源研究所, 2016.

[360] 张素珍, 李晓粤, 李贵宝. 湿地生态系统服务功能及价值评估 [J]. 水土保持研究, 2005, 12 (6): 125 -128

[361] 张文霞, 管东生. 生态系统服务价值评估: 问题与出路 [J]. 生态经济 (学术版), 2008 (1): 28 -36.

[362] 张象枢, 等. 环境经济学 [M]. 北京: 中国环境科学出版社, 1998: 60 -80.

[363] 张瑶. 生态产品概念、功能和意义及其生产能力增强途径 [J]. 沈阳农业大学学报 (社会科学版), 2013, 15 (6): 741 -744.

[364] 张翼飞. 城市内河生态系统服务的意愿价值评估—CVM 有效性可靠性研究的视角 [D]. 上海: 复旦大学, 2008.

[365] 张英, 成杰民, 王晓凤, 等. 生态产品市场化实现路径及二元价格体系 [J]. 中国人口·资源与环境, 2016, 26 (3): 171 -176.

[366] 张永民, 赵士洞. 生态系统与人类福祉: 评估框架 [M]. 北京: 中国环境科学出版社, 2006.

[367] 张玉强, 张影. 海洋生态补偿机制研究——基于利益相关者理论海洋生态补偿机制研究——基于利益相关者理论 [J]. 浙江海洋学院学报 (人文科学版), 2017, 34 (2): 1 -6.

[368] 张志强, 程莉, 尚海洋, 等. 流域生态系统补偿机制研究进展 [J]. 生态学

报，2012，32（20）：6543－6552.

[369] 赵桂慎，李彩恋，彭澎，等. 生态敏感区有机板栗生态补偿标准及其估算——以北京市密云水库库区为例［J］. 中国农业资源与区划，2016，37（6）：50－56.

[370] 赵桂慎，文育芬，于法稳. 生态系统服务功能价值测算的研究进展、问题及趋势［J］. 生态经济，2008：100－103.

[371] 赵海兰. 生态系统服务分类与价值评估研究进展［J］. 生态经济，2015，31（8）：27－33.

[372] 赵卉卉，张永波，王明旭. 中国环境损害评估方法研究综述［J］. 环境科学与管理，2015，40（7）：27－30.

[373] 赵金龙，王泖鑫，韩海荣，等. 森林生态系统服务功能价值评估研究进展与趋势［J］. 生态学杂志，2013，32（8）：2229－2237.

[374] 赵景柱，肖寒，吴刚. 生态系统服务的物质量与价值量评价方法的比较分析［J］. 应用生态学报，2000（2）：290－292.

[375] 赵军，杨凯. 生态系统服务价值评估研究进展［J］. 生态学报，2007，27：346－356.

[376] 赵敏敏，周立华，陈勇，等. 生态政策驱动下的内蒙古自治区杭锦旗土地利用及生态系统服务价值变化［J］. 中国沙漠，2016，36（3）：843－850.

[377] 赵庆建，温作民，张敏新. 识别森林生态系统服务的供应与需求：基于生态系统服务流的视角［J］. 林业经济，2014（10）：3－7.

[378] 赵同谦，欧阳志云，王效科，等. 中国陆地地表水生态系统服务功能及其生态经济价值评价［J］. 自然资源学报，2003，18：444－452.

[379] 赵同谦，欧阳志云，郑华，等. 中国森林生态系统服务功能及其价值评价［J］. 自然资源学报，2004（4）：480－491.

[380] 赵文武，刘月，冯强，等. 人地系统耦合框架下的生态系统服务［J］. Progress in Geography，2018，37（1）：139－151.

[381] 赵雪雁，李巍，王学良. 生态补偿研究中的几个关键问题［J］. 中国人口·资源与环境，2012，22（2）：1－7.

[382] 甄霖，刘雪林，魏云洁. 生态系统服务消费模式、计量及其管理框架构建［J］. 资源科学，2008，30：100－106.

[383] 甄霖，闫慧敏，胡云锋，等. 生态系统服务消耗及其影响［J］. 资源科学，2012，34：989－997.

[384] 郑华，李屹峰，欧阳志云，等. 生态系统服务功能管理研究进展［J］. 生态学报，2013，33（3）：702－710.

[385] 中共中央关于全面深化改革若干问题的决定［M］. 北京：人民出版社，2013.

[386] 中国人大网. 中华人民共和国环境保护税法［E/OL］. 2018. http：//www.npc.gov.cn/npc/xinwen/2018－11/05/content_2065629.htm.

[387] 中国生态补偿机制与政策研究课题组. 中国生态补偿机制与政策研究 [M]. 北京：科学出版社，2007.

[388] 周晨，丁晓辉，李国平，等. 流域生态补偿中的农户受偿意愿研究——以南水北调中线工程陕南水源区为例 [J]. 中国土地科学，2015 (8)：63-72.

[389] 周宏春. 生态修复与生态产品 [J]. 绿色中国，2017 (15)：58-59.

[390] 周生贤. 生态文明建设与可持续发展 [J]. 环境保护，2012 (15)：8-10

[391] 周诗雯. 马克思生态经济思想视域下的我国经济生态化发展路径研究 [D]. 兰州：兰州理工大学，2017.

[392] 朱桂香. 略论南水北调中线水源区生态补偿机制的建立 [J]. 生态经济，2009 (9)：171-174.

[393] 朱久兴. 关于生态产品有关问题的几点思考 [J]. 浙江经济，2008 (14)：40-41.

[394] 诸大建. 可持续发展的思想演进和我的研究历程 [E/OL]. 2018. http://www.sohu.com/a/214429254_466843.